高职高专"十三五"规划教材

食品检验综合技能实训

第二版

王一凡　主编

化学工业出版社

·北京·

《食品检验综合技能实训》按照食品企业或检验机构对某一类食品实际检验的工作过程进行编写，选择的教学内容与实际工作任务一致。内容分为三大模块：食品理化检验基础技能实训、食品微生物检验基础技能实训和食品检验综合技能实训。其中食品检验综合技能实训包括了十五大类食品（饮料、罐头、乳制品、肉制品、粮油制品、焙烤制品、速冻食品、糖果及巧克力制品、蜜饯、调味品、酱腌制品、食用油类制品、酒类制品、茶叶、桶装水）的二十八个有代表性的检验任务。按照本书进行综合实训，可以实现学生掌握的食品检验技能与用人单位要求零距离的对接。

本书可作为高职高专食品检测类相关专业教学用书，也可用作食品企业培训教材及技能鉴定的培训教材，还可作为从事食品工业生产、食品质量与安全、食品质量监督与检验类的技术人员及管理人员的参考用书。

图书在版编目（CIP）数据

食品检验综合技能实训/王一凡主编．—2 版．—北京：
化学工业出版社，2016.9（2024.11重印）
ISBN 978-7-122-27700-8

Ⅰ．①食… Ⅱ．①王… Ⅲ．①食品检验-高等职业
教育-教材 Ⅳ．①TS207.3

中国版本图书馆 CIP 数据核字（2016）第 172310 号

责任编辑：蔡洪伟 文字编辑：李 瑾
责任校对：宋 玮 装帧设计：关 飞

出版发行：化学工业出版社（北京市东城区青年湖南街 13 号 邮政编码 100011）
印 装：北京天宇星印刷厂
787mm×1092mm 1/16 印张 19 字数 537 千字 2024 年 11 月北京第 2 版第 8 次印刷

购书咨询：010-64518888 售后服务：010-64518899
网 址：http://www.cip.com.cn
凡购买本书，如有缺损质量问题，本社销售中心负责调换。

定 价：48.00 元 版权所有 违者必究

高职高专商检技术专业"十三五"规划教材
建设委员会

（按姓名汉语拼音排列）

高职高专商检技术专业"十三五"规划教材
编审委员会

（按姓名汉语拼音排列）

高职高专商检技术专业"十三五"规划教材
建设单位

（按汉语拼音排列）

北京联合大学师范学院
常州工程职业技术学院
成都市工业学校
重庆化工职工大学
福建交通职业技术学院
广东科贸职业学院
广西工业职业技术学院
河南质量工程职业学院
湖北大学知行学院
黄河水利职业技术学院
江苏经贸职业技术学院
辽宁农业职业技术学院
湄洲湾职业技术学院
南京化工职业技术学院
萍乡高等专科学校
青岛职业技术学院
唐山师范学院
天津渤海职业技术学院
潍坊教育学院
厦门海洋职业技术学院
扬州工业职业技术学院
漳州职业技术学院

前　言

食品检验综合技能实训是食品类专业，特别是食品检测相关专业的重要专业课程，是对学过的专业知识的综合运用和对专业技能的集中训练。本书的编写特点是按照食品企业或检验机构对某一类食品实际检验的工作过程进行编写，是对一类食品的全面综合检验。本书选择的教学内容与实际工作任务一致，充分体现工学结合，按照本书进行综合实训，可使学生掌握食品企业检验岗位的实际工作内容和工作过程，满足企业实际工作岗位的需求，实现学生掌握的技能与用人单位要求零距离的对接。

为了适应基本教学和综合实训的要求，本书分为三大模块：食品理化检验基础技能实训、食品微生物检验基础技能实训和食品检验综合技能实训。其中食品检验综合技能实训包括了十五大类食品（饮料、罐头、乳制品、肉制品、粮油制品、焙烤制品、速冻食品、糖果及巧克力制品、蜜饯、调味品、酱腌制品、食用油类制品、酒类制品、茶叶、桶装水）的二十八个有代表性的检验任务。选取编写的检验项目主要包括食品企业出厂检验项目和部分型式检验项目，型式检验项目主要选择容易出现质量安全问题的项目或该食品特有的检验项目进行编写。

本书内容注重与职业技能证书的相关知识配套，与劳动部门颁发的技能鉴定标准衔接。

由于近几年食品标准的大量更新，因此本教材第二版主要对书中所涉及的食品产品标准和检验方法标准重新进行了修订。

本次修订由王一凡担任主编，具体分工为：黄敏修订模块三任务一～任务四，任务二十三～任务二十八；李殿鑫修订模块二，模块三任务五～任务八；王一凡修订模块一、模块三任务九～任务二十二。全书由王一凡统稿。

本书可作为高职高专食品检测类相关专业教学用书，也可用作食品企业培训教材及技能鉴定的培训教材，还可作为从事食品工业生产、食品质量与安全、食品质量监督、检验类的技术人员及管理人员的参考用书。

编者

2016 年 6 月

目　　录

模块一　食品理化检验基础技能实训

项目一　直接干燥法测定食品中水分含量

（一）原理

食品中的水分含量一般是指在 100℃ 左右直接干燥的情况下，所失去物质的总量。直接干燥法适用于在 95～105℃ 下，不含或含其他挥发性物质甚微的食品。

（二）试剂

（1）6mol/L 盐酸　量取 100mL 盐酸，加水稀释至 200mL。

（2）6mol/L 氢氧化钠溶液　称取 24g 氢氧化钠，加水溶解并稀释至 100mL。

（3）海砂　取用水洗去泥土的海砂或河砂，先用 6mol/L 盐酸煮沸 0.5h，用水洗至中性，再用 6mol/L 氢氧化钠溶液煮沸 0.5h，用水洗至中性，经 105℃ 干燥备用。

（三）仪器

扁形铝制或玻璃制称量瓶（内径 60～70mm，高 35mm 以下）；电热恒温干燥箱；分析天平。

（四）操作步骤

（1）固体样品　取洁净铝制或玻璃制的扁形称量瓶，置于 95～105℃ 干燥箱中，瓶盖斜支于瓶边，加热 0.5～1.0h，盖好取出，置干燥器内冷却 0.5h，称量，并重复干燥至恒重。称取 2.00～10.0g 切碎或磨细的样品，放入此称量瓶中，样品厚度约为 5mm，加盖称量后，置 95～105℃ 干燥箱中，瓶盖斜支于瓶边，干燥 2～4h 后，盖好取出，放入干燥器内冷却 0.5h 后称量。然后再放入 95～105℃ 干燥箱中干燥 1h 左右，盖好取出，放干燥器内冷却 0.5h 后再称量。至前后两次质量差不超过 2mg，即为恒重。

（2）半固体或液体样品　取洁净的蒸发器，内加 10.0g 海砂及一根小玻璃棒，置于 95～105℃ 干燥箱中，干燥 0.5～1.0h 后取出，放入干燥器内冷却 0.5h 后称量，并重复干燥至恒重。然后精密称取 5～10g 样品，置于蒸发器中，用小玻璃棒搅匀放在沸水浴上蒸干，并随时搅拌，擦去皿底的水滴，置 95～105℃ 干燥箱中干燥 4h 后盖好取出，放入干燥器内冷却 0.5h 后称量。以下按（1）自"然后再放入 95～105℃ 干燥箱中干燥 1h 左右"起依法操作。

（五）结果计算

试样中的水分含量按下式进行计算：

$$X = \frac{m_1 - m_2}{m_1 - m_3} \times 100\%$$

式中　X——样品中水分的含量，%；

　　m_1——称量瓶（或蒸发皿加海砂、玻棒）和样品的质量，g；

　　m_2——称量瓶（或蒸发皿加海砂、玻棒）和样品干燥后的质量，g；

　　m_3——称量瓶（或蒸发皿加海砂、玻棒）的质量，g。

计算结果保留三位有效数字。

（六）精密度

在重复性条件下获得的两次独立测定结果的绝对差值不得超过算术平均值的 5%。

（七）说明

（1）在测定过程中，称量皿从烘箱中取出后，应迅速放入干燥器中进行冷却，否则，不易达到恒重。

（2）浓稠态样品直接加热干燥，其表面易结硬壳焦化，使内部水分蒸发受阻，故在测定前，需加入精制海砂或无水硫酸钠，搅拌均匀，以防食品结块，同时增大受热与蒸发面积，加速水分蒸发，缩短分析时间。

（3）对于水分含量在16％以上的样品，通常还可采用二步干燥法进行测定。即首先将样品称出总质量后，在自然条件下风干15～20h，使其达到安全水分标准（即与大气湿度大致平衡），再准确称重，然后将风干样品粉碎、过筛、混匀，储于洁净干燥的磨口瓶中备用。

（4）果糖含量较高的样品，如水果制品、蜂蜜等，在高温下（＞70℃）长时间加热，其果糖发生氧化分解作用而导致明显误差。故宜采用减压干燥法测定水分含量。

（5）含有较多氨基酸、蛋白质及羰基化合物的样品，长时间加热则会发生羰氨反应，析出水分而导致误差。对此类样品宜采用其他方法测定水分含量。

（6）本法测得的水分还包括微量的芳香油、醇、有机酸等挥发性成分。对于含挥发性组分较多的样品，如香料油、低醇饮料等，宜采用蒸馏法测定水分含量。

（7）测定水分后的样品，可供测脂肪、灰分含量用。

项目二 灼烧法测定食品中总灰分

（一）原理

一定量的样品经炭化后放入高温炉内灼烧，其中的有机物质被氧化分解，以二氧化碳、氮的氧化物及水等形式逸出，而无机物质则以硫酸盐、磷酸盐、碳酸盐、氯化物等无机盐和金属氧化物的形式残留下来，这些残留物即为灰分。称量残留物的质量即可计算出样品中总灰分的含量。

（二）试剂

盐酸（1＋4）；10％硝酸；0.5％三氯化铁溶液和等量蓝墨水的混合液。

（三）仪器

马弗炉；分析天平；石英坩埚或瓷坩埚；坩埚钳；干燥器。

（四）操作步骤

（1）将大小适宜的坩埚用盐酸（1＋4）煮1～2h，洗净晾干后，用三氯化铁与蓝墨水的混合液在坩埚外壁及盖上编号；然后置于规定温度（550℃±25℃）的马弗炉中，灼烧0.5h，冷却至200℃以下后取出，放入干燥器中冷却至室温，精密称量，并重复灼烧至恒重（前后2次称量相差不超过0.5mg）。

（2）在上述坩埚中加入2～3g固体试样或5～10g液体试样后，准确称量。

（3）液体试样应先在沸水浴上蒸干。固体或蒸干后的试样，先以小火加热使试样充分炭化至无烟，然后置马弗炉中，在550℃±25℃灼烧4h。冷却至200℃以下，取出放入干燥器中冷却30min，在称量前如灼烧残渣有炭粒时，向试样中滴入数滴10％硝酸湿润，使结块松散，蒸干后再次灼烧直至无炭粒即灰化完全，准确称量。重复灼烧至前后两次称量相差不超过0.5mg为恒重。

（五）结果计算

$$X = \frac{m_1 - m_2}{m_3 - m_2} \times 100\%$$

式中 X——样品中粗灰分的含量，％；

m_1——坩埚和灰分的质量，g；

m_2——坩埚的质量，g；

m_3——坩埚和样品的质量，g。

计算结果保留三位有效数字。

（六）精密度

在重复性条件下获得的两次独立测定结果的绝对差值不得超过算术平均值的5％。

（七）说明

（1）试样经预处理后，在放入高温炉灼烧前要先进行炭化处理，样品炭化时要注意热源强度，防止在灼烧时因高温可能引起试样中的水分急剧蒸发，使试样飞溅。若样品含糖量较高，炭化前应先滴加数滴橄榄油，以防止样品膨胀溢流。

（2）把坩埚放入马弗炉或从炉中取出时，要放在炉口停留片刻，使坩埚预热或冷却，防止因温度剧变而使坩埚破裂。

（3）灼烧后的坩埚应冷却到200℃以下再移入干燥器中，否则因热的对流作用，易造成残灰飞散，且冷却速度慢，冷却后干燥器内形成较大真空，盖子不易打开。从干燥器内取出坩埚时，因内部成真空，开盖恢复常压时，应该使空气缓缓流入，以防残灰飞散。

（4）灰化温度不能超过600℃，否则磷酸盐熔化，使钾、钠挥发损失。

（5）如液体样品量过多，可分次在同一坩埚中蒸干，在测定蔬菜、水果这一类含水量高的样品时，应预先测定这些样品的水分，再将其干燥物继续加热灼烧，测定其灰分含量。

（6）灰化后所得残渣可留作Ca、P、Fe等无机成分的分析。

项目三　食品中总酸的测定

（一）原理

食品中的有机弱酸在用标准碱液滴定时，被中和成盐类，用酚酞作指示剂，当滴定至终点（pH8.2，指示剂显红色）时，根据滴定时消耗的标准碱液的体积，可计算出样品中的总酸量，其反应式如下：

$$RCOOH+NaOH \longrightarrow RCOONa+H_2O$$

（二）试剂

（1）0.1000mol/L NaOH标准溶液　称取氢氧化钠4g，加水溶解后转移至1000mL容量瓶中定容至刻度，摇匀，放置后过滤备用（配制使用的水应为新煮沸并冷却的蒸馏水）。

① 标定　精密称取0.4～0.6g邻苯二甲酸氢钾（预先于105～110℃烘箱中烘干2h，冷却后于干燥器中保存），加50mL新煮沸过的冷蒸馏水振摇使其溶解，加2滴酚酞指示剂，用配制的NaOH标准溶液滴定至溶液呈微红色30s不褪。平行滴定3次。

② 计算

$$c=\frac{m \times 1000}{V \times 204.22}$$

式中　c——氢氧化钠标准溶液的摩尔浓度，mol/L；

m——基准试剂邻苯二甲酸氢钾的质量，g；

V——标定时所消耗氢氧化钠标准溶液的体积，mL；

204.22——邻苯二甲酸氢钾的摩尔质量，g/mol。

（2）1％酚酞乙醇溶液　称取酚酞1g溶解于100mL 95％乙醇中。

（三）仪器

碱式滴定管；分析天平；水浴锅；组织捣碎机。

（四）操作步骤

1. 样液制备

(1) 固体样品、干鲜果蔬、蜜饯及罐头样品 将样品用粉碎机或高速组织捣碎机捣碎并混合均匀。取适量样品（按其总酸含量而定），用 15mL 无 CO_2 蒸馏水（果蔬干品须加 8～9 倍无 CO_2 蒸馏水）将其移入 250mL 容量瓶中，在 75～80℃ 水浴中加热 0.5h（果脯类沸水浴加热 1h），冷却后定容，用干燥滤纸过滤，弃去初始滤液 25mL，收集滤液备用。

(2) 含 CO_2 的饮料、酒类 将样品置于 40℃ 水浴上加热 30min，以除去 CO_2，冷却后备用。

(3) 调味品及不含 CO_2 的饮料、酒类 将样品混匀后直接取样，必要时加适量水稀释（若样品混浊，则需过滤）。

(4) 咖啡样品 将样品粉碎通过 40 目筛，取 10g 粉碎的样品于锥形瓶中，加入 75mL 80% 乙醇，加塞放置 16h，并不时摇动，过滤。

(5) 固体饮料 称取 5～10g 样品，置于研钵中，加少量无 CO_2 蒸馏水，研磨成糊状，用无 CO_2 蒸馏水移入 250mL 容量瓶中，充分振摇，过滤。

2. 滴定

准确吸取上法制备滤液 50mL。加入酚酞指示剂 3～4 滴，用 0.1mol/L NaOH 标准溶液滴定至微红色 30s 不褪色。记录消耗的体积（V）。

（五）结果计算

$$X = \frac{c \times (V - V_0) \times K \times n}{m} \times 100$$

式中　X——样品中总酸的含量，g/100g 或 g/100mL；

　　c——标准 NaOH 溶液的浓度，mol/L；

　　V——样品滴定消耗标准 NaOH 溶液体积，mL；

　　V_0——空白实验滴定消耗标准 NaOH 溶液体积，mL；

　　m——样品质量（或体积），g（或 mL）；

　　n——样品的稀释倍数；

　　K——换算为主要酸的系数，即 1mmol 氢氧化钠相当于主要酸的质量，g/mmol。

因食品中含有多种有机酸，总酸度测定结果通常以样品中含量最多的那种酸表示。一般分析葡萄及其制品时用酒石酸表示，其 $K=0.075$；分析柑橘类果实及其制品时，用柠檬酸表示，$K=0.064$；分析苹果、核果类果实及其制品时，用苹果酸表示，$K=0.067$；分析乳品、肉类、水产品及其制品时，用乳酸表示，$K=0.090$；分析酒类、调味品时，乙酸表示，$K=0.060$。

计算结果保留三位有效数字。

（六）精密度

在重复性条件下获得的两次独立测定结果的绝对差值不得超过算术平均值的 5%。

（七）说明

(1) 样品浸渍、稀释用的蒸馏水中不能含有 CO_2，因为 CO_2 溶于水中成为酸性的 H_3CO_3 形式，影响滴定终点时酚酞颜色变化。无 CO_2 蒸馏水的制备方法为：将蒸馏水煮沸 20min 后用碱石灰保护冷却；或将蒸馏水在使用前煮沸 15min 并迅速冷却备用，必要时须经碱液抽真空处理。

(2) 样品浸渍、稀释之用水量应根据样品中总酸含量来慎重选择，为使误差不超过允许范围，一般要求滴定时消耗的 0.1mol/L NaOH 溶液不得少于 5mL，最好在 10～15mL。

(3) 若样液颜色过深或混浊则宜用电位滴定法。

(4) 各类食品的酸度多以主要酸表示，但有些食品（如乳品、面包等）亦可用中和 100g（mL）样品所需 0.1mol/L（乳品）或 1mol/L（面包）NaOH 标准滴定溶液的体积（mL）表示，符号为 °T。新鲜牛乳的酸度为 16～18°T；面包的酸度一般为 3～9°T。

项目四　索式提取法测定食品中脂肪含量

（一）原理

将样品制备成分散状并除去水分，用无水乙醚或石油醚等溶剂回流抽提后，样品中的脂肪进入溶剂中，回收溶剂后所得到的残留物，即为脂肪（或粗脂肪）。

一般食品用有机溶剂抽提，蒸去有机溶剂后获得的物质主要是游离脂肪，此外还含有部分磷脂、色素、树脂、蜡状物、挥发油、糖脂等物质。因此，用索氏抽提法获得的脂肪，也称之为粗脂肪。

此法适用于脂类含量较高，结合态的脂类含量较少，能烘干磨细，不易吸湿结块的食品样品，如肉制品、豆制品、坚果制品、谷物油炸制品、中西式糕点等的脂肪含量的分析检测。食品中的游离脂肪一般都能直接被乙醚、石油醚等有机溶剂抽提，而结合态脂肪不能直接被乙醚、石油醚提取，需在一定条件下进行水解等处理，使之转变为游离脂肪后方能提取，故索氏提取法测得的只是游离态脂肪，而结合态脂肪测不出来。

（二）试剂

无水乙醚（分析纯，不含过氧化物）；石油醚（沸程 30～60℃）；海砂（处理方法同本模块项目一）。

（三）仪器

索氏抽提器；电热鼓风干燥箱（温控 103℃±2℃）；分析天平（感量 0.1mg）。

（四）操作步骤

1. 样品的制备

（1）固体样品　精密称取干燥并研细的样品 2～5g，必要时拌以海砂，无损地移入滤纸筒内。

（2）半固体或液体样品　称取 5.0～10.0g 于蒸发皿中，加入海砂约 20g，于沸水浴上蒸干后，再于 96～105℃烘干、研细，全部移入滤纸筒内，蒸发皿及黏附有样品的玻璃棒都用沾有乙醚的脱脂棉擦净，将棉花一同放进滤纸筒内。滤纸筒上方用少量脱脂棉塞住。

2. 索氏抽提器的清洗

将索氏抽提器各部位充分洗涤并用蒸馏水清洗后烘干。接收瓶在 103℃±2℃ 的电热鼓风干燥箱内干燥至恒重（前后两次称量差不超过 0.002g）。

3. 抽提

将滤纸筒放入脂肪抽提器的抽提筒内，连接已干燥至恒重的接收瓶，由抽提器冷凝管上端加入无水乙醚或石油醚至瓶内容积的 2/3 处，于水浴上（夏天约 65℃，冬天约 80℃）加热，使乙醚或石油醚不断回流提取（6～8 次/h），用一小块脱脂棉轻轻塞入冷凝管上口。

提取时间视试样中粗脂肪含量而定：一般样品提取 6～12h，坚果制品提取约 16h。提取结束时，用毛玻璃板接取一滴提取液，如无油斑则表明提取完毕。

4. 称量

取下接收瓶，回收乙醚或石油醚，待接收瓶内乙醚剩 1～2mL 时在水浴上蒸干，再于 100℃±5℃ 干燥 2h，放干燥器内冷却 0.5h 后称量。重复以上操作直至前后两次称量差不超过 0.002g 即为恒重，以最小称量为准。

（五）结果计算

$$X = \frac{m_1 - m_0}{m_2} \times 100\%$$

式中　X——样品中粗脂肪的含量，%；

m_1——接收瓶和粗脂肪的质量，g；

m_0——接收瓶的质量，g；

m_2——试样的质量（如是测定水分后的试样，则按测定水分前的质量计），g。

计算结果精确至小数点后第一位。

（六）精密度

在重复性条件下获得的两次独立测定结果的绝对差值不得超过算术平均值的10%。

（七）说明

（1）样品必须干燥无水，并且要研细，样品含水分会影响有机溶剂的提取效果，而且有机溶剂会吸收样品中的水分造成非脂成分溶出。

（2）装样品的滤纸筒一定要严密，不能往外漏样品，但也不要包得太紧，以影响溶剂渗透。样品放入滤纸筒时高度不要超过回流弯管，否则超过弯管的样品中的脂肪不能提净，造成误差。

（3）测定脂类大多采用低沸点的有机溶剂萃取的方法。常用的溶剂乙醚和石油醚的沸点较低、易燃，在操作时应注意防火。切忌直接用明火加热，应该用电热套、电水浴等加热。使用烘箱干燥前应去除全部残余的乙醚，因乙醚稍有残留，放入烘箱时，有发生爆炸的危险。

（4）在抽提时，冷凝管上端最好连接一个氯化钙干燥管，这样，可防止空气中水分进入，也可避免乙醚挥发在空气中，如无此装置可塞一团干燥的脱脂棉球。

（5）反复加热会因脂类氧化而增重。质量增加时，以增重前的质量作为恒重。

项目五 罗紫-哥特里法测定牛乳脂肪含量

（一）原理

利用氨-乙醇溶液破坏乳的胶体性状及脂肪球膜，使非脂成分溶解于氨-乙醇溶液中，而脂肪游离出来，再用乙醚-石油醚提取出脂肪，蒸馏去除溶剂后，残留物即为乳脂肪。

本法适用于各种液状乳（生乳、加工乳、部分脱脂乳、脱脂乳等）、炼乳、乳粉、奶油及冰激凌等能在碱性溶液中溶解的乳制品，也适用于豆乳或加水呈乳状的食品。

本法为国际标准化组织（ISO）、联合国粮农组织/世界卫生组织（FAO/WHO）等采用，为乳制品脂肪定量的国际标准。

（二）试剂

25%氨水（相对密度0.91）；95%乙醇；乙醚（不含过氧化物）；石油醚（沸程30～60℃）。

（三）仪器

抽脂瓶：内径2.0～2.5cm，体积100mL（见图1-1）。

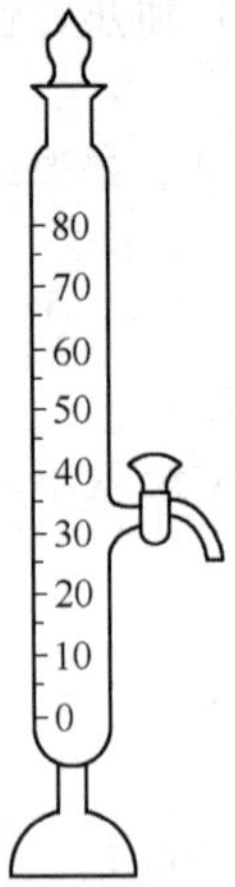

（四）操作步骤

（1）取一定量样品（牛乳吸取10.00mL；乳粉精密称取约1.00g），用10mL 60℃水，分数次溶解于抽脂瓶中，加入1.25mL氨水，充分混匀，置60℃水浴中加热5min，再振摇2min，加入10mL乙醇，充分摇匀，于冷水中冷却。

（2）向抽脂瓶中加25mL乙醚，振摇0.5min，加入25mL石油醚，再振摇0.5min，静置30min，待上层液澄清时，读取醚层体积，放出一定体积醚层于已恒重的烧瓶中，记录剩余液体的体积。

（3）蒸馏回收乙醚和石油醚，挥干残余醚后，放入100℃±5℃烘箱中干燥1.5h，取出放入干燥器中冷却至室温后称重，重复操作直至前后两次质量相差不超过1mg即为恒重。

（五）结果计算

图1-1 抽脂瓶

$$X = \frac{m_2 - m_1}{m} \times \frac{V}{V_1} \times 100\%$$

式中 X——样品中脂肪的含量，%；

m_1——烧瓶质量，g；

m_2——烧瓶和脂肪质量，g；

m——样品质量（吸取体积与牛乳密度的乘积），g；

V——读取醚层总体积，mL；

V_1——放出醚层体积，mL。

计算结果保留三位有效数字。

（六）精密度

在重复性条件下获得的两次独立测定结果的绝对差值不得超过算术平均值的10%。

（七）说明及注意事项

（1）乳类脂肪虽然也属游离脂肪，但因脂肪球被乳中酪蛋白钙盐包裹，又处于高度分散的胶体分散系中，故不能直接被乙醚、石油醚提取，需预先用氨水处理，故此法也称为碱性乙醚提取法。加氨水后，要充分混匀，否则会影响醚对脂肪的提取。

（2）也可用容积100mL的具塞量筒代替抽脂瓶使用，待分层后读数，用移液管吸出一定量醚层。

（3）加入乙醇的作用是沉淀蛋白质以防止乳化，并溶解醇溶性物质，使其留在水中避免进入醚层，影响结果。

（4）加入石油醚的作用是降低乙醚极性，使乙醚与水不混溶，只抽提出脂肪，并可使分层清晰。

（5）对已结块的乳粉，用本法测定脂肪，其结果往往偏低。

项目六　凯式定氮法测定食品中蛋白质含量

（一）原理

蛋白质是含氮的有机化合物。食品与硫酸和硫酸铜、硫酸钾一同加热消化，使蛋白质分解，分解的氨与硫酸结合生成硫酸铵。然后碱化蒸馏使氨游离，用硼酸吸收后以硫酸或盐酸标准滴定溶液滴定，根据酸的消耗量乘以换算系数，即为蛋白质的含量。

（二）试剂

所有试剂均用不含氨的蒸馏水配制。

（1）硫酸铜（$CuSO_4 \cdot 5H_2O$）。

（2）硫酸钾。

（3）硫酸。

（4）硼酸溶液（20g/L）。

（5）混合指示液　1份（1g/L）甲基红乙醇溶液与5份1g/L溴甲酚绿乙醇溶液临用时混合。也可用2份（1g/L）甲基红乙醇溶液与1份1g/L亚甲基蓝乙醇溶液，临用时混合。

（6）氢氧化钠溶液（400g/L）。

（7）标准滴定溶液　硫酸标准溶液 [$c(1/2H_2SO_4) = 0.0500$mol/L] 或盐酸标准溶液 [$c(HCl) = 0.0500$mol/L]。

（三）仪器

定氮蒸馏装置（如图1-2所示）；凯式烧瓶；分析天平；酸式滴定管。

（四）操作步骤

（1）样品处理　精密称取0.2～2.00g固体样品或2.00～5.00g半固体样品，或吸取10.00～20.00mL液体样品（约相当于氮30～40mg），移入干燥的100mL或500mL定氮瓶（凯式烧瓶）

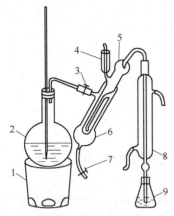

图 1-2 定氮蒸馏装置
1—电炉;2—水蒸气发生器（2L平底烧瓶）;3—螺旋夹;4—小玻杯及棒状玻塞;5—反应室;6—反应室外层;7—橡皮管及螺旋夹;8—冷凝管;9—蒸馏液接收瓶

中，加入0.2g硫酸铜、6g硫酸钾及20mL硫酸，稍摇匀后于瓶口放一小漏斗，将瓶以45°斜于小孔的石棉网上，小心加热，待内容物全部炭化，泡沫完全停止后，加强火力，并保持瓶内液体微沸，至液体呈蓝绿色澄清透明后，再继续加热0.5h。取下放冷，小心加20mL水，放冷后，移入100mL容量瓶中，并用少量水洗定氮瓶，洗液并入容量瓶中，再加水至刻度，混匀备用。同时做试剂空白试验。

（2）测定 按图1-2装好定氮装置，于水蒸气发生瓶内装水至约2/3处，加甲基红指示剂数滴及数毫升硫酸，以保持水呈酸性，加入数粒玻璃珠以防爆沸，用调压器控制，加热煮沸水蒸气发生瓶内的水。

（3）向接收瓶内加入10mL 20g/L硼酸溶液及混合指示剂1~2滴，并使冷凝管下端插入液面下，吸取10.0mL样品消化稀释液，由小漏斗流入反应室，并以10mL水洗涤小烧杯使流入反应室内，塞紧小玻杯的棒状玻塞，将10mL 400g/L氢氧化钠溶液倒入小玻杯，提起玻塞，使其缓慢流入反应室，立即将玻塞盖紧，并加水于小烧杯中，以防漏气，夹紧螺旋夹7，开始蒸馏，蒸汽通入反应室，使氨通过冷凝管而入接收瓶内，蒸馏5min，移动接收瓶，使冷凝管下端离开液面，再蒸馏1min，然后用少量水冲洗冷凝管下端外部。取下接收瓶，以硫酸或盐酸标准溶液（0.05mol/L）滴定至灰色或蓝紫色为终点。

同时准确吸取10mL试剂空白消化液按（3）操作。

（五）结果计算

$$X = \frac{(V_1 - V_2) \times c \times 0.014}{m \times \dfrac{10}{100}} \times F \times 100$$

式中 X——样品中蛋白质的含量，g/100g或g/100mL；

V_1——样品消耗硫酸或盐酸标准溶液的体积，mL；

V_2——试剂空白消耗硫酸或盐酸标准溶液的体积，mL；

c——硫酸或盐酸标准溶液的浓度，mol/L；

0.014——1.00mL硫酸 $[c(1/2H_2SO_4)=1.000mol/L]$ 或盐酸 $[c(HCl)=1.000mol/L]$ 标准溶液中相当的氮的质量，g/mmol；

m——样品的质量（或体积），g或mL；

F——氮换算为蛋白质的系数，一般食物为6.25，乳制品为6.38，面粉为5.70，玉米、高粱为6.24，花生为5.46，米为5.95，大豆及其制品为5.71，肉与肉制品为6.25，大麦、小米、燕麦、裸麦为5.83，芝麻、向日葵为5.30。

计算结果保留三位有效数字。

（六）精密度

在重复性条件下获得的两次独立测定结果的绝对差值不得超过算术平均值的10%。

（七）说明

（1）凯氏定氮法测定氮的含量，依据蛋白质中含氮的多少，换算为蛋白质的含量。本法适用于各类食品中蛋白质的测定。

（2）消化过程中，加入硫酸钾可以提高反应温度，加入硫酸铜作为催化剂，提高反应速度。

（3）消化时不要用强火，应保持缓和沸腾，另外，消化过程中应注意不时转动凯氏烧瓶，以便利用冷凝酸液将附着在瓶壁上的固体残渣洗下，促进其消化完全。

（4）样品中若含脂肪或糖较多时，消化过程中易产生大量泡沫，为防止泡沫溢出瓶外，在开始消化时应用小火加热，并时时摇动；或者加入少量辛醇或液体石蜡或硅油消泡剂，同时注意控制热源强度。

（5）蒸馏时，蒸馏装置不能漏气，蒸汽发生要均匀充足，蒸馏过程中不得停火断气，否则将发生倒吸。另外，蒸馏前，加碱要足量，操作要迅速；漏斗应采用水封措施，以免氨由此逸出损失，冷凝管出口应浸入吸收液中。

（6）硼酸吸收液的温度不应超过40℃，否则对氨的吸收作用减弱而造成损失，此时可置于冷水浴中。

（7）蒸馏完毕后，应先将冷凝管下端提高，使之离开液面，再蒸1min后关掉热源，然后用少量水冲洗冷凝管下端的外部，否则可能造成吸收液倒吸。

项目七　甲醛法测定调味品中氨基酸态氮含量

（一）原理

氨基酸具有酸性的—COOH和碱性的—NH₂，利用氨基酸的两性作用，加入甲醛以固定氨基的碱性，使羧基显示出酸性，用氢氧化钠标准溶液滴定后定量，以酸度计测定终点。

（二）试剂

（1）甲醛（36%）：应不含有聚合物。

（2）氢氧化钠标准滴定溶液：$c(NaOH)=0.050mol/L$。

（三）仪器

酸度计；磁力搅拌器；10mL微量滴定管。

（四）操作步骤

（1）吸取5.0mL试样，置于100mL容量瓶中，加水至刻度，混匀后吸取20.0mL，置于200mL烧杯中，加60mL水，开动磁力搅拌器，用氢氧化钠标准溶液 $[c(NaOH)=0.050mol/L]$ 滴定至酸度计指示pH=8.2，记下消耗氢氧化钠标准滴定溶液的体积（mL），以计算总酸度。

（2）加入10.0mL甲醛溶液，混匀。再用氢氧化钠标准滴定溶液（0.050mol/L）继续滴定至pH=9.2，记下消耗氢氧化钠标准滴定溶液（0.050mol/L）的体积（mL）。

（3）取80mL水，先用氢氧化钠溶液（0.050mol/L）调节至pH为8.2，再加入10.0mL甲醛溶液，用氢氧化钠标准滴定溶液（0.050mol/L）滴定至pH=9.2，记录消耗氢氧化钠标准滴定溶液（0.050mol/L）的体积（mL），此为测定氨基酸态氮含量的试剂空白实验。

（五）结果计算

$$X=\frac{(V_1-V_2)c\times 0.014}{5\times \frac{V_3}{100}}\times 100$$

式中　X——试样中氨基酸态氮的含量，g/100mL；

　　V_1——样品稀释液加入甲醛后消耗氢氧化钠标准滴定溶液的体积，mL；

　　V_2——试剂空白试验加入甲醛后消耗氢氧化钠标准滴定溶液的体积，mL；

　　V_3——实验用样品释液用量，mL；

　　c——氢氧化钠标准滴定溶液的浓度，mol/L；

　0.014——与1.00mL氢氧化钠标准滴定溶液 $[c(NaOH)=1.000mol/L]$ 相当的氮的质量，g/mmol。

计算结果保留两位有效数字。

（六）精密度

在重复性条件下获得的两次独立测定结果的绝对差值不得超过算术平均值的10%。

项目八 直接滴定法测定食品中还原糖含量

（一）原理

试样经除去蛋白质后，在加热条件下，以亚甲基蓝作指示剂，直接滴定标定过的碱性酒石酸铜溶液（用还原糖标准溶液标定碱性酒石酸铜溶液），根据样品液消耗体积计算还原糖的含量。

将一定量的碱性酒石酸铜甲液、乙液等量混合，立即生成天蓝色的氢氧化铜沉淀，该沉淀很快与酒石酸钾钠反应，生成深蓝色的可溶性酒石酸钾钠铜配合物。在加热条件下，以亚甲基蓝作为指示剂，用除蛋白质后的样品溶液进行滴定，样品溶液中的还原糖与酒石酸钾钠铜反应，生成红色的氧化亚铜沉淀，待二价铜全部被还原后，稍过量的还原糖把亚甲基蓝还原为其隐色体，溶液的蓝色消失，即为滴定终点。

本法又称快速法，它是在蓝-爱农容量法基础上发展起来的，其特点是试剂用量少，操作和计算都比较简便、快速，滴定终点明显。适用于各类食品中还原糖的测定。但在分析测定酱油、深色果汁等样品时，因色素干扰，滴定终点常常模糊不清，影响准确性。

（二）试剂

（1）碱性酒石酸铜甲液 称取 15g 硫酸铜（$CuSO_4 \cdot 5H_2O$）及 0.05g 亚甲基蓝，溶于水中并稀释至 1000mL。

（2）碱性酒石酸铜乙液 称取 50g 酒石酸钾钠及 75g 氢氧化钠，溶于水中，再加 4g 亚铁氰化钾，完全溶解后，用水稀释至 1000mL，储于橡皮塞玻璃瓶中。

（3）乙酸锌溶液 称取 21.9g 乙酸锌，加 3mL 冰醋酸，加水溶解并稀释至 100mL。

（4）亚铁氰化钾溶液 称取 10.6g 亚铁氰化钾，加水溶解并稀释至 100mL。

（5）盐酸。

（6）0.1% 葡萄糖标准溶液 准确称取 1.0000g 经过 96℃±2℃ 干燥 2h 的纯葡萄糖，加水溶解后移入 1000mL 容量瓶中，加入 5mL 盐酸（防止微生物生长），用水稀释至 1000mL。

（三）仪器

酸式滴定管（25mL）；可调电炉（带石棉网）。

（四）操作步骤

1. 样品处理

（1）乳类、乳制品及含蛋白质的冷食类 称取 2.50～5.00g 固体样品（吸取 25.00～50.00mL 液体样品），置于 250mL 容量瓶中，加 50mL 水，摇匀后慢慢加入 5mL 乙酸锌和 5mL 亚铁氰化钾溶液，加水至刻度，混匀，沉淀，静置 30min，用干燥滤纸过滤，弃去初滤液，滤液备用。

（2）含酒精饮料 吸取 100mL 样品，置于蒸发皿中，用 1mol/L 氢氧化钠溶液中和至中性，在水浴上蒸发至原体积的 1/4 后，移入 250mL 容量瓶中，加水至刻度。

（3）含大量淀粉的食品 称取 10～20g 样品，置于 250mL 容量瓶中，加 200mL 水在 45℃ 水浴上加热 1h，并时时振摇。冷却后加水至刻度，混匀，静置，沉淀。吸取 200mL 上清液于另一 250mL 容量瓶中，以下按（1）自"慢慢加入 5mL 乙酸锌溶液……"起依法操作。

（4）汽水等含有 CO_2 的饮料 吸取 100mL 样品，置于蒸发皿中，在水浴上除去二氧化碳后，移入 250mL 容量瓶中，并用水洗涤蒸发皿，洗液并入容量瓶中，再加水至刻度，混匀后备用。

2. 标定碱性酒石酸铜溶液

准确吸取碱性酒石酸铜甲液和乙液各 5mL 于锥形瓶中，加水 10mL 和玻璃珠 2 粒，从滴定管滴加约 9mL 葡萄糖标准溶液，控制在 2min 内加热至沸，趁沸以每 2s 1 滴的速度继续滴加葡萄糖标准溶液，直至溶液蓝色刚好褪去为终点，记录消耗葡萄糖标准溶液的总体积。同时平行操作三份，取其平均值，计算每 10mL（甲、乙液各 5mL）碱性酒石酸铜溶液相当于还原糖（以葡萄糖计）的质量（mg）。

$$F = c \times V$$

式中　F——10mL 碱性酒石酸铜溶液（甲、乙液各 5mL）相当于还原糖的质量，mg；

　　　c——葡萄糖标准溶液的浓度，mg/mL；

　　　V——标定时平均消耗还原糖（以葡萄糖计）标准溶液的体积，mL。

3. 样品溶液预测

吸取 5.0mL 碱性酒石酸铜甲液及 5.0mL 乙液，置于 150mL 锥形瓶中，加水 10mL，加入玻璃珠 2 粒，控制在 2min 内加热至沸，趁沸以先快后慢的速度，从滴定管中滴加试样溶液，并保持溶液沸腾状态，待溶液颜色变浅时，以每 2s 1 滴的速度滴定，直至溶液蓝色刚好褪去为终点，记录样液消耗体积。

当样液中还原糖浓度过高时应适当稀释，再进行正式测定，使每次滴定消耗样液的体积控制在与标定碱性酒石酸铜溶液时所消耗的还原糖标准溶液的体积相近，约 10mL 左右。当浓度过低时则采取直接加入 10mL 样品液，免去加水 10mL，再用还原糖标准溶液滴定至终点，记录样液消耗的体积与标定时消耗的还原糖标准溶液体积之差相当于 10mL 样液中所含还原糖的量。

4. 样品溶液测定

吸取 5.0mL 碱性酒石酸铜甲液及 5.0mL 乙液，置于 150mL 锥形瓶中，加水 10mL，加入玻璃珠 2 粒，从滴定管滴加比预测体积少 1mL 的试样溶液至锥形瓶中，控制其在 2min 内加热至沸，趁沸继续以每 2s 1 滴的速度滴定，直至蓝色刚好褪去为终点，记录样液消耗体积。同法平行操作三份，得出平均消耗体积。

（五）结果计算

$$X = \frac{F}{m \times \dfrac{V}{250} \times 1000} \times 100\%$$

式中　X——样品中还原糖的含量（以葡萄糖计），%；

　　　m——样品质量，g；

　　　F——10mL 碱性酒石酸铜溶液相当于还原糖（以葡萄糖计）的质量，mg；

　　　V——测定时平均消耗样品溶液的体积，mL。

注：对于淀粉含量高的食品，计算式分母中还应乘以 200/250。

计算结果表示到小数点后一位。

（六）精密度

在重复性条件下获得的两次独立测定结果的绝对差值不得超过算术平均值的 10%。

（七）说明

（1）此法所用的氧化剂碱性酒石酸铜的氧化能力较强，醛糖和酮糖都能被氧化，所以测得的是总还原糖量。

（2）本法是根据经过标定的一定量的碱性酒石酸铜溶液（Cu^{2+} 量一定）消耗的样品溶液量来计算样品溶液中还原糖的含量，反应体系中 Cu^{2+} 的含量是定量的基础，所以在样品处理时，不能使用铜盐作为澄清剂，以免样品溶液中引入 Cu^{2+}，得到错误的结果。

（3）亚甲基蓝本身也是一种氧化剂，其氧化型为蓝色，还原型为无色；但在测定条件下，它的氧化能力比 Cu^{2+} 弱，故还原糖先与 Cu^{2+} 反应，Cu^{2+} 完全反应后，稍微过量一点的还原糖则将亚甲基蓝指示剂还原，使之由蓝色变为无色，指示滴定终点。

（4）为消除氧化亚铜沉淀对滴定终点观察的干扰，在碱性酒石酸铜乙液中加入少量亚铁氰化钾，使之与 Cu_2O 生成可溶性的无色配合物，而不再析出红色沉淀。

（5）碱性酒石酸铜甲液和乙液应分别贮存，用时才混合，否则酒石酸钾钠铜配合物长期在碱性条件下会慢慢分解析出氧化亚铜沉淀，使试剂有效浓度降低。

（6）滴定时要保持沸腾状态，使上升蒸汽阻止空气侵入滴定反应体系中。一方面，加热可以加快还原糖与 Cu^{2+} 的反应速度；另一方面，亚甲基蓝的变色反应是可逆的，还原型亚甲基蓝遇到空气中的氧时又会被氧化为其氧化型，再变为蓝色。此外，氧化亚铜也极不稳定，容易与空气中的氧结合而被氧化，从而增加还原糖的消耗量。

（7）样品溶液预测的目的：一是本法对样品溶液中还原糖浓度有一定要求（0.1%左右），测定时样品溶液的消耗体积应与标定葡萄糖标准溶液时消耗的体积相近，通过预测可了解样品溶液浓度是否合适，浓度过大或过小均应加以调整，使预测时消耗样品溶液量在 10mL 左右；二是通过预测可知样品溶液的大概消耗量，以便在正式测定时，预先加入比实际用量少 1mL 左右的样品溶液，只留下 1mL 左右样品溶液在继续滴定时滴入，以保证在短时间内完成后续滴定工作，提高测定的准确度。

（8）此法中影响测定结果的主要操作因素是反应液碱度、热源强度、煮沸时间和滴定速度。反应液的碱度直接影响 Cu^{2+} 与还原糖反应的速度、反应进行的程度及测定结果。在一定范围内，溶液碱度越高，Cu^{2+} 的还原越快。因此，必须严格控制反应液的体积，标定和测定时消耗的体积应接近，使反应体系碱度一致。热源温度应控制在使反应液在 2min 内达到沸腾状态，且所有测定均应保持一致。否则加热至沸腾所需时间不同，引起蒸发量不同，使反应液碱度发生变化，从而引入误差。沸腾时间和滴定速度对结果影响也较大，一般沸腾时间短，消耗还原糖液多；反之，消耗还原糖液少。滴定速度过快，消耗还原糖量多；反之，消耗还原糖量少。因此，测定时应严格控制上述滴定操作条件，力求一致。平行试验样品溶液的消耗量相差不应超过 0.1mL。滴定时，先将所需体积的绝大部分加入到碱性酒石酸铜试剂中，使其充分反应，仅留 1mL 左右用滴定方式加入，而不是全部由滴定方式加入，其目的是使绝大多数样品溶液与碱性酒石酸铜在完全相同的条件下反应，减少因滴定操作带来的误差，提高测定精度。

项目九　膳食纤维的测定

（一）原理

样品经热的中性洗涤剂浸煮后，残渣用热蒸馏水充分洗涤，样品中的糖、游离淀粉、蛋白质、果胶等物质被溶解除去，然后加入 α-淀粉酶溶液以分解结合态淀粉，再用蒸馏水、丙酮洗涤，以除去残存的脂肪、色素等，残渣经烘干，即为不溶性膳食纤维（中性洗涤纤维）。

本法适用于谷物及其制品、饲料、果蔬等样品，对于蛋白质、淀粉含量高的样品，易形成大量泡沫，黏度大，过滤困难，使此法应用受到限制。本法设备简单，操作容易，准确度高，重现性好。所测结果包括食品中全部的纤维素、半纤维素、木质素、角质和二氧化硅等，最接近于食品中膳食纤维的真实含量，但不包括水溶性非消化性多糖，这是此法的最大缺点。

（二）试剂

（1）中性洗涤剂溶液　将 18.61g EDTA 二钠盐和 6.81g 四硼酸钠，置于烧杯中，加入约 150mL 水，加热使之溶解；将 30g 十二烷基硫酸钠和 10mL 2-乙氧基乙醇溶于约 700mL 热水中，合并上述两种溶液；再将 4.56g 无水磷酸氢二钠溶于 150mL 热水中，并入上述溶液中，用磷酸调节上述混合液至 pH=6.9～7.1，最后加水至 1000mL，此液使用期间如有沉淀生成，需在使用前加热到 60℃，使沉淀溶解。

（2）石油醚　沸程 30～60℃。

（3）α-淀粉酶溶液（25g/L）　用 38.7mL 0.1mol/L 的磷酸氢二钠和 61.3mL 0.1mol/L 的磷酸二氢钠配制成 pH=7 的磷酸盐缓冲溶液。称取 2.5g α-淀粉酶，溶于 100mL 上述缓冲溶液中，离心，过滤，滤过的酶液备用。

(4) 丙酮。

(5) 无水亚硫酸钠。

(6) 甲苯。

(7) 耐热玻璃棉。

（三）仪器

(1) 提取装置 由带冷凝器的300mL锥形瓶和可将100mL水在5～10min内由25℃升温到沸腾的可调电热板组成。

(2) 坩埚式耐酸玻璃滤器 容量60mL，滤板平均孔径40～90μm。

(3) 抽滤装置。

(4) 烘箱 110～130℃。

(5) 恒温箱 37℃±2℃。

（四）操作步骤

1. 样品处理

(1) 粮食样品 用水洗3次，置于60℃烘箱中烘干，磨碎，过20～30目筛（1mm）。储于塑料瓶内，放一小包樟脑精，盖紧瓶塞保存，备用。

(2) 蔬菜及其他植物性食品 取其可食部分，用水冲洗3次后，用纱布吸去水滴，切碎，取混合均匀的样品于60℃烘干，称重，磨碎，过20～30目筛，备用。

2. 样品测定

(1) 精确称取1.00g样品，置高型无嘴烧杯中，如样品脂肪含量超过10%，需先除去脂肪，即每次按每克样品用石油醚10mL，提取3次，加10mL中性洗涤剂溶液，再加0.5g无水亚硫酸钠。电炉加热，使之在5～10min内沸腾，移至电热板上，从微沸开始计时，准确微沸1h。

(2) 在耐酸玻璃滤器中铺1～3g玻璃棉，移至110℃烘箱内干燥4h。取出并放入干燥器内冷却至室温，称重得m_1（准确至小数点后第4位）。

(3) 将煮沸后的样品趁热倒入滤器，用水泵抽滤；用500mL的热水分3～5次洗涤烧杯及滤器，抽滤至干，洗净滤器下部的液体和泡沫，塞上玻璃塞。

(4) 于滤器中加入α-淀粉酶溶液，液面需覆盖纤维，用细针挤压掉其中的气泡，加几滴甲苯（防腐），上盖表面皿，置于37℃±2℃恒温箱中过夜。取出滤器，取下底部的塞子，抽去酶液，并用300mL热水分次洗去残留酶液，用碘液检查是否有淀粉残留，如有残留，继续加酶水解，如淀粉已除尽，抽干，再以25mL丙酮洗涤2次。

(5) 将滤器置于110℃烘箱中干燥4h，取出移入干燥器冷却至室温，称重，得m_2（准确至小数点后第四位）。

（五）结果计算

$$X = \frac{m_2 - m_1}{m} \times 100\%$$

式中 X——样品中不溶性膳食纤维的含量，%；

$\quad$ m_1——滤器加玻璃棉的质量，g；

$\quad$ m_2——滤器加玻璃棉及样品中纤维的质量，g；

$\quad$ m——样品质量，g。

计算结果表示到小数点后两位。

（六）精密度

在重复条件下获得的两次独立测定结果的绝对差值不得超过算术平均值的10%。

（七）说明

(1) 不溶性膳食纤维包括了样品中全部的纤维素、半纤维素、木质素、角质，由于食品中可溶性膳食纤维（来源于水果的果胶、某些豆类种子中的豆胶、海藻的藻胶、某些植物的黏性物质等可溶于水，称为可溶性膳食纤维）含量较少，所以中性洗涤纤维接近于食品中膳食纤维的真实含量。

（2）样品粒度对分析结果影响较大，颗粒过粗时结果偏高，而过细时又易造成滤板孔眼堵塞，使过滤无法进行。一般采用 20～30 目为宜，过滤困难时，可加入助剂。

（3）测定结果中包含灰分，可灰化后扣除。

模块二 食品微生物检验基础技能实训

项目一 食品中菌落总数的测定

（一）术语和定义——菌落总数

菌落总数是指食品检验样品经过处理，在一定条件下培养后，所得1g或1mL检样中形成的细菌菌落总数，以cfu/g（mL）来表示。除了对样品测定外，有时也对食品表面、食品接触面、食品加工用器具等进行测定，这时所得的是检样表面所带细菌形成的菌落总数，以cfu/cm²来表示。

按国家标准检验方法规定，菌落总数是在需氧情况下，36℃±1℃培养48h±2h，能在平板计数琼脂上生长发育的细菌菌落总数，所以厌氧菌或微需氧菌、有特殊营养要求的菌以及非嗜中温的细菌，由于现有条件不能满足其生理需求，故难以繁殖生长。菌落总数并不表示样品中实际存在的所有细菌总数，也不能区分其中细菌的种类，只包括一群在普通营养琼脂中生长发育、嗜中温的需氧和兼性厌氧细菌的菌落总数，所以有时也被称为杂菌数、需氧菌数等。

菌落总数主要作为判别食品被污染程度的标志，也可以应用这一方法观察细菌在食品中繁殖的动态，以便为被检样品进行卫生学评价时提供依据。食品中细菌菌落总数越多，则食品含有致病菌的可能性越大，食品质量越差；菌落总数越小，则食品含有致病菌的可能性越小。因此，须配合大肠菌群和致病菌的检验，才能对食品做出较全面的评价。

（二）设备和材料

除微生物实验室常规灭菌及培养设备外，其他设备和材料如下。

恒温培养箱：36℃±1℃、30℃±1℃；冰箱：2～5℃；恒温水浴箱：46℃±1℃；天平：感量为0.1g；均质器；振荡器；无菌吸管：1mL（具0.01mL刻度）、10mL（具0.1mL刻度）或微量移液器及吸头；无菌锥形瓶：容量250mL、500mL；无菌培养皿：直径90mm；pH计或pH比色管或精密pH试纸；放大镜和/或菌落计数器等。

（三）培养基和试剂

平板计数琼脂培养基；磷酸盐缓冲溶液；灭菌生理盐水；75%乙醇。

（四）检验程序（见图2-1）

（五）操作步骤

1. 检样稀释及培养

（1）取样 以无菌操作取检样25g（mL），放于盛有225mL灭菌生理盐水或磷酸盐缓冲液的灭菌玻璃瓶内（瓶内预置适量的玻璃珠）或灭菌乳钵内，经充分振荡或研磨制成1∶10的均匀稀释液。

固体和半固体检样在加入稀释液后，最好置灭菌均质器中以8000～10000 r/min的速度处理1～2min，制成1∶10的均匀稀释液。

（2）稀释 用1mL灭菌吸管吸取1∶10稀释液1mL，沿管壁徐徐注入含有9mL灭菌生理盐水或磷酸盐缓冲液的试管内，振摇试管或反复吹打混合均匀，制成1∶100的稀释液。另取1mL灭菌吸管，按上述操作顺序，制作10倍递增稀释液，如此每递增稀释一次即换用1支10mL

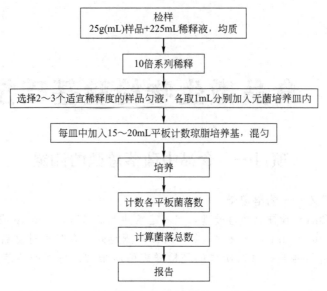

图 2-1　菌落总数检验流程

吸管。

（3）样品稀释度选择　根据标准要求或对污染情况的估计，选择 2～3 个适宜稀释度，分别在制作 10 倍递增稀释的同时，以吸取该稀释度的吸管移取 1mL 稀释液于灭菌平皿中，每个稀释度做两个平皿。同时分别取 1mL 稀释液（不含样品）加入两个灭菌平皿内作为空白对照。

样品稀释度选择方法：如果预先知道污染程度，就按照污染程度来选择稀释度，当对某一个样品的污染程度不清楚的时候，往往要根据它的限量标准来选择适宜的稀释度，最好能使三个稀释度中的中间稀释度的平皿菌落数落在 30～300cfu 之间。具体选择方法如下。

如某样品的限量标准为 10000cfu/g，根据平板菌落数，当样品处在限量标准时稀释 100 倍，我们可以选择 10^{-1}、10^{-2}、10^{-3} 三个稀释度，这样当样品中的菌数超出限量标准 10 倍或者低于限量标准 10 倍时都可以有相对准确的数值，从而满足对样品检验结果的要求。

（4）稀释液移入平皿后，将冷却至 46℃ 的平板计数琼脂培养基注入平皿约 15～20mL，并转动平皿，混合均匀。同时将营养琼脂培养基倾入加有 1mL 稀释液的灭菌培养皿内作为空白对照。

（5）待琼脂凝固后，翻转平板，置 36℃±1℃ 恒温培养箱内培养 48h±2h，水产品在 30℃±1℃ 温箱内培养 72h±3h。

（6）如样品中可能含有在琼脂培养基表面弥漫生长的菌落时，可在凝固后的琼脂表面覆盖一薄层琼脂培养基（约 4mL），凝固后培养。

2. 菌落计数方法

做平皿菌落计数时，可用肉眼观察，必要时用放大镜检查，以防遗漏。在记下各平皿的菌落总数后，求出同稀释度的各平皿平均菌落数。到达规定培养时间，应立即计数。如果不能立即计数，应将平板放置于 0～4℃，但不要超过 24h。

（1）平皿菌落数的选择　选取菌落数在 30～300cfu 之间的平板作为菌落总数测定标准。每一个稀释度应采用两个平皿的平均数，大于 300cfu 的可记为多不可计。

（2）其中一个平板有较大片状菌落生长时，则不宜采用，而应以无片状菌落生长的平板作为该稀释度的菌落数；若片状菌落不到平板的一半，而其余一半中菌落分布又很均匀，则可以计算半个平板后乘以 2，以代表一个平板的菌落数。

（3）当平板上有链状菌落生长时，如呈链状生长的菌落之间无任何明显界限，则应作为一个菌落计；如存在有几条不同来源的链，则每条链均应按一个菌落计算，不要把链上生长的每一个菌落分开计数。

3. 菌落计数的计算

（1）若只有一个稀释度平板上的菌落数在适宜计数范围内，则计算两个平板菌落数的平均值，再将平均值乘以相应稀释倍数，作为每克（毫升）中菌落总数结果。

（2）若有两个连续稀释度的平板菌落数皆在适宜计数范围内时，按如下公式计算：

$$N = \sum C / [(n_1 + 0.1n_2)d] \tag{2-1}$$

式中　N——样品中菌落数；

$\sum C$——平板（含适宜范围菌落数的平板）菌落数之和；

n_1——第一个适宜稀释度平板数；

n_2——第二个适宜稀释度平板数；

d——稀释因子（第一稀释度）。

例如：

稀释度	1：100（第一稀释度）/cfu	1：1000（第二稀释度）/cfu
菌落数	252,224	31,37

$$N = \frac{252 + 224 + 31 + 37}{(2 + 0.1 \times 2) \times 10^{-2}} = \frac{544}{0.022} = 24727 \text{（cfu）}$$

四舍五入表示为：2.5×10^4 cfu。

（3）若所有稀释度的平板菌落数均＞300cfu，则取最高稀释度的平均菌落数乘以稀释倍数计算。如 10^{-1}、10^{-2}、10^{-3} 三个稀释度的平板菌落数分别为 850cfu 和 900cfu、740cfu 和 800cfu、330cfu 和 350cfu，均大于 300cfu，则选择 10^{-3} 稀释度的平皿进行计算，即该样品的菌落总数为 $\frac{330 + 350}{2 \times 10^{-3}} = 3.4 \times 10^5$ cfu。

（4）若所有稀释度平板菌落数均＜30cfu，则以最低稀释度的平均菌落数乘以稀释倍数计算。

（5）若所有稀释度平板均无菌落生长，则应按＜1乘以最低稀释倍数计算。

（6）若所有稀释度均不在 30～300cfu 之间，有的＞300cfu，有的又＜30cfu，则应以最接近 300cfu 或 30cfu 的平均菌落数乘以稀释倍数计算。当出现这种情况时，应注意将不同稀释度的平皿中的菌落数统一到同一个稀释度中进行比较。如 10^{-1}、10^{-2} 稀释度的平板菌落数分别为 350cfu 和 360cfu、21cfu 和 23cfu，则应将它们统一到 10^{-1} 的稀释度进行比较，即此时 10^{-1} 稀释度平板中的菌落平均数 355cfu 和 300cfu 比较，而 10^{-2} 稀释度中平板的菌落平均数乘以 10 倍后即 220cfu 和 300cfu 比较，然后再对两种比较结果进行分析，即 10^{-1} 相差 55cfu，而 10^{-2} 相差 80cfu，因此应选择 10^{-1} 稀释度平板中的菌落数作为结果。

4. 菌落计数报告方法

（1）菌落数在 1～100cfu 时，按四舍五入报告两位有效数字。

（2）菌落数≥100cfu 时，第三位数字按四舍五入计算，取前面两位有效数字，为了缩短数字后面的零数，也可以 10 的指数表示。

（3）若所有平板上为蔓延菌落而无法计数，则报告菌落蔓延。

（4）若空白对照上有菌落生长，则此次检测结果无效。

（5）称重取样以 cfu/g 为单位报告，体积取样以 cfu/mL 为单位报告。

项目二　食品中大肠菌群数的测定

（一）定义

大肠菌群是指一群在 37℃、24h 能发酵乳糖产酸产气，需氧或兼性厌氧的革兰阴性无芽孢杆菌。主要是由肠杆菌科中埃希菌属、柠檬酸杆菌属、肠杆菌属及克雷伯菌属的一部分及沙门菌属的Ⅲ亚属的细菌组成。现在有两种测定方法：MPN法和平板计数法。

(二) 设备和材料

除微生物实验室常规灭菌及培养设备外，其他设备和材料如下。

恒温培养箱：36℃±1℃；冰箱：0～4℃；恒温水浴锅：46℃±1℃；天平：感量0.1g；均质器；振荡器；灭菌吸管1mL（具0.01mL刻度）；灭菌锥形瓶：容量500mL；灭菌培养皿：直径90mm；pH计或pH比色管或精密pH试纸；菌落计数器等。

(三) 培养基和试剂

月桂基硫酸盐胰蛋白胨（LST）肉汤；煌绿乳糖胆盐（BGLB）肉汤；结晶紫中性红胆盐琼脂（VRBA）；磷酸盐缓冲液；无菌生理盐水；无菌1mol/L NaOH；无菌1mol/L HCl等。

(四) 检验程序（见图2-2、图2-3）。

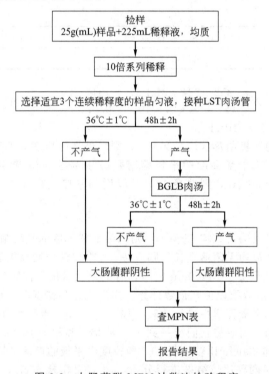

图 2-2　大肠菌群 MPN 计数法检验程序

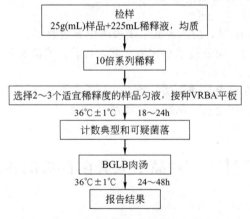

图 2-3　大肠菌群平板计数法检验程序

（五）操作步骤

1. 第一法：大肠菌群 MPN 计数法

（1）样品的稀释

① 固体和半固体样品。称取 25g 样品，放入盛有 225mL 磷酸盐缓冲液或生理盐水的无菌均质杯内，8000～10000r/min 均质 1～2min，或放入盛有 225mL 磷酸盐缓冲液或生理盐水的无菌均质袋中，用拍击式均质器拍打 1～2min，制成 1：10 的样品匀液。

② 液体样品。以无菌吸管吸取 25mL 样品，置盛有 225mL 磷酸盐缓冲液或生理盐水的无菌锥形瓶（瓶内预置适当数量的无菌玻璃珠）中，充分混匀，制成 1：10 的样品匀液。

③ 样品匀液的 pH 值应在 6.5～7.5 之间，必要时分别用 1mol/L 氢氧化钠（NaOH）或 1mol/L 盐酸（HCl）调节。

④ 用 1mL 无菌吸管或微量移液器吸取 1：10 样品匀液 1mL，沿管壁缓缓注入盛有 9mL 磷酸盐缓冲液或生理盐水的无菌试管中（注意吸管或吸头尖端不要触及稀释液面），振摇试管或换用 1 支 1mL 无菌吸管反复吹打，使其混合均匀，制成 1：100 的样品匀液。

⑤ 根据对样品污染状况的估计，按上述操作，依次制成 10 倍递增系列稀释样品匀液。每递增稀释 1 次，换用 1 支 1mL 无菌吸管或吸头。从制备样品匀液至样品接种完毕，全过程不得超过 15min。

（2）初发酵试验 每个样品，选择 3 个适宜的连续稀释度的样品匀液（液体样品可以选择原液），每个稀释度接种 3 管月桂基硫酸盐胰蛋白胨（LST）肉汤，每管接种 1mL（如接种量超过 1mL，则用双料 LST 肉汤），36℃±1℃ 培养 24h±2h，观察试管内是否有气泡产生，如未产气则继续培养至 48h±2h。

记录在 24h 和 48h 内产气的 LST 肉汤管数。未产气者为大肠菌群阴性，产气者则进行复发酵试验。

（3）复发酵试验 用接种环从所有 48h±2h 内发酵产气的 LST 肉汤管中分别取培养物 1 环，移种于煌绿乳糖胆盐（BGLB）肉汤管中，36℃±1℃ 培养 48h±2h，观察产气情况。产气者，计为大肠菌群阳性管。

2. 第二法：大肠菌群平板计数法

（1）样品的稀释 按第一法中的稀释方法进行。

（2）平板计数

① 选取 2～3 个适宜的连续稀释度，每个稀释度接种两个无菌平皿，每皿 1mL。同时分别取 1mL 生理盐水加入两个无菌平皿作为空白对照。

② 及时将约 15～20mL 冷却至 46℃ 的结晶紫中性红胆盐琼脂（VRBA）倾注于每个平皿中。小心旋转平皿，将培养基与样液充分混匀，待琼脂凝固后，再加 3～4mL VRBA 覆盖平板表层。翻转平板，置于 36℃±1℃ 培养 18～24h。

③ 平板菌落数的选择。选取菌落数在 15～150cfu 之间的平板，分别计数平板上出现的典型和可疑大肠菌群菌落。典型菌落为紫红色，菌落周围有红色的胆盐沉淀环，菌落直径为 0.5mm 或更大。

（3）证实试验 从 VRBA 平板上挑取 10 个不同类型的典型和可疑菌落，分别移种于 BGLB 肉汤管内，36℃±1℃ 培养 24～48h，观察产气情况。凡 BGLB 肉汤管产气，即可报告为大肠菌群阳性。

选取菌落数在 15～150cfu 之间的平板，分别计数平板上出现的典型和可疑大肠菌群菌落。典型菌落为紫红色，菌落周围有红色的胆盐沉淀环，菌落直径为 0.5mm 或更大。

大肠菌群最可能数（MPN）检索表见附录五。

项目三　食品中金黄色葡萄球菌的检验

（一）设备和材料

除微生物实验室常规灭菌及培养设备外，其他设备和材料如下。

恒温培养箱：36℃±1℃；冰箱：2～5℃；恒温水浴箱：37～65℃；天平：感量0.1g；均质器；振荡器；无菌吸管：1mL（具0.01mL刻度）、10mL（具0.1mL刻度）或微量移液器及吸头；无菌锥形瓶：容量100mL、500mL；无菌培养皿：直径90mm；注射器：0.5mL；pH计或pH比色管或精密pH试纸等。

（二）培养基和试剂

10%氯化钠胰酪胨大豆肉汤；7.5%氯化钠肉汤；血琼脂平板；Baird-Parker琼脂平板；脑心浸出液肉汤（BHI）；兔血浆；稀释液：磷酸盐缓冲液；营养琼脂小斜面；革兰染色液；无菌生理盐水等。

（三）检验程序

金黄色葡萄球菌的检测方法分为定性和定量两种方法，即金黄色葡萄球菌检验和金黄色葡萄球菌Baird-Parker平板法检验，具体程序分别见图2-4和图2-5。

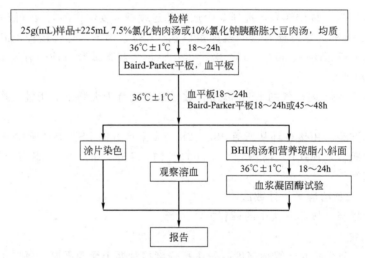

图2-4　金黄色葡萄球菌检验程序

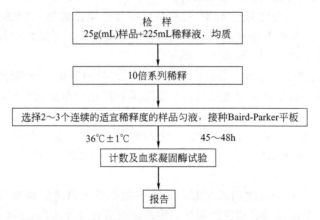

图2-5　金黄色葡萄球菌Baird-Parker平板法检验程序

（四）操作步骤

1. 第一法：金黄色葡萄球菌定性检验

（1）样品处理 称取 25g 样品至盛有 225mL 7.5％氯化钠肉汤或 10％氯化钠胰酪胨大豆肉汤的无菌均质杯内，8000～10000r/min 均质 1～2min，或放入盛有 225mL 7.5％氯化钠肉汤或 10％氯化钠胰酪胨大豆肉汤的无菌均质袋中，用拍击式均质器拍打 1～2min。若样品为液态，吸取 25mL 样品至盛有 225mL 7.5％氯化钠肉汤或 10％氯化钠胰酪胨大豆肉汤的无菌锥形瓶（瓶内可预置适当数量的无菌玻璃珠）中，振荡混匀。

（2）增菌和分离培养 将上述样品匀液于 36℃±1℃ 培养 18～24h。金黄色葡萄球菌在 7.5％氯化钠肉汤中呈混浊生长，污染严重时在 10％氯化钠胰酪胨大豆肉汤内呈混浊生长。

将上述培养物，分别划线接种到 Baird-Parker 平板和血平板，血平板 36℃±1℃ 培养 18～24h。Baird-Parker 平板 36℃±1℃ 培养 18～24h 或 45～48h。

金黄色葡萄球菌在 Baird-Parker 平板上，菌落直径为 2～3mm，颜色呈灰色到黑色，边缘为淡色，周围为一混浊带，在其外层有一透明圈。用接种针接触菌落有似奶油至树胶样的硬度，偶然会遇到非脂肪溶解的类似菌落，但无混浊带及透明圈。长期保存的冷冻或干燥食品中所分离的菌落比典型菌落所产生的黑色要淡些，外观可能粗糙并干燥。在血平板上形成的菌落较大，圆形、光滑凸起、湿润、金黄色（有时为白色），菌落周围可见完全透明溶血圈。挑取上述菌落进行革兰染色镜检及血浆凝固酶试验。

（3）鉴定

① 染色镜检。金黄色葡萄球菌为革兰阳性球菌，排列呈葡萄球状，无芽孢，无荚膜，直径约为 0.5～1μm。

② 血浆凝固酶试验。挑取 Baird-Parker 平板或血平板上可疑菌落 1 个或 1 个以上，分别接种到 5mL BHI 和营养琼脂小斜面，36℃±1℃ 培养 18～24h。

取新鲜配制兔血浆 0.5mL，放入小试管中，再加入 BHI 培养物 0.2～0.3mL，振荡摇匀，置 36℃±1℃ 温箱或水浴箱内，每半小时观察一次，观察 6h，如呈现凝固（即将试管倾斜或倒置时，呈现凝块）或凝固体积大于原体积的一半，被判定为阳性结果。同时以血浆凝固酶试验阳性和阴性葡萄球菌菌株的肉汤培养物作为对照。也可用商品化的试剂，按说明书操作，进行血浆凝固酶试验。

结果如可疑，挑取营养琼脂小斜面的菌落到 5mL BHI，36℃±1℃ 培养 18～48h，重复试验。

（4）结果与报告

① 结果判定。血平板、Baird-Parker 平板的菌落特征、镜检结果符合金黄色葡萄球菌的特征，及血浆酶试验阳性的，可判为金黄色葡萄球菌阳性。

② 结果报告。在 25g（mL）样品中检出（或未检出）金黄色葡萄球菌。

2. 第二法：金黄色葡萄球菌 Baird-Parker 平板法检验

（1）样品的稀释

① 固体和半固体样品。称取 25g 样品置盛有 225mL 磷酸盐缓冲液或生理盐水的无菌均质杯内，8000～10000r/min 均质 1～2min，或置盛有 225mL 稀释液的无菌均质袋中，用拍击式均质器拍打 1～2min，制成 1∶10 的样品匀液。

② 液体样品。以无菌吸管吸取 25mL 样品置盛有 225mL 磷酸盐缓冲液或生理盐水的无菌锥形瓶（瓶内预置适当数量的无菌玻璃珠）中，充分混匀，制成 1∶10 的样品匀液。

③ 用 1mL 无菌吸管或微量移液器吸取 1∶10 样品匀液 1mL，沿管壁缓慢注于盛有 9mL 稀释液的无菌试管中（注意吸管或吸头尖端不要触及稀释液面），振摇试管或换用 1 支 1mL 无菌吸管反复吹打使其混合均匀，制成 1∶100 的样品匀液。

④ 按③操作程序，制备 10 倍系列稀释样品匀液。每递增稀释一次，换用 1 支 1mL 无菌吸

管或吸头。

（2）样品的接种　根据对样品污染状况的估计，选择 2～3 个适宜稀释度的样品匀液（液体样品可包括原液），在进行 10 倍递增稀释时，每个稀释度分别吸取 1mL 样品匀液以 0.3mL、0.3mL、0.4mL 接种量分别加入三块 Baird-Parker 平板，然后用无菌 L 棒涂布整个平板，注意不要触及平板边缘。使用前，如 Baird-Parker 平板表面有水珠，可放在 25～50℃ 的培养箱里干燥，直到平板表面的水珠消失。

（3）培养　在通常情况下，涂布后将平板静置 10min，如样液不易吸收，可将平板放在培养箱 36℃±1℃ 培养 1h；等样品匀液吸收后翻转平皿，倒置于培养箱，36℃±1℃ 培养 45～48h。

（4）典型菌落计数和确认

① 金黄色葡萄球菌在 Baird-Parker 平板上，菌落直径为 2～3mm，颜色呈灰色到黑色，边缘为淡色，周围为一混浊带，在其外层有一透明圈。用接种针接触菌落有似奶油至树胶样的硬度，偶然会遇到非脂肪溶解的类似菌落，但无混浊带及透明圈。长期保存的冷冻或干燥食品中所分离的菌落比典型菌落所产生的黑色要淡些，外观可能粗糙并干燥。

② 选择有典型的金黄色葡萄球菌菌落，且同一稀释度 3 个平板菌落数皆在 20～200cfu 之间的平板，计数典型菌落数。如果：

a. 如果只有一个稀释度平板的菌落数在 20～200cfu 之间且有典型菌落，计数该稀释度平板上的典型菌落。

b. 最低稀释度平板的菌落数小于 20cfu 且有典型菌落，计数该稀释度平板上的典型菌落。

c. 某一稀释度平板的菌落数大于 200cfu 且有典型菌落，但下一稀释度平板上没有典型菌落，应计数该稀释度平板上的典型菌落。

d. 某一稀释度平板的菌落数大于 200cfu 且有典型菌落，下一稀释度平板上有典型菌落，但其平板上的菌落数不在 20～200cfu 之间，则应计数该稀释度平板上的典型菌落。

以上按式（2-2）计算。

e. 2 个连续稀释度的平板菌落数均在 20～200cfu 之间，则按式（2-3）计算。

③ 从典型菌落中任选 5 个菌落（小于 5 个全选），分别按第一法步骤做血浆凝固酶试验。

（5）结果计算

$$T = AB/(Cd) \qquad\qquad (2\text{-}2)$$

式中　T——样品中金黄色葡萄球菌菌落数；

　　　A——某一稀释度典型菌落的总数；

　　　B——某一稀释度血浆凝固酶阳性的菌落数；

　　　C——某一稀释度用于血浆凝固酶试验的菌落数；

　　　d——稀释因子。

$$T = (A_1 B_1/C_1 + A_2 B_2/C_2)/(1.1d) \qquad\qquad (2\text{-}3)$$

式中　T——样品中金黄色葡萄球菌菌落数；

　　　A_1——第一稀释度（低稀释倍数）典型菌落的总数；

　　　A_2——第二稀释度（高稀释倍数）典型菌落的总数；

　　　B_1——第一稀释度（低稀释倍数）血浆凝固酶阳性的菌落数；

　　　B_2——第二稀释度（高稀释倍数）血浆凝固酶阳性的菌落数；

　　　C_1——第一稀释度（低稀释倍数）用于血浆凝固酶试验的菌落数；

　　　C_2——第二稀释度（高稀释倍数）用于血浆凝固酶试验的菌落数；

　　　1.1——计算系数；

　　　d——稀释因子（第一稀释度）。

（6）结果与报告　根据 Baird-Parker 平板上金黄色葡萄球菌的典型菌落数，按上述公式计算，报告每 1g（mL）样品中金黄色葡萄球菌数，以 cfu/g（mL）表示；如 T 值为 0，则以小于

1 乘以最低稀释倍数报告。

项目四　食品中沙门菌属的检验

（一）原理

沙门菌属是一大群寄生于人类和动物肠道，其生化反应和抗原构造相似的革兰阴性杆菌。是一群血清学上相关的需氧、无芽孢的革兰阴性杆菌，周身鞭毛，能运动，不发酵侧金盏花醇、乳糖及蔗糖，不液化明胶，不产生靛基质，不分解尿素，能有规律地发酵葡萄糖并产酸产气。沙门菌属种类繁多，少数只对人致病，其他对动物致病，偶尔可传染给人。主要引起人类伤寒、副伤寒以及食物中毒或败血症。在发生于世界各地的食物中毒事件中，沙门菌食物中毒常占首位或第二位。

食品中沙门菌的检验方法有五个基本步骤：①前增菌；②选择性增菌；③选择性平板分离沙门菌；④生化试验，鉴定到属；⑤血清学分型鉴定。目前检验食品中的沙门菌是按统计学取样方案为基础，以 25g 食品为标准分析单位。

（二）试剂和仪器

除微生物实验室常规灭菌及培养设备外，其他设备和材料如下。

冰箱：2～5℃；恒温培养箱：36℃±1℃，42℃±1℃；均质器；振荡器；电子天平：感量 0.1g；无菌锥形瓶：容量 500mL，250mL；无菌吸管：1mL（具 0.01mL 刻度）、10mL（具 0.1mL 刻度）或微量移液器及吸头；无菌培养皿：直径 90mm；无菌试管：3mm×50mm、10mm×75mm；无菌毛细管；pH 计或 pH 比色管或精密 pH 试纸；全自动微生物生化鉴定系统等。

（三）培养基和试剂

缓冲蛋白胨水（BPW）；四硫磺酸钠煌绿（TTB）增菌液；亚硒酸盐胱氨酸（SC）增菌液；亚硫酸铋（BS）琼脂；HE 琼脂；木糖赖氨酸脱氧胆盐（XLD）琼脂；沙门菌属显色培养基；三糖铁（TSI）琼脂；蛋白胨水、靛基质试剂；尿素琼脂（pH 7.2）；氰化钾（KCN）培养基；赖氨酸脱羧酶试验培养基；糖发酵管；邻硝基酚 β-D-半乳糖苷（ONPG）培养基；半固体琼脂；丙二酸钠培养基；沙门菌 O 和 H 诊断血清；生化鉴定试剂盒。

（四）检验程序（见图 2-6）

（五）操作步骤

1. 前增菌

称取 25g（mL）样品放入盛有 225mL BPW 的无菌均质杯中，以 8000～10000r/min 均质 1～2min，或置于盛有 225mL BPW 的无菌均质袋中，用拍击式均质器拍打 1～2min。若样品为液态，不需要均质，振荡混匀。如需测定 pH，用 1mol/mL 无菌 NaOH 或 HCl 调 pH 至 6.8±0.2。无菌操作将样品转至 500mL 锥形瓶中，如使用均质袋，可直接进行培养，于 36℃±1℃培养 8～18h。

如为冷冻产品，应在 45℃以下不超过 15min 或 2～5℃不超过 18h 解冻。

2. 增菌

轻轻摇动培养过的样品混合物，移取 1mL，转种于 10mL TTB 内，于 42℃±1℃培养 18～24h。同时，另取 1mL，转种于 10mL SC 内，于 36℃±1℃培养 18～24h。

3. 分离

分别用接种环取增菌液 1 环，划线接种于一个 BS 琼脂平板和一个 XLD 琼脂平板（或 HE 琼脂平板或沙门菌属显色培养基平板）。于 36℃±1℃分别培养 18～24h（XLD 琼脂平板、HE 琼脂平板、沙门菌属显色培养基平板）或 40～48h（BS 琼脂平板），观察各个平板上生长的菌落，各

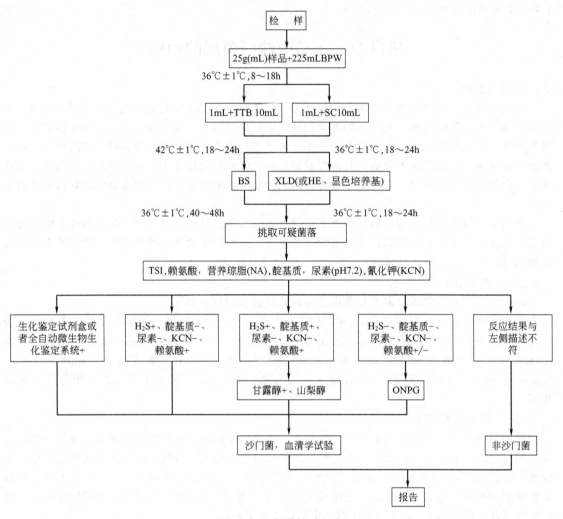

图 2-6　沙门菌检验程序

个平板上的菌落特征见表 2-2。

表 2-2　沙门菌属在不同选择性琼脂平板上的菌落特征

选择性琼脂平板	沙门菌
BS 琼脂	菌落为黑色有金属光泽、棕褐色或灰色,菌落周围培养基可呈黑色或棕色;有些菌株形成灰绿色的菌落,周围培养基不变
HE 琼脂	蓝绿色或蓝色,多数菌落中心黑色或几乎全黑色;有些菌株为黄色,中心黑色或几乎全黑色
XLD 琼脂	菌落呈粉红色,带或不带黑色中心,有些菌株可呈现大的带光泽的黑色中心,或呈现全部黑色的菌落;有些菌株为黄色菌落,带或不带黑色中心
沙门菌属显色培养基	按照显色培养基的说明进行判定

4. 生化试验

　　自选择性琼脂平板上分别挑取 2 个以上典型或可疑菌落,接种三糖铁琼脂,先在斜面划线,再于底层穿刺;接种针不要灭菌,直接接种赖氨酸脱羧酶试验培养基和营养琼脂平板,于 36℃±1℃培养 18～24h,必要时可延长至 48h。在三糖铁琼脂和赖氨酸脱羧酶试验培养基内,沙门菌属的反应结果见表 2-3。

表 2-3 沙门菌属在三糖铁琼脂和赖氨酸脱羧酶试验培养基内的反应结果

三糖铁琼脂				赖氨酸脱羧酶试验培养基	初步判断
斜面	底层	产气	硫化氢		
K	A	+（-）	+（-）	+	可疑沙门菌
K	A	+（-）	+（-）	-	可疑沙门菌
A	A	+（-）	+（-）	-	可疑沙门菌
A	A	+/-	+/-	-	非沙门菌
K	K	+/-	+/-	+/-	非沙门菌

注：K 为产碱，A 为产酸；+ 为阳性，- 为阴性；+（-）为多数阳性，少数阴性；+/- 为阳性或阴性。

如果为 K/K 模式，说明斜面、底层产碱，没有发酵葡萄糖，而沙门菌是可以发酵葡萄糖的，所以无论赖氨酸脱羧酶试验结果如何，均为非沙门菌；

沙门菌可发酵葡萄糖，不发酵乳糖和蔗糖，底层产酸，由于葡糖糖量少，发酵完后利用蛋白胨产碱，碱量大于酸，中和后变为碱性，若沙门菌试验为 K/A 模式，判定为可疑；

如果赖氨酸脱羧酶试验为阳性，而三糖铁为 A/A 模式，即利用了赖氨酸产碱，但量不够，在底层、斜面产酸量较大，说明利用了乳糖或者蔗糖，部分沙门菌具有这样的性质，判定为可疑；

如果赖氨酸脱羧酶试验为阴性，而三糖铁为 A/A 模式，说明底层、斜面产酸，没有一种沙门菌属具有这样的性质，故判定为非沙门菌。

接种三糖铁琼脂和赖氨酸脱羧酶试验培养基的同时，可直接接种蛋白胨水（供做靛基质试验）、尿素琼脂（pH7.2）、氰化钾（KCN）培养基，也可在得到初步判断结果后从营养琼脂平板上挑取可疑菌落接种。于 36℃±1℃ 培养 18～24h，必要时可延长至 48h，按表 2-4 判定结果。将已挑菌落的平板贮存于 2～5℃ 或室温至少保留 24h，以备必要时复查。

表 2-4 沙门菌属生化反应初步鉴别表

反应序号	硫化氢（H_2S）	靛基质	pH7.2 尿素	氰化钾（KCN）	赖氨酸脱羧酶
A1	+	-	-	-	+
A2	+	+	-	-	+
A3	-	-	-	-	+/-

注：+ 为阳性；- 为阴性；+/- 为阳性或阴性。

反应序号 A1，典型反应，判定为沙门菌。如尿素、氰化钾和赖氨酸脱羧酶三项中有一项异常，按照表 2-5 可判定为沙门菌。如有 2 项异常为非沙门菌。

表 2-5 沙门氏菌属生化反应初步鉴定表

pH7.2 尿素	氰化钾（KCN）	赖氨酸脱羧酶	判定结果
-	-	-	甲型副伤寒沙门菌（要求血清学鉴定结果）
-	+	+	沙门菌Ⅳ或Ⅴ（要求符合本群生化特征）
+	-	+	沙门菌个别变体（要求血清学鉴定结果）

注：+ 为阳性；- 为阴性。

5. 血清学分型鉴定

（1）抗原的准备 一般采用 1.5% 琼脂斜面培养物作为玻片凝集试验用的抗原。

O血清不凝集时，将菌株接种在琼脂量较高的（如2.5%～3%）培养基上再检查；如果是由于Vi抗原的存在而阻止了O凝集反应，可挑取菌苔于1mL生理盐水中做成浓菌液，于酒精灯火焰上煮沸后再检查。H抗原发育不良时，将菌株接种在0.7%～0.8%半固体琼脂平板的中央，待菌落蔓延生长时，在其边缘部分取菌检查；或将菌株通过装有0.3%～0.4%半固体琼脂的小玻管1～2次，自远端取菌培养后再检查。

（2）O抗原的鉴定　操作：用A～F多价O血清做玻片凝集试验，同时用生理盐水做对照（见图2-7）。在生理盐水中自凝者为粗糙形菌株，不能分型。

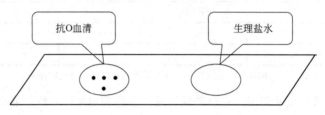

图2-7　玻片凝集试验图

被A～F多价O血清凝集者，依次用O4；O3，10；O7；O8；O9；O2和O11因子血清做凝集试验。根据试验结果，判定O群。被O3，10血清凝集的菌株，再用O10、O15、O34、O19单因子血清做凝集试验，判定E1、E2、E3、E4各亚群，每一个O抗原成分的最后确定均应根据O单因子血清的检查结果，没有O单因子血清的要用两个O复合因子血清进行核对。

不被A～F多价O血清凝集者，先用57种或163种沙门菌因子血清中的9种多价O血清检查，如有其中一种血清凝集，则用这种血清所包括的O群血清逐一检查，以确定O群。每种多价O血清所包括的O因子如下：

O多价1	A,B,C,D,E,F群（并包括6,14群）
O多价2	13,16,17,18,21群
O多价3	28,30,35,38,39群
O多价4	40,41,42,43群
O多价5	44,45,47,48群
O多价6	50,51,52,53群
O多价7	55,56,57,58群
O多价8	59,60,61,62群
O多价9	63,65,66,67群

模块三　食品检验综合技能实训

任务一　果蔬汁饮料的检验

> **实训目标**
> 1. 了解果蔬汁饮料的基本知识。
> 2. 掌握果蔬汁饮料的常规检验项目及相关标准。
> 3. 掌握果蔬汁饮料的检验方法。

第一节　果蔬汁饮料基本知识

果蔬汁类饮料是以各种果（蔬）或其浓缩汁（浆）为原料，经预处理、榨汁、调配、杀菌、无菌灌装或热灌装等主要工序而生产的各种果汁及蔬菜汁类饮料产品。包括果蔬汁、果蔬汁饮料、带肉果蔬汁饮料等。不包括原果汁低于 5％ 的果味饮料。

一、果蔬汁饮料的加工工艺

1. 以浓缩果（蔬）汁（浆）为原料

水处理→水＋辅料　　　　　（果肉）

浓缩汁(浆)→稀释、调配→预热→灌装→密封→杀菌→检验→包装成品→成品

水处理→水＋辅料＋(果肉)

浓缩汁(浆)→稀释、调配→杀菌→无菌灌装(热灌装)→检验→成品

2. 以果（蔬）为原料

水处理→水＋辅料＋(果肉)

果(蔬)→预处理→榨汁(提取)→稀释、调配→预热→灌装→密封→杀菌→检验→包装成品→成品

水处理→水＋辅料＋(果肉)

果(蔬)→预处理→榨汁(提取)→稀释、调配→无菌灌装(热灌装)→检验→成品

二、果蔬汁饮料容易出现的质量安全问题

（1）设备、环境等生产设施卫生管理不到位，而使产品的卫生指标不合格。

（2）个人卫生、质量意识不强造成产品的化学和生物污染，产生质量安全问题。

（3）原辅材料、包装材料、水处理把关不严，造成物理、化学和生物危害。

（4）原料质量及配料控制等环节易从原料中带入防腐剂、色素、甜味剂等，造成原果汁含量及配料与明示不符、食品添加剂超范围和超量使用。

三、果蔬汁饮料生产的关键控制环节

（1）原辅材料、包装材料的质量控制。

（2）生产车间，尤其是配料和灌装车间的卫生管理控制。

（3）水处理工序，过滤工序对杂质的管理控制。

（4）杀菌工序、灌封工序的控制。

（5）瓶、盖的清洗清毒。

（6）操作人员的卫生管理。

四、果蔬汁饮料生产企业必备的出厂检验设备

天平（0.1g）、分析天平（0.1mg）、无菌室或超净工作台、灭菌锅、微生物培养箱、生物显微镜、计量容器、酸度计（颜色较深的样品测定）、折光计、酸碱滴定装置。

五、果蔬汁饮料的检验项目和标准

果蔬汁饮料的相关标准：GB 19297《果、蔬汁饮料卫生标准》；地方标准及备案有效的企业标准。

果蔬汁饮料的检验项目见表 3-1。

表 3-1 果蔬汁饮料产品质量检验项目及检验标准

序号	检验项目	发证	监督	出厂	检验标准	备注
1	感官	√	√	√	GB 19297	
2	净含量	√	√	√	JJF 1070	
3	总酸	√	√	√	GB/T 12456	
4	可溶性固形物	√	√	√	GB/T 12143	
5	※原果汁含量	√	√	*	GB/T 12143	
6	总砷	√	√	*	GB 5009.11	
7	铅	√	√	*	GB 5009.12	
8	铜	√	√	*	GB/T 5009.13	
9	二氧化硫残留量	√	√	*	GB/T 5009.34	
10	铁	√	√	*	GB/T 5009.90	金属罐装产品
11	锌	√	√	*	GB/T 5009.14	金属罐装产品
12	锡	√	√	*	GB 5009.16	金属罐装产品
13	锌、铁、铜总和	√	√	*	GB/T 5009.14 GB/T 5009.90 GB/T 5009.13	金属罐装产品
14	展青霉素	√	√	*	GB/T 5009.185	苹果汁、山楂汁
15	☆菌落总数	√	√	√	GB 4789.2	
16	☆大肠菌群	√	√	*	GB 4789.3	
17	☆致病菌	√	√	*	GB 4789.4 GB 4789.5 GB 4789.10	
18	☆霉菌	√	√	*	GB 4789.15	
19	☆酵母	√	√	*	GB 4789.15	
20	★商业无菌	√	√	√	GB 4789.26	
21	苯甲酸	√	√	*	GB/T 5009.29	其他防腐剂根据产品使用
22	山梨酸	√	√	*	GB/T 5009.29	状况确定

序号	检验项目	发证	监督	出厂	检验标准	备注
23	糖精钠	√	√	＊	GB/T 5009.28	其他甜味剂根据产品使用
24	甜蜜素	√	√	＊	GB/T 5009.97	状况确定
25	着色剂	√	√	＊	GB/T 5009.35	根据产品色泽选择测定
26	标签	√	√		GB 7718	

注：1. 企业出厂检验项目中有"√"标记的，为常规检验项目。

2. 企业出厂检验项目中有"＊"标记的，企业应当每年检验两次。

3. 带※的项目为橙、柑、橘汁及其饮料的测定项目。

4. 带☆的项目为以非罐头加工工艺生产的罐装果蔬汁饮料的微生物测定项目。

5. 带★的项目为以罐头加工工艺生产的罐装果蔬汁饮料的微生物测定项目。

第二节　果蔬汁饮料检验项目

一、感官检验

1. 色泽、组织状态、杂质

取 50mL 混合均匀的被测样品于洁净的样品杯（或 100mL 小烧杯）中，置于明亮处，用肉眼观察其色泽、组织状态及可见杂质。

2. 滋味和气味

取适量试样置于 50mL 洁净烧杯中，先嗅其香气，然后用温开水漱口，再品尝其滋味。

二、净含量的测定

在 20℃±2℃ 条件下，将样液沿量筒壁缓慢倒入量筒中，静置，待泡沫消失后读取体积。

三、总酸的测定（指示剂法）

（一）原理

根据酸碱中和原理，用碱液滴定试液中的酸，以酚酞为指示剂确定滴定终点，按碱液的消耗量计算食品中的总酸含量。

（二）试剂

（1）0.1mol/L 氢氧化钠标准滴定溶液。

（2）0.01mol/L 或 0.05mol/L 氢氧化钠标准滴定溶液：将 0.1mol/L 氢氧化钠标准滴定溶液稀释浓度（用时当天稀释）。

（3）1％酚酞指示剂溶液：1g 酚酞溶于 60mL 95％乙醇中，用水稀释至 100mL。

（三）仪器

检验室常用仪器。

（四）操作步骤

1. 试样的制备

样品充分混匀，总酸含量小于或等于 4g/kg 的液体试样直接测定；大于 4g/kg 的液体试样取 10～50g 精确至 0.001g，置于 100mL 烧杯中。用 80℃ 热蒸馏水将烧杯中的内容物转移到 250mL 容量瓶中（总体积约 150mL）。置于沸水浴中煮沸 30min（摇动 2～3 次，使固体中的有机酸全部溶解于溶液中），取出，冷却至室温（约 20℃），用快速滤纸过滤，收集滤液备测。

2. 分析步骤

（1）取 25.00～50.00mL 试液，使之含 0.035～0.070g 酸，置于 250mL 锥形瓶中。加 40～60mL 水及 0.2mL 1％酚酞指示剂，用 0.1mol/L 氢氧化钠标准滴定溶液（如样品酸度较低，可用 0.01mol/L 或 0.05mol/L 氢氧化钠标准滴定溶液）滴定至微红色 30s 不褪色。记录消耗 0.1mol/L 氢氧化钠标准滴定溶液的体积（V_1）。同一被测样品须测定两次。

（2）空白试验　用水代替试液。以下按（1）操作。记录消耗 0.1mol/L 氢氧化钠标准滴定溶液的体积（V_2）。

（五）分析结果表述

总酸以每千克（或每升）样品中酸的质量（g）表示，按下式计算：

$$X = \frac{c(V_1 - V_2)KF}{m} \times 1000$$

式中　X——每千克（或每升）样品中酸的质量，g/kg（或 g/L）；

c——氢氧化钠标准滴定溶液的浓度，mol/L；

V_1——滴定试液时消耗氢氧化钠标准滴定溶液的体积，mL；

V_2——空白试验时消耗氢氧化钠标准滴定溶液的体积，mL；

F——试液的稀释倍数；

m——试样的取样量，g 或 mL；

K——酸的换算系数。

各种酸的换算系数分别为：苹果酸 0.067；乙酸 0.060；酒石酸 0.075；柠檬酸 0.064；柠檬酸 0.070（含 1 分子结晶水）；乳酸 0.090；盐酸 0.036；磷酸 0.049。

计算结果精确到小数点后第二位。

如两次测定结果差在允许范围内，则取两次测定结果的算术平均值报告结果。同一样品的两次测定值之差，不得超过两次测定平均值的 2%。

四、可溶性固形物的测定（折光计法）

（一）方法

在 20℃ 时用折光计测量待测样液的折射率，在折光计上直接读出可溶性固形物含量。

（二）仪器

实验室常用仪器。阿贝折光计：测量范围 0～80%，精确度 ±0.1%。

（三）操作步骤

1. 试液的制备

将试样充分混匀，直接测定。

2. 分析步骤

（1）测定前按说明书校正折光计。

（2）分开折光计两面棱镜，用脱脂棉蘸乙醚或乙醇擦净，挥干乙醚或乙醇。

（3）用末端熔圆的玻璃棒蘸取试液 2～3 滴，滴于折光计棱镜面中央（注意勿使玻璃棒触及镜面）。

（4）迅速闭合棱镜，静置 1min，使试液均匀无气泡，并充满视野。

（5）对准光源，通过目镜观察接物镜。转动棱镜旋钮，使视野分成明暗两部，再旋转色散补偿旋钮，使明暗界限更清晰，并使其分界线恰在接物镜的十字交叉点上。读取目镜视野中的百分数即为可溶性固形物的百分含量，测定样液温度。

（6）将上述百分含量按表 3-2 换算为 20℃ 时可溶性固形物百分含量。

测定时温度最好控制在 20℃ 左右观察，尽可能缩小校正范围。

同一样品进行两次测试。

五、细菌总数的测定

参见模块二，项目一。

表 3-2 可溶性固形物对温度校正表

温度/℃		可溶性固形物含量读数/%									
		5	10	15	20	25	30	40	50	60	70
减校正值	15	0.29	0.31	0.33	0.34	0.34	0.35	0.37	0.38	0.39	0.40
	16	0.24	0.25	0.26	0.27	0.28	0.28	0.30	0.30	0.31	0.32
	17	0.18	0.19	0.20	0.21	0.21	0.21	0.22	0.23	0.23	0.24
	18	0.13	0.13	0.14	0.14	0.14	0.14	0.15	0.15	0.16	0.16
	19	0.06	0.06	0.07	0.07	0.07	0.07	0.08	0.08	0.08	0.08
加校正值	21	0.07	0.07	0.07	0.07	0.08	0.08	0.08	0.08	0.08	0.08
	22	0.13	0.14	0.14	0.15	0.15	0.15	0.15	0.16	0.16	0.16
	23	0.20	0.21	0.22	0.22	0.23	0.23	0.23	0.24	0.24	0.24
	24	0.27	0.28	0.29	0.30	0.30	0.31	0.31	0.31	0.32	0.32
	25	0.35	0.36	0.37	0.38	0.38	0.39	0.40	0.40	0.40	0.40

六、大肠菌群的测定

参见模块二，项目二。

七、商业无菌检验

（一）定义

罐头食品经过适度的杀菌后，不含有致病性微生物，也不含有在通常温度下能在其中繁殖的非致病性微生物，这种状态叫做商业无菌。

低酸性罐藏食品：除酒精饮料以外，杀菌后平衡 pH 大于 4.6、水分活度大于 0.85 的罐藏食品；原来是低酸性的水果、蔬菜或蔬菜制品，为加热杀菌的需要而加酸降低 pH 的，属于酸化的低酸性罐藏食品。

酸性罐藏食品：杀菌后平衡 pH 等于或小于 4.6 的罐藏食品。pH 小于 4.7 的番茄、梨和菠萝以及由其制成的汁，以及 pH 小于 4.9 的无花果均属于酸性罐藏食品。

（二）培养基和试剂

1. 无菌生理盐水：见本项"附"中 1.9。

2. 结晶紫染色液：见本项"附"中 1.8.1。

3. 二甲苯。

4. 含 4% 碘的乙醇溶液：4g 碘溶于 100mL 的 70% 乙醇溶液。

5. 培养基：溴甲酚紫葡萄糖肉汤；庖肉培养基；营养琼脂；酸性肉汤；麦芽浸膏汤；沙氏葡萄糖琼脂；肝小牛肉琼脂。

（三）设备和材料

灭菌剪刀，试管，无菌吸管，平皿，镊子，接种环，酒精灯；冰箱：2～5℃；恒温培养箱：30℃±1℃，36℃±1℃，55℃±1℃；恒温水浴箱：55℃±1℃；均质器及无菌均质袋、均质杯或乳钵；电位 pH 计（精确度 pH0.05 单位）；显微镜：10～100 倍（油镜）；开罐器和罐头打孔器；电子秤或台式天平；超净工作台或百级洁净实验室。

（四）检验程序

商业无菌检验程序见图 3-1。

（五）操作步骤

1. 样品准备

去除表面标签，在包装容器表面用防水的油性记号笔做好标记，并记录容器、编号、产品性状、泄漏情况，是否有小孔或锈蚀、压痕、膨胀及其他异常情况。

2. 称重

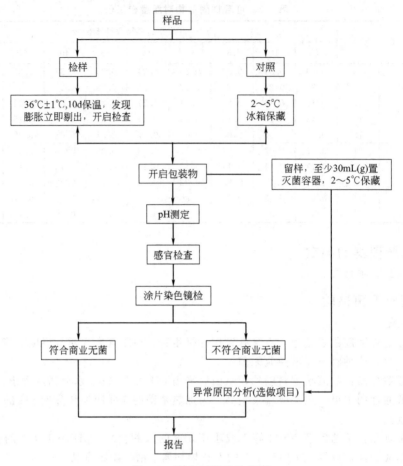

图 3-1 商业无菌检验程序

1kg 及以下的包装物精确到 1g，1kg 以上的包装物精确到 2g，10kg 以上的包装物精确到 10g，并记录。

3. 保温

(1) 每个批次取 1 个样品置 2～5℃ 冰箱保存作为对照，将其余样品在 36℃±1℃ 下保温 10d。保温过程中应每天检查，如有膨胀或泄漏现象，应立即剔出，开启检查。

(2) 保温结束时，再次称重并记录，比较保温前后样品重量有无变化。如有变轻，表明样品发生泄漏。将所有包装物置于室温直至开启检查。

4. 开启

(1) 如有膨胀的样品，则将样品先置于 2～5℃ 冰箱内冷藏数小时后开启。

(2) 如有膨胀用冷水和洗涤剂清洗待检样品的光滑面。水冲洗后用无菌毛巾擦干。以含 4% 碘的乙醇溶液浸泡消毒光滑面 15min 后用无菌毛巾擦干，在密闭罩内点燃至表面残余的碘乙醇溶液全部燃烧完。膨胀样品以及采用易燃包装材料包装的样品不能灼烧，以含 4% 碘的乙醇溶液浸泡消毒光滑面 30min 后用无菌毛巾擦干。

(3) 在超净工作台或百级洁净实验室中开启。带汤汁的样品开启前应适当振摇。使用无菌开罐器在消毒后的罐头光滑面开启一个适当大小的口，开罐时不得伤及卷边结构，每一个罐头单独使用一个开罐器，不得交叉使用。如样品为软包装，可以使用灭菌剪刀开启，不得损坏接口处。立即在开口上方嗅闻气味，并记录。

注：严重膨胀样品可能会发生爆炸，喷出有毒物。可以采取在膨胀样品上盖一条灭菌毛巾或者用一个

无菌漏斗倒扣在样品上等预防措施来防止这类危险的发生。

5. 留样

开启后，用灭菌吸管或其他适当工具以无菌操作取出内容物至少 30mL（g）至灭菌容器内，保存于 2～5℃冰箱中，在需要时可用于进一步试验，待该批样品得出检验结论后可弃去。开启后的样品可进行适当的保存，以备日后容器检查时使用。

6. 感官检查

在光线充足、空气清洁无异味的检验室中，将样品内容物倾入白色搪瓷盘内，对产品的组织、形态、色泽和气味等进行观察和嗅闻，按压食品检查产品性状，鉴别食品有无腐败变质的迹象，同时观察包装容器内部和外部的情况，并记录。

7. pH 测定

（1）样品处理

① 液态制品混匀备用，有固相和液相的制品则取混匀的液相部分备用。

② 对于稠厚或半稠厚制品以及难以从中分出汁液的制品（如糖浆、果酱、果冻、油脂等），取一部分样品在均质器或研钵中研磨，如果研磨后的样品仍太稠厚，加入等量的无菌蒸馏水，混匀备用。

（2）测定

① 将电极插入被测试样液中，并将 pH 计的温度校正器调节到被测液的温度。如果仪器没有温度校正系统，被测试样液的温度应调到 20℃±2℃ 的范围之内，采用适合于所用 pH 计的步骤进行测定。当读数稳定后，从仪器的标度上直接读出 pH，精确到 pH 0.05 单位。

② 同一个制备试样至少进行两次测定。两次测定结果之差应不超过 0.1 pH 单位。取两次测定的算术平均值作为结果，报告精确到 0.05 pH 单位。

（3）分析结果

与同批中冷藏保存对照样品相比，比较是否有显著差异。pH 相差 0.5 及以上判为显著差异。

8. 涂片染色镜检

（1）涂片　取样品内容物进行涂片。带汤汁的样品可用接种环挑取汤汁涂于载玻片上，固态食品可直接涂片或用少量灭菌生理盐水稀释后涂片，待干后用火焰固定。油脂性食品涂片自然干燥后用火焰固定后，用二甲苯流洗，自然干燥。

（2）染色镜检　对上步制备的涂片用结晶紫染色液进行单染色，干燥后镜检，至少观察 5 个视野，记录菌体的形态特征以及每个视野的菌数。与同批冷藏保存对照样品相比，判断是否有明显的微生物增殖现象。菌数有百倍或百倍以上的增长则判为明显增殖。

（六）结果判定

样品经保温试验未出现泄漏；保温后开启，经感官检验、pH 测定、涂片镜检，确证无微生物增殖现象，则可报告该样品为商业无菌。

样品经保温试验出现泄漏；保温后开启，经感官检验、pH 测定、涂片镜检，确证有微生物增殖现象，则可报告该样品为非商业无菌。

若需核查样品出现膨胀、pH 或感官异常、微生物增殖等原因，可取样品内容物的留样按照本项"附"中内容进行接种培养并报告。若需判定样品包装容器是否出现泄漏，可取开启后的样品按照本项"附"中内容进行密封性检查并报告。

附　异常原因分析（选做项目）

1　培养基和试剂

1.1　溴甲酚紫葡萄糖肉汤

1.1.1　成分

蛋白胨	10.0g
牛肉浸膏	3.0g
葡萄糖	10.0g
氯化钠	5.0g
溴甲酚紫	0.04g（或1.6％乙醇溶液2.0mL）
蒸馏水	1000.0mL

1.1.2 制法

将除溴甲酚紫外的各成分加热搅拌溶解，校正pH至7.0±0.2，加入溴甲酚紫，分装于带有小倒管的试管中，每管10mL，121℃高压灭菌10min。

1.2 庖肉培养基

1.2.1 成分

牛肉浸液	1000.0mL
蛋白胨	30.0g
酵母膏	5.0g
葡萄糖	3.0g
磷酸二氢钠	5.0g
可溶性淀粉	2.0g
碎肉渣	适量

1.2.2 制法

1.2.2.1 称取新鲜除脂肪和筋膜的碎牛肉500g，加蒸馏水1000mL和1mol/L氢氧化钠溶液25.0mL，搅拌煮沸15min，充分冷却，除去表层脂肪，澄清，过滤，加水补足至1000mL，即为牛肉浸液。加入1.2.1除碎肉渣外的各种成分，校正pH至7.8±0.2。

1.2.2.2 碎肉渣经水洗后晾至半干，分装于15mm×150mm试管约2～3cm高，每管加入还原铁粉0.1～0.2g或铁屑少许。将1.2.2.1配制的液体培养基分装至每管内超过肉渣表面约1cm。上面覆盖熔化的凡士林或液体石蜡0.3～0.4cm。121℃灭菌15min。

1.3 营养琼脂

1.3.1 成分

蛋白胨	10.0g
牛肉膏	3.0g
氯化钠	5.0g
琼脂	15.0～20.0g
蒸馏水	1000.0mL

1.3.2 制法

将除琼脂以外的各成分溶解于蒸馏水内，加入15％氢氧化钠溶液约2mL，校正pH至7.2～7.4。加入琼脂，加热煮沸，使琼脂溶化。分装于烧瓶或13mm×130mm试管，121℃高压灭菌15min。

1.4 酸性肉汤

1.4.1 成分

多价蛋白胨	5.0g
酵母浸膏	5.0g
葡萄糖	5.0g
磷酸二氢钾	5.0g
蒸馏水	1000.0mL

1.4.2 制法

将 1.4.1 中各成分加热搅拌溶解，校正 pH 至 5.0±0.2，121℃高压灭菌 15min。

1.5　麦芽浸膏汤

1.5.1　成分

麦芽浸膏	15.0g
蒸馏水	1000.0mL

1.5.2　制法

将麦芽浸膏在蒸馏水中充分溶解，滤纸过滤，校正 pH 至 4.7±0.2，分装，121℃灭菌 15min。

1.6　沙氏葡萄糖琼脂

1.6.1　成分

蛋白胨	10.0g
琼脂	15.0g
葡萄糖	40.0g
蒸馏水	1000.0mL

1.6.2　制法

将各成分在蒸馏水中溶解，加热煮沸，分装于烧瓶中，校正 pH 至 5.6±0.2，121℃高压灭菌 15min。

1.7　肝小牛肉琼脂

1.7.1　成分

肝浸膏	50.0g
小牛肉浸膏	500.0g
胨蛋白胨	20.0g
新蛋白胨	1.3g
胰蛋白胨	1.3g
葡萄糖	5.0g
可溶性淀粉	10.0g
等离子酪蛋白	2.0g
氯化钠	5.0g
硝酸钠	2.0g
明胶	20.0g
琼脂	15.0g
蒸馏水	1000.0mL

1.7.2　制法

在蒸馏水中将各成分混合。校正 pH 至 7.3±0.2，121℃灭菌 15min。

1.8　革兰染色液

1.8.1　结晶紫染色液

1.8.1.1　成分

结晶紫	1.0g
95%乙醇	20.0mL
1%草酸铵水溶液	80.0mL

1.8.1.2　制法

将 1.0g 结晶紫完全溶解于 95%乙醇中，再与 1%草酸铵溶液混合。

1.8.2　革兰碘液

1.8.2.1　成分

碘	1.0g
碘化钾	2.0g
蒸馏水	300.0mL

1.8.2.2 制法

将 1.0g 碘与 2.0g 碘化钾先行混合，加入蒸馏水少许充分振摇，待完全溶解后，再加蒸馏水至 300mL。

1.8.3 沙黄复染液

1.8.3.1 成分

沙黄	0.25g
95%乙醇	10.0mL
蒸馏水	90.0mL

1.8.3.2 制法

将 0.25g 沙黄溶解于乙醇中，然后用蒸馏水稀释。

1.8.4 染色法

1.8.4.1 涂片在火焰上固定，滴加结晶紫染液，染 1min，水洗。

1.8.4.2 滴加革兰碘液，作用 1min，水洗。

1.8.4.3 滴加 95%乙醇脱色约 15～30s，直至染色液被洗掉，不要过分脱色，水洗。

1.8.4.4 滴加复染液，复染 1min，水洗、待干、镜检。

1.9 无菌生理盐水

1.9.1 成分

| 氯化钠 | 8.5g |
| 蒸馏水 | 1000.0mL |

1.9.2 制法

称取 8.5g 氯化钠溶于 1000mL 蒸馏水中，121℃高压灭菌 15min。

2 低酸性罐藏食品的接种培养（pH 大于 4.6）

2.1 对低酸性罐藏食品，每份样品接种 4 管预先加热到 100℃并迅速冷却到室温的庖肉培养基内；同时接种 4 管溴甲酚紫葡萄糖肉汤。每管接种 1～2mL(g) 样品（液体样品为 1～2mL，固体为 1～2g，两者皆有时，应各取一半）。培养条件见表 3-3。

表 3-3 低酸性罐藏食品（pH＞4.6）接种的庖肉培养基和溴甲酚紫葡萄糖肉汤

培养基	管数/管	培养温度/℃	培养时间/h
庖肉培养基	2	36±1	96～120
庖肉培养基	2	55±1	24～72
溴甲酚紫葡萄糖肉汤	2	55±1	24～48
溴甲酚紫葡萄糖肉汤	2	36±1	96～120

2.2 经过表 3-3 规定的培养条件培养后，记录每管有无微生物生长。如果没有微生物生长，则记录后弃去。

2.3 如果有微生物生长，以接种环沾取液体涂片，革兰染色镜检。如在溴甲酚紫葡萄糖肉汤管中观察到不同的微生物形态或单一的球菌、真菌形态，则记录并弃去。在庖肉培养基中未发现杆菌，培养物内含有球菌、酵母菌、霉菌或其混合物，则记录并弃去。将溴甲酚紫葡萄糖肉汤和庖肉培养基中出现生长的其他各阳性管分别划线接种 2 块肝小牛肉琼脂或营养琼脂平板，一块平板作需氧培养，另一平板作厌氧培养。培养程序见图 3-2。

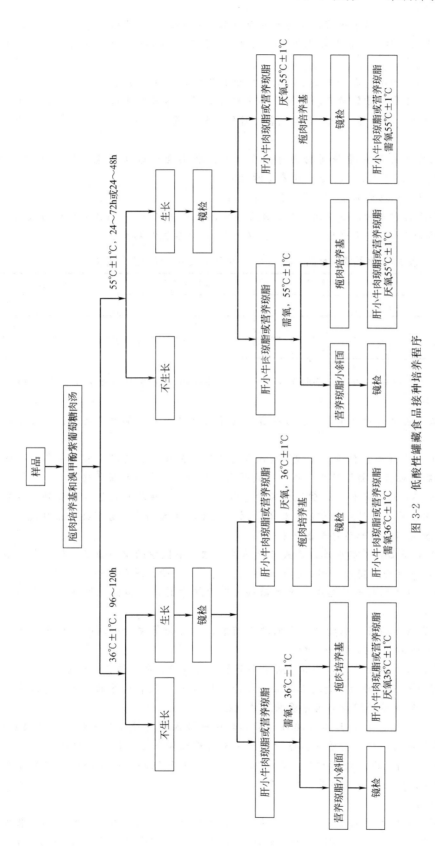

图 3-2　低酸性罐藏食品接种培养程序

2.4　挑取需氧培养中单个菌落，接种于营养琼脂小斜面，用于后续的革兰染色镜检；挑取厌氧培养中的单个菌落涂片，革兰染色镜检。挑取需氧和厌氧培养中的单个菌落，接种于庖肉培养基，进行纯培养。

2.5　挑取营养琼脂小斜面和厌氧培养的庖肉培养基中的培养物涂片镜检。

2.6　挑取纯培养中的需氧培养物接种肝小牛肉琼脂或营养琼脂平板，进行厌氧培养；挑取纯培养中的厌氧培养物接种肝小牛肉琼脂或营养琼脂平板，进行需氧培养。以鉴别是否为兼性厌氧菌。

2.7　如果需检测梭状芽孢杆菌的肉毒毒素，则挑取典型菌落接种庖肉培养基作纯培养。36℃培养5d，按照GB/T 4789.12进行肉毒毒素检验。

3　酸性罐藏食品的接种培养（pH小于或等于4.6）

3.1　每份样品接种4管酸性肉汤和2管麦芽浸膏汤。每管接种1～2mL(g)样品（液体样品为1～2mL，固体为1～2g，两者皆有时，应各取一半）。培养条件见表3-4。

表3-4　酸性罐藏食品（pH≤4.6）接种的酸性肉汤和麦芽浸膏汤

培养基	管数/管	培养温度/℃	培养时间/h
酸性肉汤	2	55±1	48
酸性肉汤	2	30±1	96
麦芽浸膏汤	2	30±1	96

3.2　经过表3-4中规定的培养条件培养后，记录每管有无微生物生长。如果没有微生物生长，则记录后弃去。

3.3　对有微生物生长的培养管，取培养后的内容物直接涂片，革兰染色镜检，记录观察到的微生物。

3.4　如果在30℃培养条件下，在酸性肉汤或麦芽浸膏汤中有微生物生长，将各阳性管分别接种2块营养琼脂或沙氏葡萄糖琼脂平板，一块作需氧培养，另一块作厌氧培养。

3.5　如果在55℃培养条件下，酸性肉汤中有微生物生长，将各阳性管分别接种2块营养琼脂平板，一块作需氧培养，另一块作厌氧培养。对有微生物生长的平板进行染色涂片镜检，并报告镜检所见微生物型别。培养程序见图3-3。

3.6　挑取30℃需氧培养的营养琼脂或沙氏葡萄糖琼脂平板中的单个菌落，接种营养琼脂小斜面，用于后续的革兰染色镜检。同时接种酸性肉汤或麦芽浸膏汤进行纯培养。

挑取30℃厌氧培养的营养琼脂或沙氏葡萄糖琼脂平板中的单个菌落，接种酸性肉汤或麦芽浸膏汤进行纯培养。

挑取55℃需氧培养的营养琼脂平板中的单个菌落，接种营养琼脂小斜面，用于后续的革兰染色镜检。同时接种酸性肉汤进行纯培养。

挑取55℃厌氧培养的营养琼脂平板中的单个菌落，接种酸性肉汤进行纯培养。

3.7　挑取营养琼脂小斜面中的培养物涂片镜检。挑取30℃厌氧培养的酸性肉汤或麦芽浸膏汤培养物和55℃厌氧培养的酸性肉汤培养物涂片镜检。

3.8　将30℃需氧培养的纯培养物接种于营养琼脂或沙氏葡萄糖琼脂平板中进行厌氧培养，将30℃厌氧培养的纯培养物接种于营养琼脂或沙氏葡萄糖琼脂平板中进行需氧培养，将55℃需氧培养的纯培养物接种于营养琼脂中进行厌氧培养，将55℃厌氧培养的纯培养物接种于营养琼脂中进行需氧培养，以鉴别是否为兼性厌氧菌。

3.9　结果分析

3.9.1　如果在膨胀的样品里没有发现微生物的生长，膨胀可能是由于内容物和包装发生反应产生氢气造成的。产生氢气的量随贮存的时间长短和存储条件而变化。填装过满也可能导致轻

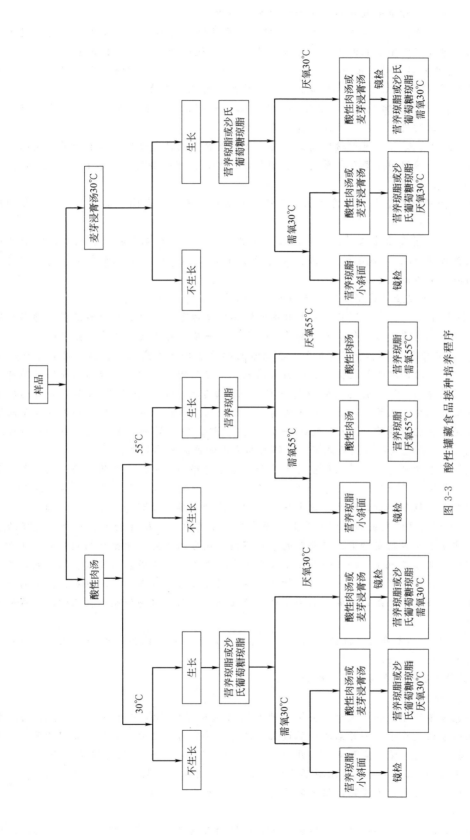

图 3-3　酸性罐藏食品接种培养程序

微的膨胀，可以通过称重来确定是否是由于填装过满所致。

在直接涂片中看到有大量细菌的混合菌相，但是经培养后不生长，表明是杀菌前发生的腐败。由于密闭包装前细菌生长的结果，导致产品的pH、气味和组织形态呈现异常。

3.9.2　包装容器密封性良好时，在36℃培养条件下若只有芽孢杆菌生长，且它们的耐热性不高于肉毒梭菌（*Clostridium botulinum*），则表明生产过程中杀菌不足。

3.9.3　培养出现杆菌和球菌、真菌的混合菌落，表明包装容器发生泄漏。也有可能是杀菌不足所致，但在这种情况下同批产品的膨胀率将很高。

3.9.4　在36℃或55℃溴甲酚紫葡萄糖肉汤培养观察产酸产气情况，如有产酸，表明是有嗜中温的微生物，如嗜温耐酸芽孢杆菌，或者嗜热微生物，如嗜热脂肪芽孢杆菌（*Bacillus stearo-thermophilus*）生长。

在55℃的庖肉培养基上有细菌生长并产气，发出腐烂气味，表明样品腐败是由嗜热的厌氧梭菌所致。

在36℃庖肉培养基上生长并产生带腐烂气味的气体，镜检可见芽孢，表明腐败可能是由肉毒梭菌、生孢梭菌（*C. sporogenes*）或产气荚膜梭菌（*C. perfringens*）引起的。有需要可以进一步进行肉毒毒素检测。

3.9.5　酸性罐藏食品的变质通常是由无芽孢的乳杆菌和酵母所致。

一般pH低于4.6的情况下不会发生由芽孢杆菌引起的变质，但变质的番茄酱或番茄汁罐头并不出现膨胀，但有腐臭味，伴有或不伴有pH降低，一般是由需氧的芽孢杆菌所致。

3.9.6　许多罐藏食品中含有嗜热菌，在正常的贮存条件下不生长，但当产品暴露于较高的温度（50～55℃）时，嗜热菌就会生长并引起腐败。嗜热耐酸的芽孢杆菌和嗜热脂肪芽孢杆菌分别在酸性和低酸性的食品中引起腐败但是并不出现包装容器膨胀。在55℃培养不会引起包装容器外观的改变，但会产生臭味，伴有或不伴有pH的降低。番茄、梨、无花果和菠萝等类罐头的腐败变质有时是由巴斯德梭菌（*C. pasteurianum*）引起。嗜热解糖梭状芽孢杆菌（*C. thermo-saccharolyticum*）就是一种嗜热厌氧菌，能够引起膨胀和产品的腐烂气味。

嗜热厌氧菌也能产气，由于在细菌开始生长之后迅速增殖，可能会混淆膨胀是由氢气引起的还是由嗜热厌氧菌产气引起的。化学物质分解将产生二氧化碳，尤其是集中发生在含糖和一些酸的食品如番茄酱、糖蜜、甜馅和高糖的水果罐头中。这种分解速度随着温度上升而加快。

3.9.7　灭菌的真空包装和正常的产品直接涂片，分离出任何微生物都应该怀疑是实验室污染。为了证实是否为实验室污染，在无菌的条件下接种该分离出的活的微生物到另一个正常的对照样品，密封，在36℃培养14d。如果发生膨胀或产品变质，这些微生物就可能不是来自于原始样品。如果样品仍然是平坦的，无菌操作打开样品包装并按上述步骤做再次培养；如果同一种微生物被再次发现并且产品是正常的，认为该产品商业无菌，因为这种微生物在正常的保存和运送过程中不生长。

3.9.8　如果食品本身发生混浊，肉汤培养可能得不出确定性结论，这种情况需进一步培养以确定是否有微生物生长。

4　镀锡薄钢板食品空罐密封性检验方法

4.1　减压试漏

将样品包装罐洗净，36℃烘干。在烘干的空罐内注入清水至容积的80%～90%，将一带橡胶圈的有机玻璃板放置于罐头开启端的卷边上，使其保持密封。启动真空泵，关闭放气阀，用手按住盖板，控制抽气，使真空表从0Pa升到6.8×10^4Pa（510mmHg）的时间在1min以上，并保持此真空度1min以上。倾斜并仔细观察罐体，尤其是卷边及焊缝处，有无气泡产生。凡同一部位连续产生气泡，应判断为泄漏，记录漏气的时间和真空度，并标注漏气部位。

4.2　加压试漏

将样品包装罐洗净，36℃烘干。用橡皮塞将空罐的开孔塞紧，将空罐浸没在盛水玻璃缸中，开动空气压缩机，慢慢开启阀门，使罐内压力逐渐加大，直至压力升至 $6.8 \times 10^4 Pa$ 并保持 2min。仔细观察罐体，尤其是卷边及焊缝处，有无气泡产生。凡同一部位连续产生气泡，应判断为泄漏，记录漏气开始的时间和压力，并标注漏气部位。

八、原果汁含量的检验

（一）方法原理

通过测定饮料中钾、总磷、氨基酸态氮、L-脯氨酸、总 D-异柠檬酸、总黄酮 6 种组分的实测值计算（推导）果汁含量的方法，适用于橙、柑、橘浓缩汁和果汁，以及果汁含量不低于 2.5% 的橙、柑、橘汁饮料。

（二）橙、柑、橘汁及其混合果汁的标准值和权值

（1）标准值　橙、柑、橘果汁及由其浓缩汁复原的果汁中可溶性固形物含量和 6 种组分实测值经数理统计确定的合理数值。

① 可溶性固形物的标准值：20℃时，用折光计测定（不校正酸度），橙、柑、橘汁及其混合果汁可溶性固形物（加糖除外）的标准值，以不低于 10.0% 计。

② 钾、总磷、氨基酸态氮、L-脯氨酸、总 D-异柠檬酸、总黄酮 6 种组分的标准值：见表 3-5。

（2）权值　根据 6 种组分实测值变异系数的大小而确定的某种组分在总体中所占的比重。6 种组分权值见表 3-5。

表 3-5　橙、柑、橘汁中 6 种组分的标准值及权值

组　分	标　准　值			权　值		
	橙汁	柑、橘汁	混合果汁	橙汁	柑、橘汁	混合果汁
钾/(mg/kg)	1370	1250	1300	0.18	0.16	0.18
总磷/(mg/kg)	135	130	135	0.20	0.19	0.19
氨基酸态氮/(mg/kg)	290	305	300	0.19	0.19	0.19
L-脯氨酸/(mg/kg)	760	685	695	0.14	0.14	0.14
总 D-异柠檬酸/(mg/kg)	80	140	115	0.15	0.17	0.15
总黄酮/(mg/kg)	1185	1100	1105	0.14	0.15	0.15

注：如标签是未标明橙汁或柑、橘汁时，以混合果汁计算。

（三）操作步骤

（1）按本项目"附"规定的方法测定样品中 6 种组分。

（2）将 6 种组分的实测值分别与各自标准值的比值合理修正后，乘以相应的修正权值，逐项相加求得样品中的果汁含量。

（四）果汁含量计算

1. 橙、柑、橘及其饮料中果汁含量按下式计算：

$$y = \sum_{i=1}^{6} \left(\frac{x_i}{X_i} \times R_i \right) \times 100\%$$

式中　y——果汁含量，%；

$x_{i(1\sim6)}$——样品中相应的钾、总磷、氨基酸态氮、L-脯氨酸、总 D-异柠檬酸、总黄酮含量的实测值，mg/kg；

$X_{i(1\sim6)}$——相应的钾、总磷、氨基酸态氮、L-脯氨酸、总 D-异柠檬酸、总黄酮的标准值，mg/kg；

$R_{i(1\sim6)}$——相应的钾、总磷、氨基酸态氮、L-脯氨酸、总 D-异柠檬酸、总黄酮的权值。

2. 异常数据的修正原则

(1) 当 $\dfrac{x_i}{X_i} > 1.25$ 时（$i = 1, 2, 3, 4, 6$），须将大于 1.25 的组分项删除，其权值按比例分配给剩余组分项；修正后的果汁含量按下式计算：

$$y' = \frac{y'_i}{1 - \sum R_i}$$

式中　y'——修正后的果汁含量，%；

　　　y'_i——删除异常数据后果汁含量的计算值；

　　　R_i——被删除组分项的权值。

(2) 当 $\dfrac{x_i}{X_i} > 1.25$ 时，按 1.25 计算

(3) 当 $\dfrac{x_i}{X_i} > \dfrac{x_5}{X_5} \times 2$ 或 $\dfrac{x_i}{X_i} < \dfrac{x_5}{X_5} \times 0.35$ 时（$i = 1, 2, 3, 4, 6$），须将其分项删除，相应的权值按比例分配给剩余组分项，按 (1) 中公式计算果汁含量。

(4) 当同时修正 3 种组分时（总 D-异柠檬酸除外），果汁含量按下式计算：

$$y'' = \frac{x_5}{X_5} \times 100\%$$

式中　y''——用总 D-异柠檬酸组分项计算出的果汁含量，%。

附　6 种组分的测定

A. 钾的测定

（一）原理

将处理过的样品吸入原子吸收分光光度计的火焰原子化系统中，使钾离子原子化，在共振线 766.5nm 处测定吸光度，与标准系列溶液比较，确定样品中钾的含量。

（二）试剂

所用试剂均为分析纯。

(1) 硝酸。

(2) 硫酸。

(3) 10g/L 氯化钠溶液。

(4) 10%（体积分数）硝酸溶液　量取 1 体积硝酸 (1)，注入 9 体积水中。

(5) 50%（体积分数）盐酸溶液　量取 1 体积盐酸，注入 1 体积水中。

(6) 100mg/L 钾标准溶液　称取 0.9534g 经 150℃±3℃ 烘烤 2h 的氯化钾，精确至 0.0001g，置于 50mL 烧杯中。加水溶解，转移到 500mL 容量瓶中。加 2mL 盐酸溶液 (5)，用水定容至刻度，摇匀。吸取 10.00mL 于 100mL 容量瓶中，用水定容至刻度，摇匀。此溶液钾的含量为 100mg/L。

（三）仪器与设备

实验室常规仪器、设备及下列各项：

(1) 原子吸收分光光度计：带钾空心阴极灯。

(2) 空气压缩机或空气钢瓶气。

(3) 乙炔钢瓶气。

(4) 凯氏烧瓶：500mL。

(5) 天平：感量 10mg。

(6) 分析天平：感量 0.1mg。

（四）操作步骤

1. 试液的制备

称取一定量经混合均匀的样品（浓缩果汁 1.00～2.00g；果汁 5.00～10.00g；果汁饮料

20.0～50.0g；水果饮料和果汁型碳酸饮料50.0～100.0g）于500mL凯氏烧瓶中，加入2～3粒玻璃珠、10～15mL硝酸［（二）（1）］、5mL硫酸［（二）（2）］（称样量大于20g的样品，须预先加热除去部分水分，待瓶中样液剩余约20g时停止加热，冷却，再加硝酸、硫酸），浸泡2h或静置过夜。先用微火加热，待剧烈反应停止后，加大火力。溶液开始变为棕色时，立即滴加硝酸［（二）（1）］，直至溶液透明，颜色不再变深为止。继续加热数分钟至浓白烟逸出，冷却，小心加入20mL水，再加热至白烟逸出，冷却至室温。将溶液转移到50mL容量瓶中，用水定容至刻度，摇匀，备用。

取相同量的硝酸、硫酸，按上述步骤制备试剂空白消化液，备用。

2. 工作曲线的绘制

吸取0.00mL、1.00mL、2.00mL、4.00mL、6.00mL、8.00mL、10.00mL钾标准溶液［（二）（6）］，分别置于50mL容量瓶中，加10mL硝酸溶液［（二）（4）］、2.0mL氯化钠溶液［（二）（3）］，用水定容至刻度，摇匀，配制成0.0mg/L、2.0mg/L、4.0mg/L、8.0mg/L、12.0mg/L、16.0mg/L、20.0mg/L钾标准系列溶液。

依次将上述标准系列溶液吸入原子化系统中，用试剂空白调整零点，于波长766.5nm处测定钾标准系列溶液的吸光度。以吸光度为纵坐标、钾标准系列溶液的浓度为横坐标，绘制工作曲线或计算回归方程。

3. 测定

吸取5.0～20.0mL试液［（四）1］于50mL容量瓶中，加10mL硝酸溶液［（二）（4）］、2.0mL氯化钠溶液［（二）（3）］，用水定容至刻度，摇匀。将此溶液吸入原子化系统中，用试剂空白溶液［（四）2］调整零点，于波长766.5nm处测吸光度，在工作曲线上查出（或用回归方程计算出）试液中钾的含量（c_1）。

上述步骤同时测定试剂空白消化液［（四）1］中钾的含量（c_{01}）。

（五）结果计算

样品中钾的含量按下式计算：

$$x_1 = \frac{c_1 - c_{01}}{\frac{m_1}{50} \times \frac{V_1}{50}} = \frac{(c_1 - c_{01}) \times 2500}{m_1 V_1}$$

式中　x_1——样品中钾的含量，mg/kg；

　　　c_1——从工作曲线上查出（或用回归方程计算出）的试液中钾的含量，mg/L；

　　　c_{01}——从工作曲线上查出（或用回归方程计算出）的试剂空白消化液中钾的含量，mg/L；

　　　V_1——测定时吸取试液的体积，mL；

　　　m_1——样品的质量，g。

计算结果精确至小数点后第一位。

（六）允许差

同一样品的两次测定结果之差，不得超过平均值的5.0%。

B. 总磷的测定

（一）原理

样品经消化后，在酸性条件下，磷酸盐与钒-钼酸铵反应呈现黄色，在波长400nm处测定溶液的吸光度，与标准系列溶液比较，确定样品中总磷的含量。

（二）试剂

除特殊注明外，所用试剂均为分析纯。

（1）硝酸。

（2）硫酸。

（3）10%（体积分数）硫酸溶液　量取1体积硫酸（2），缓慢注入9体积水中。

（4）钒-钼酸溶液 称取20.0g钼酸铵，溶解在约400mL 50℃热水中，冷却。称取1.0偏钒酸铵，溶解在300mL 50℃热水中，冷却，边搅拌边加入1mL硫酸（2）。将钼酸铵溶液缓慢加到偏钒酸铵溶液中，搅拌均匀后转移到1000mL容量瓶中，用水定容至刻度。

（5）100mg/L磷标准溶液 称取0.4394g经105℃±2℃烘烤2h的磷酸二氢钾，精确至0.0001g。置于50mL烧杯中，加水溶解，转移到1000mL容量瓶中，用水定容至刻度，摇匀。此溶液磷的含量为100mg/L。

（三）仪器与设备

实验室常规仪器、设备及下列各项：紫外分光光度计；凯氏烧瓶（500mL）；天平（感量10mg）；分析天平（感量0.1mg）。

（四）操作步骤

1. 试液的制备

按A中（四）1试液的制备步骤操作。

2. 工作曲线的绘制

吸取0.00mL、1.00mL、2.00mL、3.00mL、4.00mL、5.00mL磷标准溶液［（二）（5）］，分别置于50mL容量瓶中，加10mL硫酸溶液［（二）（3）］，摇匀，加10mL钒-钼酸溶液［（二）（4）］，用水定容至刻度，摇匀，配制成0.0mg/L、2.0mg/L、4.0mg/L、6.0mg/L、8.0mg/L、10.0mg/L磷标准系列溶液，在室温下放置10min。用1cm比色皿，以0.0mg/L磷标准溶液调整零点，在波长400nm处测定磷标准系列溶液的吸光度。以吸光度为纵坐标、磷的含量为横坐标，绘制工作曲线或计算回归方程。

3. 测定

吸取5.0～10.0mL试液［（四）1］于50mL容量瓶中，加硫酸溶液［（二）（3）］补足至10mL，以下步骤按［（四）2］操作。以试剂空白溶液调整零点，在波长400nm处测定吸光度。从工作曲线上查出（或用回归方程计算出）试液中磷的含量（c_2），同时测定试剂空白消化液［（四）1］中磷的含量（c_{02}）。

（五）结果计算

样品中总磷的含量按下式计算：

$$x_2 = \frac{c_2 - c_{02}}{\dfrac{m_2}{50} \times \dfrac{V_2}{50}} = \frac{(c_2 - c_{02}) \times 2500}{m_2 V_2}$$

式中 x_2——样品中总磷的含量，mg/kg；

c_2——从工作曲线上查出（或用回归方程计算出）的试液中磷的含量，mg/L；

c_{02}——从工作曲线上查出（或用回归方程计算出）的试剂空白消化液中磷的含量，mg/L；

V_2——测定时吸取试液的体积，mL；

m_2——样品的质量，g。

计算结果精确至小数点后第一位。

（六）允许差

同一样品的两次测定结果之差，不得超过平均值的5.0%。

C. 氨基酸态氮

（一）原理

氨基酸具有酸性的—COOH和碱性的—NH₂，利用氨基酸的两性作用，加入甲醛以固定氨基的碱性，使羧基显示出酸性，用氢氧化钠标准溶液滴定后定量，以酸度计测定终点。

（二）试剂

甲醛（36%，应不含有聚合物）；氢氧化钠标准溶液［$c(NaOH) = 0.1mol/L$］；氢氧化钠标准滴定溶液［$c(NaOH) = 0.050mol/L$］；pH6.8缓冲溶液；30%过氧化氢。

（三）仪器

酸度计；磁力搅拌器；10mL 微量滴定管。

（四）操作步骤

1. 试样的制备

（1）浓缩果蔬汁　在浓缩果蔬汁中，加入与在浓缩过程中失去的天然水分等量的水，使其成为果汁，并充分混匀，供测试用。

（2）果蔬原汁及果蔬汁饮料　将试样充分混匀，直接测定。

（3）含有碳酸气的果蔬汁饮料　称取 500g 试样，在沸水浴上加热 15min，不断搅拌，使二氧化碳气体尽可能排出。冷却后，用水补充至原质量，充分混匀，供测试用。

（4）果蔬汁固体饮料　称取约 125g（精确至 0.001g）试样，溶解于蒸馏水中，将其全部转移到 250mL 容量瓶中，用蒸馏水稀释至刻度。充分混匀，供测试用。

2. 测定步骤

（1）将酸度计接通电源，预热 30min 后，用 pH6.8 的缓冲溶液校正酸度计。

（2）吸取 A g（氨基酸态氮的含量为 1～5mg）试样，加 5 滴 30% 过氧化氢。将烧杯置于电磁搅拌器上，电极插入烧杯内试样中适当位置。如需要加适量蒸馏水，开动磁力搅拌器，0.1mol/L 氢氧化钠溶液慢慢中和试样中的有机酸。当 pH 达到 7.5 左右时，再用氢氧化钠标准溶液 $[c(NaOH)=0.050mol/L]$ 滴定至酸度计指示 pH=8.2，并保持 1min 不变。

（3）加入 10.0mL 甲醛溶液，混匀，再用氢氧化钠标准滴定溶液（0.05mol/L）继续滴定至 pH=9.2，记下消耗氢氧化钠标准滴定溶液（0.05mol/L）的体积（mL）。

（4）同时取 80mL 水，先用氢氧化钠溶液（0.05mol/L）调节至 pH 为 8.2，再加入 10.0mL 甲醛溶液，用氢氧化钠标准滴定溶液（0.05mol/L）滴定至 pH=9.2，记录消耗氢氧化钠标准滴定溶液（0.05mol/L）的体积（mL），此为测定氨基酸态氮含量的试剂空白实验。

（五）结果计算

$$x_3 = \frac{(V_1 - V_2)ck \times 14}{A} \times 1000$$

式中　x_3——试样中氨基酸态氮的含量，mg/kg；

　　　V_1——样品稀释液加入甲醛后消耗氢氧化钠标准滴定溶液的体积，mL；

　　　V_2——试剂空白试验加入甲醛后消耗氢氧化钠标准滴定溶液的体积，mL；

　　　A——实验用样品释液用量，g；

　　　c——氢氧化钠标准滴定溶液的浓度，mol/L；

　　　k——稀释倍数；

　　　14——与 1.00mL 氢氧化钠标准滴定溶液 $[c(NaOH)=1.000mol/L]$ 相当的氮的质量，mg/mmol。

计算结果保留两位有效数字。

（六）精密度

在重复性条件下获得的两次独立测定结果的绝对差值不得超过算术平均值的 10%。

D. L-脯氨酸的测定

（一）原理

L-脯氨酸与水合茚三酮作用，生成黄红色络合物。用乙酸丁酯萃取后的络合物，在波长 509nm 处测定吸光度，与标准系列溶液比较，确定样品中 L-脯氨酸的含量。

（二）试剂

除特殊注明外，所用试剂均为分析纯。

（1）乙酸丁酯。

（2）甲酸。

（3）无过氧化物乙二醇独甲醚的制备　将数粒锌粒放入乙二醇独甲醚中，在避光处放置2天。

（4）3.0％茚三酮乙二醇独甲醚溶液　称取3.0g水合茚三酮，溶解在100mL无过氧化物的乙二醇独甲醚溶液中，贮存在棕色瓶内，置避光处。此溶液易被氧化，应每周制备一次。

（5）500mg/L L-脯氨酸标准储备溶液　称取0.0500g L-脯氨酸（生化试剂），精确至0.0001g，置于50mL烧杯中，加水溶解，转移到100mL棕色容量瓶中，用水定容至刻度，摇匀，贮存在4℃冰箱内。此溶液含L-脯氨酸为500mg/L。

（三）仪器与设备

实验室常规仪器、设备及下列各项：

（1）分光光度计。

（2）具塞试管：25mL。

（3）离心机：转速不低于4000r/min，带10mL具塞离心管。

（4）分析天平：感量0.1mg。

（5）天平：感量10mg。

（四）操作步骤

1. 试液的制备

称取一定量混合均匀的样品（浓缩汁1.00g；果汁5.00g；果汁饮料和果汁型碳酸饮料10.00～200.0g）于200mL容量瓶中，用水定容至刻度，摇匀。

2. 工作曲线的绘制

（1）显色　吸取0.00mL、0.50mL、1.00mL、2.50mL、4.00mL、5.00mL L-脯氨酸标准储备溶液 [（二）（5）] 于50mL容量瓶中，用水定容至刻度，摇匀，配制成0.0mg/L、5.0mg/L、10.0mg/L、25.0mg/L、40.0mg/L、50.0mg/L的L-脯氨酸标准系列溶液。

吸取上述标准系列溶液各1.0mL，分别置于6支25mL具塞试管 [（三）（2）] 中，各加1mL甲酸 [（二）（2）]，充分摇匀，加2mL茚三酮乙二醇独甲醚溶液 [（二）（4）]，摇匀。将6支试管同时置于1000mL烧杯的沸水浴中（电炉与烧杯间须垫石棉网，水浴液面须高于试管液面）。待烧杯中的水沸腾后，精确计时15min，同时取出6支试管，置于20～22℃水浴中冷却10min。

（2）萃取、测定吸光度　在上述6支试管中各加10.0mL乙酸丁酯 [（二）（1）]，盖塞，充分摇匀，使红色络合物萃取到乙酸丁酯液层中。静置数分钟，将试管中的乙酸丁酯溶液分别倒入10mL具塞离心管中，盖塞。以2500r/min转速离心5min。

将上层清液小心倒入1cm比色皿中，以试剂空白溶液调整零点，在波长509nm处测定各上层清液的吸光度。以吸光度为纵坐标、L-脯氨酸的浓度为横坐标，绘制工作曲线或计算回归方程。

3. 测定

吸取1.0mL试液 [（四）1] 于25mL具塞试管 [（三）（2）] 中，以下步骤按（四）2操作。从工作曲线上查出（或用回归方程计算出）试液中L-脯氨酸的含量（c_4）。

（五）结果计算

样品中L-脯氨酸的含量按下式计算：

$$x_4 = \frac{c_4}{\dfrac{m_4}{200}} = \frac{c_4 \times 200}{m_4}$$

式中　x_4——样品中L-脯氨酸的含量，mg/kg；

c_4——从工作曲线上查出（或用回归方程计算出）试液中L-脯氨酸的含量，mg/L；

m_4——样品的质量，g。

计算结果精确至小数点后第一位。

（六）允许差

同一样品的两次测定结果之差，不得超过平均值的 5.0%。

E. 总 D-异柠檬酸的测定

（一）原理

在异柠檬酸脱氢酶（ICDH）催化下，样品中的 D-异柠檬酸盐与烟酰胺腺嘌呤双核苷酸磷酸（NADP）作用，生成的 NADPH 的量，相当于 D-异柠檬酸盐的量。在波长 340nm 处测定吸光度，确定样品中总 D-异柠檬酸的含量。

（二）试剂

除特殊注明外，所用试剂均为分析纯。

（1）组合试剂盒

1 号瓶：内含咪唑缓冲液（稳定性）30mL，pH=7.1。

2 号瓶：内含 β-烟酰胺腺嘌呤双核苷酸磷酸二钠 45mg、硫酸锰 10mg。

3 号瓶：内含异柠檬酸脱氢酶 2mg，5 个活力单位（U）。

（2）NADP 溶液　将 1 号瓶内的溶液升温至 20~25℃，倒入 2 号瓶中，使 2 号瓶的物质全部溶解，混合均匀。

（3）异柠檬酸脱氢酶溶液　用 1.8mL 水溶解 3 号瓶的物质，混合均匀。

（4）4mol/L 氢氧化钠溶液　称取 16g 氢氧化钠，加水溶解，定容至 100mL。

（5）4mol/L 盐酸溶液　量取 33.4mL 盐酸，用水定容至 100mL。

（6）300g/L 氯化钡溶液　称取 30g 氯化钡，溶解于热水中，冷却后定容至 100mL。

（7）71g/L 硫酸钠溶液　称取 71g 无水硫酸钠，溶解于水中，定容至 1000mL。

（8）缓冲溶液　称取 2.4g 三羟甲基氨甲烷和 0.035g 乙二胺四乙酸二钠，用 80mL 水溶解。先用 4mol/L 的盐酸调整 pH7.2 左右，再用 1mol/L 盐酸溶液调整 pH7.0（用酸度计测定），用水定容至 100mL。

（9）氨水。

（10）丙酮。

（11）洗涤溶液　量取 150mL 水，加入 10mL 氨水、100mL 丙酮，混匀。

（三）仪器与设备

实验室常规仪器、设备及下列各项：

（1）紫外分光光度计：带石英比色皿，光程 1cm。

（2）酸度计：精度 0.1pH 单位。

（3）离心机：转速不低于 4000r/min，离心管容各大于 80mL。

（4）微量可调移液管

① 10~50μL，允许误差（%）：±4.8。

② 0~1000μL，允许误差（%）：100μL，±2.0；500μL，±1.0；1000μL，±1.0。

（5）玻璃棒或塑料棒：自制，直径约 3mm，一端带钩。

（6）分析天平：感量 0.1mg。

（7）天平：感量 10mg，500mg，1g。

（四）操作步骤

1. 试液的制备

（1）果汁型碳酸饮料　称取 500g 样品于 1000mL 烧杯中，加热煮沸，在微沸状态下保持 5min，并不断搅拌。待二氧化碳基本除净后冷却至室温，称量。用水补足至加热前的质量，备用。

（2）浓缩果汁、果汁、果汁饮料、水果饮料　混匀后备用。

2. 水解

按表 3-6 规定的取样量称取试液。

表 3-6 试样的取样量

样 品 名 称	水解时取样量/g	比色测定时吸取量(V_2)/mL	样 品 名 称	水解时取样量/g	比色测定时吸取量(V_2)/mL
浓缩果汁	2.00	0.4~0.8	含 10%果汁的果汁饮料	40.0	2.0
果汁	10.00	0.8~1.2	含 5%果汁的水果饮料	60.0~80.0	2.0
含 40%果汁的果汁饮料	20.00	1.5~2.0	含 2.5%果汁的果汁型碳酸饮料	100.0~150.0	2.0
含 20%果汁的果汁饮料	25.00	2.0			

(1) 浓缩汁、果汁 将试样称取在 50mL 烧杯中，加 5mL 氢氧化钠溶液［(二)(4)］。用玻璃棒搅拌均匀，在室温放置 10min，使之水解。将溶液移入离心管中，用 5mL 盐酸溶液［(二)(5)］和 10~20mL 水，分数次洗涤烧杯，并入离心管中，使总体积约为 30mL，搅拌均匀。

(2) 果汁饮料、水果饮料、果汁型碳酸饮料 将试液称取在离心管中，加 5mL 氢氧化钠溶液［(二)(4)］，用玻璃棒搅拌均匀，在室温放置 10min，使之水解。加 5mL 盐酸溶液［(二)(5)］，搅拌均匀。

3. 沉淀

(1) 称样量小于或等于 25g 的试液 在盛有水解物的离心管中依次加入 2mL 氨水［(二)(9)］、3mL 氯化钡溶液［(二)(6)］、20mL 丙酮［(二)(10)］，用玻璃棒搅拌均匀。取出玻璃棒，按顺序摆放在棒架上。将离心管在室温（约 20℃）放置 10min，以 3000r/min 转速离心 5~10min，小心倾去上层溶液，保留离心管底部沉淀物。

(2) 称样量大于 25g 的试液 按 2 和 3 (1) 的步骤分别制备 2~6 份沉淀物，然后用约 50mL 洗涤溶液［(二)(11)］将 2 只（或 3 只、4 只、6 只，视称样量而定）离心管中的沉淀物合并到 1 只离心管中，在室温（约 20℃）放置 10min，以下步骤按 3 (1) 操作。

4. 溶解

将 3 中取出的玻璃棒按顺序放回原离心管中，向离心管中加入 20mL 硫酸钠溶液［(二)(7)］。将离心管置于微沸水浴中加热 10min，同时用玻璃棒不断搅拌。趁热用缓冲溶液［(二)(8)］将离心管中的内容物转移至 50mL 容量瓶中。冷却至室温（约 20℃）后用缓冲溶液［(二)(8)］定容至刻度，摇匀。

5. 过滤

将上述溶液用滤纸过滤，弃去最初滤液，保留滤液备用。

6. 测定

(1) 测定条件 波长：340nm。温度：20~25℃。比色浓度：在 0.1~2.0mL 试液中，含 D-异柠檬酸 3~100μg。

(2) 测定步骤 按下列程序和溶液的加入量，用微量可调移液管依次将各种溶液加入比色皿中（微量可调移液管须用吸入溶液至少冲洗一次，再正式吸取溶液），立即用玻璃棒上下搅拌，使比色皿中的溶液充分混匀。加异柠檬酸脱氢酶溶液后的最终体积为 3.05mL。

① NADP 溶液［(二)(2)］：空白 1.00mL；样品 1.00mL。

② 重蒸馏水：空白 2.00mL；样品 2.00~V_2。

③ 试样溶液［(四)5］(V_2)。

混匀，约 3min 后分别测定空白吸光度（$E_{1空白}$）和样品吸光度（$E_{1样品}$）。

④ 异柠檬酸脱氢酶溶液［(二)(3)］：空白 0.05mL；样品 0.05mL。

混匀，约 10min 达到反应终点，出现恒定的吸光度，分别记录空白吸光度（$E_{2空白}$）和样品吸光度（$E_{2样品}$）。如果10min后未达到反应终点，每2min测定一次吸光度，待吸光度恒定增加时，分别记录空白和样品开始恒定增加时的吸光度（$E_{2空白}$和$E_{2样品}$）。

上述步骤完成后计算ΔE：

$$\Delta E = \Delta E_{样品} - \Delta E_{空白}$$
$$= (E_{2样品} - E_{1样品}) - (E_{2空白} - E_{1空白})$$

为得到精确的测定结果，必须$\Delta E > 0.100$。如$\Delta E < 0.100$，应增加水解时的取样量或增加比色时的吸取量。

（3）异柠檬酸脱氢酶活力的判定方法见表3-7。

表 3-7 异柠檬酸脱氢酶活力的判定方法

标准溶液的加入量/mL	酶溶液的加入量/mL	ΔE	判 定
0.5	0.05	>0.5	正常
0.5	0.05	<0.5	酶失活或标样吸潮
0.5	0.10	>0.5	酶活力降低
0.5	0.10	<0.5	标样吸潮
1.0	0.05	>0.5	标样吸潮
1.0	0.05	<0.5	酶失活

若酶活力降低，应控制测定样品的ΔE，使之小于标样的ΔE，以保证测定样品中总D-异柠檬酸反应完全。

（五）结果计算

样品中总D-异柠檬酸的含量按下式计算：

$$x_5 = \frac{3.05 \times 192.1 \times V_5}{m_5 \times 6.3 \times 1 \times V_5'} \times \Delta E$$

式中　x_5——样品中D-异柠檬酸的含量，mg/kg；

　　3.05——比色皿中溶液的最终体积，mL；

　　192.1——D-异柠檬酸的摩尔质量，g/mol；

　　V_5——试液的定容体积，mL；

　　V_5'——比色测定时吸取滤液的体积，mL；

　　m_5——样品的质量，g；

　　1——比色皿光程，cm；

　　6.3——反应产物NADPH在340nm的摩尔吸光系数，L/(mmol·cm)。

（六）允许差

同一样品的两次测定结果之差，果汁含量等于或大于10%的样品，不得超过平均值的5.0%；果汁含量2.5%～10.0%的样品，不得超过平均值的10.0%。

F. 总黄酮的测定

（一）原理

橙、柑、橘中的黄烷酮类（橙皮苷、新橙皮苷等）与碱作用，开环生成2,6-二羟基-4-环氧基苯丙酮和对甲氧基苯甲醛；在二甘醇环境中遇碱缩合生成黄色橙皮素查耳酮，其生成量相当于橙皮苷的量。在波长420nm处比色测定吸光度，扣除本底后，与标准系列比较定量。

（二）试剂

所用试剂均为分析纯。

（1）0.1mol/L氢氧化钠溶液　称取4g氢氧化钠，加水溶解，定容至1000mL。

（2）4mol/L氢氧化钠溶液　称取16g氢氧化钠，加水溶解，定容至100mL。

（3）200g/L柠檬酸溶液　称取20g柠檬酸，加水溶解，定容至100mL。

（4）90%（体积分数）二甘醇溶液　量取90mL一缩二乙二醇（又名二甘醇），加10mL水，混匀，备用。调至 pH6，转移到 100mL 容量瓶中，用水定容至刻度，摇匀。

(5) 试剂空白溶液 量取 20mL 氢氧化钠溶液 (1) 于 50mL 烧杯中，用柠檬酸溶液 (3) 调至 pH6，转移到 100mL 容量瓶中，用水定容至刻度，摇匀。

(6) 橙皮苷标准溶液 称取 0.0250g 橙皮苷 [hisperidin (由 Hesperetin 及 7-rhamnoglucoside 组成)，分子式 $C_{28}H_{34}O_{15}$，相对分子质量 610.6，橙皮苷含量约为 80%，本法以 80% 计]，精确至 0.0001g，置 50mL 烧杯中，加 20mL 氢氧化钠溶液 (1) 溶解，用柠檬酸溶液 (3) 调至 pH6，转移到 100mL 容量瓶中，用水定容至刻度，摇匀。溶液中橙皮苷的含量为 200mg/L。此标准溶液需当日配制。

(三) 仪器与设备

实验室常规仪器、设备及下列各项：

(1) 紫外分光光度计。

(2) 酸度计：精度 0.1pH 单位。

(3) 恒温水浴：温控 ±1℃。

(4) 具塞试管与试管架。

(5) 分析天平：感量 0.1mg。

(6) 天平：感量 10mg。

(四) 操作步骤

1. 试液的制备

称取一定量混合均匀的样品 (浓缩汁 2.00～5.00g；果汁 10.0g；果汁饮料、水果饮料和果汁型碳酸饮料 50.0g) 于 100mL 烧杯中，加入 10mL 0.1mol/L 氢氧化钠溶液 [(二) (1)]，用 4mol/L 氢氧化钠溶液 [(二) (2)] 调至 pH12。静置 30min 后，再用柠檬酸溶液 [(二) (3)] 调至 pH6，转移到 100mL 容量瓶中，加水定容至刻度，用滤纸过滤，收集澄清滤液，备用。

2. 工作曲线的绘制

分别吸取 0.00mL、1.00mL、2.00mL、3.00mL、4.00mL、5.00mL 橙皮苷标准溶液 [(二) (6)] 于 6 支具塞试管中，分别依次加入 5.00mL、4.00mL、3.00mL、2.00mL、1.00mL、0.00mL 试剂空白溶液 [(二) (5)]，摇匀。再各加 5.0mL 二甘醇溶液 [(二) (4)]、0.1mL 氢氧化钠溶液 [(二) (2)]，摇匀，配制成 0.0mg/L、20.0mg/L、40.0mg/L、60.0mg/L、80.0mg/L、100.0mg/L 总黄酮标准系列溶液。

将上述试管置于 40℃ 水浴中保温 10min 取出，在冷水浴中冷却 5min。用 1cm 比色皿，以 0.0mg/L 标准溶液调整零点，在波长 420nm 处测定各溶液的吸光度。以吸光度为纵坐标、相应的总黄酮浓度为横坐标，绘制工作曲线或计算回归方程。

3. 测定

吸取 1～5mL 试液 [(四) 1] 于具塞试管中，用试剂空白溶液 [(二) (5)]，补加至 5mL，加 5.0mL 二甘醇溶液 [(二) (4)]，摇匀后加 0.1mL 氢氧化钠溶液 [(二) (2)]，摇匀。同时吸取一份等量的试液 [(四) 1] 按上述步骤不加氢氧化钠溶液 [(二) (2)]，作为空白调零。以下步骤按 [(四) 2] 操作，测定试液吸光度，从工作曲线上查出 (或用回归方程计算出) 试液中总中黄酮的含量 (c_6)。

(五) 结果计算

样品中总黄酮的含量按下式计算：

$$x_6 = \frac{c_6}{\dfrac{m_6}{100} \times \dfrac{V_6}{10}} = \frac{c_6 \times 1000}{m_6 V_6}$$

式中 x_6——样品中总黄酮的含量，mg/kg；

c_6——从工作曲线上查出 (或用回归方程计算出) 试液中黄酮的含量，mg/L；

V_6——测定时吸取试液的体积，mL；

m_6——样品的质量，g。

（六）允许差

同一样品的两次结果之差，不得超过平均值的 5.0%。

九、果汁中防腐剂山梨酸和苯甲酸的测定（气相色谱法）

（一）原理

样品酸化后，用乙醚提取山梨酸、苯甲酸，用附氢火焰离子化检测器的气相色谱仪进行分离测定，与标准系列比较定量。

（二）试剂

除特殊注明外，所用试剂均为分析纯。

（1）乙醚：不含过氧化物。

（2）石油醚：沸程 30～60℃。

（3）盐酸。

（4）无水硫酸钠。

（5）盐酸（1+1）。取 100mL 盐酸，加水稀释至 200mL。

（6）氯化钠酸性溶液（40g/L） 于氯化钠溶液（40g/L）中加少量盐酸（1+1）酸化。

（7）山梨酸、苯甲酸标准溶液 准确称取山梨酸、苯甲酸各 0.2000g，置于 100mL 容量瓶中，用石油醚-乙醚（3+1）混合溶剂溶解后并稀释至刻度。此溶液每毫升相当于 2.0mg 山梨酸或苯甲酸。

（8）山梨酸、苯甲酸标准使用液 吸取适量的山梨酸、苯甲酸标准溶液，以石油醚-乙醚（3+1）混合溶剂稀释至每毫升相当于 50μg、100μg、150μg、200μg、250μg 山梨酸或苯甲酸。

（三）仪器与设备

实验室常规仪器、设备及下列各项：

（1）气相色谱仪：具有氢火焰离子化检测器。色谱条件如下。

① 色谱柱 玻璃柱：内径 3mm，长 2m，内装涂以 5%（质量分数）DEGS+1%（质量分数）H_3PO_4 固定液的 60～80 目 Chromosorb WAW。

② 气流速度 载气为氮气，50mL/min（氮气和空气、氢气之比按各仪器型号不同选择各自的最佳比例条件）。

③ 温度 进样口 230℃；检测器 230℃；柱温 170℃。

（2）微量注射器。

（四）操作步骤

1. 试液的制备

称取 2.50g 事先混合均匀的样品，置于 25mL 带塞量筒中，加 0.5mL 盐酸（1+1）酸化，用 15mL、10mL 乙醚提取两次，每次振摇 1min，将上层乙醚提取液吸入另一个 25mL 带塞量筒中。合并乙醚提取液。用 3mL 氯化钠酸性溶液（40g/L）洗涤两次，静置 15min，用滴管将乙醚层通过无水硫酸钠滤入 25mL 容量瓶中。加乙醚至刻度，混匀。准确吸取 5mL 乙醚提取液于 5mL 带塞刻度试管中，置 40℃水浴上挥干，加入 2mL 石油醚-乙酸（3+1）混合溶剂溶解残渣，备用。

2. 测定

进样 2μL 标准系列中各浓度标准使用液于气相色谱仪中，可测得不同浓度山梨酸、苯甲酸的峰高。以浓度为横坐标、相应的峰高值为纵坐标，绘制标准曲线。

同时进样 2μL 样品溶液，测得峰高与标准曲线比较定量。

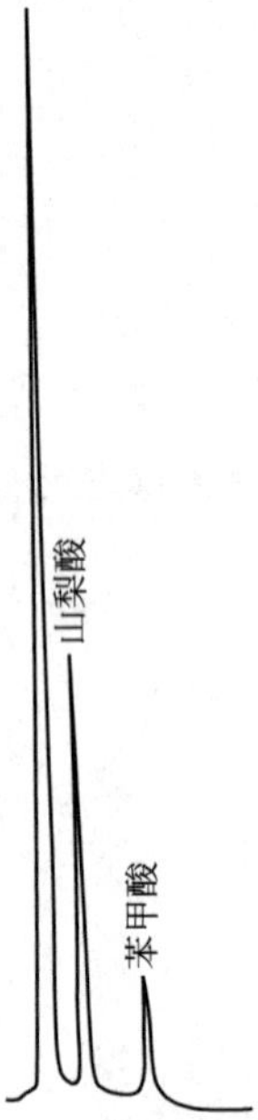

（五）结果计算

$$X = \frac{m_1}{m_2 \times \frac{5}{25} \times \frac{V_2}{V_1}}$$

式中　X——样品中山梨酸或苯甲酸的含量，g/kg；

　　　m_1——测定用样品液中山梨酸或苯甲酸的质量，μg；

　　　V_1——加入石油醚-乙醚（3+1）混合溶剂的体积，mL；

　　　V_2——测定时进样的体积，μL；

　　　m_2——样品的质量，g；

　　　　5——测定时吸取乙醚提取液的体积，mL；

　　　　25——样品乙醚提取液的总体积，mL。

由测得苯甲酸的量乘以 1.18，即为样品中苯甲酸钠的含量。

结果表述：报告算术平均值的 2 位有效数字。

（六）允许差

同一样品的两次测定值之差，不得超过两次测定平均值的 10%。

（七）其他

在色谱图中山梨酸保留时间为 2min53s；苯甲酸保留时间为 6min8s（图 3-4）。

图 3-4　色谱图

十、果汁中甜味剂糖精钠和甜蜜素的测定

A. 糖精钠：高效液相色谱法

（一）原理

试样加温除去二氧化碳和乙醇，调 pH 至中性，过滤后进高效液相色谱仪，经反相色谱分离后，根据保留时间和峰面积进行定性和定量。

（二）试剂

（1）甲醇　经 0.5μm 滤膜过滤。

（2）氨水（1+1）　浓氨水加等体积水混合。

（3）乙酸铵溶液（0.02mol/L）　称取 1.54g 乙酸铵，加水至 1000mL 溶解，经 0.45μm 滤膜过滤。

（4）糖精钠标准储备溶液　准确称取 0.0851g 经 120℃ 烘干 4h 后的糖精钠（$C_6H_4CONNaSO_2 \cdot 2H_2O$），加水溶解定容至 100mL。糖精钠含量 1.0mg/mL，作为储备溶液。

（5）糖精钠标准使用溶液　吸取糖精钠标准储备溶液 10mL 放入 100mL 容量瓶中，加水到刻度，经 0.45μm 滤膜过滤，该溶液每毫升相当于 0.10mg 糖精钠。

（三）仪器

高效液相色谱仪，紫外检测器。

（四）操作步骤

1. 试样处理

称取 5.00～10.00g 试样，用氨水（1+1）调 pH 约 7，加水定容至适当的体积，离心沉淀，上清液经 0.45μm 滤膜过滤。

2. 高效液相色谱参考条件

柱：YWG-C_{18} 4.6mm×250mm 10μm 不锈钢柱。

流动相：甲醇-乙酸铵溶液（0.02mol/L）（5+95）。

流速：1mL/min。

检测器：紫外检测器，波长 230nm，0.2AUFS。

3. 测定

取处理液和标准使用液各 $10\mu L$（或相同体积），注入高效液相色谱仪进行分离，以其标准溶液峰的保留时间为依据进行定性，以其峰面积求出样液中被测物质的含量，供计算。

（五）结果计算

试样中糖精钠含量按下式计算：

$$X = \frac{A}{m \dfrac{V_2}{V_1}}$$

式中　X——试样中糖精钠含量，g/kg；

A——进样体积中糖精钠的质量，mg；

V_1——试样稀释液总体积，mL；

V_2——进样体积，mL；

m——试样质量，g。

计算结果保留三位有效数字。

（六）允许差

在重复性条件下获得的两次独立测定结果的绝对差值不得超过算术平均值的 10%。

（七）其他

应用（四）2 的高效液相分离条件可以同时测定苯甲酸、山梨酸和糖精钠，其分离色谱图见图 3-5。

B. 糖精钠：薄层色谱法

（一）原理

在酸性条件下，食品中的糖精钠用乙醚提取、浓缩、薄层色谱分离、显色后，与标准比较，进行定性和半定量测定。

（二）试剂

除特殊注明外，所用试剂均为分析纯。

（1）硫酸铜溶液（100g/L）。

（2）盐酸（1+1）：取 100mL 盐酸，加水稀释至 200mL。

（3）氢氧化钠溶液（40g/L）。

（4）乙醚：不含过氧化物。

（5）无水硫酸钠。

（6）无水乙醇及 95% 乙醇。

（7）展开剂

① 正丁醇＋氨水＋无水乙醇（7＋1＋2）。

② 异丙醇＋氨水＋无水乙醇（7＋1＋2）。

（8）显色剂　溴甲酚紫溶液（0.4g/L）：称取 0.04g 溴甲酚紫，用乙醇（50%）溶解，加氢氧化钠溶液（4g/L）1.1mL 调制 pH 为 8，定容至 100mL。

（9）聚酰胺粉：200 目。

（10）糖精钠标准溶液　精密称取 0.0851g 经120℃干燥 4h 后的糖精钠，加乙醇溶解，移入 100mL 容量瓶中，加 95% 乙醇稀释至刻度。此溶液每毫升相当于 1mg 糖精钠（$C_6H_4CONNaSO_2 \cdot 2H_2O$）。

（三）仪器与设备

实验室常规仪器、设备及下列各项：

玻璃喷雾器；微量注射器；紫外灯（波长 253.7nm）；薄层板（10cm×20cm 或 20cm×

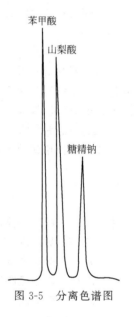

图 3-5　分离色谱图

20cm）；展开槽。

（四）操作步骤

1. 试液的制备

吸取 20.0mL 均匀试样，置于 100mL 容量瓶中，加水至约 60mL，加 20mL 10％硫酸铜溶液，混匀，再加 4.4mL 4％氢氧化钠溶液（40g/L），加水至刻度，混匀。静置 30min，过滤，取 50mL 滤液置于 150mL 分液漏斗中，加 2mL（1+1）盐酸，用 30mL、20mL、20mL 乙醚提取三次，合并乙醚提取液，用 5mL 盐酸酸化的水洗涤一次，弃去水层。乙醚层通过无水硫酸钠脱水后，挥发乙醚，加 2.0mL 乙醇溶解残留渣，密塞保存，备用。

2. 薄层板的制备

聚酰胺薄层板：称取 1.6g 聚酰胺，加 0.4g 可溶性淀粉，加约 7.0mL 水，研磨 3～5min，立即涂成 0.25～0.30mm 厚的 10cm×20cm 的薄层板，室温干燥后，在 80℃下干燥 1h。置于干燥器中保存。

3. 点样

在薄层板下端 2cm 处，用微量注射器点 10μL 和 20μL 的样液两个点，同时点 3.0μL、5.0μL、7.0μL、10.0μL 糖精钠标准溶液，各点间距 1.5cm。

4. 展开与显色

将点好的薄层板放入盛有展开剂［（二）（7）①或②］的展开槽中，展开剂液层约 0.5cm，并预先已达到饱和状态。展开至 10cm，取出薄层板，挥干，喷显色剂，斑点显黄色。根据试样点和标准点的比移值进行定性，根据斑点颜色深浅进行半定量测定。

（五）结果计算

试样中糖精钠的含量按下式计算：

$$X = \frac{A}{m\frac{V_2}{V_1}}$$

式中　X——样品中糖精钠的含量，g/kg（或 g/L）；

　　　A——测定用样液中糖精钠的含量，mg；

　　　m——样品质量（或体积），g（或 mL）；

　　　V_1——样品提取液残留物加入乙醇的体积，mL；

　　　V_2——点板液体积，mL。

C. 甜蜜素：气相色谱法

（一）原理

在硫酸介质中甜蜜素（环己基氨基磺酸钠）与亚硝酸反应，生成环己醇亚硝酸酯，利用气相色谱法进行定性和定量。

（二）试剂

除特殊注明外，所用试剂均为分析纯。

（1）正己烷。

（2）氯化钠。

（3）50g/L 亚硝酸钠溶液。

（4）100g/L 硫酸溶液。

（5）环己基氨基磺酸钠标准溶液（含环己基氨基磺酸钠，98％）：精确称取 1.0000g 环己基氨基磺酸钠，加入水溶解并定容至 100mL，此溶液每毫升含环己基氨基磺酸钠 10mg。

（三）仪器与设备

实验室常规仪器、设备及下列各项。

（1）气相色谱仪：附氢火焰离子化检测器。

（2）旋涡混合器。

（3）离心机。

（4）10μL 微量注射器。

（5）色谱条件

① 色谱柱　长 2m，内径 3mm，U 形不锈钢柱。

② 固定相　Chromosorb WAW DMCS 80～100 目，涂以 10% SE-30。

③ 测定条件　柱温 80℃。气化温度 150℃。检测温度 150℃。流速：氮气 40mL/min；氢气 30mL/min；空气 300mL/min。

（四）操作步骤

1. 试液的制备

（1）试样处理　摇匀后直接称取。含二氧化碳的试样先加热除去，含酒精的试样加 40g/L 氢氧化钠溶液调至碱性，于沸水浴中加热除去，制成试样。

（2）称取 20.0g 试样于 100mL 带塞比色管内，置冰浴中。

2. 测定

（1）标准曲线的制备　准确吸取 1.00mL 环己基氨基磺酸钠标准溶液于 100mL 带塞比色管中，加水 20mL。置冰浴中，加入 5mL 50g/L 亚硝酸钠溶液、5mL 100g/L 硫酸溶液，摇匀，在冰浴中放置 30min，并经常摇动，然后准确加入 10mL 正己烷、5g 氯化钠，摇匀后置旋涡混合器上振动 1min（或振摇 80 次），待静止分层后吸出己烷层于 10mL 带塞离心管中进行离心分离，每毫升己烷提取液相当于 1mg 环己基氨基磺酸钠，将标准提取液进样 1～5μL 于气相色谱仪中，根据响应值绘制标准曲线。

（2）试样管按（1）自"加入 5mL 50g/L 亚硝酸钠溶液……"起依法操作，然后将试料同样进样 1～5μL，测得响应值，从标准曲线图中查出相应含量。

（五）结果计算

试样中甜蜜素的含量按下式计算：

$$X = \frac{m_1 \times 10}{mV}$$

式中　X——试样中环己基氨基磺酸钠的含量，g/kg；

m——试样质量，g；

m_1——测定用试样中环己基氨基磺酸钠的质量，μg；

V——进样体积，μL；

10——正己烷加入量，mL。

计算结果保留两位有效数字。

（六）允许差

在重复性条件下获得的两次独立测定结果的绝对差值不得超过算术平均值的 10%。

任务二　植物蛋白饮料的检验

── 实训目标 ─────────────────────

1. 了解植物蛋白饮料的基本知识。

2. 掌握植物蛋白饮料的常规检验项目及相关标准。

3. 掌握植物蛋白饮料的检验方法。

第一节　植物蛋白饮料基本知识

植物蛋白饮料是以蛋白质含量较高的植物果实、种子或核果类、坚果类的果仁等为原料，经预处理、制浆、调配、均质、灌装、杀菌等工序加工而成的植物蛋白饮料。如：豆乳、杏仁露、椰子汁、花生乳、核桃乳、南瓜子饮料、松仁露等。

一、植物蛋白饮料的加工工艺

原料→预处理→磨浆→过滤、脱气→调配→预热、均质→杀菌灌装（或灌装杀菌）→检验→（包装）→成品

二、植物蛋白饮料容易出现的质量安全问题

（1）设备、环境、原辅材料、包装材料、人员等环节的管理控制不到位，易造成化学和生物污染，而使产品的卫生指标等不合格。

（2）生产过程控制不当，生产半成品停留时间过长，温度控制不当，易产生变质，造成生物污染。

（3）产品密封不严，会产生二次污染，杀菌控制不到位，产品产生后污染，造成生物污染。

（4）原料质量及配料控制等环节控制不到位，易造成蛋白质不达标。

（5）对食品添加剂等配料使用上管理不到位，易出现超范围和超量使用，造成化学危害。

三、植物蛋白饮料生产的关键控制环节

（1）原辅材料、包装材料的质量控制。

（2）生产车间，尤其是配料和灌装车间的卫生管理控制。

（3）生产设备、管道的清洗消毒管理控制。

（4）配料的计量控制。

（5）灌封工序、杀菌工序的控制。

（6）操作人员的卫生管理。

四、植物蛋白饮料生产企业必备的出厂检验设备

天平（0.1g）、分析天平（0.1mg）、无菌室或超净工作台、灭菌锅、微生物培养箱、生物显微镜、计量容器、酸度计、折光计。

五、植物蛋白饮料的检验项目和标准

植物蛋白饮料检验的相关标准包括：GB 16322《植物蛋白饮料卫生标准》；QB/T 2439《花生乳（露）》；QB/T 2438《杏仁乳（露）》；QB/T 2300《椰子乳（汁）》；QB/T 2132《豆乳和豆乳饮料》；QB/T 2301《核桃乳》；地方标准及备案有效的企业标准。

植物蛋白饮料的检验项目见表3-8。

表 3-8 植物蛋白饮料产品质量检验项目

序号	检验项目	发证	监督	出厂	检验标准	备注
1	感官	√	√	√	GB 16322	
2	净含量	√	√	√	JJF 1070	
3	可溶性固形物	√	√	√	GB/T 12143	
4	总固形物	√	√	√	QB/T 2132	以大豆为原料产品项目
5	蛋白质	√	√	√	GB/T 5009.5	
6	脲酶试验	√	√	*	GB/T 5009.183	以大豆为原料产品项目
7	苯甲酸	√	√	*	GB/T 5009.29	其他防腐剂根据产品使用状况确定
8	山梨酸	√	√	*	GB/T 5009.29	
9	糖精钠	√	√	*	GB/T 5009.28	其他甜味剂根据产品使用状况确定
10	甜蜜素	√	√	*	GB/T 5009.97	
11	着色剂	√	√	*	GB/T 5009.35	根据产品色泽选择测定
12	总砷	√	√	*	GB 5009.11	
13	铅	√	√	*	GB 5009.12	
14	铜	√	√	*	GB/T 5009.13	
15	☆菌落总数	√	√	√	GB 4789.2	
16	☆大肠菌群	√	√	√	GB 4789.3	
17	☆霉菌、酵母	√	√	*	GB 4789.15	
18	☆致病菌	√	√	*	GB 4789.4 GB 4789.5 GB 4789.10	
19	★商业无菌	√	√	√	GB 4789.26	
20	标签	√	√		GB 7718	

注：1. 企业出厂检验项目中有"√"标记的，为常规检验项目。

2. 企业出厂检验项目中有"*"标记的，企业应当每年检验两次。

3. 带☆的项目为以非罐头加工工艺生产的罐装植物蛋白饮料的微生物测定项目。

4. 带★的项目为以罐头加工工艺生产的罐装植物蛋白饮料的微生物测定项目。

第二节 植物蛋白饮料检验项目

一、感官检验

1. 色泽、组织状态、杂质

参见模块三，任务一，第二节，一。

2. 滋味和气味

打开包装立即嗅其香味，品尝滋味。

二、净含量检验

参见模块三，任务一，第二节，二。

三、可溶性固形物的测定

参见模块三、任务一，第二节，四。

四、总固形物的测定

（一）仪器、设备、材料

恒温干燥箱［温控（50～250）℃±2℃］、干燥器（内盛干燥剂）、分析天平（感量0.0001g）、称量皿、组织捣碎机、恒温水浴锅。

（二）操作步骤

1. 试样的制备

将包装容器内的样品摇匀后，全部倒入组织捣碎机中摇匀，置于烧杯中，在1h内称样完毕。

2. 分析步骤

（1）取含石英砂的称量皿放入恒温干燥箱内，在100～105℃烘至恒重，称重。

（2）取试样［（二）1］10.00mL，于已知称重含石英砂的称量皿［（二）2（1）］中，在水浴上蒸发至干，取下称量皿，擦干附着的水分，再放入恒温干燥箱内，在100～105℃烘至恒重。

（三）结果计算

试样中总固形物重量按下式计算：

$$X = \frac{m_2 - m_1}{10} \times 100$$

式中　X——试样中总固形物的质量，g/100mL；

　　　m_1——含砂称量皿的质量，g；

　　　m_2——样品中总固形物和含砂称量皿的质量，g；

　　　10——试液的容量，mL。

如两次测定结果符合允许差时，取两次测定结果的算术平均值作为结果，报告结果取小数点后一位。

（四）允许差

同一样品的两次测定值之差，不得超过两次测定平均值的5%。

五、蛋白质的测定

参见模块一，项目六。

六、菌落总数的测定

参见模块二，项目一。

七、大肠菌群的测定

参见模块二，项目二。

八、商业无菌检验

参见模块三，任务一，第二节，七。

九、植物蛋白质饮料的防腐剂山梨酸和苯甲酸的测定（气相色谱法）

参见模块三，任务一，第二节，九。

十、植物蛋白质饮料中糖精钠和甜蜜素的测定

参见模块三，任务一，第二节，十。

任务三　水果罐头的检验

实训目标

1. 了解水果罐头的基本知识。
2. 掌握水果罐头的常规检验项目及相关标准。
3. 掌握水果罐头的检验方法。

第一节　水果罐头基本知识

把经去皮（或核）、修整（切片或分瓣）、分选等处理好的水果原料装罐，加入不同浓度的糖水，密封杀菌而制成的罐头产品。如糖水橘子、糖水菠萝、糖水荔枝、什锦水果等。

一、水果罐头的加工工艺

原料处理→糖水配制→分选装罐→排气→密封→杀菌→冷却→检验→包装成品

二、水果罐头容易出现的质量安全问题

（1）罐内壁的腐蚀

① 氧对金属是强烈的氧化剂。排气不彻底，在罐头中残存的氧在酸性介质中作为阴极去极化剂对锡有强烈的氧化作用。因此罐头内残留氧的多少是内壁腐蚀轻重的一个决定性因素。

② 水果类罐头，一般属酸性或高酸性食品，一般pH越低，腐蚀性越强。通常还与内容物的酸含量和酸的组成有关。

③ 由于原料含总酸量、酸的种类、硝酸根离子、色素等成分不同，因而不同种类的原料对马口铁罐的腐蚀性不同。

④ 低-甲氧基果胶能促进锡的腐蚀，因此，水果加工过程中，应迅速破坏果胶酶的活性，防止因果胶酶的作用而使果胶分解，产生低-甲氧基果胶或半乳糖醛酸而促进腐蚀。

⑤ 罐头食品由于硝酸盐的存在，而引起急剧溶锡腐蚀的现象。特别是罐内残留氧量多和介质pH低的情况下，腐蚀速度更快。

⑥ 樱桃、莓果类均含有花色苷色素。这类色素在镀锡薄钢板罐内壁表现为阳极去极剂，与腐蚀产生的锡盐结合形成紫色的分子内错盐，对罐的腐蚀性很大。

⑦ 果糖或糖水水果罐的糖类的焦化而引起急剧的腐蚀。

（2）水果罐头的氢胀和穿孔腐蚀　罐头内的果酸与铁皮发生作用，产生气体引起胀罐。马口铁有露铁点或涂料铁涂膜孔隙多，容易引起集中腐蚀而穿孔。

（3）水果罐头的变色　主要由于酶促褐变和非酶褐变引起，包括：美拉德反应，抗坏血酸的作用，以及金属离子对花色苷色素的作用等引起变色。

（4）细菌性胀罐和败坏　酸性低的水果罐头常发生细菌性胀罐和败坏。

（5）细菌性败坏　罐头食品杀菌或封口效果不好，会出现细菌性败坏。

三、水果罐头生产的关键控制环节

（1）原辅材料验收和处理。

（2）真空封口工序。

（3）杀菌控制工序。

四、水果罐头生产企业必备的出厂检验设备

天平（0.1g）、分析天平（0.1mg）、圆筛（应符合相应品种要求）、干燥箱、折光计、酸度计、恒温水浴锅、无菌室或超净工作台、灭菌锅、微生物培养箱、生物显微镜、计量容器。

五、水果罐头的检验项目和标准

水果罐头的相关标准包括：GB 11671《果、蔬罐头卫生标准》、GB 13207《菠萝罐头》、GB 13210《柑橘罐头》、GB/T 13211《糖水洋梨罐头》、GB/T 13516《桃罐头》、QB/T 1117《混合水果罐头》、QB/T 1379《糖水梨罐头》QB/T 1380《热带、亚热带水果罐头》、QB/T 1381《山楂罐头》、QB/T 1382《葡萄罐头》、QB 1383—1991《糖水李子罐头》、QB/T 1611《杏罐头》、QB/T 1688《樱桃罐头》、QB/T 2391《糖水枇杷罐头》、QB/T 1392《苹果罐头》、QB/T 4628《海棠罐头》、QB/T 4629《猕猴桃罐头》及备案有效的企业标准。

水果罐头的检验项目见表3-9。

表 3-9　水果罐头产品质量检验项目

序号	检验项目	发证	监督	出厂	检验标准	备注
1	感官	√	√	√	GB/T 10786	
2	净含量	√	√	√	GB/T 10786	
3	固形物（含量）	√	√	√	GB/T 10786	汤类、果汁类、花生米罐头不检
4	糖水浓度（可溶性固形物）	√	√	√	GB/T 10786	
5	总酸度（pH）	√	√	√	GB/T 10786	
6	锡（Sn）	√	√	*	GB 5009.16	
7	铅（Pb）	√	√	*	GB 5009.12	
8	总砷	√	√	*	GB 5009.11	
9	着色剂	√	√	*	GB/T 5009.35	有此项目的，如：糖水染色樱桃、什锦果酱罐头、苹果山楂型酱罐头
10	二氧化硫	√	√	*	GB/T 5009.34	
11	商业无菌	√	√	√	GB 4789.26	
12	标签	√	√		GB 7718	

注：1. 企业出厂检验项目中有"√"标记的，为常规检验项目。

2. 企业出厂检验项目中有"*"标记的，企业应当每年检验两次。

第二节　水果罐头检验项目

一、感官检验

（一）工具

白瓷盘、匙、不锈钢圆筛（丝的直径1mm，筛孔2.8mm×2.8mm）、烧杯、量筒、开罐刀等。

（二）组织与形态检验

在室温下将罐头打开，先用不锈钢圆筛滤去汤汁，然后将内容物倒入白瓷盘中观察组织、形态是否符合标准。

（三）色泽检验

在白瓷盘中观察其色泽是否符合标准，将汁液倒在烧杯中，观察其汁液是否清亮透明，有无夹杂物及引起混浊的果肉碎屑。

（四）滋味和气味检验

嗅其香味，品尝滋味。检验其是否具有与原水果相近似的香味。

二、净含量（净质量）检验

（一）工具

白瓷盘、匙、烧杯、量筒、开罐刀、不锈钢圆筛、天平（0.1g）等。

不锈钢圆筛要求：净重<1.5kg的罐头，用直径200mm的圆筛；净重≥1.5kg的罐头，用直径300mm的圆筛。圆筛用不锈钢丝织成，其直径为1mm，孔眼为2.8mm×2.8mm。

（二）测定

擦净罐头外壁，用天平称取罐头毛重。

直接开罐。内容物倒出后，将空罐洗净、擦干后称重。

（三）计算

按下式计算净重：

$$W = W_2 - W_1$$

式中　W——罐头净重，g；

W_1——空罐质量，g；

W_2——罐头毛重，g。

三、固形物（含量）的测定

（一）工具

白瓷盘、匙、烧杯、量筒、开罐刀、不锈钢圆筛、天平（0.1g）等。

不锈钢圆筛要求：净重<1.5kg的罐头，用直径200mm的圆筛；净重≥1.5kg的罐头，用直径300mm的圆筛。圆筛用不锈钢丝织成，其直径为1mm，孔眼为2.8mm×2.8mm。

（二）测定

开罐后，将内容物倾倒在预先称重的圆筛上，不搅动产品，倾斜筛子，沥干2min后，将圆筛和沥干物一并称重。

（三）计算

按下式计算固形物含量：

$$X = \frac{W_2 - W_1}{W} \times 100\%$$

式中　X——固形物含量，%；

W_1——圆筛质量，g；

W_2——沥干物加圆筛质量，g；

W——罐头标明净重，g。

四、糖水浓度（可溶性固形物）的测定

样品制备：按固液相比例，将样品用组织捣碎器捣碎后，用四层纱布挤出滤液用于测定。

其余参见模块三，任务一，第二节，四。

五、总酸度（pH）的测定

（一）原理

测量浸在被测液体中两个电极之间的电位差。

（二）试剂

下列各缓冲溶液可作为校正之用：

（1）pH3.57（20℃时）缓冲溶液 用分析试剂级的酒石酸氢钾（$KHC_4H_4O_6$）在25℃配制的饱和水溶液，此溶液的pH在25℃时为3.56，而在30℃时为3.55。

（2）pH6.88（20℃时）缓冲溶液 称取3.402g（精确到0.001g）磷酸二氢钾（KH_2PO_4）和3.549g磷酸氢二钠（Na_2HPO_4），溶解于蒸馏水中，并稀释到1000mL。此溶液的pH在10℃时为6.92，而在30℃时为6.85。

（3）pH4.0（20℃时）缓冲溶液 称取10.211g（精确到0.001g）苯二甲酸氢钾〔$KHC_6H_4(COO)_2$〕（在125℃烘过1h至恒重）溶解于蒸馏水中，并稀释到1000mL。此溶液的pH在10℃时为4.00，而在30℃时为4.01。

（4）pH5.00（20℃时）缓冲溶液 将分析试剂级的柠檬酸氢二钠（$Na_2HC_6H_5O_7$）配制成0.1mol/L溶液即可。

（5）pH5.45（20℃时）缓冲溶液 取500mL 0.067mol/L柠檬酸水溶液与375mL 0.2mol/L氢氧化钠水溶液混匀，此溶液的pH在10℃时为5.42，而在30℃时为5.48。

（三）仪器

（1）pH计 刻度为0.1pH单位或更小些，如果仪器没有温度校正系统，此刻度只适用于在20℃进行测量。

（2）玻璃电极 各种形状的玻璃电极都可以用，这种电极应浸在蒸馏水中保存。

（3）甘汞电极 按制造厂的说明书保存甘汞电极。如果没有说明书，此电极应保存在饱和氯化钾溶液中。

（四）操作步骤

1. 试液的制备

糖水水果罐头制品取混匀液相部分备用。

2. pH计校正

用已知精确pH的缓冲液（尽可能接近待测溶液的pH），在测定采用的温度下校正pH计，如果pH计无温度校正系统，缓冲溶液的温度应保持在（20±2）℃的范围内。

3. 测定

将电极插入被测试样液中，并将pH计的温度校正器调节到被测液的温度。如果仪器没有温度校正系统，被测试样液的温度应调到（20±2）℃的范围内。采用适合于所用pH计的步骤进行测定，当读数稳定后，从仪器的标度上直接读出pH，精确到0.05pH单位。

（五）结果计算

如果有关重现性的要求已能满足，取两次测定的算术平均值作为结果，报告精确到0.05pH单位。

同一人操作，同时或紧接的两次测定结果之差不超过0.1pH单位。

六、水果罐头中二氧化硫残留的测定（盐酸副玫瑰苯胺法）

（一）原理

亚硫酸盐与四氯汞钠反应生成稳定的络合物，再与甲醛及盐酸副玫瑰苯胺作用生成紫红色络合物，与标准系列比较定量。

（二）试剂

除特别注明外，所用试剂为分析纯。

（1）四氯汞钠吸收液 称取13.6g氯化汞及6.0g氯化钠，溶于水中并稀释至1000mL，放置过夜，过滤后备用。

（2）氨基磺酸铵溶液（12g/L）。

（3）甲醛溶液（2g/L）　吸取 0.55mL 无聚合沉淀的甲醛（36%），加水稀释至 100mL，混匀。

（4）淀粉指示液　称取 1g 可溶性淀粉，用少许水调成糊状，缓缓倾入 100mL 沸水中，随加随搅拌，煮沸，放冷备用，此溶液临用时现配。

（5）亚铁氰化钾溶液　称取 10.6g 亚铁氰化钾 $[K_4Fe(CN)_6 \cdot 3H_2O]$，加水溶解并稀释至 100mL。

（6）乙酸锌溶液　称取 22g 乙酸锌 $[Zn(CH_3COO)_2 \cdot 2H_2O]$ 溶于少量水中，加入 3mL 冰醋酸，加水稀释至 100mL。

（7）盐酸副玫瑰苯胺溶液　称取 0.1g 盐酸副玫瑰苯胺（$C_{19}H_{18}N_2Cl \cdot 4H_2O$）于研钵中，加少量水研磨使之溶解并稀释至 100mL。取出 20mL，置于 100mL 容量瓶中，加盐酸（1+1），充分摇匀后使溶液由红变黄，如不变黄再滴加少量盐酸至出现黄色，然后加水稀释至刻度，混匀备用（如无盐酸副玫瑰苯胺可用盐酸品红代替）。

（8）碘溶液 $[c(1/2\ I_2)=0.100mol/L]$。

（9）硫代硫酸钠标准溶液 $[c(Na_2S_2O_3 \cdot 5H_2O)=0.100mol/L]$。

（10）二氧化硫标准溶液　称取 0.5g 亚硫酸氢钠，溶于 200mL 四氯汞钠吸收液中，放置过夜，上清液用定量滤纸过滤备用。

吸取 10.0mL 亚硫酸氢钠-四氯汞钠溶液于 250mL 碘量瓶中，加 100mL 水，准确加入 20.00mL 碘溶液（0.1mol/L）、5mL 冰醋酸，摇匀，放置于暗处，2min 后迅速以硫代硫酸钠（0.100mol/L）标准溶液滴定至淡黄色，加 0.5mL 淀粉指示液，继续滴至无色。另取 100mL 水，准确加入碘溶液 20.0mL（0.100mol/L）、5mL 冰醋酸，按同一方法做试剂空白试验。

二氧化硫标准溶液的浓度按下式进行计算：

$$X = \frac{(V_2 - V_1)c \times 32.03}{10}$$

式中　X——二氧化硫标准备溶液浓度，mg/mL；

　　　　V_1——测定用亚硫酸氢钠-四氯汞钠溶液消耗硫代硫酸钠标准溶液体积，mL；

　　　　V_2——试剂空白消耗硫代硫酸钠标准溶液体积，mL；

　　　　c——硫代硫酸钠标准溶液的摩尔浓度，mol/L；

　　32.03——每毫升硫代硫酸钠 $[c(Na_2S_2O_3 \cdot 5H_2O)=0.100mol/L]$ 标准溶液相当于二氧化硫的质量，mg/mmol。

（11）二氧化硫使用液　临用前将二氧化硫标准溶液以四氯汞钠吸收液稀释成每毫升相当于 $2\mu g$ 二氧化硫。

（12）氢氧化钠溶液（20g/L）。

（13）硫酸（1+71）。

（三）仪器

分光光度计。

（四）操作步骤

1. 试样处理

水果罐头按固液比例用捣碎机捣碎均匀，过滤取液体部分。吸取 5.0～10.0mL 试样，置于 100mL 容量瓶中，以少量水稀释，加 20mL 四氯汞钠吸收液，摇匀，最后加水至刻度，混匀，必要时过滤备用。

2. 测定

吸取 0.50～5.0mL 上述试样处理液于 25mL 带塞比色管中。

另吸取 0mL、0.20mL、0.40mL、0.60mL、0.80mL、1.00mL、1.50mL、2.00mL 二氧化硫标准使用液（相当于 $0\mu g$、$0.4\mu g$、$0.8\mu g$、$1.2\mu g$、$1.6\mu g$、$2.0\mu g$、$3.0\mu g$、$4.0\mu g$ 二氧化硫），

分别置于 25mL 带塞比色管中。

于试样及标准管中各加入四氯汞钠吸收液至 10mL，然后再加入 1mL 氨基磺酸铵溶液（12g/L）、1mL 甲醛溶液（2g/L）及 1mL 盐酸副玫瑰苯胺溶液，摇匀，放置 20min。用 1cm 比色杯，以零管调节零点，于波长 550nm 处测吸光度，绘制标准曲线比较。

（五）结果计算

试样中二氧化硫的含量按下式进行计算：

$$X = \frac{A}{m \times \dfrac{V}{100} \times 1000}$$

式中　X——试样中二氧化硫的含量，g/kg；

　　　A——测定用样液中二氧化硫的质量，μg；

　　　m——试样质量，g；

　　　V——测定用样液的体积，mL。

计算结果表示到三位有效数字。

（六）允许差

在重复条件下获得的两次独立测定结果的绝对差值不得超过 10%。

七、商业无菌检验

参见模块三，任务一，第二节，七。

任务四　午餐肉罐头的检验

> **实训目标**
>
> 1. 了解午餐肉罐头的基本知识。
> 2. 掌握午餐肉罐头的常规检验项目及相关标准。
> 3. 掌握午餐肉罐头的检验方法。

第一节　午餐肉罐头基本知识

以畜肉为原料，不添加各类蔬菜、动物内脏，原料经处理、腌制、斩拌、搅拌等工艺制成的罐头产品，即午餐肉罐头。

一、午餐肉罐头的加工工艺

原料→去皮、拆骨、去除不可食部分→腌制→绞碎、斩拌→装罐

包装成品←检验←保温←冷却←杀菌←洗罐←密封

二、午餐肉罐头容易出现的质量安全问题

(1) 原料来自疫区、未经检验、兽药残留超标引起生物和化学危害。

(2) 外来杂质，对原料处理和生产过程卫生控制不当使杂质进入到产品中。

(3) 出现硫化物污染，罐内涂料出现碎裂，造成午餐肉边上出现黑色硫化铁。

(4) 表面发黄，由于抽真空不足，罐内空气较多，表面接触空气氧化而造成。

(5) 物理性胀罐，主要是由于肉中存在较多的空气，装罐太满引起。

(6) 平酸菌败坏，由于杀菌出现偏差造成杀菌不足；或密封不严，造成产品后污染。

三、午餐肉罐头生产的关键控制环节

(1) 原辅材料验收和处理。

(2) 金属探测工序。

(3) 真空封口工序。

(4) 杀菌控制工序。

四、午餐肉罐头生产企业必备的出厂检验设备

天平 (0.1g)、分析天平 (0.1mg)、圆筛 (应符合相应品种要求)、干燥箱、恒温水浴锅、无菌室或超净工作台、灭菌锅、微生物培养箱、生物显微镜、计量容器。

五、午餐肉罐头的检验项目和标准

午餐肉罐头的相关标准包括：GB 13100《肉类罐头食品卫生标准》；GB 13213—2006《猪肉糜类罐头》。

午餐肉罐头的检验项目见表 3-10。

表 3-10　午餐肉罐头产品质量检验项目

序号	检验项目	发证	监督	出厂	检验标准	备　注
1	感官	√	√	√	GB/T 10786	

续表

序号	检验项目	发证	监督	出厂	检验标准	备注
2	净含量	√	√	√	GB/T 10786	
3	氯化钠含量	√	√	√	GB/T 12457	
4	脂肪（含量）	√	√		GB/T 9695.7	
5	水分	√	√		GB 5009.3	
6	蛋白质	√	√		GB 5009.5	
7	淀粉	√	√		GB/T 9695.14	
8	亚硝酸盐	√	√	*	GB 5009.33	
9	锡（Sn）	√	√	*	GB 5009.16	
10	铜（Cu）	√	√	*	GB/T 5009.13	
11	铅（Pb）	√	√	*	GB 5009.12	
12	无机砷	√	√	*	GB 5009.11	
13	总汞（Hg）	√	√	*	GB 5009.17	
14	镉（Cd）	√	√	*	GB 5009.15	
15	锌（Zn）	√	√	*	GB/T 5009.14	
16	复合磷酸盐	√	√	*	GB 5009.14 第三法	有此项目的,如:西式火腿罐头,其他腌制类罐头
17	商业无菌	√	√	√	GB 4789.26	
18	标签	√	√		GB 7718	

注：1. 企业出厂检验项目中有"√"标记的，为常规检验项目。

2. 企业出厂检验项目中有"*"标记的，企业应当每年检验两次。

第二节 午餐肉罐头检验项目

一、感官检验

1. 工具

白瓷盘、匙、不锈钢圆筛（丝的直径 1mm，筛孔 2.8mm×2.8mm）烧杯、量筒、开罐刀等。

2. 组织与形态检验

在室温下将罐头打开，然后将内容物倒入白瓷盘中，观察其组织、形态是否符合标准。

3. 色泽检验

在白瓷盘中观察其色泽是否符合标准。

4. 滋味和气味检验

检验其是否具有该产品应有的滋味与气味，有无哈喇味及异味。

二、净含量（净质量）检验

1. 工具

白瓷盘、匙、烧杯、量筒、开罐刀、不锈钢圆筛、天平（0.1g）等。

2. 测定

擦净罐头外壁，用天平称取罐头毛重。

将罐头加热，使凝冻熔化后开罐，内容物倒出后，将空罐洗净、擦干后称重，按下式计算净重：

$$W = W_2 - W_1$$

式中 W——罐头净重，g；

W_1——空罐质量，g；

W_2——罐头毛重，g。

三、氯化钠含量的测定（铬酸钾指示剂法）

（一）原理

样品经处理后，以铬酸钾为指示剂，用硝酸银标准滴定溶液滴定试液中的氯化钠。根据硝酸银标准滴定溶液的消耗量，计算食品中氯化钠的含量。

（二）试剂

除特别注明外，所用试剂为分析纯。

（1）蛋白质沉淀剂

试剂Ⅰ：称取106g亚铁氰化钾溶于水中，转移到1000mL容量瓶中，用水稀释至刻度。

试剂Ⅱ：称取220g乙酸锌溶于水中，并加入30mL冰醋酸，转移到1000mL容量瓶中，用水稀释至刻度。

（2）80％乙醇溶液：量取80mL 95％乙醇与15mL水混匀。

（3）0.1mol/L硝酸银标准滴定溶液。

（4）5％铬酸钾溶液：称取5g铬酸钾，溶于95mL水中。

（三）仪器、设备

实验室常用仪器及下列各项：组织捣碎机；研钵；水浴锅；分析天平（感量0.0001g）。

（四）操作步骤

1. 试样的制备

取具有代表性的样品至少200g，在研钵中研细，或加等量水在组织捣碎机中捣碎，置于500mL烧杯中备用。

2. 试液的制备

称取约20g试样［（四）1］，精确至0.001g，于250mL锥形瓶中，加入100mL 70℃热水沸腾后保持15min，并不断摇动。取出，冷却至室温，依次加入4mL试剂Ⅰ和4mL试剂Ⅱ［（二）（1）］。每次加入后充分摇匀，在室温静置30min。将锥形瓶中的内容物全部转移到200mL容量瓶中，用水稀释至刻度，摇匀。用滤纸过滤，弃去最初部分滤液。

3. 测定

取 A mL试液［（四）2］，使之含25～50mg氯化钠，置于250mL锥形瓶中。

加50mL水及1mL 5％铬酸钾溶液［（二）（4）］。边猛烈摇动边用0.1mol/L硝酸银标准滴定溶液［（二）（3）］滴定至出现红黄色，保持1min不褪色，记录消耗0.1mol/L硝酸银标准滴定溶液的体积（V_1）。

4. 空白试验

用50mL水代替 A mL试液。加1mL 5％铬酸钾溶液［（二）（4）］。以下按（四）3操作。记录消耗0.1mol/L硝酸银标准滴定溶液的体积（V_2）。

（五）结果计算

食品中氯化钠的含量以质量分数表示，按下式计算：

$$X = \frac{0.05844 \times c(V_1 - V_2)K}{m} \times 100\%$$

式中 X——食品中氯化钠含量（质量分数），％；

V_1——滴定试样时消耗0.1mol/L硝酸银标准滴定溶液的体积，mL；

V_2——空白试验时消耗 0.1mol/L 硝酸银标准滴定溶液的体积，mL；

K——稀释倍数；

m——试样的质量，g；

c——硝酸银标准滴定溶液的实际浓度，mol/L。

计算结果精确至小数点第二位。

(六) 允许差

同一样品两次测定值之差，每 100g 样品不得超过 0.2g。

四、脂肪的测定

(一) 原理

试样与稀盐酸共同煮沸，游离出包含的和结合的脂类部分，干燥过滤得到的物质，然后用正己烷或石油醚抽提留在滤器上的脂肪，除去溶剂，即得脂肪总量。

(二) 试剂

所用试剂均为分析纯，所用水为蒸馏水或相当纯度的水。

(1) 抽提剂：正己烷或 30～60℃沸程石油醚。

(2) 盐酸：2mol/L 溶液。

(3) 蓝色石蕊试纸。

(4) 沸石。

(三) 仪器和设备

(1) 实验室常规仪器和设备。

(2) 绞肉机：孔径不超过 4mm。

(3) 索氏抽提器。

(四) 操作步骤

1. 试样制备

取有代表性的试样 200g，于绞肉机中至少绞两次使其均质化并混匀，试样必须封闭贮存于一完全盛满的容器中，防止其腐败和成分变化，并尽可能提早分析试样。

2. 酸水解

称取试样 3～5g，精确至 0.001g，置 250mL 锥形瓶中，加入 2mol/L 盐酸溶液 50mL，盖上小表面皿，于石棉网上用火加热至沸腾，继续用小火煮沸 1h 并不时振摇。取下，加入热水 150mL，混匀，过滤。锥形瓶和小表面皿用热水洗净，一并过滤。沉淀用热水洗至中性，用蓝色石蕊试纸检验。将沉淀连同滤纸置于大表面皿上，连同锥形瓶和小表面皿一起于 103℃±2℃干燥箱内干燥 1h，冷却。

3. 抽提脂肪

将烘干的滤纸放入衬有脱脂棉的滤纸筒中，用抽提剂润湿的脱脂棉擦净锥形瓶、小表面皿和大表面皿上遗留的脂肪，放入滤纸筒中。将滤纸筒放入索氏抽提器的抽提筒内，连接内装少量沸石并已干燥至恒重的接收瓶，加入抽提剂至瓶内容积的 2/3 处，于水浴上加热，使抽提剂每 5～6min 回流一次，抽提 4h。

4. 称量

取下接收瓶，回收抽提剂，待瓶中抽提剂剩 1～2mL 时，在水浴上蒸干，于 103℃±2℃干燥箱内干燥 30min，置干燥器内冷却至室温，称重。重复以上烘干、冷却和称重过程，直到相继两次称量结果之差不超过试样质量的 0.1%。

5. 抽提完全程度验证

用第二个内装沸石、已干燥至恒重的接收瓶，用新的抽提剂继续抽提 1h，增量不得超过试样质量的 0.1%。

（五）结果计算

$$X = \frac{m_2 - m_1}{m} \times 100\%$$

式中　X——试样的总脂肪含量，%；

　　m_1——接收瓶和沸石的质量，g；

　　m_2——接收瓶、沸石连同脂肪的质量，g；

　　m——试样的质量，g。

当分析结果符合允许差的要求时，则取两次测定的算术平均值作为结果，精确至 0.1%。

（六）允许差

由同一分析者同时或相继进行的两次测定结果之差不得超过 0.5%。

五、蛋白质的测定

样品处理：精密称取经捣碎均匀的固体样品 0.2~2.0g（约相当于含氮 30~40mg）。

其余参见模块一、项目六。

六、淀粉的测定

（一）原理

试样中加入氢氧化钾 乙醇溶液，在沸水浴上加热后，滤去上清液，用热乙醇洗涤沉淀除去脂肪和可溶性糖，沉淀经盐酸水解后，用碘量法测定形成的葡萄糖并计算淀粉含量。

（二）试剂

所用试剂均为分析纯，水为蒸馏水或相当纯度的水。

（1）氢氧化钾-乙醇溶液：将氢氧化钾 50g 溶于 95% 乙醇中，稀释至 1000mL。

（2）乙醇：80% 溶液。

（3）盐酸：1.0mol/L 溶液。

（4）溴百里酚蓝：指示剂，1% 乙醇溶液。

（5）氢氧化钠：30% 溶液。

（6）蛋白沉淀剂。

溶液 I：将铁氰化钾 106g 用水溶解并定容到 1000mL

溶液 II：将乙酸锌 220g 用水溶解，加入冰醋酸 30mL，用水定容到 1000mL。

（7）碱性铜试剂

a. 将硫酸铜（$CuSO_4 \cdot 5H_2O$）25g 溶于 100mL 水中。

b. 将碳酸钠 144g 溶于 300~400mL 50℃ 的水中。

c. 将柠檬酸（$C_6H_8O_7 \cdot H_2O$）50g 溶于 50mL 水中。

将溶液 c 缓慢加入溶液 b 中，边加边搅拌直到气泡停止产生。将溶液 a 加到此混合液中并连续搅拌，冷却至室温后，转移到 1000mL 容量瓶中，定容到刻度。放置 24h 后使用，若出现沉淀要过滤。

取一份此溶液加入 49 份煮沸的冷蒸馏水，pH 为 10.0±0.1。

（8）淀粉指示剂　将可溶性淀粉 1g、碘化汞（保护剂）1g 和 30mL 水混合加热溶解，再加入沸水至 100mL，连续煮沸 3min，冷却并放入冰箱备用。

（9）硫代硫酸钠：0.1mol/L 标准溶液。

（10）碘化钾：10% 溶液。

（11）盐酸：取盐酸 100mL 稀释到 160mL。

（三）仪器、设备

实验室常用设备。

绞肉机：孔径不超过 4mm。

（四）操作步骤

1. 试样制备

取有代表性试样 200g，用绞肉机绞两次并混匀。绞好的试样要尽快分析，若不立即分析，要密封冷藏贮存，防止变质和成分发生变化，贮存的试样启用时必须重新混匀。

2. 淀粉分离

称取试样 25g（精确到 0.01g）放入 500mL 烧杯中（如果估计试样中淀粉含量超过 1g，应适当减少试样量），加入热氢氧化钾-乙醇溶液 300mL，用玻璃棒搅匀后盖上表面皿，在沸水浴上加热 1h，不时搅拌。然后，完全转移到漏斗上过滤，用 80% 乙醇洗涤沉淀数次。

3. 水解

将滤纸钻个孔，用 1.0mol/L 热盐酸溶液 100mL 将沉淀完全洗入 250mL 烧杯中，盖上表面皿，在沸水浴中水解 2.5h，不时搅拌。

溶液冷却到室温，用氢氧化钠溶液中和，pH 值不超过 6.5。将溶液移入 200mL 容量瓶中，加入蛋白沉淀剂溶液 I 3mL，混合后再加入蛋白沉淀剂溶液 II 3mL，定容到刻度混匀，经不含淀粉的扇形滤纸过滤。滤液中加入 30% 氢氧化钠溶液 1～2 滴，使之对溴百里酚蓝呈碱性。

4. 测定

取一定量滤液（V_2）稀释到一定体积（V_3），然后取 25.0mL（最好含葡萄糖 40～50mg）移入碘量瓶中，加入 25.0mL 碱性铜试剂，装上冷凝管，在电炉上 2min 内煮沸。随后改用温火继续煮沸 10min，迅速冷却到室温，取下冷却管，加入碘化钾溶液 30mL，小心加入 25% 盐酸溶液 25.0mL，盖好盖待滴定。

用标准硫代硫酸钠溶液滴定上述溶液中释放出来的碘。当溶液变成浅黄色时，加入淀粉指示剂 1mL，继续滴定直到蓝色消失，记下消耗硫代硫酸钠的体积。

同一试样进行两次测定并做空白试验。

（五）结果计算

1. 葡萄糖量（m_1）计算

按下式计算消耗硫代硫酸钠的物质的量（X_1）：

$$X_1 = 10N(V_0 - V_1)$$

式中　X_1——消耗硫代硫酸钠的物质的量，mmol；

　　　N——硫代硫酸钠溶液的摩尔浓度，mol/L；

　　　V_0——空白试验消耗硫代硫酸钠溶液的体积，mL；

　　　V_1——试样液消耗硫代硫酸钠的体积，mL。

根据 X_1 从表 3-11 中查出相应的葡萄糖量（m_1）。

2. 淀粉含量的计算

$$X_2 = \frac{m_1}{1000m_0} \times 0.9 \times \frac{V_3}{25} \times \frac{200}{V_2} \times 100\% = 0.0072 \times \frac{V_3}{V_2} \times \frac{m_1}{m_0} \times 100\%$$

式中　X_2——淀粉含量，%；

　　　m_1——葡萄糖含量，mg；

　　　V_2——取原液的体积，mL；

　　　V_3——稀释后的体积，mL；

　　　m_0——试样的质量，g；

　　　0.9——葡萄糖折算成淀粉的换算系数。

当符合允许差要求时，则取两次测定的算术平均值作为结果，精确到 0.1%。

（六）允许差

同一分析者同时或相继两次测定允许差不超过 0.2%。

表 3-11　硫代硫酸钠的物质的量同葡萄糖量（m_1）的换算关系

X_1	相应的葡萄糖量		X_1	相应的葡萄糖量	
$10N(V_0-V_1)$	m_1/mg	Δm_1/mg	$10N(V_0-V_1)$	m_1/mg	Δm_1/mg
1	2.4		13	33	2.7
2	4.8	2.4	14	35.7	2.8
3	7.2	2.4	15	38.5	2.8
4	9.7	2.5	16	41.5	2.8
5	12.2	2.5	17	44.2	2.9
6	12.7	2.5	18	47.1	2.9
7	17.2	2.5	19	50.0	2.9
8	19.8	2.6	20	53.0	3.0
9	22.4	2.6	21	56.0	3.0
10	25	2.6	22	59.1	3.1
11	27.6	2.6	23	62.2	3.1
12	30.3	2.7			

七、亚硝酸盐的测定（格里斯试剂比色法）

（一）原理

样品经沉淀蛋白质、除去脂肪后，在弱酸性条件下亚硝酸盐与对氨基苯磺酸重氮化后，再与 N-1-萘基乙二胺偶合形成紫红色染料，与标准比较定量。

（二）试剂

实验用水为蒸馏水，试剂不加说明者，均为分析纯试剂。

（1）氯化铵缓冲液　1L 容量瓶中加入 500mL 水，准确加入 20.0mL 盐酸，振荡混匀，准确加入 50mL 氢氧化铵，用水稀释至刻度。必要时用稀盐酸和稀氢氧化铵调至 pH9.6～9.7。

（2）硫酸锌溶液（0.42mol/L）　称取 120g 硫酸锌（$ZnSO_4 \cdot 7H_2O$），用水溶解，并稀释至 1000mL。

（3）氢氧化钠溶液（20g/L）　称取 20g 氢氧化钠用水溶解，稀释至 1L。

（4）对氨基苯磺酸溶液　称取 10g 对氨基苯磺酸，溶于 700mL 水和 300mL 冰醋酸中，置棕色瓶中混匀，室温保存。

（5）N-1-萘基乙二胺溶液（1g/L）　称取 0.1g N-1-萘基乙二胺，加 60%乙酸溶解并稀释至 100mL，混匀后，置棕色瓶中，在冰箱中保存，1 周内稳定。

（6）显色剂　临用前将 N-1-萘基乙二胺溶液（1g/L）和对氨基苯磺酸溶液等体积混合。

（7）亚硝酸钠标准溶液　准确称取 250.0mg 于硅胶干燥器中干燥 24h 的亚硝酸钠，加水溶解移入 500mL 容量瓶中，加 100mL 氯化铵缓冲液，加水稀释至刻度，混匀，4℃避光保存。此溶液每毫升相当于 500μg 的亚硝酸钠。

（8）亚硝酸钠标准使用液　临用前，吸取亚硝酸钠标准溶液 1.00mL，置于 100mL 容量瓶中，加水稀释至刻度。此溶液每毫升相当于 5.0μg 亚硝酸钠。

（三）仪器和设备

捣碎机；分光光度计。

（四）操作步骤

1. 样品制备

称取约 10.00g 经捣碎机绞碎混匀，加 70mL 水和 12mL 氢氧化钠溶液（20g/L），混匀，用氢氧化钠溶液（20g/L）调样品 pH8，定量转移至 200mL 容量瓶中加 10mL 硫酸锌溶液，混匀，如不产生白色沉淀，再补加 2～5mL 氢氧化钠，混匀。置 60℃水浴中加热 10min，取出后冷至室温，加水至刻度，混匀。放置 0.5h，用滤纸过滤，弃去初滤液 20mL，收集滤液备用。

2. 测定

（1）亚硝酸盐标准曲线的制备　吸取 0mL、0.5mL、1.0mL、2.0mL、3.0mL、4.0mL、5.0mL 亚硝酸钠标准使用液（相当于 0μg、2.5μg、5μg、10μg、15μg、20μg、25μg 亚硝酸钠），分别置于 25mL 带塞比色管中。于标准管中分别加入 4.5mL 氯化铵缓冲液，加 2.5mL 60%乙酸后立即加入 5.0mL 显色剂，加水至刻度，混匀，在暗处静置 25min。用 1cm 比色杯（灵敏度低时可换 2cm 比色杯），以零管调节零点，于波长 550nm 处测吸光度，绘制标准曲线。

低含量样品以制备低含量标准曲线计算，标准系列为：吸取 0mL、0.4mL、0.8mL、1.2mL、1.6mL、2.0mL 亚硝酸钠标准使用液（相当于 0μg、2μg、4μg、6μg、8μg、10μg 亚硝酸钠）。

（2）样品测定　吸取 10.0mL 上述滤液 [（四）1] 于 25mL 带塞比色管中，自（四）2（1）"于标准管中分别加入 4.5mL 氯化铵缓冲液"起依法操作。同时做试剂空白。

（五）结果计算

$$X = \frac{m_2}{\dfrac{V_2}{m_1} V_1}$$

式中　X——样品中亚硝酸盐的含量，mg/kg；

　　　m_1——样品质量，g；

　　　m_2——测定用样液中亚硝酸盐的质量，μg；

　　　V_1——样品处理液总体积，mL；

　　　V_2——测定用样液体积，mL。

结果表述：报告算术平均值的二位有效数字。

（六）允许差

在重复性条件下获得的两次独立测定结果的绝对差值不得超过算术平均值的 10%。

八、复合磷酸盐的测定

（一）原理

试样中的磷酸盐与酸性钼酸铵作用，生成淡黄色的磷钼酸盐，此盐可经还原呈现蓝色，一般称为钼蓝，蓝色的深浅与磷酸盐含量成正比。

（二）试剂

（1）稀盐酸（1+1）。

（2）钼酸铵溶液（50g/L）　称取 25g 钼酸铵溶 300mL 水中，再加 75%（体积分数）硫酸溶液（溶解 75mL 浓硫酸于水中，再用水稀释至 100mL）使成 500mL。

（3）对氢醌（对苯二酚）溶液（5g/L）　称取 0.5g 对氢醌（对苯二酚），溶解于 100mL 水中，加硫酸 1 滴以使氧化作用减慢。

（4）亚硫酸钠溶液（200g/L）　称取 20g 亚硫酸钠溶解于 100mL 蒸馏水中。此溶液应每次试验前临时配制，否则可能会使钼蓝溶液发生混浊。

（5）磷酸盐标准溶液　精确称取 0.7165g 磷酸二氢钾（KH_2PO_4）溶于水中，移入 1000mL 容量瓶中，并用水稀释至刻度。此溶液每毫升相当于 500μg 磷酸盐。吸取 10.00mL 此溶液，置于 500mL 容量瓶中，加水至刻度，此溶液每毫升相当于 10μg 磷酸盐。

（三）仪器和设备

实验室常用设备；分光光度计。

（四）操作步骤

1. 标准曲线绘制

分别吸取磷酸盐标准溶液（每毫升相当于 $10\mu g$ 磷酸盐）0.0mL、0.2mL、0.4mL、0.6mL、0.8mL、1.0mL，分别置于 25mL 比色管中，再于每管中依次加入 2.0mL 钼酸铵溶液、1mL 200g/L 亚硫酸钠溶液、1mL 对氢醌（对苯二酚）溶液，加蒸馏水稀释至刻度，摇匀。静置 30min 后，以零管溶液为空白，用分光光度计进行测定，于 660nm 处比色，测定各标准溶液的吸光度，并绘制标准曲线。

2. 测定

（1）将瓷蒸发器在火上加热灼烧、冷却，准确称取均匀试样 2～5g，在火上灼烧成炭粉，再于 550℃下成灰分，直至灰分呈白色为止（必要时，可在加入浓硝酸湿润后再灰化，有促进试样灰化至白色的作用），加稀盐酸（1+1）10mL 及硝酸 2 滴，在水浴上蒸干，再加稀盐酸（1+1）2mL，用水分数次将残渣完全洗入 100mL 容量瓶中，并用水稀释至刻度，摇匀，过滤（如无沉淀则不需过滤）。

（2）取滤液 0.5mL（视磷量多少定），置于 25mL 比色管中，加入 2mL 钼酸铵溶液，以下按（四）1 自"1mL 200g/L 亚硫酸钠溶液……"起依法操作。根据测得的吸光度，从标准曲线上求得相应磷的含量。

（五）结果计算

$$X = \frac{m_1}{m} \times 1000$$

式中　X ——试样中磷酸盐含量，mg/kg；

　　　m_1 ——从标准曲线中查出的相当于磷酸盐的质量，mg；

　　　m ——测定时所吸取试样溶液相当于试样质量，g。

计算结果保留两位有效数字。

（六）允许差

在重复性条件下获得的两次独立测定结果的绝对差值不得超过算术平均值的 5%。

九、商业无菌检验

参见模块三，任务一，第二节，七。

任务五　全脂乳粉的检验

实训目标
1. 掌握全脂乳粉制品的基本知识。
2. 掌握全脂乳粉制品的常规检验项目及相关标准。
3. 掌握全脂乳粉制品的检验方法。

第一节　全脂乳粉制品基本知识

以新鲜牛乳或羊乳为原料，标准化后，经杀菌、浓缩、干燥等加工工序而制成的粉状产品。由于脂肪含量高易被氧化，在室温下可保藏3个月。

一、全脂乳粉的加工工艺

全脂乳粉可根据原料乳中加糖与否，分为全脂甜乳粉和全脂淡乳粉两种，两种乳粉的加工工艺基本一致。以全脂甜乳粉为例，其加工工艺如下：

化糖→糖浆

原料乳预处理→预热→均质→杀菌→浓缩→喷雾干燥→筛粉冷却→检验→包装→成品

二、全脂乳粉容易出现的质量安全问题

1. 脂肪分解味（酸败味）

由于乳中解脂酶的作用，使乳粉中的脂肪水解而产生游离的挥发性脂肪酸。为此，应严把原料质量关，同时杀菌时要将脂肪分解酶彻底灭活。

2. 氧化味（哈喇味）

不饱和脂肪酸氧化产生氧化味的主要因素是空气、光线、重金属、过氧化物酶等造成的，乳粉中的水分及游离脂肪酸含量的高低也是乳粉产生氧化味的原因之一。

3. 棕色

水分含量在5%以上的乳粉贮藏时会发生美拉德反应产生棕色。

4. 吸潮

乳粉中的乳糖呈无水的非结晶的玻璃态，易吸潮。当乳糖吸水后使蛋白质彼此黏结而结块，故应保存在密封容器里。

5. 细菌引起的变质

开封后的乳粉会逐渐吸收水分，当超过5%以上时，细菌开始繁殖，使乳粉变质。

三、全脂乳粉生产的关键控制环节

（1）原料乳验收。

（2）预处理和标准化。

（3）干燥时颗粒度和水分的控制。

（4）成品包装控制。

四、全脂乳粉制品生产企业必备的出厂检验设备

储奶设备、净乳设备、制冷设备、配料设备（不包括全脂乳粉）、浓缩设备、杀菌设备、喷

雾干燥设备、包装设备、清洗设备。

五、全脂乳粉制品的检验项目和标准

全脂乳粉制品的相关标准包括：GB 19644《食品安全国家标准 乳粉》；RHB 602《牛初乳粉》。

全脂乳粉制品的检验项目见表 3-12。

表 3-12　全脂乳粉产品质量检验项目及检验标准

序号	检验项目	发证	监督	出厂	检验标准	备注
1	感官	√	√	√	GB 19644	
2	净含量	√	√	√		
3	脂肪	√	√	√	GB 5413.3	
4	蛋白质	√	√	√	GB 5009.5	
5	复原乳酸度	√	√	√	GB 5413.34	不适用调味乳粉
6	蔗糖	√	√	√	GB 5413.5	只适用添加蔗糖的产品
7	水分	√	√	√	GB 5009.3	
8	不溶度指数	√	√	√		
9	杂质度	√	√	√	GB 5413.30	
10	维生素、微量元素及其他营养强化剂	√	√	*	GB 5413	只适用添加营养强化剂的产品
11	铅	√	√	*	GB 5009.12	
12	氯	√	√	*	GB 5413.24	只适用特殊配方乳粉
13	无机砷	√	√	*	GB 5009.11	
14	硝酸盐	√	√	*	GB 5009.33	
15	亚硝酸盐	√	√	*	GB 5009.33	
16	黄曲霉毒素 M_1	√	√	*	GB 5413.37	
17	菌落总数	√	√	√	GB 4789.2	
18	大肠菌群	√	√	√	GB 4789.3	
19	致病菌	√	√	*	GB 4789.4 GB 4789.5 GB 4789.10	
20	标签	√	√		GB 7718	

注：1. 企业出厂检验项目中有"√"标记的，为常规检验项目。

2. 企业出厂检验项目中有"＊"标记的，企业应当每年检验两次。

第二节　全脂乳粉制品检验项目

一、全脂乳粉的感官检验和净含量的测定

1. 全脂乳粉的感官指标（表 3-13、表 3-14）

表 3-13　全脂乳粉的感官评分

项　目	特　征	扣　分	得　分
滋味和气味　65分	具有消毒牛乳的纯香味,无其他异味者	0	65
	滋气味稍淡,但无异味者	2～5	63～60
	有过度消毒的滋味和气味者	3～7	62～58
	有焦粉味者	5～8	60～57
	有饲料味者	6～10	59～55
	滋气味平淡,无乳香味者	7～12	58～53
	有不清洁或不新滋味和气味者	8～13	57～52
	有脂肪氧化味者	14～17	51～48
	有其他异味者	12～20	53～45
组织状态　25分	干燥粉末无凝块者	0	25
	凝块易松散或有少量硬粒者	2～4	23～21
	凝块较结实者(贮存时间较长)	8～12	17～13
	有肉眼可见的杂质或异物者	5～15	20～10
色泽　5分	全部一色,呈浅黄色者	0	5
	黄色特殊或带浅白色者	1～2	4～3
	有焦粉粒者	2～3	3～2
冲调性　5分	润湿下沉快,冲调后完全无团块,杯底无沉淀物者	0	5
	冲调后有少量团块者	1～2	4～3
	冲调后团块较多者	2～3	3～2

表 3-14　全脂加糖乳粉的感官评分

项　目	特　征	扣　分	得　分
滋味和气味　65分	具有消毒牛乳的纯香味,甜味纯正,无其他异味者	0	65
	滋气味稍淡,无异味者	2～5	63～60
	有过度消毒的滋味和气味者	3～7	62～58
	有焦粉味者	5～8	60～57
	有饲料味者	6～10	59～55
	滋气味平淡无奶香味者	7～12	58～53
	有不清洁或不新鲜滋味和气味者	8～13	57～52
	有脂肪氧化味	14～17	51～48
	有其他异味者	12～20	53～45
组织状态　20分	干燥粉末无凝块者	0	20
	凝块易松散或有少量硬粒者	2～4	18～16
	凝块较结实者(贮存时间较长)	8～12	12～8
	有肉眼可见杂质者	5～15	15～5
冲调性　10分	润湿下沉快,冲调后完全无团块,杯底无沉淀者	0	10
	冲调后有少量团块者	2～4	8～6
	冲调后团块较多者	4～6	6～4
色泽　5分	全部一色,呈浅黄色者	0	5
	黄色特殊或带浅白色者	1～2	4～3
	有焦粉粒者	2～5	3～0

2. 感官检验方法

将乳粉倒入盛样盘中,然后按"组织状态"、"色泽"、"滋气味"、"冲调性"之先后顺序依据标准逐项进行评定,记扣分或得分于评分表中,最后将各项得分累加得总分,再根据产品等级评分标准评定出产品等级。具体评定方法如下:

(1)组织状态和色泽　将适量试样散放在白色平盘中,在自然光下观察色泽和组织状态。

(2)滋味和气味　取适量试样置于平盘中,先闻气味,然后用温开水漱口,再品尝样品的滋味。

（3）冲调性　将 11.2g（全脂乳粉、全脂加糖乳粉）试样放入盛有 100mL 40℃水的 200mL 烧杯中，用搅拌棒搅拌均匀后观察样品溶解状况。

等级评定：每人按感官评定表统计出总得分，并评定出等级。再将每人评定结果综合平衡后，得出最终评定结果（表 3-15）。

表 3-15　总评分与分级标准

等　级	总评分	滋味和气味最低得分
特级	≥90	60
一级	≥85	55
二级	≥80	50

3. 净含量

用感量为 1.0g 的天平，称量单件定量包装产品的质量，再称量包装容器的质量，计算称量差。

二、乳粉中脂肪含量的测定

参见模块·，项目五。

三、乳粉酸度的测定

（一）原理

新鲜正常的乳酸度为 16～18°T。乳的酸度由于微生物的作用而增高。酸度（°T）是指以酚酞作指示剂，中和 100mL 乳所需氢氧化钠标准滴定溶液（0.1000mol/L）的体积（mL）。

（二）试剂

（1）酚酞指示液：称取 0.5g 酚酞，用少量乙醇溶解并定容至 500mL。

（2）氢氧化钠标准滴定溶液：$c(NaOH)=0.1mol/L$。

（三）操作步骤

称取 4.00g 试样于 50mL 烧杯中，用 96mL 新煮沸冷却后的水分数次将试样溶解并移入 250mL 锥形瓶中，加数滴酚酞指示液，混匀。用氢氧化钠标准滴定溶液（0.1mol/L）滴定至初显粉红色并在 0.5min 内不褪色为终点，记录消耗氢氧化钠标准溶液的体积。

（四）结果计算

$$X=\frac{Vc\times12}{m}$$

式中　X——试样中的酸度，°T；

　　　V——试样消耗氢氧化钠标准溶液的体积，mL；

　　　c——氢氧化钠标准滴定溶液（0.1mol/L）的实际浓度，mol/L；

　　　m——试样质量，g；

　　　12——12g 干燥乳粉相当于鲜乳 100mL。

计算结果保留三位有效数字。

（五）精密度

在重复性条件下获得的两次独立测定结果的绝对差值不得超过算术平均值的 10%。

四、乳粉溶解度的测定

（一）原理

试样溶于水后，称取不溶物质量，再计算溶解度。

（二）仪器

50mL 离心管；离心机（1000r/min）。

（三）操作步骤

称取约 5.00g 试样于 50mL 烧杯中，用 25～30℃水 38mL，分数次将试样溶解于离心管中，加塞，将离心管放于 30℃水浴中保温 5min 后取出，上下充分振摇 3min，使试样充分溶解。于离心机中以 1000r/min 转速离心 10min 使不溶物沉淀，倾出上清液并用棉栓拭清管壁，再加入 30℃的水 38mL，加塞，上下充分振摇 3min，使沉淀悬浮，再于离心机中以 1000r/min 转速离心 10min，倾出上清液，用棉栓仔细拭清管壁。用少量水将沉淀物洗入已恒重的称量皿中，先在水浴上蒸干，然后于 100℃干燥 1h，置干燥器中冷却 30min，称量，再于 100℃干燥 30min 后，取出冷却称量，至前后两次质量相差不超过 1.0mg。

（四）结果计算

$$X = 100 - \frac{(m_1 - m_2) \times 100}{m_3}$$

式中　X——试样的溶解度，g/100g；

　　m_1——称量皿加不溶物质量，g；

　　m_2——称量皿质量，g；

　　m_3——试样质量，g。

计算结果保留三位有效数字。

（五）精密度

在重复性条件下获得的两次独立测定结果的绝对差值不得超过算术平均值的 5%。

五、乳粉中蔗糖含量的测定

（一）原理

试样经除去蛋白质后，其中蔗糖经盐酸水解转化为还原糖，再按还原糖测定。水解前后还原糖的差值为蔗糖含量。

（二）试剂

（1）盐酸（1+1）　量取 50mL 盐酸用水稀释至 100mL。

（2）氢氧化钠溶液（200g/L）。

（3）甲基红指示液　称取甲基红 0.01g，用少量乙醇溶解后，稀释至 100mL。

（4）其余试剂　同模块一，项目八。

（三）仪器

同模块一，项目八。

（四）分析步骤

吸取两份 50mL 样品，按模块一、项目八（四）1（1）中样品处理液，分别置于 100mL 容量瓶中。其中一份加 5mL 盐酸（1+1），在 68～70℃水浴中加热 15min，冷后加两滴甲基红指示液，用氢氧化钠溶液（200g/L）中和至中性，加水至刻度，混匀。另一份直接加水稀释至 1000mL，按模块一、项目八中的步骤分别测定样品不经过水解处理和水解处理后的还原糖含量。

（五）结果计算

以葡萄糖为标准标定溶液时，按下式计算试样中蔗糖含量：

$$X = (R_2 - R_1) \times 0.95$$

式中　X——试样中蔗糖的含量，g/100g 或 g/100mL；

　　R_1——不经水解处理还原糖含量，g/100g 或 g/100mL；

　　R_2——水解处理后还原糖含量，g/100g 或 g/100mL；

0.95——还原糖（以葡萄糖计）换算为蔗糖的系数。

计算结果保留三位有效数字。

六、乳粉杂质度的测定

（一）原理

乳粉因挤乳及生产运输过程中夹杂杂质，用牛粪、园土、木炭混合胶状液作为标准。

（二）试剂

（1）胃酶-盐酸液　称取 5.0g 胃酶粉，溶于 25 水中，加 15mL 盐酸，加水稀释至 500mL。

（2）杂质标准的制备　使牛粪、园土、木炭通过一定筛孔，然后在 100℃烘干，按照下列比例配合混匀：

牛粪：过 40 目，53%。

牛粪：过 20 目不通过 40 目，2%。

园土：过 20 目，27%。

木炭：过 40 目，14%。

木炭：过 20 目不通过 40 目，4%。

将上述各物混匀，称取 2g，加 4mL 水，搅匀后加入 46mL 阿拉伯胶溶液（7.5g/L），再加入已过滤的、清洁的蔗糖溶液（500g/L）使成 1000mL。此溶液每毫升相当于 2mg 杂质，取此溶液 5.0mL 于 50mL 容量瓶中，用蔗糖溶液（500g/L）稀释全刻度。此溶液每毫升相当于 0.2mg 杂质。

现以 500mL 牛乳或 62.5g 全脂牛乳粉配制成 500mL 乳液，制备各标准过滤板，见表 3-16。

表 3-16　各牛乳杂质度标准过滤板的浓度

牛乳数量/mL	加入杂质量	浓度/(mg/L)
	1.0mL×2mg/mL＝2mg	4
	0.75mL×2mg/mL＝1.5mg	3
	0.50mL×2mg/mL＝1mg	2
500	2.50mL×0.2mg/mL＝0.5mg	1
	1.25mL×0.2mg/mL＝0.25mg	0.5
	0.31mL×0.2mg/mL＝0.062mg	0.125

将上述配好的各种不同浓度的溶液于棉质过滤板上过滤，用水冲洗黏附的牛乳，置于干燥箱中干燥即得。

上述杂质度的浓度，系以 500mL 牛乳计的标准。若以 62.5g 全脂牛乳粉为计算基础。则杂质度应以表中数字的 8 倍报告，其浓度单位为 mg/kg。

（三）分析步骤

称取 62.5g 试样，用 60～70℃水 500mL 溶解后，于棉质过滤板上过滤。为使过滤迅速，可用真空泵抽滤。用水冲洗黏附在棉质过滤板上的牛乳。将棉质过滤板置干燥箱中干燥，其上的杂质与标准比较即得。将表 3-17 所示杂质浓度乘以 8，即得牛乳的杂质度。

溶解度较差的牛乳粉及滚筒牛乳粉测定如下：称取 62.5g 试样，加 250mL 胃酶-盐酸溶液混合，置 45℃水浴中保持 20min，加入约 0.5mL 辛醇，加热使在 5～8min 内沸腾，立即在棉质过滤板上过滤，并用沸水冲洗容器及棉质过滤板。将棉质过滤板干燥后，与标准比较，照上法计算杂质度。

七、乳粉中黄曲霉毒素 M_1 的测定

按模块三、任务六、四中黄曲霉毒素 M_1 的测定方法操作。但试样提取为：称取 20.00g 拌

匀试样，置于 25mL 具塞锥形瓶内，加入 20mL 氯化钠溶液（40g/L），摇匀使之湿润。加入 70mL 丙酮，混匀，再加入 30mL 三氯甲烷，置振荡器内振摇 30min，然后通过盛有约 10g 无水硫酸钠的快速滤纸过滤，吸取 50mL 澄清液于 150mL 锥形瓶内，置于 65～70℃水浴上浓缩，直至三氯甲烷、丙酮全部挥散。

八、乳粉中三聚氰胺的测定（高效液相色谱法）

（一）原理

样品用三氯乙酸溶液-乙腈提取，经阳离子交换固相萃取柱净化后，用高效液相色谱法（HPLC）测定，用外标法定量。

（二）试剂与材料

如无其他说明，所有试剂均为分析纯，水应符合 GB/T 6682 规定的一级水。

（1）甲醇：色谱纯。

（2）乙腈：色谱纯。

（3）氨水：含量为 25%～28%。

（4）三氯乙酸。

（5）柠檬酸。

（6）辛烷磺酸钠：色谱纯。

（7）甲醇水溶液　准确量取 50mL 甲醇和 50mL 水，混匀后备用。

（8）三氯乙酸溶液（1%）　准确称取 10g 三氯乙酸置于 1L 容量瓶中，用水溶解并定容至刻度，混匀后备用。

（9）氨化甲醇溶液（5%）　准确量取 5mL 氨水和 95mL 甲醇，混匀后备用。

（10）离子对试剂缓冲液　准确称取 2.10g 柠檬酸和 2.16g 辛烷磺酸钠，加入约 980mL 的水溶解，调节 pH 至 3.0 后，定容至 1L 备用。

（11）三聚氰胺标准品　CAS 108-78-01，纯度大于 99.0%。

（12）三聚氰胺标准储备液　准确称取 100mg（精确到 0.1mg）三聚氰胺标准品于 100mL 容量瓶中，用甲醇水溶液（7）溶解并定容至刻度，配制成浓度为 1mg/mL 的标准储备液，于 4℃避光保存。

（13）阳离子交换固相萃取柱　混合型阳离子交换固相萃取柱，基质为苯磺酸化的聚苯乙烯-二乙烯基苯高聚物（60mg），3mL 离子对试剂缓冲液，或与之相当者。使用前依次用 3mL 甲醇、5mL 水活化。

（14）定性滤纸。

（15）海砂　化学纯，粒度 0.65～0.85mm，二氧化硅（SiO_2）含量为 99%。

（16）微孔滤膜　$0.2\mu m$，有机相。

（17）氮气　纯度≥99.999%。

（三）仪器和设备

（1）高效液相色谱（HPLC）仪：配有紫外检测器或二极管阵列检测器。

（2）分析天平：感量为 0.0001g 和 0.01g。

（3）离心机：转速不低于 4000r/min。

（4）超声波水浴。

（5）固相萃取装置。

（6）氮气吹干仪。

（7）涡旋混合器。

（8）具塞塑料离心管：50mL。

（9）研钵。

（四）样品处理

1. 提取

精确称取乳粉 2.00g 于 50mL 具塞塑料离心管中，加入 15mL 三氯乙酸溶液 [（二）(8)] 和 5mL 乙腈，超声提取 10min，再振荡提取 10min 后，以不低于 4000r/min 的转速离心 10min。上清液经三氯乙酸溶液润湿的滤纸过滤后，用三氯乙酸溶液定容至 25mL，移取 5mL 滤液，加入 5mL 水混匀后作待净化液。

2. 净化

将 1 中的待净化液转移至固相萃取柱 [（二)(13)] 中。依次用 3mL 水和 3mL 甲醇洗涤，抽至近干后，用 6mL 氨化甲醇溶液 [（二）(9)] 洗脱。整个固相萃取过程流速不得超过 1mL/min。洗脱液于 50℃ 下用氮气吹干，残留物（相当于 0.4g 样品）用 1mL 流动相定容，涡旋混合 1min，过微孔滤膜 [（二)(16)] 后，供 HPLC 测定。

3. 高效液相色谱测定

（1）HPLC 参考条件

a. 色谱柱

C_8 柱，250mm×4.6mm（i.d.），5μm，或相当者；

C_{18} 柱，250mm×4.6mm（i.d.），5μm，或相当者。

b. 流动相

C_8 柱，离子对试剂缓冲液 [（二）(10)]-乙腈（85＋15，体积比），混匀。

C_{18} 柱，离子对试剂缓冲液 [（二）(10)]-乙腈（90＋10，体积比），混匀。

c. 流速：1.0mL/min。

d. 柱温：40℃。

e. 波长：240nm。

f. 进样量：20μL。

（2）标准曲线的绘制　用流动相将三聚氰胺标准储备液逐级稀释得到浓度为 0.8μg/mL、2μg/mL、20μg/mL、40μg/mL、80μg/mL 的标准工作液，浓度由低到高进样检测，以峰面积-浓度作图，得到标准曲线回归方程。基质匹配加标三聚氰胺的样品 HPLC 色谱图见图 3-6。

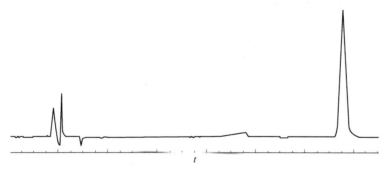

图 3-6　基质匹配加标三聚氰胺的样品 HPLC 色谱图

（检测波长 240nm，保留时间 13.6min，C_8 色谱柱）

（3）定量测定　待测样液中三聚氰胺的响应值应在标准曲线线性范围内，超过线性范围则应稀释后再进样分析。

（五）结果计算

试样中三聚氰胺的含量由色谱数据处理软件或按下式计算获得：

$$X = \frac{A c V}{A_s m} \times f$$

式中　X——试样中三聚氰胺的含量，mg/kg；

A ——样液中三聚氰胺的峰面积；

A_s ——标准溶液中三聚氰胺的峰面积；

c ——标准溶液中三聚氰胺的浓度，$\mu g/mL$；

V ——样液最终定容体积，mL；

m ——试样的质量，g；

f ——稀释倍数。

（六）空白实验

除不称取样品外，均按上述测定条件和步骤进行。

（七）回收率

在添加浓度 $2\sim10mg/kg$ 范围内，回收率 $80\%\sim110\%$，相对标准偏差小于 10%。

（八）允许差

在重复性条件下获得的两次独立测定结果的绝对差值不得超过算术平均值的 10%。

本方法的定量限为 $2mg/kg$。

九、乳粉中乳糖的测定

参见模块一，项目八。

但其中（四）2.标定碱性酒石酸铜溶液，改用 0.1% 乳糖标准溶液。

十、乳粉中水分的测定

参见模块一，项目一。

十一、乳粉中菌落总数的检验

参加模块二，项目一。

十二、乳粉中大肠菌群的检验

参加模块二，项目二。

十三、乳粉中致病菌的检验

参见模块二，项目三、项目四。

任务六　酸乳的检验

实训目标

1. 掌握酸（牛）乳制品的基本知识。
2. 掌握酸（牛）乳制品的常规检验项目及相关标准。
3. 掌握酸（牛）乳制品的检验方法。

第一节　酸乳制品基本知识

以牛乳或复原乳为原料，脱脂、部分脱脂或不脱脂，添加或不添加辅料，经发酵制成的产品，包括纯酸牛乳、调味酸牛乳、果料酸牛乳等产品。一般要在原料中接种发酵剂（如保加利亚乳杆菌和嗜热链球菌），经过乳酸发酵而成凝乳状产品，成品中必须含有大量相应的活菌。

一、酸乳的加工工艺

1. 凝固型酸乳

乳酸菌纯培养物→母发酵剂→生产发酵剂

原料乳→预处理→标准化→配料→预热→均质→杀菌→冷却→加发酵剂→灌装→发酵→冷却→后熟→冷藏

2. 搅拌型酸乳

乳酸菌纯培养物→母发酵剂→生产发酵剂

原料乳 → 预处理 → 标准化 → 配料 → 预热 → 均质 → 杀菌 → 冷却 →加发酵剂

冷藏←后熟←灌装←搅拌←添加果料←冷却←在发酵罐中发酵

3. 饮料型酸乳

果汁、糖溶液、稳定剂、水等 → 杀菌 →冷却

原料乳——
　　　　　├→混合 → 杀菌 → 冷却 → 发酵 → 冷却搅拌→混合调配→预热 → 均质→杀菌
果蔬汁浆——

成品←冷却灌装

二、酸乳容易出现的质量安全问题

1. 凝固性差可能的主要原因

生产过程中发酵时间不够；使用了发酵能力弱的发酵剂，产酸低，引起凝固不良；乳中固体物不足，发酵停止；搬运过程中的剧烈震动等也是造成凝固不良的原因。

2. 乳清析出

酸乳在贮藏过程中，温度过高或时间较久，使蛋白质的水合能力降低，形成的产品疏松而破裂，使乳清析出。

3. 口感差、风味不良，酸度过高或过低

原料乳品质差、发酵剂的污染、生产环境不卫生等原因都会使酸乳凝固时出现海绵状气孔和乳清分离、口感不良、有异味等。

4. 发酵时间长

可能是使用的发酵剂不良，产酸弱，乳中酸度不足，发酵温度过低或发酵剂用量过少。

5. 微生物污染

有非乳酸菌生长或涨包。

三、酸乳生产的关键控制环节

（1）原料验收。

（2）标准化。

（3）发酵剂的制备。

（4）发酵。

（5）灌装。

（6）设备的清洗。

四、酸乳制品生产企业必备的出厂检验设备

分析天平（0.1mg）、干燥箱、符合检验标准的离心机、蛋白质测定装置、干热灭菌器、湿热灭菌器、水浴锅、微生物培养箱、显微镜、杂质过滤器、分光光度计、无菌室或超净工作台。

五、酸乳制品的检验项目和标准

酸乳制品的相关标准包括：GB 19302《酸乳卫生标准》；RHB 103《酸牛乳感官质量评鉴细则》。

酸乳制品的检验项目见表 3-17。

表 3-17　酸乳制品质量检验项目及检验标准

序号	检验项目	发证	监督	出厂	检验标准	备注
1	感官	√	√	√	RHB 103	
2	净含量	√	√	√		
3	脂肪	√	√	√	GB 5413.3	
4	蛋白质	√	√	√	GB 5009.5	
5	非脂乳固体	√	√	√	GB 5413.39	
6	总固形物	√	√			
7	酸度	√	√	√	GB 5413.34	
8	苯甲酸	√	√	*	GB 21703	
9	山梨酸	√	√	*	GB 21703	
10	铅	√	√	*	GB 5009.12	
11	无机砷	√	√	*	GB 5009.11	
12	黄曲霉毒素 M_1	√	√	*	GB 5413.37	
13	大肠菌群	√	√	√	GB 4789.3	
14	酵母	√	√	*	GB 4789.15	
15	霉菌	√	√	*	GB 4789.15	
16	致病菌	√	√	*	GB 4789.4 GB 4789.5 GB 4789.10	
17	乳酸菌数	√	√	*	GB 4789.35	
18	标签	√	√		GB 7718	

注：1. 企业出厂检验项目中有"√"标记的，为常规检验项目。

2. 企业出厂检验项目中有"*"标记的，企业应当每年检验两次。

第二节　酸乳制品检验项目

一、酸乳的感官检验

1. 酸乳的感官指标（表 3-18）

表 3-18　酸乳的感官指标

项目	指标
滋味和气味	具有纯乳酸发酵剂制成的酸乳特有的滋味和气味，无酒精发酵味、霉味和其他外来的不良气味
组织状态	凝块均匀细腻、无气泡，允许有少量乳清析出
色泽	色泽均匀一致，呈现白色或稍带微黄色

2. 感官检验方法

（1）色泽和组织状态　取适量试样置于 50mL 烧杯中，在自然光下观察色泽和组织状态。

（2）滋味和气味　取适量试样置于 50mL 烧杯中，先闻气味，然后用温开水漱口，再品尝样品的滋味。

二、酸乳中脂肪含量的测定（盖勃法）

（一）原理

在牛乳中加入硫酸破坏牛乳胶质性和覆盖在脂肪球上的蛋白质外膜，离心分离脂肪后测量其体积。

（二）试剂

硫酸（相对密度 1.820～1.825）；异戊醇。

（三）仪器

乳脂离心机；盖勃乳脂计（最小刻度值为 0.1％，见图 3-7）。

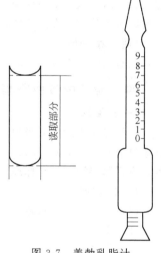

图 3-7　盖勃乳脂计

（四）分析步骤

（1）将乳脂计置于乳脂计架上，取 10mL 硫酸注入乳脂计中。

（2）沿管壁小心加入 5.0mL 已混匀的试样。

（3）吸 6mL 水，仔细洗涤吸试样的吸管，洗液注入乳脂计中，再加入 1mL 异戊醇。

（4）塞上橡皮塞，使瓶口向下，同时用布裹以防冲出，用拇指压住胶塞，塞端向下，使细部硫酸液流到乳脂计膨大部，用力振摇使呈均匀棕色液体，静置数分钟（瓶口向下）。

（5）置 65～70℃水浴中 5min，取出后放乳脂离心机中以 1000r/min 的转速离心 5min，再置 65～70℃水浴中，注意水浴水面应高于乳脂计脂肪层，5min 后取出，立即读数，即为脂肪的含量。

（6）最后按照百分数乘以 2.2％，即为试样的脂肪含量。

（五）说明及注意事项

（1）硫酸的浓度必须是在 15℃时相对密度为 1.820～1.825。浓度过高，反应后呈黑色，不易观察读数；过稀反应不完全，结果不准确。

一般市售硫酸相对密度多为 1.84，需进行调整。硫酸相对密度与浓度的关系见表 3-19。

（2）离心时乳脂计应对称地放在离心机内，转速由慢而快。当达到规定速度时，应保持速度均匀，计时 5min，后停止离心。

硫酸相对密度	浓　　　度	硫酸相对密度	浓　　　度
1.84	96%	1.82	90%
1.83	92%	1.815	89%
1.825	91%		

（3）加酸时要小心谨慎，以防洒在桌上、衣服或手上。

三、酸乳中酸度的测定

（一）原理

新鲜正常的乳酸度为 16～18°T。乳的酸度由于微生物的作用而增高。酸度（°T）是指以酚酞作指示剂，中和 100mL 乳所需氢氧化钠标准滴定溶液（0.1000mol/L）的体积（mL）。

（二）试剂

（1）酚酞指示液。

（2）称取 0.5g 酚酞，用少量乙醇溶解并定容至 500mL。

（3）氢氧化钠标准溶液 $[c(NaOH)=0.1mol/L]$。

（三）操作步骤

称取 5.00g 已搅拌均匀的试样，置于 150mL 锥形瓶中，加 40mL 新煮沸放冷至 40℃的水，混匀，然后加入 5 滴酚酞指示液，用氢氧化钠标准溶液滴定至微红色在 0.5min 内不消失为终点。消耗的氢氧化钠标准溶液体积（mL）乘以 20，即为酸度（°T）。

（四）精密度

在重复性条件下获得的两次独立测定结果的绝对差值不得超过 0.5mL。

四、酸乳中黄曲霉毒素 M_1 的测定（柱色谱纯化-薄层测定简易法）

（一）原理

试样经用丙酮沉淀蛋白质，加入防乳化的氯化钠溶液后，用三氯甲烷提取黄曲霉毒素 M_1；再通过硅胶、色谱柱吸附；用正己烷和乙醚去除脂肪及杂质，然后用丙酮-氯甲烷混合液洗脱毒素，进行薄层测定，与标准比较定量。

（二）试剂

（1）硅胶 H　一般用于柱色谱填充物，80～100 目。用于薄层色谱，200 目以上。

（2）甲醇。

（3）丙酮。

（4）三氯甲烷。

（5）正己烷。

（6）乙醚　不含过氧化物。用碘化钾溶液检查，应不呈现黄色。

（7）氯化钠和氯化钠溶液（40g/L）。

（8）黄曲霉毒素 M_1 标准使用液　用三氯甲烷配制，每毫升相当于 0.10μg 黄曲霉毒素 M_1，置 4℃冰箱避光保存。

（9）羧甲基纤维素钠（CMC）溶液（4g/L）　配制时应取经 2000r/min 离心 10min 后的上清液。

（10）其他　无水硫酸钠、硫酸（1+3）。

（三）仪器

（1）365nm 紫外灯。

（2）15cm×15cm 玻璃板。

（3）展开槽　内长 25cm，内宽 65cm，内高 3.5cm。

（4）微量注射器　$5\mu L$、$50\mu L$。

（5）色谱柱　内径 1.5cm，柱高 20cm。具有砂芯及活塞。

（6）浓缩装置　带刻度支管浓缩瓶。

（四）分析步骤

1. 试样提取

称取 30.00g 均匀试样，置于 250mL 具塞锥形瓶内，加入 50mL 丙酮置振荡器内振摇 30min 后，用滤纸滤入 250mL 分液漏斗中。滤渣用约 5mL 丙酮淋洗，洗液并入分液漏斗内，然后加入 30mL 三氯甲烷及 20mL 氯化钠溶液（4g/L），振摇 2min，静置使分层。下层液通过盛有约 10g 无水硫酸钠的快速滤纸滤入 150mL 锥形瓶内，再用少量三氯甲烷淋洗无水硫酸钠，洗液并入锥形瓶内，置于 65～75℃水浴上浓缩，直至三氯甲烷、丙酮全部挥散。

2. 试样净化

（1）色谱柱的制备

① 硅胶 H 的处理　称取约 20g 硅胶 H（可按试样的数量而定），先用甲醇浸没并用玻璃棒搅动、洗涤后抽干，再用三氯甲烷浸没，同样搅动洗涤抽干，待有机溶剂完全挥干后，置 110℃烘箱干燥 1h，取出，放入瓶中置干燥器内保存备用，时间不超过 1 周。

② 装柱　称取 2g 经处理的硅胶 H，用三氯甲烷悬浮，移入已用研细的无水硫酸钠衬底 0.5～1.0cm 高度的色谱柱内，待硅胶 H 柱内完全沉积后，上加 2g 无水硫酸钠覆盖，最后让三氯甲烷流至上层无水硫酸钠处，待用。

（2）柱色谱净化　用 20mL 三氯甲烷分三次将上述试样提取物溶解移入色谱柱内，待样液完全从柱内流出后，先用 30mL 正己烷分二次洗柱，再用 30mL 乙醚分二次洗柱，弃去洗液。用滤纸将柱下管口内外擦净后，用 30mL 丙酮-三氯甲烷混合液（2＋3）分三次淋洗，收集在球形带支管浓缩管中，然后置于 65～70℃的水浴上浓缩至近干，再用少量三氯甲烷淋洗瓶壁，继续浓缩至干，冷却后加入 $100\mu L$ 三氯甲烷溶解混匀，供薄层色谱测定用。同时进行空白标准回收试验。

3. 薄层测定

（1）硅胶 H 板的制备　称取 1g 硅胶 H，加 4mL CMC 溶液（4g/L），调成均匀糊液，倒于 15cm×15cm 的玻璃板上，均匀涂满整块板面。置于水平位置，在无尘条件下使其自然干燥，然后置于 105℃烘箱内干燥 1.5h，取出，冷却，置于干燥器内保存备用。

（2）点板　在 15cm×15cm 薄层板上距下端 2cm 的基线上滴加三个点，即在距离板的左边缘 1cm 处滴加 $3\mu L$ 黄曲霉毒素 M_1 标准使用液（相当于 0.3ng 黄曲霉毒素 M_1，最低检出量），在距离板的右边缘 2cm 处滴加 $50\mu L$ 样液。在标准点与试样点之间再滴加 $6\mu L$ 黄曲霉毒素 M_1 标准使用液（相当于 0.3ng 黄曲霉毒素 M_1，作定位用），边滴加边吹风，使溶剂加快挥发。

（3）展开　可分为纵展和横展两种方式。

① 纵展　在展开槽内加入 10mL 甲醇-三氯甲烷混合液（6＋94），将点有试样及标准一端的薄层板插入槽内，使其倾斜，加盖，展开，待展开剂纵展至板前沿离原点距离 10cm 处取出，使展开剂自然挥干（5min）。

② 横展　在展开槽内加入 10mL 乙醚，将纵展挥干后的薄层板点有标准的长边一端横插入槽内，使其倾斜，加盖，展开，待横展至板端后过 5min 取出，使展开剂自然挥干后观察（如需要时可继续展开一次）。

4. 观察结果

在紫外灯下观察薄层板，如板上试样点与标准点于相同位置上出现相同蓝紫色荧光点，即进一步进行确证试验。如试样点不出现蓝紫色荧光，则试样中黄曲霉毒素 M_1 含量在其所定的最低检出量以下，可作未检出处理。

5. 确证试验

在试样出现蓝紫色荧光的板上均匀喷以硫酸（1+3），使板微潮，室温放置 5min 后继续在紫外灯下观察，如试样点原蓝紫色荧光与标准点一样，转变为黄色荧光，即为试样检出黄曲霉毒素 M_1。

6. 定量试验

根据试样点的荧光强度，适当增减点板的样液量（μL），增减浓缩干物加入的三氯甲烷量，直至使试样点的荧光强度与板的最低检出量的荧光强度一致为止。

（五）结果计算

试样中黄曲霉毒素 M_1 的含量按下式进行计算：

$$X = \frac{0.3 \times V_2}{V_1 m}$$

式中 X——试样中黄曲霉毒素 M_1 的含量，$\mu g/kg$；

     0.3——薄层板对黄曲霉毒素 M_1 的最低检出量，ng；

     V_1——点板所用的三氯甲烷体积，μL；

     V_2——浓缩干物加入的三氯甲烷体积，μL；

     m——柱色谱分离时所用的试样提取液相当于试样的质量，g。

计算结果保留两位有效数字。

（六）精密度

在重复性条件下获得的两次独立测定结果的绝对差值不得超过算术平均值的 40%。

五、酸乳中乳酸菌数的测定

（一）原理

乳酸菌：一群能分解葡萄糖或乳糖产生乳酸，需氧和兼性厌氧，多数无动力，过氧化氢酶阴性，革兰阳性的无芽孢杆菌和球菌。

乳酸菌菌落总数：检样在一定条件下培养后，所得 1mL（g）检样中所含乳酸菌菌落的总数。

（二）培养基和试剂

（1）改良 TJA 培养基（改良番茄汁琼脂培养基）。

（2）改良 MC 培养基。

（3）0.1% 美蓝牛乳培养基。

（4）6.5% 氯化钠肉汤。

（5）pH 9.6 葡萄糖肉汤。

（6）40% 胆汁肉汤。

（7）淀粉水解培养基   将玉米粉 60g 加入蒸馏水中，搅匀，文火煮沸 1h，纱布过滤，加琼脂 15~18g 后加热溶化，补足水量至 1000mL。分装，121℃ 灭菌 20min。

（8）精氨酸水解培养基。

（9）七叶苷培养基。

（10）革兰染色液。

（11）过氧化氢溶液。

（12）蛋白胨水、靛基质试剂   溶解 1g 蛋白胨于 1000mL 蒸馏水中，校正 pH 至 7.2，分装试管，每管 2~3mL，置 121℃ 灭菌 15min 备用。

附：靛基质试剂配制

① 靛基质柯氏试剂：对二甲氨基苯甲醛 5g 溶于异戊醇 75mL 中，待冷却后慢慢加入浓盐酸 25mL。

② 靛基质欧氏试剂：对二甲氨基苯甲醛 1g 溶于 95% 乙醇 95mL 中，溶解后慢慢加入浓盐酸 20mL。

（13）明胶培养基   将蛋白胨 5g、牛肉膏 3g、明胶 120g 和 1000mL 的水混合，置流动蒸汽灭菌器内，加热溶解，校正 pH 至 7.0～7.2，用绒布过滤。分装试管，121℃灭菌 15min 备用。

（14）硝酸盐培养基、硝酸盐试剂。

（15）灭菌生理盐水。

（三）材料和设备

冰箱（0～4℃）；恒温培养箱（36℃±1℃）；恒温水浴锅（46℃±1℃）；显微镜（10×～100×）；均质器或灭菌乳钵；架盘药物天平（0～500g，精确至 0.5g）；锥形瓶（500mL）；广口瓶（500mL）；灭菌吸管（1mL，具 0.01mL 刻度；10mL，具 0.1mL 刻度）；灭菌平皿（直径90mm）；灭菌刀；剪刀；镊子。

（四）乳酸菌菌落总数的测定

1. 检验程序

乳酸菌菌落总数检验程序见图 3-8。

2. 操作步骤

（1）以无菌操作将经过充分摇匀的检样 25mL 放入含有 225mL 灭菌生理盐水的灭菌广口瓶内制成 1:10 的均匀稀释液。

（2）用 1mL 灭菌吸管吸取 1:10 稀释液 1mL，沿管壁徐徐注入含有灭菌生理盐水的试管内（注意吸管尖端不要触及管内稀释液），振摇试管，混合均匀。

（3）另取 1mL 灭菌吸管，按上述操作顺序，作 10 倍递增稀释液，如此每递增一次，即换用 1 支 1mL 灭菌吸管。

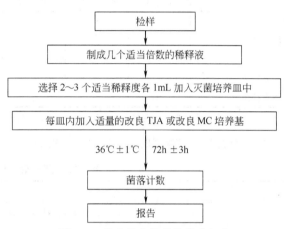

图 3-8　乳酸菌菌落总数检验程序

（4）选择 2~3 个适宜稀释度，分别在作 10 倍递增稀释的同时，即以吸取该稀释度的吸管移 1mL 稀释液于灭菌平皿内，每个稀释度做两个平皿。

（5）稀释液移入平皿后，应及时将冷至 50℃的乳酸菌计数培养基（改良 TJA 或改良 MC）注入平皿约 15mL 并转动平皿使混合均匀。同时将乳酸菌计数培养基倾入加有 1mL 稀释液检样用的灭菌生理盐水的灭菌平皿内作空白对照，以上整个操作自培养物加入培养皿开始至接种结束须在 20min 内完成。

（6）待琼脂凝固后，翻转平板，置 36℃±1℃温箱内培养 72h±3h，观察乳酸菌菌落特征（见表 3-21），选取菌落数在 30～300 之间的平板进行计数。计算后，随机挑取 5 个菌落进行革兰染色，显微镜检查并做过氧化氢酶试验。革兰阳性，过氧化氢酶阴性，无芽孢的球菌或杆菌可定为乳酸菌。根据乳酸菌菌落数计算出该皿内的乳酸菌数，然后乘其稀释倍数即得每毫升样品中乳酸菌数。例如，检样 10^{-4} 的稀释液在改良 TJA 琼脂平板上，生成的可疑菌落为 35 个，取五个鉴定。证实为乳酸菌的是四个，则 1mL 检样中乳酸菌数为：

$$35 \times \frac{4}{5} \times 10^4 = 2.8 \times 10^5$$

（7）乳酸菌在改良 TJA 和改良 MC 培养基上菌落生长形态特征见表 3-20。

表 3-20　乳酸菌在不同培养基上菌落特征

菌	改良 TJA	改良 MC
杆菌	平皿底为黄色,菌落中等大小,微白色,湿润,边缘不整齐,直径 3mm±1mm,如棉絮团状菌落	平皿底为粉红色,菌落较小,圆形,红色,边缘似星状,直径 2mm±1mm,可有淡淡的晕
球菌	平皿底为黄色,菌落光滑,湿润,微白色,边缘整齐	平皿底为粉红色,菌落较小,圆形,红色,边缘整齐,可有淡淡的晕

注：干酪乳杆菌在改良培养基上为圆形光滑，边缘整齐，侧面呈菱形状。

(五) 乳酸菌的鉴定

对上述分离到的乳酸菌需进行菌种鉴定时，做以下试验：

(1) 菌种制备：自平板上挑取菌落，接种于改良 TJA 或改良 MC 琼脂斜面，于 $36℃\pm1℃$ 培养，刮取菌苔，分别进行下列试验。

(2) 乳酸杆菌鉴定试验：极少见还原硝酸盐，不液化明胶，不产生靛基质和硫化氢。

(3) 常见乳杆菌属内种的碳水化合物反应见表 3-21。

表 3-21　常见乳杆菌属内种的碳水化合物反应

菌	七叶苷	纤维二糖	麦芽糖	甘露醇	水杨苷	山梨醇	蔗糖
干酪乳杆菌 干酪亚种	+	+	d	+	+	+	d
保加利亚乳杆菌	−	−	−	−	−	−	−
嗜酸乳杆菌	+	+	+	−	+	−	+
乳酸乳杆菌	♯	+	+	−	−	−	+

注：d 表示有些菌株阳性，有些菌株阴性；♯ 表示弱、慢或阴性。

(4) 产乳酸的链球菌的鉴别试验，见表 3-22。

表 3-22　产乳酸的链球菌的鉴别

菌	生长试验								
	10℃	45℃	0.1%蓝牛乳	6.5%氯化钠	40%胆汁	pH 9.6	加热 60℃ 30min	水解淀粉	水解精氨酸
嗜热链球菌	−	+	−	−	−	−	+	+	−
乳链球菌	+	−	+	−	+	−	d	−	+
乳脂链球菌	+	−	d	−	+	−	d	−	−

注：d 表示有些菌株阳性，有些菌株阴性。

六、酸乳中脲酶的定性测定

(一) 原理

脲酶在适当的 pH 和温度下催化尿素，转化成碳酸铵。碳酸铵在碱性条件下形成氢氧化铵，再与纳氏试剂中的碘化钾汞复盐作用形成碘化双汞铵。如试样中脲酶活性消失，上述反应即不发生。

$$NH_2CONH_2 + 2H_2O \xrightarrow{\text{脲酶}} (NH_4)_2CO_3$$
$$(NH_4)_2CO_3 + 2NaOH \longrightarrow Na_2CO_3 + 2NH_4OH$$
$$2K_2(HgI_4) + 3KOH + NH_3 \longrightarrow NH_2Hg_2OI + 7KI + 2H_2O$$
$$\text{（黄棕色沉淀）}$$

(二) 试剂

(1) 1%尿素溶液。

(2) 10%钨酸钠溶液。

(3) 2%酒石酸钾钠溶液。

(4) 5%硫酸。

(5) 中性缓冲液　取 0.067mol/L 磷酸氢二钠溶液 611mL，加入 389mL 0.067mol/L 磷酸二氢钾溶液混合均匀即可。

(6) 纳氏试剂　称取红色碘化汞（HgI_2）55g、碘化钾 41.25g，溶于 1000mL 水中，溶解后，倒入 1000mL 容量瓶中。再称取氢氧化钠 144g，溶于 500mL 水中，溶解并冷却后，再缓慢地倒入以上 1000mL 容量瓶中，加水至刻度，摇匀后倒入试剂瓶，静置后取上清液备用。

（三）仪器

温箱（25～28℃）；振荡器；天平；显微镜。

（四）分析步骤

（1）取 10mL 比色管甲、乙两只，各加入 0.1g 试样，再各加 1mL 水，振摇半分钟（约 100 次），然后各加入中性缓冲液 1mL。

（2）向上两管中的甲管（试样管）中加入尿素溶液 1mL，再向乙管（空白对照管）中加入 1mL 水，将甲、乙两管摇匀置于 40℃水浴中保温 20min。

（3）从水浴中取出二管后，各加 4mL 水，摇匀再加 10％钨酸钠溶液 1mL，摇匀，再加 5％ 硫酸 1mL，摇匀过滤备用。

（4）取上述滤液 2mL 分别加入 25mL 具塞纳氏比色管（配套管）中，再按下述步骤操作：

① 各加水 15mL 后再加入 2％酒石酸钾钠 1mL；

② 各加入纳氏试剂 2mL 后再加水至 25mL 刻度。

（5）摇匀后观察结果（见表 3-23）。

表 3-23　脲酶定性的结果判定

脲酶定性	表示符号	显　示　情　况
强阳性	＋＋＋＋	砖红色混浊或澄清
次强阳性	＋＋＋	橘红色澄清液
阳性	＋＋	深金黄色或黄色澄清液
弱阳性	＋	淡黄色或微黄色澄清液
阴性	－	试样管与空白对照管同色或更淡

七、酸乳中霉菌和酵母菌的测定

（一）原理

酸乳检样经处理，在适当的培养基和 25～28℃条件下培养 3～5d，所得 1g 或 1mL 检样中所含霉菌和酵母菌的菌落数，通过平板计数报告结果。

（二）试剂

马铃薯葡萄糖琼脂（PDA）；孟加拉红培养基；高盐察氏培养基；灭菌蒸馏水；乙醇。

（三）仪器

温箱（25～28℃）；振荡器；天平；显微镜。

（四）分析步骤

（1）采样　取样时须取有代表性的样品，同时应避免采样时的污染。首先准备好灭菌容器和采样工具，如灭菌牛皮纸袋或广口瓶、金属刀或勺等。在卫生学调查基础上，采取有代表性的样品。样品采集后应尽快检验，否则应将样品放在低温干燥处。

（2）以无菌操作称取检样 25g（或 25mL），放入含有 225mL 灭菌水的玻塞锥形瓶中，振摇 30min，即为 1∶10 稀释液。

（3）用灭菌吸管吸取 1∶10 稀释液 10mL 于试管中，另用带橡皮乳头的 1mL 灭菌吸管反复吹吸 50 次，使霉菌孢子充分散开。

（4）取 1mL 1∶10 稀释液注入含有 9mL 灭菌水的试管中，另换一支 1mL 灭菌吸管吹吸 5 次，此液为 1∶100 稀释液。

（5）按上述操作顺序做 10 倍递增稀释液，每稀释一次，换用一支 1mL 灭菌吸管，根据对样品污染情况的估计，选择 3 个合适的稀释度，分别在做 10 倍稀释的同时，吸取 1mL 稀释液于灭菌平皿中，每个稀释度做 2 个平皿，然后将 45℃左右的培养基适量倒入平皿中（可选用马铃薯葡萄糖琼脂附加抗生素、高盐察氏培养基或孟加拉红培养基），待琼脂凝固后，倒置于 25～28℃

温箱中，3d后开始观察，共培养观察5d。

（五）计算方法

通常选择菌落数在10～150之间的平皿进行计数，同稀释度的2个平皿的菌落平均数乘以稀释倍数，即为每克（或毫升）检样中所含霉菌和酵母菌数。

（六）报告

每克（或毫升）食品所含霉菌和酵母数以个/g（或个/mL）表示。

八、酸乳中铅含量的测定

（一）原理

试样经灰化或酸消解后，注入原子吸收分光光度计石墨炉中，电热原子化后吸收283.3nm共振线，在一定浓度范围，其吸收值与铅含量成正比，与标准系列比较定量。

（二）试剂

(1) 硝酸、硝酸（1+1）、硝酸（0.5mol/L）、硝酸（1mol/L）。

(2) 过硫酸铵。

(3) 过氧化氢（30%）。

(4) 高氯酸。

(5) 磷酸铵溶液（20g/L）。

(6) 混合酸　硝酸＋高氯酸（4+1）。取4份硝酸与1份高氯酸混合。

(7) 铅标准储备液　准确称取1.000g金属铅（99.99%），分次加硝酸（1+1）少量，加热溶解，总量不超过37mL，移入1000mL容量瓶，加水至刻度，混匀。此溶液每毫升含1.0mg铅。

(8) 铅标准使用液　每次吸取铅标准储备液1mL于100mL容量瓶中，加0.5mol/L硝酸或1mol/L硝酸至刻度。如此经多次稀释成每毫升含10.0ng、20.0ng、40.0ng、60.0ng、80.0ng铅的标准使用液。

（三）仪器

所用玻璃仪器均需以硝酸（1+5）浸泡过夜，用水反复冲洗，最后用去离子水冲洗干净。包括：原子吸收分光光度计（附石墨炉及铅空心阴极灯）；马弗炉；干燥恒温箱；瓷坩埚；压力消解器、压力消解罐或压力溶弹；可调式电热板、可调式电炉。

（四）分析步骤

1. 试样预处理

(1) 在采样和制备过程中，应注意不使试样污染。

(2) 粮食、豆类去杂物后，磨碎，过20目筛，储于塑料瓶中，保存备用。

(3) 蔬菜、水果、鱼类、肉类及蛋类等水分含量高的鲜样，用食品加工机或匀浆机打成匀浆，储于塑料瓶中，保存备用。

2. 试样消解（可根据实验条件选用以下任何一种方法消解）

(1) 压力消解罐消解法　称取1.00～2.00g酸乳样品于聚四氟乙烯内罐，加硝酸2～4mL浸泡过夜。再加过氧化氢（30%）2～3mL（总量不得超过罐容积的1/3）。盖好内盖，旋紧不锈钢外套，放入恒温干燥箱，使其保持120～140℃下3～4h，在箱内自然冷却至室温，用滴管将消化液洗入或过滤入（视消化后试样的盐分而定）10～25mL容量瓶中，用水少量多次洗涤罐，洗液合并于容量瓶中并定容至刻度，混匀备用。同时做试剂空白。

(2) 干法灰化　称取1.00～5.00g酸乳（根据铅含量而定）于瓷坩埚中，先小火炭化至无烟，再移入马弗炉500℃灰化6～8h后，冷却。若试样灰化不彻底，则加适量混合酸溶解残留物，加热炭化后再进行灰化，反复多次直到消化完全，放冷，用硝酸（0.5mol/L）将灰分溶解，用滴管将试样消化液洗入或过滤入（视消化后试样的盐分而定）10～25mL容量瓶中，用水少量多次洗涤瓷坩埚，洗液合并于容量瓶中并定容至刻度，混匀备用。同时做试剂空白。

（3）温式消解法　称取酸乳试样 1.00～5.00g 于锥形瓶中，放数粒玻璃珠，加 2～4mL 混合酸，加盖浸泡过夜，在漏斗电炉上消解，若变棕黑色，再加混合酸，直至冒白烟。消化液呈无色透明或略带黄色，放冷用滴管将试样消化液洗入或过滤入（视消化后试样的盐分而定）10～25mL 容量瓶中，用水少量多次洗涤锥形瓶，洗液合并于容量瓶中并定容至刻度，混匀备用。同时做试剂空白。

3. 测定

（1）仪器条件　根据各自仪器性能调至最佳状态。参考条件为：波长 283.3nm，狭缝 0.2～1.0nm，灯电流 5～7mA。干燥温度 120℃，20s；灰化温度 450℃，15～30s；原子化温度 1700～2300℃，4～5s。背景校正为氘灯或塞曼效应。

（2）标准曲线绘制　吸取上面配制的铅标准使用液 10.0ng/mL、20.0ng/mL、40.0ng/mL、60.0ng/mL、80.0ng/mL 各 10mL，注入石墨炉，测得其吸光度并求得吸光度与浓度关系的一元线性回归方程。

（3）试样测定　分别吸取样液和试剂空白液各 10μL，注入石墨炉，测得其吸光度，代入标准系列的一元线性回归方程中求得样液中铅含量。

（4）基体改进剂的使用　对有干扰试样，则注入适量的基体改进剂磷酸二氢铵溶液（20g/L），一般为 5μL 或与试样同量，消除干扰。绘制铅标准曲线时也要加入与试样测定时等量的基体改进剂磷酸二氢铵溶液。

（五）结果计算

试样中铅含量按下式进行计算：

$$X = \frac{(c_1 - c_0) \times V}{m}$$

式中　X——试样中铅含量，μg/kg 或 μg/L；

c_1——测定样液中铅含量，ng/mL；

c_0——空白液中铅含量，ng/mL；

V——试样消化液定量总体积，mL；

m——试样质量或体积，g 或 mL。

计算结果保留两位有效数字。

（六）精密度

在重复性条件下获得的两次独立测定结果的绝对差值不得超过算术平均值的 20%。

九、酸乳中大肠菌群的测定

参见模块二，项目二。

任务七　中国腊肠的检验

实训目标

1. 掌握中国腊肠制品的基本知识。
2. 掌握中国腊肠制品的常规检验项目及相关标准。
3. 掌握中国腊肠制品的检验方法。

第一节　中国腊肠制品基本知识

腊肠也称香肠，是指以肉类为主要原料，经切、绞成丁，配以辅料，灌入动物肠衣再晾晒或烘焙而成的肉制品。香肠是我国肉类制品中品种最多的一大类产品，也是我国著名的传统风味肉制品。传统中式香肠以猪肉为主要原料，瘦肉与肥膘切成小肉丁，或用粗孔眼筛板绞成肉粒，原料经较长时间的晾挂或烘烤成熟，使脂肪、蛋白质在适宜条件下受微生物作用发酵产生独特的风味。

我国较有名的腊肠有广东腊肠、武汉香肠、哈尔滨风干肠等。由于原材料配制和产地不同，风味及命名不尽相同，但生产方法大致相同。

一、中国腊肠的加工工艺

原料肉选择与修整→切丁→拌馅、腌制→灌制→漂洗、晾晒或烘烤→成品

二、中国腊肠容易出现的质量安全问题

（1）食品添加剂超量。

（2）产品氧化。

（3）酸败及污染。

（4）吸潮。

（5）细菌引起的变质。

三、中国腊肠生产的关键控制环节

（1）原辅料质量的控制。

（2）加工过程的温度控制。

（3）腌制过程中各种添加剂成分的配比及总量的控制。

（4）产品包装和贮运。

四、中国腊肠制品生产企业必备的出厂检验设备

天平（0.1g）；分析天平（0.1mg）；真空烘箱；无菌室或超净工作台；杀菌锅；微生物培养箱；生物显微镜；干燥箱；分光光度计。

五、中国腊肠制品的检验项目和标准

中国腊肠制品的相关标准包括：GB/T 5009.44《肉与肉制品卫生标准的分析方法》；GB/T 5009.44《肉与肉制品卫生标准的分析方法》；GB 2726《熟肉制品卫生标准》；GB 2730《腌腊肉制品卫生标准》；SB/T 10278《中式香肠》；GB 10147《香肠（腊肠）、香肚卫生标准》；SB/T 10003《广式腊肠》。

中国腊肠制品的检验项目及检验标准见表 3-24。

表 3-24　中国腊肠制品质量检验项目及检验标准

序号	检验项目	发证	监督	出厂	检验标准	备注
1	感官	√	√	√	GB 2726	
2	水分	√	√	√	GB 5009.3	
3	食盐	√	√	*	GB/T 9695.8	
4	蛋白质	√	√	*	GB 5009.5	香肚不检验此项目
5	酸价	√	√	√	GB/T 5009.37	
6	过氧化值	√	√	√	GB/T 5009.37	
7	铅	√	√	*	GB 5009.12	
8	无机砷	√	√	*	GB 5009.11	
9	镉	√	√	*	GB 5009.15	
10	总汞	√	√	*	GB 5009.17	
11	亚硝酸盐	√	√	*	GB 5009.33	
12	食品添加剂(山梨酸、苯甲酸)	√	√	*	GB/T 5009.29	
13	净含量	√	√	√		定量包装产品检验此项目
14	菌落总数	√	√		GB 4789.2	
15	大肠菌群	√	√	*	GB 4789.3	
16	致病菌	√	√	*	GB 4789.4 GB 4789.5 GB 4789.10	
17	标签	√	√		GB 7718、GB 6388	

注：1. 企业出厂检验项目中有"√"标记的，为常规检验项目。

2. 企业出厂检验项目中有"*"标记的，企业应当每年检验两次。

第二节　中国腊肠制品检验项目

一、中国腊肠的感官要求及检验

(一) 规格

出口腊肠的规格见表 3-25（只限于出口腊肠的检验）。

表 3-25　出口腊肠的规格

规格	腊肠长度/cm	肠衣扁径阔度/mm
特级腊肠	8±1	30～32
一级腊肠	4±1	28～30
结肠	6.3±0.5	28～30

(二) 组织状态

肠衣干燥完整、紧贴肉馅，长短粗细均匀，切面坚实，外形有干缩细密的皱纹，硬度适中并有弹性，肥肉颗粒均匀，不带毛和其他污物，不允许空肠、泡肠和出现黏液。

(三) 色泽

肥瘦肉色泽分明，肥肉呈乳白色，瘦肉呈暗红色或玫瑰红色，有光泽，外层映出肠衣的本色，不呈红白混色。不允许有暗褐色和血污。

(四) 气味和滋味

具有腊肠固有的浓郁香味及甜咸味，无酸味、油腻味和其他异味。

(五) 感官检验

对产品的色泽、香气、滋味、形态进行评定，以五级评分制评分，再将各项分值加和，总分≥18分且各项没有 3 分的定为优级品；≥15 分且各项没有 2.5 分的定为一级品；≥12 分且各项没有 1.5 分的定为二级品。中式香肠（腊肠）感官检验评分办法见表 3-26。

表 3-26 中式香肠 (腊肠) 感官检验评分办法

项目	评 分 标 准
色泽	1. 瘦肉呈红色、枣红色,脂肪透明或乳白色,分界处色泽分明,外表有光泽,评 5 分 2. 色泽良好,可视其程度评 3～4 分 3. 色泽较差,评 2 分 4. 色泽差或有变色现象,评 1 分
滋味	1. 腊香味纯正浓郁,具有中式香肠(腊肠)固有风味,评 5 分 2. 香味良好,可视其程度评 3～4 分 3. 香味稍差,评 2 分 4. 香味较差或有异味,评 1 分或 0 分
香气	1. 咸甜适口,评 5 分 2. 滋味良好,可视其程度评 3～4 分 3. 滋味较差,咸甜不均,评 2 分 4. 滋味不正,评 1 分或 0 分
形态	1. 外形完整,长短、粗细均匀,表面干爽呈收缩后的自然皱纹,评 5 分 2. 外形良好,可视其程度评 2～4 分 3. 外形不整齐,评 1 分

二、食盐含量的测定

(一) 原理

试样中食盐采用炭化浸出法或灰化浸出法。浸出液以铬酸钾为指示液，用硝酸银标准滴定溶液滴定，根据硝酸银消耗量计算含量。

(二) 试剂

硝酸银标准滴定溶液 $[c(AgNO_3)=0.100mol/L]$；铬酸钾溶液（50g/L）。

(三) 分析步骤

1. 试样处理

(1) 炭化浸出法 称取 1.00～2.00g 绞碎均匀的试样，置于瓷坩埚中，用小火炭化完全，炭化成分用玻棒轻轻研碎，然后加 25～30mL 水，用小火煮沸冷却后，过滤于 100mL 容量瓶中，并用热水少量分次洗涤残渣及滤器，洗液并入容量瓶中，冷至室温，加水至刻度，混匀备用。

(2) 灰化浸出法 称取 1.00～10.0g 绞碎均匀的试样，在瓷坩埚中，先以小火炭化后，再移入高温炉中于 500～550℃灰化，冷后取出。残渣用 50mL 热水分数次浸渍溶解，每次浸渍后过滤于 250mL 容量瓶中，冷至室温，加水至刻度，混匀备用。

2. 滴定

吸取 25.0mL 滤液于 100mL 锥形瓶中，加 1mL 铬酸钾溶液（50g/L），搅匀，用硝酸银标准滴定溶液（0.100mol/L）滴定至初显橘红色即为终点。同时做试剂空白试验。

（四）结果计算

试样中食盐的含量（以氯化钠计）按下式进行计算：

$$X = \frac{(V_1 - V_2)c \times 0.0585}{m \dfrac{V_3}{V_4}} \times 100$$

式中　X——试样中食盐的含量（以氯化钠计），g/100g；

$\quad\quad V_1$——试样消耗硝酸银标准溶液的体积，mL；

$\quad\quad V_2$——试剂空白消耗硝酸银标准溶液的体积，mL；

$\quad\quad V_3$——滴定时吸取的试样滤液的体积，mL；

$\quad\quad V_4$——试样处理时定容的体积，mL；

$\quad\quad c$——硝酸银标准滴定液的实际浓度，mol/L；

0.0585——与1.00mL硝酸银标准滴定溶液 $[c(AgNO_3) = 0.100\text{mol/L}]$ 相当的氯化钠的质量，g/mmol；

$\quad\quad m$——试样质量，g。

计算结果表示到小数点后一位。

（五）精密度

在重复性条件下获得的两次独立测定结果的绝对差值不得超过算术平均值的5%。

三、酸价的测定

（一）原理

样品中的游离脂肪酸用氢氧化钾标准溶液滴定，每克样品消耗氢氧化钾的质量（mg），称为酸价。游离脂肪酸含量高，则酸价高，样品质量差。酸价是判定样品的质量好坏的一个重要指标。

（二）试剂

（1）乙醚-乙醇混合液　按乙醚：乙醇为2：1取相应适量的溶液混合，后用氢氧化钾溶液（3g/L）中和至酚酞指示液呈中性。

（2）氢氧化钾标准滴定溶液 $[c(KOH) = 0.050\text{mol/L}]$。

（3）酚酞指示液　10g/L乙醇溶液为溶剂。

（三）分析步骤

称取3.00～5.00g混匀的试样，置于锥形瓶中，加入50mL中性乙醚-乙醇混合液，振摇使油溶解，必要时可置热水中，温热促其溶解。冷至室温，加入酚酞指示液2～4滴，以氢氧化钾标准滴定溶液（0.050mol/L）滴定，至初现微红色，且0.5min内不褪色为终点。

（四）结果计算

试样的酸价按下式计算：

$$X = \frac{Vc \times 56.11}{m}$$

式中　X——试样的酸价（以氢氧化钾计），mg/g；

$\quad\quad V$——试样消耗氢氧化钾标准滴定溶液体积，mL；

$\quad\quad c$——氢氧化钾标准滴定的实际浓度，mol/L；

$\quad\quad m$——试样质量，g；

56.11——与1.0mL氢氧化钾标准滴定溶液 $[c(KOH) = 1.000\text{mol/L}]$ 相当的氢氧化钾质量，mg/mmol。

计算结果保留两位有效数字。

（五）精密度

在重复性条件下获得的两次独立测定结果的绝对差值不得超过算术平均值的10%。

四、过氧化值的测定

方法一：滴定法

（一）原理

样品油脂氧化过程中产生过氧化物，与碘化钾作用，生成游离碘，以硫代硫酸钠溶液滴定，计算含量。

（二）试剂

（1）饱和碘化钾溶液 称取14g碘化钾，加10mL水溶解，必要时微热使其溶解，冷却后储于棕色瓶中。

（2）三氯甲烷-冰醋酸混合液 量取40mL三氯甲烷，加60mL冰醋酸，混匀。

（3）硫代硫酸钠标准滴定溶液 $[c(Na_2S_2O_3)=0.0020mol/L]$。

（4）淀粉指示剂（10g/L） 称取可溶性淀粉0.5g，加少许水，调成糊状，倒入50mL沸水中调匀，煮沸。临用时现配。

（三）分析步骤

称取2.00～3.00g混匀（必要时过滤）的试样，置于250mL碘瓶中，加30mL三氯甲烷-冰醋酸混合液，使试样完全溶解。加入1.00mL饱和碘化钾溶液，紧密塞好瓶盖，并轻轻振摇0.5min，然后在暗处放置3min。取出加100mL水，摇匀，立即用硫代硫酸钠标准滴定溶液（0.0020mol/L）滴定，至淡黄色时，加1mL淀粉指示液，继续滴定至蓝色消失为终点。取相同量三氯甲烷、冰醋酸溶液、碘化钾溶液、水，按同一方法，做试剂空白试验。

（四）结果计算

试样的过氧化值按下式进行计算：

$$X_1=\frac{(V_1-V_2)c\times0.1269}{m}\times100$$

$$X_2=X_1\times78.8$$

式中 X_1——试样的过氧化值，g/100g；

X_2——试样的过氧化值，meq/kg；

V_1——试样消耗硫代硫酸钠标准滴定溶液体积，mL；

V_2——试剂空白消耗硫代硫酸钠标准滴定溶液体积，mL；

c——硫代硫酸钠标准滴定溶液的浓度，mol/L；

m——试样质量，g；

0.1269——与1.00mL硫代硫酸钠标准滴定溶液 $[c(Na_2S_2O_3)=1.000mol/L]$ 相当的碘的质量，g/mmol；

78.8——换算因子。

计算结果保留两位有效数字。

（五）精密度

在重复性条件下获得的两次独立测定结果的绝对差值不得超过算术平均值的10%。

方法二：比色法

（一）原理

试样用三氯甲烷-甲醇混合溶剂溶解，试样中的过氧化物将二价铁离子氧化成三价铁离子，三价铁离子与硫氰酸盐反应生成橙红色硫氰酸铁配合物，在波长500nm处测定吸光度，与标准系列比较定量。

（二）试剂

（1）盐酸溶液（10mol/L）　准确量取 83.3mL 浓盐酸，加水稀释至 100mL，混匀。

（2）过氧化氢（30%）。

（3）三氯甲烷＋甲醇（7＋3）混合溶剂　量取 70mL 三氯甲烷和 30mL 甲醇混合。

（4）氯化亚铁溶液（3.5g/L）　准确称取 0.35g 氯化亚铁（$FeCl_2 \cdot 4H_2O$）于 100mL 棕色容量瓶中，加水溶解后，加 2mL 盐酸溶液（10mol/L），用水稀释至刻度（该溶液在 10℃ 下冰箱内贮存可稳定 1 年以上）。

（5）硫氰酸钾溶液（300g/L）　称取 30g 硫氰酸钾，加水溶解至 100mL（该溶液在 10℃ 下冰箱内贮存可稳定 1 年以上）。

（6）铁标准储备溶液（1.0g/L）　称取 0.1000g 还原铁粉于 100mL 烧杯中，加 10mL 盐酸（10mol/L）、0.5～1mL 过氧化氢（30%）溶解后，于电炉上煮沸 5min 以除去过量的过氧化氢。冷却至室温后移入 100mL 容量瓶中，用水稀释至刻度，混匀，此溶液每毫升相当于 1.0mg 铁。

（7）铁标准使用溶液（0.01mol/L）　用移液管吸取 1.0mL 铁标准储备溶液（1.0mg/mL）于 100mL 容量瓶中，加三氯甲烷＋甲醇（7＋3）混合溶剂稀释至刻度，混匀，此溶液每毫升相当于 10.0μg 铁。

（三）仪器

分光光度计；具塞玻璃比色管。

（四）分析步骤

1. 试样溶液的制备

精密称取约 0.01～1.0g 试样（准确至刻度 0.0001g）于 10mL 容量瓶内，加三氯甲烷＋甲醇（7＋3）混合溶剂溶解并稀释至刻度，混匀。

分别精密吸取铁标准使用溶液（10.0μg/mL）0mL、0.2mL、0.5mL、1.0mL、2.0mL、3.0mL、4.0mL（各自相当于铁浓度 0μg、2.0μg、5.0μg、10.0μg、20.0μg、30.0μg、40.0μg）于干燥的 10mL 比色管中，用三氯甲烷＋甲醇（7＋3）混合溶剂稀释至刻度，混匀。加 1 滴（约 0.05mL）硫氰酸钾溶液（300g/L），混匀。室温（10～35℃）下准确放置 5min 后，移入 1cm 比色皿中，以三氯甲烷＋甲醇（7＋3）混合溶剂为参比，于波长 500nm 处测定吸光度，以标准各点吸光度值减去零管吸光度值后绘制标准曲线或计算直线回归方程。

2. 试样测定

精密吸取 1.0mL 试样溶液于干燥的 10mL 比色管内，加 1 滴（约 0.05mL）氯化亚铁（3.5g/L）溶液，用三氯甲烷＋甲醇（7＋3）混合溶剂稀释至刻度，混匀。以下按 1 中自"加 1 滴（约 0.05mL）硫氰酸钾溶液（300g/L）……"起依法操作。试样吸光度值减去零管吸光度值后与曲线比较或代入回归方程求得含量。

（五）结果计算

试样中过氧化值的含量按下式进行计算：

$$X = \frac{c - c_0}{m \dfrac{V_2}{V_1} \times 55.84 \times 2}$$

式中　X——试样的过氧化值，meq/kg；

c——由标准曲线上查得试样中的铁的质量，μg；

c_0——由标准曲线上查得零管铁的质量，μg；

V_1——试样稀释总体积，mL；

V_2——测定时取样体积，mL；

m——试样质量，g；

55.84——Fe 的摩尔质量，g/mol；

  2——换算因子。

（六）精密度

在重复性条件下获得的两次独立测定结果的绝对差值不得超过算术平均值的 10％。

五、香肠中亚硝酸盐含量的测定

参见模块三，任务四，第二节，七。

六、香肠中胆固醇含量的测定

（一）原理

当固醇类化合物与酸作用时，可脱水并发生聚合反应，产生颜色物质。香肠样品经有机溶剂氯仿抽提、皂化后，用石油醚提取。挥干乙醚，用冰醋酸溶解残渣，与加入的硫酸铁铵显色剂作用，生成青紫色的物质。溶液颜色的深浅与胆固醇的含量成正比，可用比色法定量。

（二）试剂

（1）硫酸铁铵储备液　溶解 4.463g 硫酸铁铵 $[FeNH_4(SO_4)_2 \cdot 12H_2O]$ 于 100mL 85％（质量分数）硫酸中。

（2）硫酸铁铵显色剂　取 10mL 硫酸铁铵储备液用浓硫酸稀释至 100mL，将此溶液放置于干燥器内，备用。可存放 2 个月。

（3）胆固醇标准溶液　准确称量重结晶胆固醇 100mg，溶于冰醋酸中，并稀释至 100mL。此液为 1mL 含有 1mg 胆固醇的标准储备液。

（4）胆固醇标准使用液　取胆固醇标准液 10mL，用冰醋酸稀释至 100mL。此液为 1mL 含有 $100\mu g$ 胆固醇的标准使用液。

（5）氢氧化钾溶液（500g/L）。

（6）石油醚：重蒸馏。

（7）氯仿：重蒸馏。

（8）甲醇：重蒸馏。

（9）氯化钠溶液（50g/L）。

（10）钢瓶氮气：纯度 99.99％。

（三）仪器

小型绞肉机；组织捣碎机；721 型分光光度计；电热恒温水浴；电动振荡器。

（四）分析步骤

1. 样品处理和提取

（1）称取 10.0g 小型绞肉机绞碎的香肠样品，加入 30mL 甲醇、10mL 氯仿，在组织捣碎机中打碎 2min，再加入 20mL 氯仿，继续捣碎 1min，加水 15mL，再捣碎 1min。

（2）用布氏漏斗过滤于 100mL 带塞量筒中，滤渣加入 30mL 氯仿溶解，再次捣碎 1min，过滤于同一量筒中，用氯仿清洗滤渣。

（3）混匀量筒中的滤液，将氮气通入滤液 5min。静置过夜，以待分层。

（4）次日记下氯仿体积，弃去上层醇水溶液，保存下层的氯仿溶液供测定用。

2. 胆固醇标准线的绘制

分别吸取胆固醇标准使用液 0.0mL、0.4mL、0.8mL、1.0mL、1.2mL 置于 25mL 带塞比色管内，在各管内加入冰醋酸使总体积皆达 4mL，此时溶液的浓度分别为 $0\mu g/mL$、$10\mu g/mL$、$20\mu g/mL$、$25\mu g/mL$、$30\mu g/mL$。沿管壁加入 2mL 硫酸铁铵显色剂，混匀，在 $30\sim60min$ 内，于 560nm 波长下比色。以加入显色剂前胆固醇标准溶液浓度为横坐标、吸光度值为纵坐标，作标准曲线。

3. 样品分析

（1）取 2mL 样品氯仿提取液于带塞的 25mL 比色管中，在 65℃ 水浴中用氮气吹干。加入无水乙醇 4mL、0.5mL 500g/L 氢氧化钾。

（2）混匀后，65℃ 水浴中皂化 1.5h，每隔 20min 振摇一次试管。

（3）皂化后，在每支试管中加入 50g/L 的 NaCl 溶液 3mL 和石油醚 10mL，盖好玻璃塞，在电动振荡器上振摇 2min。

（4）吸取上层醚层 2～4mL 于另外一支试管中，于 65℃ 水浴中用氮气吹干。

（5）加 4mL 冰醋酸溶解残渣，加入 2mL 硫酸铁铵显色剂，混匀，半小时后用分光光度计于 560nm 处进行比色测定，按测得的吸光度，从标准曲线上查得相应的胆固醇浓度。

（五）结果计算

$$A = ac$$

式中　A——标准曲线上的吸光度值；

　　　a——标准曲线的斜率；

　　　c——加入显色剂前胆固醇溶液的浓度，$\mu g/mL$。

样品中胆固醇的含量为：

$$X = \frac{A_s}{a} \times 4 \times \frac{V}{V_1} \times \frac{1}{m}$$

式中　X——样品中胆固醇的含量，mg/kg；

　　　$\dfrac{A_s}{a}$——测得样品中胆固醇的吸光度值对应的加入显色剂前样品中胆固醇的浓度，$\mu g/mL$；

　　　4——加入显色剂前胆固醇溶液的体积，mL；

　　　V——样品处理液的总体积，mL；

　　　V_1——测定时所取样品溶液相当于处理液的体积，mL；

　　　m——样品质量，g。

测定结果表示到小数点后一位数字。

（六）精密度

在重复性条件下获得的两次独立测定结果的绝对差值不得超过算术平均值的 10%。

（七）说明

（1）氯仿提取液必须吹干，否则易出现混浊。

（2）皂化必须完全，否则易出现混浊，65℃ 时皂化 1.5h 可避免。

（3）测定中加入氯化钠的原因是可以防止产生乳状，并加强石油醚的分离。

七、香肠中菌落总数的测定

参见模块二，项目一。

八、香肠中大肠菌群的测定

参见模块二，项目二。

任务八 肉松的检验

实训目标

1. 掌握肉松制品的基本知识。
2. 掌握肉松制品的常规检验项目及相关标准。
3. 掌握肉松制品的检验方法。

第一节 肉松制品基本知识

肉松属于肉干类制品，是以畜、禽肉为主要原料，加以调味辅料，经高温烧煮并脱水复制而成的绒絮状、微粒状的熟肉制品。肉松按原料分为猪肉松、牛肉松、鸡肉松、鱼肉松等，而按形状则可分为绒状肉松和粉状（球状）肉松。猪肉松是大众最喜爱的一类产品，以太仓肉松和福建肉松最为著名，太仓肉松属于绒状肉松，福建肉松属于粉状肉松。

（1）太仓肉松　畜、禽瘦肉通过整修、煮烧、撇油、配料、炒松、擦松等过程加工而成的熟肉制品。

（2）福建肉松　也称油酥肉松，是由畜、禽瘦肉通过整修、煮烧、配料、炒松、油酥等过程加工而成的熟肉制品。

（3）台湾肉松　属于福建肉松，但又自成一格，成品色香味形俱佳，深受消费者欢迎。

一、肉松的加工工艺

原料整理→煮制→拌料→拉丝→炒松→油酥→冷却→包装

二、肉松容易出现的质量安全问题

（1）因煮制时间过久而使成品绒丝短碎。

（2）炒松过程中的塌底起焦。

（3）水分含量高而导致腐败变质。

（4）口感差。

三、肉松生产的关键控制环节

（1）煮制程度的控制　若筷子稍加用力夹肉时，肌肉纤维能分散，肉已煮好，大约需要 3～4h。

（2）炒松时火候的控制　掌握炒松时的火力，勤炒勤翻，至水分小于 20%，颜色变为金黄色，具有特殊香味时结束。

（3）油酥的控制　控制好融化猪油加入的比例和时机，用铁铲翻拌使其成球形颗粒即为成品。

（4）成品包装控制　短期贮存选用复合膜包装，而长期贮存则多选用玻璃或马口铁罐。

四、肉松制品生产企业必备的出厂检验设备

天平（0.1g）、分析天平（0.1mg）、无菌室或超净工作台、杀菌锅、生物显微镜、微生物培养箱、干燥箱。

五、肉松制品的检验项目和标准

肉松制品的相关标准包括：SB/T 10281《肉松》；GB/T 5009.44《肉与肉制品卫生标准的分

析方法》；GB 2726—2005《熟肉制品卫生标准》。

肉松制品的质量检验项目及检验标准见表 3-27。

表 3-27 肉松制品质量检验项目及检验标准

序号	检验项目	发证	监督	出厂	检验标准	备注
1	感官	√	√	√	GB/T 5009.44	
2	铅	√	√	*	GB 5009.12	
3	无机砷	√	√	*	GB 5009.11	
4	镉	√	√	*	GB 5009.15	
5	总汞	√	√	*	GB 5009.17	
6	菌落总数	√	√	√	GB 4789.2	
7	大肠菌群	√	√	√	GB 4789.3	
8	致病菌	√	√	*	GB 4789.4 GB 4789.5 GB 4789.10 GB 4789.12	
9	水分	√	√	√	GB 5009.3	
10	脂肪	√	√	*	GB/T 5009.37	
11	蛋白质	√	√	*	GB 5009.5	
12	氯化物	√	√	*	GB/T 9695.8	
13	总糖	√	√	*	GB/T 5009.7	
14	淀粉	√	√	*	GB/T 5009.9	适用于肉粉松
15	食品添加剂(山梨酸、苯甲酸)	√	√	*	GB/T 5009.29	
16	净含量	√	√	√		定量包装产品检验此项目
17	标签	√	√		GB 7718、GB 6388	

注：1. 企业出厂检验项目中有"√"标记的，为常规检验项目。

2. 企业出厂检验项目中有"*"标记的，企业应当每年检验两次。

第二节 肉松制品检验项目

一、肉松的感官检验

(一) 肉松的感官指标（表 3-28）

表 3-28 肉松制品的感官指标

项　　目	指　　标	
	太仓肉松	福建肉松
色泽	浅黄色、黄褐色或棕褐色,有光泽	黄色、红褐色,有光泽
滋味	咸甜适中,入口酥松易碎,无油涩味	
气味	具有肉松固有的香味,无焦臭味、哈喇味等异味	
形态	绒絮状,肌纤维长短均匀,无筋腱,无杂质,无焦斑或霉斑	

(二) 感官检验方法

(1) 色泽和组织状态　取适量试样置于平盘中，在自然光下观察色泽和组织状态。

(2) 滋味和气味 取适量试样置于平盘中，先闻气味，然后用温开水漱口，再品尝样品的滋味。

二、肉松中肉毒梭菌及肉毒毒素检验

(一) 原理

肉毒梭菌为专性厌氧的革兰阳性的粗大杆菌，形成近端位的卵圆形芽孢，在疱肉培养基中生长时，混浊、产气、发散奇臭气味，有的能消化肉渣。

检样经均质处理后及时接种培养，进行增菌、产毒，同时进行毒素检测试验。毒素检测试验结果可证明检样中有无肉毒毒素以及有何型肉毒毒素存在。

为其他特殊目的而欲获纯菌株，可用增菌产毒培养物进行分离培养，对所得纯菌株进行形态、培养特性等观察及毒素检测，其结果可证明所得纯菌为何型肉毒梭菌。

(二) 设备和材料

(1) 冰箱：0～4℃。

(2) 恒温培养箱：30℃±1℃、35℃±1℃、36℃±1℃。

(3) 离心机：3000r/min。

(4) 显微镜：10×～100×。

(5) 相差显微镜。

(6) 均质器或灭菌乳钵。

(7) 架盘药物天平：0～500g，精确至0.5g。

(8) 厌氧培养装置：常温催化除氧式或碱性焦性没石子酸除氧式。

(9) 灭菌吸管：1mL（具0.01mL刻度）、10mL（具0.1mL刻度）。

(10) 灭菌平皿：直径90mm。

(11) 灭菌锥形瓶：500mL。

(12) 灭菌注射器：1mL。

(13) 小白鼠：12～15g。

(三) 培养基和试剂

疱肉培养基；卵黄琼脂培养基；明胶磷酸盐缓冲液；肉毒分型抗毒诊断血清；胰酶（活力1：250）；革兰染色液。

(四) 操作步骤

1. 肉毒毒素检测

液状检样可直接离心，固体或半流动检样须加适量（例如等量、2倍量、5倍量、10倍量）明胶磷酸盐缓冲液，浸泡、研碎，然后离心，取上清液进行检测。

另取一部分上清液，调pH6.2，每9份加10％胰酶（活力1：250）水溶液1份，混匀，经常轻轻搅动，37℃作用60min，进行检测。

肉毒毒素检测以小白鼠腹腔注射法为标准方法。

(1) 检出试验 取上述离心上清液及其胰酶激活处理液分别注射小白鼠2只，每只0.5mL，观察4d。注射液中若有肉毒毒素存在，小白鼠一般在注射后24h内发病、死亡。主要症状为竖毛，四肢瘫软，呼吸困难，呼吸呈风箱式，腰部凹陷，宛若蜂腰，最终死于呼吸麻痹。

如遇小鼠猝死以致症状不明显时，则可将注射液作适当稀释，重做试验。

(2) 确证试验 不论上清液还是其胰酶激活处理液，凡能致小鼠发病、死亡者，取样分成3份进行试验，1份加等量多型混合肉毒抗毒诊断血清，混匀，37℃作用30min；1份加等量明胶磷酸盐缓冲液，混匀，煮沸10min；1份加等量明胶磷酸盐缓冲液，混匀即可，不作其他处理。3份混合液分别注射小白鼠各2只，每只0.5mL，观察4d，若注射加诊断血清与煮沸加热的2份混合液的小白鼠均获保护存活，而唯有注射未经其他处理的混合液的小白鼠以特有症状死亡，则可判定检样中有肉毒毒素存在，必要时要进行毒力测定及定型试验。

（3）毒力测定 取已判定含有肉毒毒素的检样离心上清液，用明胶磷酸盐缓冲液制成 50 倍、500 倍及 5000 倍的稀释液，分别注射小白鼠各 2 只，每只 0.5mL，观察 4d。根据动物死亡情况，计算检样所含肉毒毒素的大体毒力（MLD/mL 或 MLD/g）。例如：5 倍、50 倍及 500 倍稀释致动物全部死亡，而注射 5000 倍稀释液的动物全部存活，则可大体判定检样上清液所含毒素的毒力为 1000～10000MLD/mL。

（4）定型试验 按毒力测定结果，用明胶磷酸盐缓冲液将检样上清液稀释至所含毒素的毒力大体在 10～1000MLD/mL 的范围，分别与各单型肉毒抗诊断血清等量混匀，37℃ 作用 30min，各注射小鼠 2 只，每只 0.5mL，观察 4d。同时以明胶磷酸盐缓冲液代替诊断血清，与稀释毒素液等量混合作为对照。能保护动物免于发病、死亡的诊断血清型即为检样所含肉毒毒素的型别。

注：a. 未经胰酶激活处理的检样的毒素检出试验或确证试验若为阳性结果，则胰酶激活处理液可省略毒力测定及定型试验。

b. 为争取时间尽快得出结果，毒素检测的各项试验也可同时进行。

c. 根据具体条件和可能性，定型试验可酌情先省略 C、D、F 及 G 型。

d. 进行确证及定型等中和试验时，检样的稀释应参照所用肉毒诊断血清的效价。

e. 试验动物的观察可按阳性结果的出现随时结束，以缩短观察时间；唯有出现阴性结果时，应保留充分的观察时间。

2. 肉毒梭菌检出（增菌产毒培养试验）

取庖肉培养基 3 支，煮沸 10～15min，作如下处理：

第一支：急速冷却，接种检样均质液 1～2mL。

第二支：冷却至 60℃，接种检样，继续于 60℃ 保温 10min，急速冷却。

第三支：接种检样，继续煮沸加热 10min，急速冷却。

以上接种物于 30℃ 培养 5d，若无生长，可再培养 10d。培养到期，若有生长，取培养液离心，以其上清液进行毒素检测试验，方法同（四）1，阳性结果证明检样中有肉毒梭菌存在。

3. 分离培养

选取经毒素检测试验证实含有肉毒梭菌的前述增菌产毒培养物（必要时可重复一次适宜的加热处理）接种卵黄琼脂平板，35℃ 厌氧培养 48h。肉毒梭菌在卵黄琼脂平板上生长时，菌落及周围培养基表面覆盖着特有的虹彩样（或珍珠层样）薄层，但 G⁻ 菌无此现象。

根据菌落形态及菌体形态挑取可疑菌落，接种庖肉培养基，于 30℃ 培养 5d，进行毒素检测及培养特性检查确证试验。

（1）毒素检测 试验方法同（四）1。

（2）培养特性检查 接种卵黄琼脂平板，分成 2 份，分别在 35℃ 的需氧和厌氧条件下培养 48h，观察生长情况及菌落形态。肉毒梭菌只有在厌氧条件下才能在卵黄琼脂平板上生长并形成具有上述特征的菌落，而在需氧条件下则不生长。

注：为检出蜂蜜中存在的肉毒梭菌，蜂蜜检样需预温至 37℃（流质蜂蜜）或 52～53℃（晶质蜂蜜），充分搅拌后立即称取 20g，溶于 100mL 灭菌蒸馏水（37℃ 或 52～53℃），搅拌稀释，以 8000～10000r/min 离心 30min（20℃），沉淀，加灭菌蒸馏水 1mL，充分摇匀，等分各半，接种庖肉培养基（8～10mL）各 1 支，分别在 30℃ 及 37℃ 下厌氧培养 2d，按（四）1 进行肉毒毒素检测。

（五）说明

1. 检验程序

肉毒梭菌及肉毒毒素检验程序如图 3-9 所示。

2. 报告形式

报告（一）：检样含有某型肉毒毒素。

报告（二）：检样含有某型肉毒梭菌。

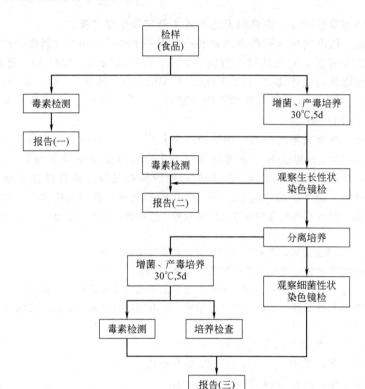

图 3-9 肉毒梭菌及肉毒毒素检验程序

报告（三）：由样品分离的菌株为某型肉毒梭菌。

如上所示，检样经均质处理后，及时接种培养，进行增菌、产毒试验，同时进行毒素检测试验。毒素检测试验结果可证明检样中有无肉毒毒素以及有何型肉毒毒素存在。

对增菌产毒培养物，一方面做一般的生长特性观察，同时检测肉毒毒素的产生情况。所得结果可证明检样中有无肉毒梭菌以及有何种类型肉毒梭菌存在。

为其他特殊目的而欲获纯菌株，可用增菌产毒培养物进行分离培养，对所得纯菌株进行形态、培养特性等观察及毒素检测，其结果可证明所得纯菌为何型肉毒梭菌。

三、肉松中蛋白质含量的测定

参见模块一，项目六。

四、肉松中氯化钠含量的测定

参见模块三，任务七，第二节，二。

五、肉松中脂肪含量的测定

参见模块一，项目四。

六、水分的测定

参见模块一，项目一。

七、肉松中菌落总数的测定

参见模块二，项目一。

八、肉松中大肠菌群的测定

参见模块二，项目二。

任务九　方便面的检验

实训目标

1. 掌握方便面的基本知识。
2. 掌握方便面的常规检验项目及相关标准。
3. 掌握方便面的检验方法。

第一节　方便面的基本知识

方便面是以小麦粉、荞麦粉、绿豆粉、米粉等为主要原料，添加食盐或面质改良剂，加适量水调制、压延、成型、汽蒸，经油炸或干燥处理，达到一定熟度的方便食品，又称为速煮面、即食面，在欧美等国又叫快速面（instant noodle）、点心面（snack noodle）或预煮面（precooked noodle）。通常有油炸方便面（简称油炸面）、热风干燥方便面（简称风干面）等。

一、方便面的加工工艺

1. 面块的加工工艺

小麦面粉、淀粉 → 输送 → 和面 → 熟化 → 复合、压延 → 切丝、成型 → 蒸面

水、食盐、碱等添加剂 → 溶解

包装 ← 冷却 ← 油炸干燥 ← （脱水干燥）← 定量、切断 ← （着味）

冷却、包装 ← 热风干燥

2. 汤料加工工艺

（1）粉末汤料加工工艺

原料→原料处理→粉碎→称量→混合→筛分→包装→成品

（2）液体汤料加工工艺

各种原料 → 预处理→拌和→均质 → 包装

香辛料 → 煸炒 ← 防腐剂

二、方便面中容易出现的质量安全问题

（1）含盐量超标。

（2）油炸方便面中面饼含油量超标。

（3）食品添加剂超范围使用和超量使用。

（4）酸价、过氧化值、水分及微生物超标。

（5）使用非食用植物油。

三、方便面生产的关键控制环节

（1）小麦面粉原料的验收环节控制（控制"吊白块"❶）。

（2）棕榈油的验收环节控制（控制油的酸价和过氧化值，若酸价和过氧化值超过国家规定的标准，食用后即会对身体造成危害）。

---

❶"吊白块"的化学名称为甲醛次硫酸氢钠，"吊白块"在食品加工过程中分解产生的甲醛是细胞原浆毒，能使蛋白质凝固，摄入 10g 即可致人死亡。

（3）面块制作过程中的油炸工序（控制油的酸价和过氧化值，致病菌的污染）。

（4）酱包、油包制作的煮制工序（控制致病菌）。

（5）添加剂的控制。

（6）成品包装的控制。

四、方便面生产企业必备的出厂检验设备

分析天平（0.1mg）、干燥箱、恒温水浴锅、分光光度计、灭菌锅、无菌室或超净工作台、微生物培养箱、生物显微镜。

五、方便面的检验项目和标准

方便面的相关标准包括：GB 17400《方便面卫生标准》；JB/T 4410《方便面生产线》；LS/T 3211《方便面》；CNS 3962—1997《方便面检验法》；CNS 9537《方便面》。

方便面的检验项目见表 3-29。

表 3-29 方便面质量检验项目及检验标准

序号	检验项目	发证	监督	出厂	检 验 标 准	备 注
1	外观和感官	√		√	GB 17400	
2	净含量允许偏差	√		√	GB 9848	
3	水分	√	√	√	GB 5009.3	
4	脂肪	√	√	*	GB/T 5009.6	油炸型产品
5	酸价	√	√	√	按 GB/T 5009.56 规定提取脂肪。分析按 GB/T 5009.37 中 4.1 规定的方法测定	油炸型产品
6	羰基价	√	√	*	按 GB/T 5009.56 规定提取脂肪。分析按 GB/T 5009.37 中 4.3 规定的方法测定	油炸型产品
7	过氧化值	√	√	√	按 GB/T 5009.56 规定提取脂肪。分析按 GB/T 5009.37 中 4.2 规定的方法测定	油炸型产品
8	总砷	√	√	*	GB 5009.11	
9	铅	√	√		GB 5009.12	
10	碘呈色度	√	√	√	LS/T 3211 中 5.8	
11	氯化物	√	√	*	LS/T 3211 中 5.6	
12	复水时间	√	√	√	LS/T 3211 中 5.7	
13	食品添加剂：山梨酸、苯甲酸	√	√	*	GB/T 5009.37	仅适用于调料包，按照 GB 2760 中"酱类"要求判定
14	细菌总数	√	√	√	GB 4789.2	
15	大肠菌群	√	√		GB 4789.3	
16	致病菌	√	√	*	GB 4789.4 GB 4789.5 GB 4789.10 GB 4789.11	
17	标签	√	√		GB 7718	

注：1. 企业出厂检验项目中有"√"标记的，为常规检验项目。

2. 企业出厂检验项目中有"*"标记的，企业应当每年检验两次。

第二节　方便面检验项目

一、方便面的外观和感官检验及净含量偏差检验

1. 外观和感官检验方法

取两袋（碗）以上样品观察其色泽、滋味、气味和形状。

取一袋（碗）样品，放入盛有 500mL 沸水的容器中冲泡 3～5min 后观察其复水性。

2. 净含量偏差检验方法

用感量为 0.5g 天平，分 3 次称量 10 包净面块，净含量偏差按下式计算：

$$P = \frac{W - G}{G} \times 100\%$$

式中　P——净含量偏差，%；

W——10 包净面块总量，g；

G——10 包样品面块标志量总和，g。

二、方便面水分的测定

参见模块一，项目一。

三、脂肪含量的测定

参见模块一，项目四。

四、酸价的测定

取样和样品处理：

称取 0.5kg 油炸方便面样品，然后用对角线取 2/4 或 2/6 或根据试样情况取有代表性试样，在玻璃乳钵中研碎，混合均匀后放置于广口瓶内，保存于冰箱中。称取混合均匀的试样 100g 左右，置于 500 具塞锥形瓶中，加 100～200mL 石油醚（沸程 30～60℃），放置过夜，用快速滤纸过滤后，减压回收溶剂，得到油脂供测定用。

其余参见模块三，任务七，第二节，三。

五、羰基价的测定

（一）原理

碳基化合物和 2,4-二硝基苯肼的反应产物，在碱性溶液中形成褐红色或酒红色，在 440nm 下，测定吸光度，计算羰基价。

（二）试剂

（1）精制乙醇　取 1000mL 无水乙醇，置于 2000mL 圆底烧瓶中，加入 5g 铝粉、10g 氢氧化钾，接好标准磨口的回流冷凝管，水浴中加热回流 1h，然后用全玻璃蒸馏装置，蒸馏收集馏液。

（2）精制苯　取 500mL 苯，置于 1000mL 分液漏斗中，加入 50mL 硫酸，小心振摇 5min，开始振摇时注意放气。静置分层，弃除硫酸层，再加 50mL 硫酸重复处理一次，将苯层移入另一分液漏斗，用水洗涤三次，然后经无水硫酸钠脱水，用全玻璃蒸馏装置蒸馏收集馏液。

（3）2,4-二硝基苯肼溶液　称取 50mg 2,4-二硝基苯肼，溶于 100mL 精制苯中。

（4）三氯乙酸溶液　称取 4.3g 固体三氯乙酸，加 100mL 精制苯溶解。

（5）氢氧化钾-乙醇溶液　称取 4g 氢氧化钾，加 100mL 精制乙醇使其溶解，置冷暗处过夜，取上部澄清液使用。溶液变黄褐色则应重新配制。

（三）仪器

分光光度计。

（四）分析步骤

1. 取样和样品处理

参见本节四。

2. 样品分析

精密称取约 0.025～0.5g 处理过的（四）1 中试样，置于 25mL 容量瓶中，加苯溶解试样并稀释至刻度。吸取 5.0mL，置于 25mL 具塞试管中，加 3mL 三氯乙酸溶液及 5mL 2,4-二硝基苯肼溶液，仔细振摇混匀，在 60℃ 水浴中加热 30min，冷却后，沿试管壁慢慢加入 10mL 氢氧化钾-乙醇溶液，使成为二液层，塞好，剧烈振摇混匀，放置 10min。以 1cm 比色杯，用试剂空白调节零点，于波长 440nm 处测吸光度。

（五）结果计算

试样的羰基价按下式进行计算：

$$X = \frac{A}{854 \times m \times \dfrac{V_2}{V_1}} \times 1000$$

式中　X——试样的羰基价，meq/kg；

　　　A——测定时样液吸光度；

　　　m——试样质量，g；

　　　V_1——试样稀释后的总体积，mL；

　　　V_2——测定用试样稀释液的体积，mL；

　　　854——各种醛的毫摩尔吸光系数的平均值。

结果保留三位有效数字。

（六）精密度

在重复性条件下获得的两次独立测定结果的绝对差值不得超过算术平均值的 5%。

六、过氧化值的测定

取样和样品处理参见本节四。

其余参见模块三，任务七，第二节，四。

七、总砷含量的测定（氢化物原子荧光光度法）

（一）原理

食品试样经湿消解或干灰化后，加入硫脲使五价砷预还原为三价砷，再加入硼氢化钠或硼氢化钾使之还原生成砷化氢。由氢气载入石英原子化器中分解为原子态砷，在特制砷空心阴极灯的发射光激发下产生原子荧光，其荧光强度在固定条件下与被测液中的砷浓度成正比，与标准系列比较定量。

本方法检出限：0.01mg/kg，线性范围为 0～200ng/mL。

（二）试剂

（1）氢氧化钠溶液（2g/L）。

（2）硼氢化钠（$NaBH_4$）溶液（10g/L）　称取硼氢化钠 10.0g，溶于 2g/L 氢氧化钠溶液 1000mL 中，混匀。此液于冰箱可保存 10 天，取出后应当日使用（也可称取 14g 硼氢化钾代替 10g 硼氢化钠）。

（3）硫脲溶液（50g/L）。

（4）硫酸溶液（1+9）　量取硫酸 100mL，小心倒入 900mL 水中，混匀。

（5）氢氧化钠溶液（100g/L）：供配制砷标准溶液用，少量即够。

（6）砷标准溶液

① 砷标准储备液　含砷 0.1mg/mL。精确称取于 100℃ 干燥 2h 以上的三氧化二砷（As_2O_3）0.1320g，加 100g/L 氢氧化钠 10mL 溶解，用适量水转入 1000mL 容量瓶中，加（1+9）硫酸 25mL，用水定容至刻度。

② 砷使用标准液　含砷 1μg/mL。吸取 1.00mL 砷标准储备液于 100mL 容量瓶中，用水稀释至刻度线。此液应当日配制使用。

(7) 湿消解试剂　硝酸、硫酸、高氯酸。

(8) 干灰化试剂　六水硝酸镁（150g/L）、氯化镁、盐酸（1+1）。

（三）仪器

原子荧光光度计。

（四）分析步骤

1. 试样消解

(1) 湿消解　固体试样称样 1~2.5g，液体试样称样 5~10g（或 mL）（精确至小数点后第二位），置入 50~100mL 锥形瓶中，同时做两份试剂空白。加硝酸 20~40mL、硫酸 1.25mL，摇匀后放置过夜，置于电热板上加热消解。若消解液处理至 10mL 左右时仍有未分解物质或色泽变深，取下放冷，补加硝酸 5~10mL，再消解至 10mL 左右观察，如此反复两三次，注意避免炭化。如仍不能消解完全，则加入高氯酸 1~2mL，继续加热至消解完全后，再持续蒸发至高氯酸的白烟散尽，硫酸的白烟开始冒出。冷却，加水 25mL，再蒸发至冒硫酸白烟。冷却，用水将内容物转入 25mL 容量瓶或比色管中，加入 50g/L 硫脲 2.5mL，补水至刻度并混匀，备测。

(2) 干灰化　一般应用于固体试样。称取 1~2.5g（精确至小数点后第二位）于 50~100mL 坩埚中，同时做两份试剂空白。加 150g/L 硝酸镁 10mL 混匀，低热蒸干，将氧化镁 1g 仔细覆盖在干渣上，于电炉上炭化至无黑烟，移入 550℃ 高温炉灰化 4h。取出放冷，小心加入（1+1）盐酸 10mL 以中和氧化镁并溶解灰分，转入 25mL 容量瓶或比色管中，向容量瓶或比色管中加入 50g/L 硫脲 2.5mL，另用（1+9）硫酸分次涮洗坩埚后转出合并，直至 25mL 刻度，混匀备测。

2. 标准系列制备

取 25mL 容量瓶或比色管 6 支，依次准确加入 1μg/mL 砷使用标准液 0mL、0.05mL、0.2mL、0.5mL、2.0mL、5.0mL（各相当于砷浓度 0ng/mL、2.0ng/mL、8.0ng/mL、20.0ng/mL、80.0ng/mL、200.0ng/mL）各加（1+9）硫酸 12.5mL、50g/L 硫脲 2.5mL，补加水至刻度，混匀备测。

3. 测定

(1) 仪器参考条件　光电倍增管电压 400V；砷空心阴极灯电流 35mA。原子化器：温度 820~850℃；高度 7mm。氩气流速：载气 600mL/min。测量方式：荧光强度或浓度直读。读数方式：峰面积。读数延迟时间 1s；读数时间 15s；硼氢化钠溶液加入时间 5s。标液或样液加入体积：2mL。

(2) 浓度方式测量　如直接测荧光强度，则在开机并设定好仪器条件后，预热稳定约 20min。按"B"键进入空白值测量状态，连续用标准系列的"0"管进样，待读数稳定后，按空档键记录下空白值（即让仪器自动扣底）即可开始测量。先依次测标准系列（可不再测"0"管）。标准系列测完后应仔细清洗进样器（或更换一支），并用"0"管测试使读数基本回零后，才能测试剂空白和试样。每测不同的试样前都应清洗进样器，记录（或打印）下测量数据。

(3) 仪器自动方式　利用仪器提供的软件功能可进行浓度直读测定，为此在开机、设定条件和预热后，还需输入必要的参数，即：试样量（g 或 mL）；稀释体积（mL）；进样体积（mL）；结果的浓度单位；标准系列各点的重复测量次数；标准系列的点数（不计零点）；以及各点的浓度值。首先进入空白值测量状态，连续用标准系列的"0"管进样以获得稳定的空白值并执行自动扣底后，再依次测标准系列（此时"0"管需再测一次）。在测样液前，需再进入空白值测量状态，先用标准系列"0"管测试使读数复原并稳定后，再用两个试剂空白各进一次样，让仪器取其均值作为扣底的空白值，随后即可依次测试样。测定完毕后退回主菜单，选择"打印报告"即可将测定结果打出。

（五）结果计算

如果采用荧光强度测量方式，则需先对标准系列的结果进行回归运算（由于测量时"0"管强制为0，故零点值应该输入以占据一个点位），然后根据回归方程求出试剂空白液和试样被测液的砷浓度，再按下式计算试样的砷含量：

$$X = \frac{c_1 - c_0}{m} \times \frac{25}{1000}$$

式中　X——试样的砷含量，mg/kg 或 mg/L；

　　　c_1——试样被测液的浓度，ng/mL；

　　　c_0——试剂空白液的浓度，ng/mL；

　　　m——试样的质量或体积，g 或 mL。

计算结果保留两位有效数字。

（六）精密度

湿消解法在重复性条件下获得的两次独立测定结果的绝对差值不得超过算术平均值的 10%。干灰化法在重复性条件下获得的两次独立测定结果的绝对差值不得超过算术平均值的 15%。

（七）准确度

湿消解法测定的回收率为 90%～105%；干灰化法测定的回收率为 85%～100%。

八、铅含量的测定

样品预处理

将样品磨碎，过 20 目筛，储于塑料瓶中，保存备用；在采样和制备过程中，应注意不使试样污染。

其余参见模块三，任务六，第二节，八。

九、碘呈色度的测定

（一）原理

油炸面饼经脱脂后，以水为溶剂，在一定温度下提取，提取液与碘起呈色反应，用吸光度表示该样品的碘呈色度。根据碘呈色度的高低可判断方便面面饼的熟化程度。

（二）试剂

（1）0.05mol/L 碘-碘化钾溶液　称取 13g I_2 及 35g KI 溶于 100g 蒸馏水中，稀释至 1000mL，摇匀，保存于棕色瓶中冷藏备用。

（2）pH5.8 磷酸二氢钾-磷酸氢二钾缓冲溶液

a 液：称取 1.36g 磷酸二氢钾，溶于蒸馏水中，定容至 100mL。

b 液：称取 1.642g 磷酸氢二钾，溶于蒸馏水中，定容至 100mL。

c 液：吸取 a 液 50mL、b 液 4.5mL，混合后用蒸馏水定容至 100mL。

（三）仪器

（1）恒温振荡器：振幅 12mm，振荡频率 140r/min。

（2）电动离心机。

（3）分光光度计。

（4）分析天平：感量 0.0001g。

（5）CB36 号（100 目）筛绢。

（6）研钵。

（四）分析步骤

1. 试样制备

称取混合均匀的样品 100g 左右，置于 250mL 具塞锥形瓶，加 100～200mL 乙醚（或石油醚），放置过夜，用快速滤纸过滤后，回收溶剂，取约 5g 立即研磨，并全部通过 100 目筛绢，备用。

2. 提取

称取按 1 制备的样品 2.0000g 于 150mL 锥形瓶中，加入 20.0mL 蒸馏水，置于 50℃±1℃ 恒温振荡器中振荡 30min，摇匀后倒入离心管，以 3000r/min 的转速离心 10min。

3. 定容

取上清液 1.00mL，置于 50mL 容量瓶中，加入 5mL 缓冲溶液和 1.00mL 0.05mol/L 碘-碘化钾溶液，用蒸馏水定容，摇匀。同时取 1.00mL 蒸馏水代替上清液制备空白溶液。

4. 测定

用分光光度计，在波长 570nm 处，用 1cm 比色皿，以空白溶液调整零点，测定上清液吸光度。

（五）结果计算

$$I_{OD} = 2 \times A$$

式中　I_{OD}——碘呈色度；

　　　A——吸光度；

　　　2——稀释倍数。

计算结果精确至小数点后第二位。

（六）精密度

在重复性条件下获得的两次独立测定结果的绝对差值不得超过 5%。

（七）注意事项

（1）面饼脂肪需提取干净，因为脂类会与碘结合，同直链淀粉形成竞争反应。

（2）面块要全部研磨至通过 100 目筛。

（3）加碘量控制在 1.00mL，过多或过少都直接影响显色和测定结果。

（4）加缓冲溶液可保证样品在一定的 pH 值范围内测定，以免受方便面中添加物的影响而改变溶液的酸碱度，测定条件偏酸性则结果较稳定。

（5）脱脂后面块会老化，故脱脂后样品应尽快测试。

十、氯化钠的测定

样品处理及试液制备：

用天平称取经粉碎的试样 20.00g，精确至 0.01g。移入 250mL 锥形瓶中，加入 100mL 蒸馏水，摇动（或用振荡器振荡）40min，用抽滤瓶抽滤至干，滤液供测试用。

其余参见模块三，任务四，第二节，三。

十一、复水时间的测定

（一）仪器

带盖保温容器（约 1000mL）；筷子；玻璃片（20cm×20cm）；秒表。

（二）步骤

取面块一块置于带盖保温容器中，加入约 5 倍于面块质量的沸水，立即将容器加盖，同时用秒表计时。当用玻璃片夹紧软化面条，观察糊化状态无明显硬心时，记录所用复水时间。

十二、食品添加剂（山梨酸、苯甲酸）的测定

参见模块三，任务一，第二节，九。

十三、菌落总数的测定

参见模块二，项目一。

十四、大肠菌群的测定

参见模块二，项目二。

十五、致病菌的测定

参见模块二，项目三、项目四。

任务十　小麦面粉的检验

> **实训目标**
> 1. 掌握小麦面粉的基本知识。
> 2. 掌握小麦面粉的常规检验项目及相关标准。
> 3. 掌握小麦面粉的检验方法。

第一节　小麦面粉的基本知识

小麦面粉是小麦原料经过清理除去杂质、研磨、过筛等过程加工而成。我国的小麦面粉分为通用小麦粉和专用小麦粉。通用小麦粉包括特制一等小麦粉（富强粉、精粉）、特制二等小麦粉（上白粉、七五粉）、标准粉（八五粉）、普通粉、高筋小麦粉和低筋小麦粉；专用小麦粉包括面包用小麦粉、面条用小麦粉、饺子用小麦粉、馒头用小麦粉、发酵饼干用小麦粉、酥性饼干用小麦粉、蛋糕用小麦粉、糕点用小麦粉等。

一、小麦面粉的加工工艺

1. 通用小麦面粉加工工艺流程

原粮 → 磁选 → 筛选(初清筛) → 风选 → 去石机 → 精选 → 打麦机 → 风选 → 着水 → 撞击机→去石机

入库←打包←磁选←检查筛←绞龙←面粉半成品←筛理←磨粉←磁选←筛选(平面筛)←打麦机

2. 专用小麦面粉加工工艺流程

原粮 → 磁选 → 筛选(初清筛) → 风选 → 去石机 → 精选 → 打麦机 → 风选 → 着水 → 撞击机→去石机

打包仓←混合机←配粉仓←基粉仓←绞龙←面粉半成品←筛理←磨粉←磁选←筛选(平面筛)←打麦机

检查筛→磁选→打包→入库

二、小麦面粉容易出现的质量安全问题

(1) 增白剂（过氧化苯甲酰）超标准使用。

(2) 灰分超标。

(3) 含沙量超标。

(4) 磁性金属物超标。

(5) 水分过高。

三、小麦面粉生产的关键控制环节

(1) 小麦的清理过程控制。

(2) 小麦的水分调节控制。

(3) 小麦的研磨过程控制。

(4) 小麦的筛理过程控制。

(5) 成品包装过程控制。

四、小麦面粉生产企业必备的出厂检验设备

高温电炉（马弗炉）、粉筛、干燥箱、分析天平（0.1mg）、天平（0.1g）、粉质仪（适用于

专用小麦粉)。

五、小麦面粉的检验项目和标准

小麦面粉的相关标准包括：GB/T 21122《营养强化小麦粉》；LS/T 3203《饺子用小麦粉》；LS/T 3204《馒头用小麦粉》；SB/T 10141—93《酥性饼干用小麦粉》；SB/T 10142—93《蛋糕用小麦粉》；LS/T 3206《酥性饼干用小麦粉》；LS/T 3201《面包用小麦粉》；GB 8608《低筋小麦粉》；GB 8607《高筋小麦粉》；LS/T 3205《发酵饼干用小麦粉》；GB 1355《小麦粉》；NY/T 421《绿色食品　小麦及小麦粉》；LS/T 3209《自发小麦粉》；LS/T 3202《面条用小麦粉》。

小麦面粉的检验项目见表 3-30、表 3-31。

表 3-30　小麦面粉质量检验项目及检验标准（通用小麦粉）

序号	检验项目	发证	监督	出厂	检验标准	备注
1	气味口味	√	√	√	GB/T 5492	
2	加工精度	√	√	√	GB/T 5504	
3	灰分	√	√	√	GB/T 5505	
4	粗细度	√	√	√	GB/T 5507	
5	面筋质	√	√		GB/T 5506.1	
6	含砂量	√	√		GB/T 5508	
7	磁性金属物	√	√		GB/T 5509	
8	水分	√	√	√	GB 5497	
9	脂肪酸值	√	√		GB/T 5510	
10	蛋白质	√	√	√	GB/T 5511	高筋、低筋小麦粉产品标准中有此项目要求的
11	粉色、麸星	√	√	√	GB/T 5504	
12	食品添加剂(过氧化苯甲酰)	√	√	*	GB/T 18415	
13	汞(以 Hg 计)	√	√	*	GB 5009.17	
14	六六六	√	√	*	GB/T 5009.19	
15	滴滴涕	√	√	*	GB/T 5009.19	
16	黄曲霉毒素 B_1	√	√	*	GB/T 5009.22	
17	铅(Pb)	√	√	*	GB 5009.12	
18	无机砷(以 As 计)	√	√	*	GB 5009.11	
19	标签	√	√		GB 7718	

注：1. 标签标注除符合 GB 7718 的要求以外，还应注明使用的添加剂（过氧化苯甲酰）。

2. 企业出厂检验项目中有"√"标记的，为常规检验项目。

3. 企业出厂检验项目中有"*"标记的，企业应当每年检验两次。

表 3-31　小麦面粉质量检验项目及检验标准（专用小麦粉）

序号	检验项目	发证	监督	出厂	检验标准	备注
1	气味	√	√	√	GB/T 5492	
2	灰分	√	√	√	GB/T 5505	
3	粗细度	√	√	√	GB/T 5507	
4	含砂量	√	√		GB/T 5508	
5	磁性金属物	√	√		GB/T 5509	

序号	检验项目	发证	监督	出厂	检验标准	备注
6	水分	√	√	√	GB 5497	
7	降落数值	√	√		GB/T 10361	
8	粉质曲线稳定时间	√	√	√	GB/T 14614	自发小麦粉、小麦胚标准中无此项目要求
9	湿面筋	√	√		GB/T 5506.1	
10	酸度	√	√	√	GB/T 5517	自发小麦粉产品标准中有此项目要求。自发小麦粉所用的小麦粉应符合 GB 1355 中特制一等粉的规定
11	混合均匀度	√	√	√	GB/T 5918 中沉淀法	
12	馒头比容	√	√	√	LS/T 3209	
13	汞（以 Hg 计）	√	√	*	GB 5009.17	
14	食品添加剂（过氧化苯甲酰）	√	√	*	GB/T 18415	
15	六六六	√	√	*	GB/T 5009.19	
16	滴滴涕	√	√	*	GB/T 5009.19	
17	黄曲霉毒素 B_1	√	√	*	GB/T 5009.22	
18	铅（Pb）	√	√		GB 5009.12	
19	无机砷（以 As 计）	√	√	*	GB 5009.11	
20	标签	√	√		GB 7718	

注：1. 标签标注除符合 GB 7718 的要求以外，还应注明使用的添加剂（过氧化苯甲酰）。

2. 企业出厂检验项目中有"√"标记的，为常规检验项目。

3. 企业出厂检验项目中有"＊"标记的，企业应当每年检验两次。

第二节　小麦面粉检验项目

一、小麦面粉的气味口味的检验

（1）气味检验方法　手中取少量小麦粉，用嘴哈气使之稍热后嗅味。为了增加气味，也可将小麦粉放入有塞的瓶中，加入 60℃ 热水，紧塞片刻，然后将水倒出嗅其气味。

（2）口味检验方法　取少许小麦粉细嚼，遇有可疑情况，可将样品加水煮沸后尝之。

二、小麦面粉加工精度的检验

（一）原理

小麦粉加工精度是以粉色麸星来表示的。粉色指面粉的颜色，即胚乳本身所表现出的颜色；麸星指面粉中麸皮的含量。检验时按实物标准样品对照，粉色是最低标准，麸星是最大限度。小麦粉的加工精度是衡量小麦粉加工程度的指标，与标准样品对照，进行衡量。

（二）仪器和用具

搭粉板（5cm×30cm）；粉刀；天平（感量 0.1g）；电炉；烧杯（100mL）；铝制蒸锅；白瓷碗；玻璃棒等。

（三）试剂

酵母液：称取 5g 鲜酵母或 2g 干酵母，加入 100mL 温水（35℃ 左右），搅拌均匀备用。

（四）操作方法

共有五种方法。仲裁时以湿烫法对比粉色，干烫法对比麸星；制定标准样品时除按仲裁法外，也可以用蒸馒头法对比粉色麸星。

（1）干法 用洁净粉刀取少量标准样品置于搭粉板上，用粉刀压平，将右边切齐。再取少量试样置于标准右侧压平，将左边切齐，用粉刀将试样慢慢向左移动，使试样与标样相连接。再用粉刀把两个粉样紧紧压平（标样与试样不得互混），打成上厚下薄的坡度（上厚约6mm，下与粉板拉平），切齐各边，刮去标样左上角，对比粉色麸星。

（2）湿法 将干法检验过的粉样，连同搭粉板倾斜插入水中，直至不起气泡为止，取出搭粉板，待粉样表面微干时，对比粉色麸星。

（3）湿烫法 将湿法检验过的粉样，连同搭粉板倾斜插入加热的沸水中，约经1min取出，用粉刀轻轻刮去粉样表面受烫浮起部分，对比粉色麸星。

（4）干烫法 先按干法打好粉板，然后连同搭粉板倾斜插入加热的沸水中，约经1min取出，用粉刀轻轻刮去粉样表面受烫浮起部分，对比粉色麸星。

（5）蒸馒头法 标样与试样分别同样做馒头。

① 第一次发酵 称试样30g于瓷碗中，加入15mL酵母液和成面团，并揉至无干面光滑后为止，碗上盖一块湿布，放在38℃左右的保温箱内发酵至面团内部略呈蜂窝状即可（约30min）。

② 第二次发酵 将已发酵的面团用少许干面揉和至软硬适度后，做成馒头形放入碗中，用干布盖上，置38℃左右的保温箱内醒发约20min，后取出放入沸水蒸锅内蒸15min，取出，对比粉色麸星。

（五）检验结果的表述方法

粉色：同标样；暗于标样或甚暗于标样。

麸星：同标样；大于标样。

（六）检验注意事项

（1）在前四种操作方法中，操作过程中动作要轻微、仔细，切不可将标样与试样互混。

（2）在干烫法与湿烫法中，掌握好搭粉板进入沸水中的时间，如果过长，会使标样与试样全部受烫浮起，最后无法比较。

三、小麦面粉的粗细度的测定

（一）原理

粗细度即为面粉的粗细程度。它的测定结果以留存在筛层上的粉类数量占试样的百分率表示。留存物即为试样在下述规定的分析步骤下留存在筛层上面的物质，用克表示。

（二）仪器和设备

（1）电动验粉筛 机器的回转直径50mm，回转速度260r/min；筛框为圆形，直径300mm，高度30mm。

（2）天平：感量0.1g。

（3）其他 表面皿；取样铲；称样勺；毛刷等。

（三）操作步骤

按照质量标准中规定的筛层，每层筛内放5个橡皮球，按大孔筛在上，小孔筛在下，最下层是托盘，最上层是筛盖的顺序安装。从平均样品中称取样品50.0g，放入上筛层，盖好筛盖，拧紧星形手柄，旋转定时器的旋钮至规定的时间10min，验粉筛自动连续筛动10min。验粉筛停止后，用双手拍筛框的不同部位三次，取下各层筛，将筛层倾斜，用毛笔把筛上留存的粉集中到一起，刷到表面皿中，称重。上层筛留存物称重（W_1）（小于0.1g时不记质量）；上筛层留存物和下筛层留存物合并称重（W_2）。

测定次数：同一试样进行平行测定。

（四）结果表述

粉类粮食粗细度的测定结果，以留存在规定筛层上的粉类的质量占试样的百分率表示。粗细度按下列公式计算：

$$上层筛留存物含量 = \frac{W_1}{W} \times 100\%$$

$$下层筛留存物含量 = \frac{W_2}{W} \times 100\%$$

式中　W_1——上层筛留存粉质量，g；

W_2——上层筛与下筛层留存粉质量之和，g；

W——试样质量，g。

测定值取小数点后第一位。

（五）精密度

平行测定值符合允许误差要求时，以其算术平均值作为测定结果。平行测定值不符合允许误差要求时，重新测定。平行测定值允许绝对误差 0.5%。

（六）检验注意事项

每个筛层的结合要严密，以免试样被撒出，造成误差。

四、小麦面粉的灰分含量检验

参见模块一，项目二。

五、小麦面粉的面筋质测定

（一）原理

面团在水中揉洗时，淀粉和麸皮微粒呈悬浮态分离出来，其他部分溶解于水，剩下的块状坚韧胶皮一样的物质称为面筋质。面筋质在面团形成过程中起着重要作用，决定着面粉制品的烘焙品质。

（二）仪器和用具

天平（感量 0.01g）；小搪瓷碗；量筒（10mL 或 20mL）；烧杯（100mL）；玻璃棒或牛角匙；脸盆或大玻璃缸；直径 1.0mm 的圆孔筛或装有 CQ20 筛绢的筛子；玻璃板（9.16cm，两块，厚度为 3～5mm，周围粘贴厚度约 0.4mm 白胶布条）。

离心装置：将实验室用的小型电动离心机，卸下离心管架及外壳，然后装上一个直径约 11cm、高约 6cm 的圆铝盒，铝盒壁中部对称用螺丝固定两个尖状物，尖状物上各套一块直径 1.0mm 的筛板，离心装置转动时，必须能保持平衡。

表面皿及滤纸；电热烘箱。

盐水洗涤装置：带下口的 5L 磨口瓶，见图 3-10。

（三）试剂

（1）碘-碘化钾溶液：称取 0.1g 碘和 1.0g 碘化钾，用水溶解后再加水至 250mL。用于检查淀粉是否洗净。

（2）2% 盐水溶液　称取精制食盐 100g，溶于 5000mL 水中，过滤除去杂质。

（四）操作

1. 湿面筋测定

（1）水洗法

① 称样　从平均样品中称取定量试样（W），特制一等粉称

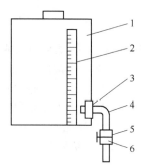

图 3-10　盐水洗涤装置图

1—磨口瓶；2—刻度纸
（可用量筒量取定量水
倒入瓶中，以 100mL 或
50mL 为单位标上刻度）；
3—橡皮塞；4—玻璃管；
5—橡皮管；6—螺旋水止

10.00g，特制二等粉称15.00g，标准粉称20.00g，普通粉称25.00g。

将试样放入洁净的搪瓷碗中，加入相当于试样一半的室温水（20～25℃），用玻璃棒搅和，再用手和成面团，直到不粘碗、不粘手为止。然后放入盛有水的烧杯中，在室温下静置20min。

② 洗涤 将面团放手上，在放有圆孔筛的脸盆的水中轻轻揉捏，洗去面团内的淀粉、麸皮等物质。在揉洗过程中须注意更换脸盆中清水数次（换水时须注意筛上是否有面筋散失），反复揉洗至面筋挤出的水遇碘液无蓝色反应为止。

③ 排水 将洗好的面筋放在洁净的玻璃板上，用另一块玻璃板压挤面筋，排出面筋中游离水，每压一次后取下并擦干玻璃板。反复压挤直到稍感面筋粘手或粘板时为止（约压挤15次）。如有条件采用离心装置排水时，可控制离心机转速3000r/min，离心2min。

④ 称重 排水后取出面筋放在预先烘干称重的表面皿或滤纸（W_0）上，称得总质量（W）。

（2）盐水洗涤法

① 称样及和面 称取10.00g小麦粉样品于小搪瓷碗中，加入2%的盐水溶液5.5mL，用玻璃棒或牛角匙拌和面粉，然后用手揉捏成表面光滑的面团。

② 洗涤 将面团放在手掌中心，开启盐水洗涤装置螺旋水止，使盐水缓滴至面团上（盐水流速调节为每分钟60～80mL），同时用另一手食指和中指压挤面团，不断地压平、卷回，以洗去面团中淀粉、盐溶性蛋白质及麸皮。洗至面筋团形成后（约5min），关闭盐水，再将已形成的面筋团继续用自来水冲洗、揉捏，直至面筋中麸皮和淀粉洗净为止。

③ 检查 将面筋放搪瓷碗中，加入清水约5mL，用手揉捏数次，取出面筋，在水中加入碘液3～5滴，混匀后放置1min。如已洗净，则此水溶液不呈蓝色，否则应继续用自来水洗涤。

④ 排水、称重同上。

2. 干面筋测定

将已称量的湿面筋在表面皿或滤纸上摊成一薄片状，一并放入105℃电烘箱内烘2h左右，取出冷却称重，再烘30min，冷却称重，直至两次质量差不超过0.01g，得干面筋和表面皿（或滤纸）共重（W_2）。

（五）结果计算

$$湿面筋水分含量 = \frac{W_1 - W_0}{W} \times 100\%$$

$$干面筋水分含量 = \frac{W_2 - W_0}{W} \times 100\%$$

$$面筋持水率 = \frac{W_1 - W_2}{W_2 - W_0} \times 100\%$$

式中 W_0——表面皿（或滤纸）质量，g；

W——试样质量，g；

W_1——湿面筋和表面皿（或滤纸）总质量，g；

W_2——干面筋和表面皿（或滤纸）质量，g。

（六）精密度

双试验结果允许差不超过0.2%，求其平均数即为测定结果（取小数点后第1位）。

六、小麦面粉含沙量的测定（四氯化碳法）

（一）原理

利用密度为1.59kg/m³以上的四氯化碳液处理样品，使沉淀于底部的泥沙与小麦粉的有机组分分开，然后将沉淀的泥沙回收、称质量。

（二）仪器和用具

细沙分离漏斗、漏斗架；天平（感量0.001g）；量筒（10mL）；电炉（500W）；备有变色硅胶的干燥器；坩埚或铝盒；试剂瓶（1000mL）；玻璃棒、石棉网等。

试剂：四氯化碳。

（三）操作方法

量取 70mL 四氯化碳注入细沙分离漏斗内，加入试样 10g（W），轻搅拌三次（每 5min 搅拌一次，玻璃棒要在漏斗的中上部搅拌），静置 20～30min。将浮在上面的面粉用角勺取出，然后将分离漏斗球形中的四氯化碳和泥沙放入已知质量的坩埚（W_0）内，再用四氯化碳冲洗球体和坩埚两次，把坩埚内的四氯化碳倒净，放在有石棉网的电炉上烘干后放入干燥器，冷却称重（W_1）。

（四）结果计算

$$含沙量 = \frac{W_1 - W_0}{W} \times 100\%$$

式中　W——试样质量，g；

$\quad\quad W_0$——坩埚质量，g；

$\quad\quad W_1$——坩埚和细沙质量，g。

（五）精密度

双试验结果允许差不超过 0.005%，以最高含量的试验结果为测定结果（取小数点后第二位）。

七、小麦面粉磁性金属物含量检验

（一）原理

利用磁铁的磁性，将磁性金属物与小麦粉分离，用每千克小麦粉中含有磁性金属物的质量表示。

（二）仪器和用具

磁性金属物测定器（电磁铁）；磁铁（吸力不少于 12kg，马蹄形）；天平（感量 0.0001g、0.1g）；坩埚或铝盒；表面皿；毛刷等。

（三）操作方法

1. 磁性金属物测定器法

从平均样品中称试样 1kg，倒入测定器上部的容器内，接通电源，将电磁铁通电，开动电动机，调节流量控制板，使试样经淌板流到盛样箱内。试样流完后，切断电源，断磁，刷下磁性金属物放入表面皿中。再将试样按上法进行三次，将各次磁性金属物合并于已知质量的坩埚（W_0）中，用四氯化碳漂洗数次，直至粉粒除净，然后烘干、冷却、称重（W_1）。

2. 磁铁吸引法

从平均样品中称试样 1kg，倒在玻璃板或光滑的平面台上，摊成长方形，厚度约 0.5cm，用马蹄形磁铁将两极插入试样中，磁铁前端可略提高，后端与玻璃板接触，先从上向下慢慢顺序移动，然后再从左向右移动。当磁铁通过全部试样后，用毛刷轻轻刷去附在磁铁上的非磁性物，将金属物刷入已知质量的坩埚（W_0）中。将试样混合后，按上述方法进行三次，把吸出的磁性金属物一并称重（W_1）。

（四）结果计算

$$磁性金属物含量(mg/kg) = \frac{(W_1 - W_0) \times 1000}{1}$$

式中　W_0——坩埚质量，g；

$\quad\quad W_1$——磁性金属物和坩埚质量，g；

$\quad\quad 1$——取样 1kg 面粉。

双试验以最高含量为测定结果。

（五）检验注意事项

（1）四氯化碳有毒性，整个操作最好在通风橱内进行，以保证操作人员的健康。

（2）磁铁用后，必须用厚约 1cm 的铁片盖在两板上，以保持磁性。

（3）所用试样应保持干燥，没有结块。

八、小麦面粉水分含量检验

参见模块一，项目一。

九、小麦面粉脂肪酸值的检验

（一）原理

脂肪酸不溶于水而溶于有机溶剂。利用苯来浸出试样中的脂肪酸，然后用标准氢氧化钾溶液进行滴定，从而求得脂肪酸值。

（二）仪器和用具

带塞锥形瓶（150mL）；量筒；移液管；微量滴定管；表面皿；天平（感量 0.01g）；电动振荡器；漏斗等。

（三）试剂

（1）0.01mol/L 氢氧化钾（或氢氧化钠）乙醇（95％）溶液　先配制约 0.5mol/L 氢氧化钾水溶液，再取 20mL，用 95％乙醇稀释至 1000mL。

（2）苯。

（3）95％乙醇。

（4）0.04％酚酞乙醇溶液　0.2g 酚酞溶于 500mL 95％乙醇溶液中。

（四）操作方法

（1）试样制备　从平均样品中分取样品约 80g，粉碎使 90％以上试样通过 40 目筛。粉碎后试样如在 20℃以上室温放置，脂肪酸值会很快增加，因此，必须及时进行测定。

（2）浸出　称取试样 20g±0.01g（脂肪酸值高于 60mgKOH/100g 时称试样 10g）于 200mL 或 250mL 锥形瓶中，加入 50mL 苯，加塞摇动几秒钟后，打开塞子放气，再盖紧瓶塞置振荡器振荡 30min（或用手振荡 45min），取出，将瓶倾斜静置数分钟，使滤液澄清。

（3）过滤　用快速滤纸过滤，弃去最初几滴滤液后用 25mL 比色管或量筒收集滤液 25mL，立即准确调节至刻度。

（4）滴定　将 25mL 滤液移入锥形瓶中，再用原比色管或量筒取 25mL 酚酞乙醇溶液加入锥形瓶中，立即用氢氧化钾乙醇溶液滴定至呈现微红色半分钟内不消失为止。记下所耗用氢氧化钾乙醇溶液体积（V_1）。

（5）空白试验　取 25mL 酚酞乙醇溶液同（4）用氢氧化钾乙醇溶液滴定，记下耗用氢氧化钾乙醇溶液体积（V_0）。

（五）结果计算

脂肪酸值以中和 100g 小麦粉试样中游离脂肪酸所需氢氧化钾质量表示：

$$脂肪酸值（mgKOH/100g）=(V_1-V_0)N\times56.1\times\frac{50}{25}\times\frac{100}{W(1-M)}$$

式中　V_1——滴定试样用去的氢氧化钾乙醇溶液体积，mL；

　　　V_0——滴定 25mL 酚酞乙醇溶液用去氢氧化钾乙醇溶液的体积，mL；

　　　50——浸泡试样用苯的体积，mL；

　　　25——用于滴定的滤液体积，mL；

　　　N——氢氧化钾（或氢氧化钠）乙醇溶液的浓度，mol/L；

　　　56.1——氢氧化钾摩尔质量，g/mol；

　　　W——试样重量，g；

　　　M——试样水分百分率，％（测定面粉脂肪酸值时按湿基计算，不必减去水分）；

100——换算为 100g 试样质量。

(六) 精密度

双试验结果允许差，脂肪酸值在 51 以上的不超过 5mgKOH/100g；在 50 以下的，不超过 3mgKOH/100g。求其平均数，即为测定结果。测定结果取小数点后第 1 位。

(七) 注意事项

(1) 如果试样在 20℃ 以上室温放置，脂肪酸值会很快增加，因此，必须及时进行滴定。

(2) 浸出液颜色过深，滴定终点不好观察时，改用四折滤纸，在滤纸锥头内放入约 0.5g 粉末活性炭，慢慢注入浸出液，边脱色边过滤。或改用 0.1% 麝香草酚酞乙醇溶液指示剂，滴定终点为绿色或蓝绿色。

(3) 滴定应在散射日光或日光型日光灯下对着光源方向进行；滴定终点不易判定时，可用一已经加入去除 CO_2 的蒸馏水后尚未滴定的提取液作参照，当被滴定液颜色与参照相比有色差时，即可视为已到滴定终点。

(4) 苯对人体有害，操作时应在通风橱内进行。

十、小麦面粉蛋白质含量检验

参见模块一，项目六。

十一、小麦面粉降落数值测定

(一) 原理

小麦粉或其他谷物粉的悬浮液在沸水浴中能迅速糊化，并因其中 α-淀粉酶活性的不同而使糊化物中的淀粉被不同程度地液化。液化程度不同，搅拌器在糊化物中的下降速度即不同，因此，降落数值的高低表明了相应的 α-淀粉酶活性的差异。降落数值愈高，表明 α-淀粉酶的活性愈低；反之表明 α-淀粉酶活性愈高。

(二) 试剂

蒸馏水；甘油或乙二醇 (工业品)；异丙醇 (工业品)。

(三) 仪器

(1) 降落数值测定仪　由下列部件组成：

① 水浴装置：直径 15cm，高 20cm，带有冷凝装置和盖子，盖上有孔可放入黏度管架，并备有固定黏度管及搅拌器的胶木压座及黏度管胶木架座。

② 电加热装置：600W。

③ 金属搅拌器　包括一根有两个止动器的杆，杆下端有个小轮，搅拌器质量必须为 25g±0.05g，搅拌器装有胶木塞并可在塞孔上下转动自如。搅拌器规格见图 3-11。

④ 黏度管：由特种玻璃制成，内径为 21mm±0.02mm，外径为 23.8mm±0.25mm，内壁高为 220mm±0.3mm。

⑤ 搅拌器自动装置　该装置能控制搅拌器在特定距离间上下移动，移动速度为每秒上下各 2 次，搅拌结束时可自动将搅拌器提到下止动器和塞子接触的最高位置，并自动松开和自由降落。如果没有自动装置亦可用手动控制。

⑥ 能发信号的自动计时器或秒表。

⑦ 橡皮塞。

⑧ 精密温度计：测量精度 ±0.2℃。

(2) 加液器或吸移管：容量 25mL±0.2mL。

(3) 粉碎机：能将谷物粉碎使其粒度符合表 3-32 要求。

(4) 筛子：孔径 800μm (约相当于 GB 2014 规定的 CQ9 号筛)。

(5) 天平：感量 0.01g。

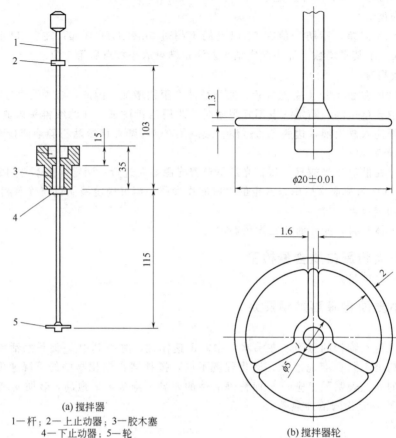

(a) 搅拌器
1—杆；2—上止动器；3—胶木塞
4—下止动器；5—轮

(b) 搅拌器轮

图 3-11 搅拌器（单位：mm）

表 3-32 谷物粉碎粒度要求

筛孔/μm	筛下物/%
710	100
500	90～100
210～200	≤80

注：筛孔 710μm 约相当于 GB 2014 规定的 CQ10；筛孔 500μm 约相当于 GB 2014 规定的 CQ14；筛孔 200μm 约相当于 GB 2014 规定的 CB30。

（四）操作步骤

1. 试样制备

取平均样品 200～300g 用 800μm 筛筛理，使成块面粉分散均匀。

2. 试样水分含量测定

按模块一，项目一测定。

3. 称样

称样量必须按试样水分含量进行计算，使试样在加入 25mL 水后，其干物质与总水量（包括试样中的含水量）之比为一常数。在试样含水量为 15.0% 时，试样量为 7.00g，精确至 0.05g；试样含水量高于或低于 15.0% 时的称样量见表 3-33。如要使不同试样测定的降落数值的差距增大，可将称样量改为相当于含水量 15.0% 时试样量为 9.00g 的量，见表 3-33。

表 3-33　称样量与水分的关系

试样含水量/%	称样量/g		试样含水量/%	称样量/g	
	相当于含水量15%时的7.00g试样量	相当于含水量15%时的9.00g试样量		相当于含水量15%时的7.00g试样量	相当于含水量15%时的9.00g试样量
9.0	6.40	8.20	13.6	6.85	8.80
9.2	6.45	8.25	13.8	6.90	8.85
9.4	6.45	8.25	14.0	6.90	8.85
9.6	6.45	8.30	14.2	6.90	8.90
9.8	6.50	8.30	14.4	6.95	8.90
10.0	6.50	8.35	14.6	6.95	8.95
10.2	6.55	8.35	14.8	7.00	8.95
10.4	6.55	8.40	15.0	7.00	9.00
10.6	6.55	8.40	15.2	7.00	9.05
10.8	6.60	8.45	15.4	7.05	9.05
11.0	6.60	8.45	15.6	7.05	9.10
11.2	6.60	8.50	15.8	7.10	9.10
11.4	6.65	8.50	16.0	7.10	9.15
11.6	6.65	8.55	16.2	7.15	9.20
11.8	6.70	8.55	16.4	7.15	9.20
12.0	6.70	8.60	16.6	7.15	9.20
12.2	6.70	8.60	16.8	7.20	9.25
12.4	6.75	8.65	17.0	7.20	9.30
12.6	6.75	8.65	17.2	7.25	9.35
12.8	6.80	8.70	17.4	7.25	9.35
13.0	6.80	8.70	17.6	7.30	9.40
13.2	6.80	8.75	17.8	7.30	9.40
13.4	6.85	8.80	18.0	7.30	

4. 沸水浴温度调节

（1）在水浴内倒入蒸馏水，使水面离水浴顶部边缘 2～3cm，加热并使水浴在全部测定过程保持激烈沸腾，同时注意经常加水以保持水位。

由于不同地区所处的海拔高度不同，不同大气压下水的沸点不同，而由于水浴温度不同对降落数值的测定结果有较大影响，温度愈低，降落数值测定结果愈高，因此，水浴沸腾温度须加以调节。

（2）温度计读数校正：由于测量温度计的汞柱部分浸入水浴内，部分露在空气中，因此，须对温度计读数进行校正。

$$校正值（℃）=Kn(T-t)$$

式中　K——校正系数为 0.00016；

n——温度计在水浴塞子以上的汞柱刻度数；

T——插入水浴的测量温度计读数；

t——测量温度计周围的室温（用另一温度计测量）。

测量温度计的读数加上校正值即为水浴的实际温度。

（3）如果水浴沸腾温度在 98.0～99.8℃ 之间，可加入甘油或乙二醇调整使水浴沸腾温度达 100.0℃，加入量见表 3-34。

表 3-34 提高沸点需要添加甘油或乙二醇的量

所需升温度数/℃	添加量/%（体积分数）		所需升温度数/℃	添加量/%（体积分数）	
	乙二醇	甘油		乙二醇	甘油
0.2	1.9	2.5	1.2	11.3	14.2
0.4	3.9	4.9	1.4	12.9	16.1
0.6	5.8	7.4	1.6	14.4	18.1
0.8	7.8	9.8	1.8	16.0	20.0
1.0	9.7	12.3	2.0	17.6	21.9

（4）如果水浴沸腾温度低于 98.0℃，则不要调节至 100.0℃ 来测定降落值，否则，测定过程黏度管内的糊化物有可能溢出而无法获得结果，这时可采用"作图法"来估算测定结果，即在实测温度下先测定一次降落数值，然后在水浴中加入 13.6%（体积分数）的乙二醇或 17.1%（体积分数）的甘油，使水浴温度升高 1.5℃，再测定一次降落数值。以温度为横坐标、降落数值为纵坐标，将测得的两点作一斜线并延长，斜线上与横坐标为 100.0℃ 时对应的纵坐标所示的降落数值即为测定结果。

（5）如果水浴的沸腾温度高于 100.2℃，则每超过 0.1℃，在水浴中加入 0.1%（体积分数）异丙醇，调节使水浴沸腾温度下降为 100.0℃。

5. 测定

将称好的试样倒入黏度管内，并将黏度管及试样倾斜成 45° 角，再用加液器或吸移管加入 25mL 20℃±5℃ 的水，立刻盖紧橡皮塞，用手连续猛烈摇动 20 次，必要时可增加摇动次数，得到均匀无粉状物的悬浮液。取下橡皮塞，立即将搅拌器插入黏度管中，并将管壁上黏着的悬浮物推入悬浮液中。迅速将黏度管和搅拌器套入胶木管架并穿过水浴盖孔放入沸水浴中［沸水浴温度调节见（四）4］，立刻开启自动计时器，仪器上的胶木压座自动伸出压紧搅拌器上的胶木塞，黏度管浸入水浴 5s 后，搅拌器开始以每秒上下来回 2 次的速度在特定的距离内进行搅拌（即每个来回搅拌器的下止动器和上止动器分别碰到搅拌器胶木塞的底部 A 和上部的凹面 B，见图 3-10）。搅拌至 59s 后，搅拌器提到最高位置，60s 时松开搅拌器，搅拌器自由降落。当搅拌器上端降落至胶木塞上部 C 位置时，自动计时器给出信号并停止计时。记下自动计时器显示的全部时间（s）。同一试样进行 2 次测定。

（五）结果表示

从黏度管放入水浴至搅拌器上止动器下降到达胶木塞上部为止所需的全部时间（s），即为"降落数值"。如果两次测定的结果符合重复性要求，取其算术平均值即为测定结果，否则需再进行两次测定。

（六）精密度

两次重复性测定结果之差不得超过平均值的 10%。

（七）注意事项

（1）在盖紧橡皮塞，剧烈振摇前，要检查橡皮塞的严密性。

（2）要左右振摇，不要上下猛烈振摇。

十二、小麦面粉的粉质曲线稳定时间检验

（一）原理

小麦粉在粉质仪器中加水揉和，随着面团的形成及衰变，其稠度不断变化，用测力计和记录器测量和自动记录面团揉和时相应于稠度的阻力变化，从加水量及记录揉和性能的粉质曲线计算小麦粉吸水量及评价面团揉和时的形成时间、稳定时间、弱化度等特性，用以评价面团强度。

（二）试剂

蒸馏水或纯度与之相当的水。

（三）仪器设备

（1）粉质仪　主要由揉面钵［包括和面刀（搅拌头）及外套罐］、测力计、杠杆系统、油阻尼器、滴定管、记录器、恒温水浴等部分组成。其主要参数如下：

① 和面刀转速（63±2)r/min；慢和面刀转速（31.5±1)r/min。

② 揉面钵中两个和面刀转速比：1.5±0.01。

③ 记录纸行进速度：(1.00±0.03)cm/min。

④ 粉质单位（F.U.）的转矩：

300g 揉面钵的转矩为：(9.8±0.2)mN·m/F.U.［(100±2)gf·cm/F.U.］

50g 揉面钵的转矩为：(1.96±0.04)mN·m/F.U.［(20±0.4)gf·cm/F.U.］

（2）滴定管

① 用于 300g 揉面钵的滴定管，起止刻度线为 135～225mL，刻度间隔 0.2mL，225mL 排水时间不超过 20s。

② 用于 50g 揉面钵的滴定管，起止刻度线为 22.5～37.5mL，刻度间隔 0.1mL，37.5mL 排水时间不超过 20 s。

（3）天平：感量 0.1g。

（4）软塑料刮片。

（四）检验步骤

1. 仪器准备

（1）打开恒温水浴和循环水开关，将揉面钵升温到 30℃±0.2℃，实验中应经常检查温度。

（2）用一滴水润滑揉面器和面刀和后壁间的缝隙，开动揉面器，借助仪器左侧的零位调节器使测力计指针指到零位，如指针零位偏差超过 5F.U.（粉质单位），进一步清洗揉面钵或寻找其他原因。调整笔臂使记录笔在图纸的读数与测力计指针读数一致，关停揉面器。

（3）用手抬起杠杆使记录笔停在 1000F.U. 位置，松手放开杠杆，用秒表测量记录笔从 1000F.U. 摆至 1000F.U. 的时间，测出时间为 1.0s±0.2s，否则应调节油阻尼器连杆上的滚花螺帽。按顺时针方向调节，可降低摆动速度，使曲线波带变窄；按逆时针方向调节，可加快摆动速度，使曲线波带变宽。测定曲线峰值宽度以 70～80F.U. 为宜。

（4）用 30℃±5℃的蒸馏水注满滴定管。

2. 水分测定

按本节八测定小麦粉水分。

3. 操作步骤

（1）根据测小麦粉水分含量查表，称取质量相当于 50g 或 300g 含水量为 14％的小麦粉样品，准确至 0.1g。称样校正见表 3-35。

（2）将样品倒入选定的粉质仪揉面钵中（一般用 50g 揉面钵），盖上盖（除短时间加蒸馏水和刮粘在内壁的碎面块外，实验中不要打开有机玻璃覆盖）。

（3）启动揉面器，将转速开关放在快速挡，放下记录笔，揉和 1min 后打开覆盖，立即用滴

表 3-35 称样校正表

水分/%	应称取小麦粉质量/g		水分/%	应称取小麦粉质量/g	
	300g 钵	50g 钵		300g 钵	50g 钵
9.0	283.5	47.3	13.6	298.6	49.8
9.1	283.8	47.3	13.7	299.0	49.8
9.2	284.1	47.4	13.8	299.3	49.9
9.3	284.5	47.4	13.9	299.7	49.9
9.4	284.8	47.5	14.0	300.0	50.0
9.5	285.1	47.5	14.1	300.3	50.1
9.6	285.4	47.6	14.2	300.7	50.1
9.7	285.7	47.6	14.3	301.1	50.2
9.8	286.0	47.7	14.4	301.4	50.2
9.9	286.3	47.7	14.5	301.8	50.3
10.0	286.7	47.8	14.6	302.1	50.4
10.1	287.0	47.8	14.7	302.5	50.4
10.2	287.3	47.9	14.8	302.8	50.5
10.3	287.6	47.9	14.9	303.2	50.5
10.4	287.9	48.0	15.0	303.5	50.6
10.5	288.3	48.0	15.1	303.9	50.6
10.6	288.6	48.1	15.2	304.2	50.7
10.7	288.9	48.2	15.3	304.6	50.8
10.8	289.2	48.2	15.4	305.0	50.8
10.9	289.6	48.3	15.5	305.3	50.9
11.0	289.9	48.3	15.6	305.7	50.9
11.1	290.2	48.4	15.7	306.0	51.0
11.2	290.5	48.4	15.8	306.4	51.1
11.3	290.9	48.5	15.9	306.8	51.1
11.4	291.2	48.5	16.0	307.1	51.2
11.5	291.5	48.6	16.1	307.5	51.3
11.6	291.9	48.6	16.2	307.9	51.3
11.7	292.2	48.7	16.3	308.2	51.4
11.8	292.5	48.8	16.4	308.6	51.4
11.9	292.8	48.8	16.5	309.0	51.5
12.0	293.2	48.9	16.6	309.4	51.6
12.1	293.5	48.9	16.7	309.7	51.6
12.2	293.8	49.0	16.8	310.1	51.7
12.3	294.2	49.0	16.9	310.5	51.7
12.4	294.5	49.1	17.0	310.8	51.8
12.5	294.9	49.1	17.1	311.2	51.9
12.6	295.2	49.2	17.2	311.6	51.9
12.7	295.5	49.3	17.3	312.0	52.0
12.8	295.9	49.3	17.4	312.3	52.1
12.9	296.2	49.4	17.5	312.7	52.1
13.0	296.5	49.4	17.6	313.1	52.2
13.1	296.9	49.5	17.7	313.5	52.2
13.2	297.2	49.5	17.8	313.9	52.3
13.3	297.6	49.6	17.9	314.3	52.4
13.4	297.9	49.7	18.0	314.6	52.4
13.5	298.3	49.7			

定管自揉面钵右前角加水（加水量按能获得峰值中线值于 500F.U.±20F.U. 的粉质曲线而定），蒸馏水必须在 25s 内加完，盖上有机玻璃覆盖，用刮片将粘在揉面钵内壁的碎面块刮入面团（不停机）。面团揉和至形成峰值后，观察峰值是否在 480～520F.U. 之间。若不在此范围，即停止揉和，在清洗揉面钵后重新测定。峰值过高，可增加力量；峰值过低，则减少水量。应用 50g 揉面钵，每改变峰值 20F.U. 约相当于 0.4mL 水；应用 300g 揉面钵，每改变峰值 20F.U. 约相当于 2.1mL 水。

（4）如形成的峰值在 480～520F.U. 之间，则继续揉和，一般小麦粉的曲线峰值在稳定一段时间后逐渐下降，在开始明显下降后，继续揉和 12min，实验结束。记录仪绘出粉质曲线（揉和全过程）。

（5）清洗揉面钵　取下揉面钵外套件，并放于温水中浸泡。用湿纱布（或用细软毛刷）擦洗和面刀，并用软塑料刮片刮下粘在和面刀缝隙里的面团，重复数次。然后，将转速开关放到慢速挡，双手同时按住开关，使和面刀转动，以露出缝隙里的面团。不断清洗、擦洗和面刀，直到和面刀转动时记录器的指针指向零位。同样用湿纱布（或细软毛刷、软刮片）擦洗取下的揉面钵外套件，清洗出粘在钵上的全部碎面团，再用干纱布擦干，装于仪器固定位置上，待用。（注意：切勿用酸、碱或金属件刮洗。彻底清洗和擦干揉面钵，是得到正确测定结果的保证。）

（五）实验结果表示法（参见图 3-12）

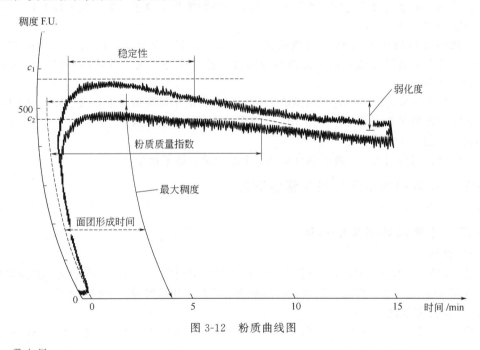

图 3-12　粉质曲线图

1. 吸水量

吸水量是指以 14% 水分为基础，每 100g 小麦粉在粉质仪中揉和成最大稠度为 500F.U. 的面团时所需的水量，以 mL/100g 表示。如测定的最大稠度峰值中线不是准确处于 500 F.U. 线上，而在 480～520F.U.，则须对实验过程加水量进行校正。

加水量校正公式：

采用 50g 揉面钵：
$$V_c = V + 0.016(c - 500)$$

采用 300g 揉面钵：
$$V_c = V + 0.096(c - 500)$$

式中　V_c——校正后的加水量，mL；

　　　V——实际加水量，mL；

　　　c——测定获得最大稠度的粉质曲线中线值，F.U.。

如出现双峰则取较高的峰值。

吸水量计算公式：

采用 50g 揉面钵　　　　吸水量（mL/100g）＝（V_c＋m－50）×2

用 300g 揉面钵　　　　吸水量（mL/100g）＝$\dfrac{V_c＋m－300}{3}$

式中　V_c——试样形成最大稠度为 500F.U. 的面团时加入的水量或校正后的加水量，mL；

　　　m——试样量，即根据试样实际含水量查表 3-36 的实际称样量，g。

双试验测定结果不超过 1.0mL/100g，以平均值作为测定结果的，取小数点后一位。

2. 面团形成时间

从小麦粉加水开始到粉质曲线达到和保持最大稠度所需的时间，参见图 3-11，以 min 表示读数，准确至 0.5min。

双试验测定结果差值不超过平均值的 25％，以平均值作为测定结果，取小数点后一位。

在少数情况下粉质曲线出现双峰，以第二个峰值即将下降前的时间计算面团形成时间。

3. 面团弱化度

从面团形成获得的最大稠度时粉质曲线中线值与面团稠度衰变至 12min 时的粉质曲线中线值的差值，称为弱化度，参见图 3-11，以 F.U. 表示，读数准确至 5 F.U.。

双试验测定结果差值不超定平均值的 20％，以平均值作为测定结果，取小数点后一位。

4. 面团稳定时间

面团揉和过程粉质曲线到达峰值前第一次与 50F.U. 线相交，以后曲线下降第二次与 500F.U. 线相交并离开此线，两个交点相应的时间差值称为稳定，参见图 3-11，以 min 表示，读数准确至 0.5min。

双试验测定结果差值不超过平均值的 25％，以平均值作为测定结果，取小数点后一位。

双试验测定结果差值如超过（五）1～4 规定的范围，则重做试验。

（六）检验注意事项

在清洗时，切勿用酸、碱或金属件刮洗。彻底清洗和擦干揉面钵。

十三、小麦面粉中湿面筋含量的测定

参见本节五（四）1。

十四、小麦面粉酸度的检验

（一）原理

试样中的酸（弱酸）用标准碱液滴定时，被中和生成盐类。用酚酞作指示剂，当滴定到终点（pH8.2，指示剂显红色）时，根据消耗的标准碱液体积，计算出样品中酸的含量。

（二）仪器和用具

锥形瓶（100mL、250mL）；量筒（250mL）；漏斗和漏斗架；天平（感量 0.01g）；移液管（10mL、20mL）；滴定管等。

（三）试剂

（1）0.01mol/L 氢氧化钾或氢氧化钠溶液。

（2）甲苯。

（3）氯仿。

（4）1.0％酚酞乙醇溶液。

（5）不含二氧化碳的蒸馏水：将水加热煮沸 15min，逐出二氧化碳。

（6）滤纸等。

（四）操作方法

称取粉末试样 15g（磨粉通过 40 目筛，磨后立即测定），倒入 250mL 锥形瓶中，加水

150mL（先用少量水调和试样成稀糊状，再将水全部加入），滴入甲苯和氯仿各 5 滴，摇匀后加塞。在室温下放置 2h，每隔 15min 摇匀 1 次，到时用干燥滤纸过滤，用移液管吸取滤液 10mL，注入 100mL 锥形瓶中，再加入 20mL 蒸馏水和酚酞指示剂 3 滴，用 0.01mol/L 碱液滴定至微红色 0.5min 内不消失为止，记下所消耗的碱液体积（mL）。

另用 30mL 蒸馏水做空白试验，记下所消耗的碱液体积（mL）。

（五）结果计算

$$酸度(mL 碱液/10g 小麦粉) = (V_1 - V_2) \times \frac{N}{0.1} \times \frac{V_3}{V_4} \times \frac{10}{W}$$

式中　V_1——试样滤液消耗的碱液体积，mL；

　　　V_2——空白试验消耗的碱液体积，mL；

　　　V_3——浸泡试样加水体积，mL；

　　　V_4——用于滴定的滤液体积，mL；

　　　N——碱液浓度，mol/L；

　　　W——试样质量，g。

双试验结果允许差不超过 0.5mL 碱液/10g 小麦粉，求其平均数，即为测定结果。测定结果取小数点后第一位。

（六）注意事项

（1）样品浸泡，稀释用的蒸馏水必须是在试验前新煮沸冷却的。

（2）如果所消耗的碱液体积较小，为了使误差在允许的范围内，则在吸取过滤后的样液时可适量增加。

（3）滴定应在散射日光或日光型日光灯下对着光源方向进行；滴定终点不易判定时，可用一已经加入去除 CO_2 的蒸馏水后尚未滴定的提取液作参照，当被滴定液颜色与参照相比有色差时，即可视为已到滴定终点。

十五、小麦面粉混合均匀度的检验（沉淀法）

（一）原理

本法是利用相对密度为 1.59 以上的四氯化碳液处理样品，使沉于底部的矿物质等与小麦粉中的有机组分分开，然后将沉淀的无机物回收、烘干、称重，以各样品中沉淀物含量的差异来反映小麦粉的混合均匀度。

（二）主要试剂和仪器

四氯化碳。

500mL 梨形分液漏斗；电吹风或电热板；烘箱；天平。

（三）样品的采集和制备

每一批小麦粉中要抽取 10 个有代表性的原始样品。从一批小麦粉中抽取 100 袋，每 10 袋作为一个抽样单元，从每袋中各方位、深度抽取共 50g 作为原始样品。

将上述每个原始样品在化验室充分混匀，以四分法从中分取 50g 化验样进行测定。

（四）操作步骤

称取 50g 化验样小心地移入 500mL 梨形分液漏斗中，加入四氯化碳 10mL，搅混均匀，静置 100min（中间摇动一次），慢慢将分液漏斗底部的沉淀物放入 100mL 的小烧杯。静置 5min 后将烧杯中的上层清液倒回漏斗中，将分液漏斗摇动并静置 5min，再将漏斗底部的残余沉淀物放入烧杯中静置 5min。小心倒去烧杯中的上层清液后加入 25mL 新鲜的四氯化碳，摇动后静置 5min，再倒去上层清液（每个样品放出沉淀物及倾倒上层清液时其液体数量要大致相似）。用电热吹风或在电热板上烘干小烧杯中的沉淀物，当溶剂挥发后将沉淀物置 90℃烘箱中烘 2h 后称重，得各化验样品中沉淀的质量或样品中沉淀物的质量分数（X_1、

X_2、X_3、$\cdots$、X_{10}）。

（五）结果计算

以各次测定的吸光度值为 X_1、X_2、X_3、$\cdots$、X_{10}，其平均值 $\overline{X}$、标准差 S 与差异系数 CV 按下列公式计算：

$$\overline{X}=\frac{X_1+X_2+X_3+\cdots+X_{10}}{10}$$

其标准差 S 为：

$$S=\sqrt{\frac{(X_1-\overline{X})^2+(X_2-\overline{X})^2+(X_3-\overline{X})^2+\cdots+(X_{10}-\overline{X})^2}{10-1}}$$

或

$$S=\sqrt{\frac{(X_1^2+X_2^2+X_3^3+\cdots+X_{10}^2-10\,\overline{X}^2)}{10-1}}$$

由平均值 $\overline{X}$ 与标准 S 计算变异系数 CV：

$$CV=\frac{S}{\overline{X}}\times100\%$$

（六）注意事项

（1）同一批饲料的 10 个样品测定时应尽量保持操作的一致性，以保证测定值的稳定性和重复性。

（2）小烧杯中的沉淀物干燥时应特别小心，严防因残余溶剂沸腾而使沉淀物溅出。

（3）整个操作最好在通风橱内进行，以保证操作人员的健康。

十六、小麦面粉馒头比容的检验

（一）原理

馒头的体积除以它的质量即为小麦面粉的比容。

（二）仪器

PHMG5 多功能混合机；调温调湿箱；蒸锅；JJJC 食品体积仪。

（三）实验步骤

取 300g 自发小麦粉，加入一定量的水（自来水，水温 15℃±1℃），用 PHMG5 多功能混合机慢速挡和面。面粉成团时开始计时，5min 后取出面团，把它分切成质量大致相同的 6 份，成型后于调温调湿箱（30℃、相对湿度 75%）中醒发 10min，然后放入已煮沸的蒸锅中蒸 20min 至熟，取出冷却。

用天平（感量为 0.01g）称取馒头的质量，以克计。用 JJJC 食品体积仪测定其体积 V。

（四）计算

$$比容(mL/g)=\frac{V}{m}$$

式中　V——馒头的体积，mL；

　　　m——馒头的质量，g。

（五）精密度

双实验测定结果允许差不超过 5%，求其平均数，即为测定结果。测定结果取小数点后一位。

（六）检验注意事项

（1）和面所加的水量在 180～200mL 为宜。

（2）最好把 6 份面团成型于准备放在蒸锅中的蒸屉上。

十七、小麦面粉中过氧化苯甲酰含量的检验（气相色谱法）

（一）原理

小麦粉中的过氧化苯甲酰被还原铁粉和盐酸反应产生的原子态氢还原，生成苯甲酸，经提取后，用气相色谱仪测定，与标准系列比较定量。

（二）试剂

（1）乙醚：分析纯。

（2）盐酸：分析纯。

（3）盐酸：1+1（体积比），50mL盐酸（分析纯）与50mL蒸馏水混合。

（4）还原铁粉：分析纯。

（5）氯化钠：分析纯。

（6）5%氯化钠溶液：称取5g氯化钠溶于100mL蒸馏水中。

（7）碳酸氢钠：分析纯。

（8）1%碳酸氢钠的5%氯化钠水溶液：称取1g碳酸氢钠溶于100mL 5%氯化钠溶液中。

（9）丙酮：分析纯。

（10）石油醚（沸程60～900℃）：分析纯。

（11）石油醚-乙醚（体积比3+1）：量取3体积石油醚与1体积乙醚混合。

（12）苯甲酸（含量99.95%～100.05%）：基准试剂。

（13）苯甲酸标准储备溶液：准确称取苯甲酸（基准试剂）0.1000g，用丙酮溶解并转移至100mL容量瓶中，定容。此溶液浓度为1mg/mL。

（14）苯甲酸标准使用液：准确吸取上述苯甲酸标准储备溶液10.00mL于100mL容量瓶中，以丙酮稀释并定容，此溶液浓度为100μg/mL。

（三）仪器和设备

气相色谱仪（附有氢火焰离子化检测器）；10μL微量注射器；天平（感量0.01g和0.0001g）；150mL具塞锥形瓶；150mL分液漏斗；50mL具塞比色管。

（四）分析步骤

1. 样品前处理

准确称取试样5.00g于具塞锥形瓶中，加入0.01g还原铁粉、约20粒玻璃珠（φ6mm左右）和20mL乙醚，混匀。逐滴加入0.5mL盐酸，回旋摇动，用少量乙醚冲洗锥形瓶内壁，放置至少12h后，摇匀，静置片刻，将上清液经快速滤纸滤入分液漏斗中。用乙醚洗涤锥形瓶内的残渣，每次15mL（工作曲线溶液每次用10mL），共洗三次，上清液一并滤入分液漏斗中。最后用少量乙醚冲洗过滤漏斗和滤纸，滤液合并于分液漏斗中。

向分液漏斗中加入5%氯化钠溶液30mL，回旋摇动30s，防止气体顶出活塞，并注意适时放气。静置分层后，弃去下层水相溶液。重复用氯化钠溶液洗涤一次，弃去下层水相。加入1%碳酸氢钠的5%氯化钠水溶液15mL，回旋摇动2min（切勿剧烈振荡，以免乳化，并注意适时放气）。待静置分层后，将下层碱液放入已预置3～4勺固体氯化钠的50mL比色管中。分液漏斗中的醚层用碱性溶液重复提取一次，合并下层碱液于比色管中。加入0.8mL盐酸（1+1），适当摇动比色管，以充分驱除残存的乙醚和反应产生的二氧化碳气体（室温较低时可将试管置于50℃水浴中加热，以便于驱除乙醚），至确认管内无乙醚的气味为止。加入5.00mL石油醚-乙醚（3+1）混合溶液，充分振摇1min，静置分层。上层醚液即为进行气相色谱分析的测定液。

2. 制作工作曲线

准确吸取苯甲酸标准使用液0mL、1.0mL、2.0mL、3.0mL、4.0mL、5.0mL，置于150mL具塞锥形瓶中，除不加还原铁粉外，其他操作同（四）1。其测定液的最终浓度分别为0kg/mL、20kg/mL、40kg/mL、60kg/mL、80kg/mL、100kg/mL。以微量注射器分别取不同浓度的苯甲酸溶液 2.0μL 注入气相色谱仪，以其苯甲酸峰面积为纵坐标、苯甲酸浓度为横坐标，绘制工作曲线。

3. 测定

(1) 色谱条件　内径 3mm、长 2m 的玻璃柱，填装涂布 5%（质量分数）DEGS＋1% 磷酸固定液的 60～80 目 Chromosorb WAW DMCS。调节载气（氮气）流速，使苯甲酸于 5～10min 出峰。柱温为 180℃，检测器和进样口温度为 250℃。不同型号仪器调整为最佳工作条件。

(2) 进样　用 10μL 微量注射器取 2.0μL 测定液，注入气相色谱仪，取试样的苯甲酸峰面积与工作曲线比较定量。

（五）结果计算

$$X = \frac{c \times 5}{m \times 1000} \times 0.992$$

式中　X——试样中的过氧化苯甲酰含量，g/kg；

　　　c——由工作曲线上查出的试样测定液中相当于苯甲酸溶液的浓度，μg/mL；

　　　m——试样的质量，g；

　　　5——试样提取液的体积，mL；

　0.992——由苯甲酸换算成过氧化苯甲酰的换算系数。

（六）精密度

取双试验测定算术平均值的 2 位有效数字。双试验测定结果的差值不得大于平均值的 15%。

十八、小麦面粉中汞含量的检验（原子荧光光谱分析法）

（一）原理

试样经酸加热消解后，在酸性介质中，试样中汞被硼氢化钾（KBH_4）或硼氢化钠（$NaBH_4$）还原成原子态汞，由载气（氩气）带入原子化器中。在特制汞空心阴极灯照射下，基态汞原子被激发至高能态，在去活化回到基态时，发射出特征波长的荧光，其荧光强度与汞含量成正比，与标准系列比较定量。此法检出限为 0.15μg/kg，标准曲线最佳线性范围 0～60μg/L。

（二）试剂

(1) 硝酸（优级纯）。

(2) 30% 过氧化氢。

(3) 硫酸（优级纯）。

(4) 硫酸＋硝酸＋水（1＋1＋8）　量取 10mL 硝酸和 10mL 硫酸，缓缓倒入 80mL 水中，冷却后小心混匀。

(5) 硝酸溶液（1＋9）　量取 50mL 硝酸，缓缓倒入 450mL 水中，混匀。

(6) 氢氧化钾溶液（5g/L）　称取 5.0g 氢氧化钾，溶于水中，稀释至 1000mL，混匀。

(7) 硼氢化钾溶液（5g/L）　称取 5.0g 硼氢化钾，溶于 5.0g/L 的氢氧化钾溶液中，并稀释至 1000mL，混匀，现用现配。

(8) 汞标准储备溶液　精密称取 0.1354g 干燥过的氯化汞，加硫酸＋硝酸＋水混合酸（1＋1＋8）溶解后移入 100mL 容量瓶中，并稀释至刻度，混匀，此溶液每毫升相当于 1mg 汞。

(9) 汞标准使用溶液　用移液管吸取汞标准储备溶液（1mg/mL）1mL 于 100mL 容量瓶中，用硝酸溶液（1＋9）稀释至刻度，混匀，此溶液浓度为 10μg/mL。再分别吸取 10μg/mL 汞标准储备溶液 1mL 和 5mL 于两个 100mL 容量瓶中，用硝酸溶液（1＋9）稀释至刻度，混匀，溶液浓度分别为 100ng/mL 和 500ng/mL，分别用于测定低浓度试样和高浓度试样，制作标准曲线。

（三）仪器

双道原子荧光光度计；高压消解罐（容量 100mL）；微波消解炉。

（四）分析步骤

1. 试样消解

（1）高压消解法　称取经混匀过 40 目筛的干样 0.2～1.00g，置于聚四氟乙烯塑料内罐中，加 5mL 硝酸，混匀后放置过夜，再加 7mL 过氧化氢，盖上内盖放入不锈钢外套中，旋紧密封。然后将消解器放入普通干燥箱（烘箱）中加热，升温至 120℃后保持恒温 2～3h，至消解完全，自然冷至室温。将消解液用硝酸溶液（1+9）定量转移并定容至 25mL，摇匀。同时做试剂空白试验，待测。

（2）微波消解法　称取 0.10～0.50g 试样于消解罐中加入 1～5mL 硝酸、1～2mL 过氧化氢，盖好安全阀后，将消解罐放入微波炉消解系统中，根据不同种类的试样设置微波炉消解系统的最佳分析条件（见表 3-36），至消解完全，冷却后用硝酸溶液（1+9）定量转移并定容至 25mL（低含量试样可定容至 10mL）混匀待测。

表 3-36　试样微波分析最佳条件

步　骤	1	2	3
功率/%	50	75	90
压力/kPa	343	686	1096
升压时间/min	30	30	30
保压时间/min	5	7	5
排风量/%	100	100	100

2. 标准系列配制

（1）低浓度标准系列　分别吸取 100ng/mL 汞标准使用溶液 0.25mL、0.50mL、1.00mL、2.00mL、2.50mL 于 25mL 容量瓶中，用硝酸溶液（1+9）稀释至刻度，混匀。各自相当于汞浓度 1.00ng/mL、2.00ng/mL、4.00ng/mL、8.00ng/mL、10.00ng/mL。此标准系列适用于一般试样测定。

（2）高浓度标准系列　分别吸取 500ng/mL 汞标准使用溶液 0.25mL、0.50mL、1.00mL、1.50mL、2.00mL 于 25mL 容量瓶中，用硝酸溶液（1+9）稀释至刻度，混匀。各自相当于汞浓度 5.00ng/mL、10.00ng/mL、20.00ng/mL、30.00ng/mL、40.00ng/mL。此标准系列适用于含汞量偏高的试样测定。

3. 测定

（1）仪器参考条件　光电倍增管负高压 240V；汞空心阴极灯电流 30mA。原子化器：温度 300℃，高度 8.0mm。氩气流速：载气 500mL/min，屏蔽气 1000mL/min。测量方式：标准曲线法。读数方式：峰面积。读数延迟时间 1.0s；读数时间 10.0s；硼氢化钾溶液加液时间 8.0s。标液或样液加液体积：2mL。

注：AFS 系列原子荧光仪（如 230、230a、2202、2202a、2201 等仪器）属于全自动或断序流动的仪器，都附有本仪器的操作软件。仪器分析条件应设置本仪器所提示的分析条件，仪器稳定后，测标准系列，至标准曲线的相关系数 $r > 0.999$ 后测试样。试样前处理适用于任何型号的原子荧光仪。

（2）测定方法——浓度测定方式测量　设定好仪器最佳条件，逐步将炉温升至所需温度，稳定 10～20min 后开始测量。连续用硝酸溶液（1+9）进样，待读数稳定之后，转入标准系列测量，绘制标准曲线。转入试样测量，先用硝酸溶液（1+9）进样，使读数基本回零，再分别测定试样空白和试样消化液。测不同的试样前都应清洗进样器。

（五）结果计算

$$X = \frac{(c - c_0)V}{m \times 1000}$$

式中　X——试样中汞的含量，mg/kg 或 mg/L；

　　　c——试样消化液中汞的含量，ng/mL；

　　　c_0——试剂空白液中汞的含量，ng/mL；

　　　V——试样消化液总体积，mL；

　　　m——试样质量或体积，g 或 mL。

计算结果保留三位有效数字。

（六）精密度

在重复性条件下获得的两次独立测定结果的绝对差值不得超过算术平均值的 10%。

十九、小麦面粉中六六六、滴滴涕含量的检验（气相色谱法）

（一）原理

样品中六六六、滴滴涕经提取、净化后用气相色谱法测定，与标准比较定量。电子捕获检测器对于负电极强的化合物具有较高的灵敏度，利用这一特点，可分别测出微量的六六六和滴滴涕。不同异构体和代谢物可同时分别测定。

出峰顺序：α-HCH、γ-HCH、β-HCH、δ-HCH、ρ,ρ'-DDE、o,ρ'-DDT、ρ,ρ'-DDD、ρ,ρ'-DDT。

（二）试剂

使用的试剂一般系分析纯，有机溶剂需经重蒸馏。

（1）丙酮。

（2）正己烷。

（3）石油醚：沸程 30~60℃。

（4）苯。

（5）硫酸。

（6）无水硫酸钠。

（7）硫酸钠溶液（20g/L）。

（8）六六六、滴滴涕标准溶液　精密称取 α-HCH、γ-HCH、β-HCH、δ-HCH、ρ,ρ'-DDE、o,ρ'-DDT、ρ,ρ'-DDD 和 ρ,ρ'-DDT 各 10.0mg 溶于苯，分别移入 100mL 容量瓶中，加苯至刻度，混匀，每毫升含农药 100.0mg，作为储备液存于冰箱中。

（9）六六六、滴滴涕标准使用液　将上述标准储备液以己烷稀释至刻度。α-HCH、γ-HCH 和 δ-HCH 的浓度为 0.005mg/L，β-HCH 和 ρ,ρ'-DDE 的浓度为 0.01mg/L，o,ρ'-DDT 的浓度为 0.05mg/L，ρ,ρ'-DDD 的浓度为 0.02mg/L，ρ,ρ'-DDT 的浓度为 0.1mg/L。

（三）仪器

小型粉碎机；小型绞肉机；组织捣碎机；电动振荡器；旋转浓缩蒸发器；吹氮浓缩器。

气相色谱仪：具有电子捕获检测器（ECD）。

（四）分析步骤

1. 提取

称取具有代表性的样品 2g，加石油醚 20mL，振荡 30min，过滤，浓缩，定容至 5mL，加 0.5mL 浓硫酸净化，振摇 0.5min，于 3000r/min 离心 15min。取上清液进行 GC 分析。

2. 填充柱气相色谱条件　色谱柱：内径 3~4mm，长 1.2~2m 的玻璃柱，内装涂以 1.5% OV-17 和 2% QF-1 的混合固定液的 80~100 目硅藻土。载气：高纯氮，流速 110mL/min。柱温 185℃。检测器温度 225℃。进样口温度 195℃。进样量为 1~10μL。外标法定量。

3. 色谱图（见图 3-13）。

（五）结果计算

电子捕获检测器的线性范围窄，为了便于定量，选择样品进样量使之适合各组分的线性范围。根据样品中六六六、滴滴涕存在形式，相应制备各组分的标准曲线，从而计算出其在样品中的含量：

$$X = \frac{A_1}{A_2} \times \frac{m_1}{m_2} \times \frac{V_1}{V_2}$$

式中　X——样品中六六六、滴滴涕及其异构体或代谢物的单一成分含量，mg/kg；

　　　A_1——被测定用样液中各组分峰值（峰高或面积）；

　　　A_2——各农药组分标准的峰值（峰高或面积）；

　　　m_1——单一农药标准溶液的含量，ng；

　　　m_2——被测定试样的取样量，g；

　　　V_1——被测定试样的稀释体积，mL；

　　　V_2——被测定试样的进样体积，μL。

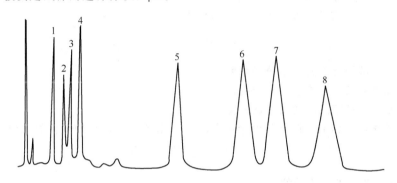

图 3-13　8 种农药的色谱图

出峰顺序：1、2、3、4 分别为 α-HCH、β-HCH、γ-HCH、δ-HCH；5、6、7、8 分别为 ρ,ρ'-DDE、o,ρ'-DDT、ρ,ρ'-DDD、ρ,ρ'-DDT

（六）精密度

在重复性条件下获得的两次独立测定结果的绝对差值不得超过算术平均值的 15%。

二十、小麦面粉中黄曲霉毒素 B_1 含量的检验

（一）原理

样品中黄曲霉毒素 B_1 经提取、浓缩、薄层分离后，在波长 365nm 紫外光下产生蓝紫色荧光，根据其在薄层上显示荧光的最低检出量来测定含量。薄层板上黄曲霉毒素 B_1 的最低检出量为 0.0004μg，最低检出浓度为 5μg/kg。

（二）试剂

（1）三氯甲烷。

（2）正己烷或五油醚（沸程 30~60℃或 60~90℃）。

（3）甲醇。

（4）苯。

（5）乙腈。

（6）无水乙醚或乙醚经无水硫酸钠脱水。

（7）丙酮。

以上试剂在试验时先进行一次试剂空白试验，如不干扰测定即可使用，否则需逐一进行重蒸。

（8）硅胶 G：薄层色谱用。

（9）三氟乙酸。

(10) 无水硫酸钠。

(11) 氯化钠。

(12) 苯-乙腈混合液：量取 98mL 苯，加 2mL 乙腈，混匀。

(13) 甲醇水溶液：55：45。

(14) 黄曲霉毒素 B_1 标准溶液

① 仪器校正 测定重铬酸钾溶液的摩尔消光系数，以求出使用仪器的校正因素。准确称取 25mg 经干燥的重铬酸钾（基准级），用硫酸（0.5＋1000）溶解后并准确稀释至 200mL，相当于 $c(K_2Cr_2O_7)＝0.0004mol/L$。再吸取 25mL 此稀释液于 50mL 容量瓶中，加硫酸（0.5＋1000）稀释至刻度，相当于 0.0002mol/L 溶液。再吸取 25mL 此稀释液于 50mL 容量瓶中，加硫酸（0.5＋1000）稀释至刻度，相当于 0.0001mol/L 溶液。用 1cm 石英杯，在最大吸收峰的波长（接近 350 nm 处）用硫酸（0.5＋1000）作空白，测得以上三种不同浓度溶液的吸光度，并按下式计算出以上三种浓度溶液的摩尔消光系数的平均值：

$$E=\frac{A}{c}$$

式中 E——重铬酸钾溶液的摩尔消光系数；

A——测得重铬酸钾溶液的吸光度；

c——重铬酸钾溶液的物质的量浓度。

再以此平均值与重铬酸钾的摩尔消光系数值 3160 比较，即求出使用仪器的校正因素：

$$f=\frac{3160}{E}$$

式中 f——使用仪器的校正因素；

E——测得的重铬酸钾摩尔消光系数平均值。

若 $f>0.95$ 或 $f<1.05$，则使用仪器的校正因素可略而不计。

② 黄曲霉毒素 B_1 标准溶液的制备 准确称取 1～1.2mg 黄曲霉毒素 B_1 标准品，先加入 2mL 乙腈溶解后，再用苯稀释至 100mL，避光，置于 4℃ 冰箱保存。该标准溶液约为 $10\mu g/mL$。用紫外分光光度计测此标准溶液的最大吸收峰的波长及该波长的吸光度值。

$$X_1=\frac{AMf\times1000}{E}$$

式中 X_1——黄曲霉毒素 B_1 标准溶液的浓度，$\mu g/mL$；

A——测得的吸光度值；

f——使用仪器的校正因素；

M——黄曲霉毒素 B_1 的摩尔质量（312g/mol）；

E——黄曲霉毒素 B_1 在苯-乙腈混合液中的摩尔消光系数 $[19800L/(mol \cdot cm)]$。

根据计算，用苯-乙腈混合液调到标准溶液浓度 $10.0\mu g/mL$，并用分光光度计核对其浓度。

③ 纯度的测定 取 $5\mu L$ $10\mu g/mL$ 黄曲霉毒素 B_1 标准溶液，滴加于涂层厚度 0.25mm 的硅胶 G 薄层板上，用甲醇-三氯甲烷（4＋96）与丙酮-三氯甲烷（8＋92）展开剂展开，在紫外灯下观察荧光的产生，必须符合以下条件：

a. 在展开后，只有单一的荧光点，无其他杂质荧光点。

b. 原点上没有任何残留的荧光物质。

(15) 黄曲霉毒素 B_1 标准使用液 准确吸取 1mL 标准溶液（$10\mu g/mL$）于 10mL 容量瓶中，加苯-乙腈混合液至刻度，混匀。此溶液每毫升相当于 $1.0\mu g$ 黄曲霉毒素 B_1。吸取 1.0mL 此稀释液，置于 5mL 容量瓶中，加苯-乙腈混合液稀释至刻度，此溶液每毫升相当于 $0.2\mu g$ 黄曲霉毒素 B_1。再吸取黄曲霉毒素 B_1 标准溶液（$0.2\mu g/mL$）1.0mL 置于 5mL 容量瓶中，加苯-乙腈混合液稀释至刻度，此溶液每毫升相当于 $0.04\mu g$ 黄曲霉毒素 B_1。

（16）次氯酸钠溶液（消毒用）　取 100g 漂白粉，加入 500mL 水，搅拌均匀。另将 80g 工业用碳酸钠（$Na_2CO_3 \cdot 10H_2O$）溶于 500mL 温水中，再将两液混合、搅拌，澄清后过滤。此滤液含次氯酸浓度约为 25g/L。若用漂粉精制备，则碳酸钠的量可以加倍。所得溶液的浓度约为 50g/L。污染的玻璃仪器用 10g/L 次氯酸钠溶液浸泡半天或用 50g/L 次氯酸钠溶液浸泡片刻后，即可达到去毒效果。

（三）仪器

（1）小型粉碎机。

（2）样筛。

（3）电动振荡器。

（4）全玻璃浓缩器。

（5）玻璃板：5cm×20cm。

（6）薄层板涂布器。

（7）展开槽：内长 25cm、宽 6cm、高 4cm。

（8）紫外灯：100～125W，带有波长 365nm 的滤光片。

（9）微量注射器或血色素吸管。

（四）分析步骤

1. 取样

样品中若混有污染黄曲霉毒素含量高的霉粒，一粒就可以左右测定结果，而且有毒霉粒的比例小，分布不均匀，为避免取样带来的误差，必须大量取样，并将该大量样品粉碎，混合均匀，才有可能得到确能代表一批样品的相对可靠的结果。因此，采样应注意以下几点：

（1）根据规定采取有代表性样品。

（2）对局部发霉变质的样品检验时，应单独取样。

（3）小麦粉样品全部通过 20 目筛，混匀。必要时，每批样品可采取 3 份大样作样品制备及分析测定用，以观察所采样品是否具有一定的代表性。

2. 提取

称取 20.00g 过筛样品，置于 250mL 具塞锥形瓶中，加 30mL 正己烷或石油醚和 100mL 甲醇水溶液，在瓶塞上涂一层水，盖严防漏。振荡 30min，静置片刻，以叠成折叠式的快速定性滤纸过滤于分液漏斗中，待下层甲醇水溶液分清后，放出甲醇水溶液于另一具塞锥形瓶内。取 20.00mL 甲醇水溶液（相当于 4g 样品）置于另一 125mL 分液漏斗中，加 20mL 三氯甲烷，振摇 2min，静置分层，如出现乳化现象可滴加甲醇促使分层。放出三氯甲烷层，经盛有约 10g 预先用三氯甲烷湿润的无水硫酸钠的定量慢速滤纸过滤于 50mL 蒸发皿中，再加 5mL 三氯甲烷于分液漏斗中，重复振摇提取，三氯甲烷层一并滤于蒸发皿中，最后用少量三氯甲烷洗过滤器，洗液并于蒸发皿中。将蒸发皿放在通风柜中于 65℃ 水浴上通风挥干，然后放在冰盒上冷却 2～3min 后，准确加入 1mL 苯-乙腈混合液（或将三氯甲烷用浓缩蒸馏器减压吹气蒸干后，准确加入 1mL 苯-乙腈混合液）。用带橡皮头的滴管的管尖将残渣充分混合，若有苯的结晶析出，将蒸发皿从冰盒上取出，继续溶解、混合，晶体即消失，再用此滴管吸取上清液转移于 2mL 具塞试管中。

3. 测定

（1）单向展开法

① 薄层板的制备　称取约 3g 硅胶 G，加相当于硅胶量 2～3 倍左右的水，用力研磨 1～2min 至成糊状后立即倒于涂布器内，推成 5cm×20cm，厚度约 0.25mm 的薄层板三块。在空气中干燥约 15min 后，在 100℃ 活化 2h，取出，放干燥器中保存。一般可保存 2～3d，若放置时间较长，可再活化后使用。

② 点样　将薄层板边缘附着的吸附剂刮净，在距薄层板下端 3cm 的基线上用微量注射器或

血色素吸管滴加样液。一块板可滴加 4 个点，点距边缘和点间距约为 1cm，点直径约 3mm。在同一板上滴加点的大小应一致，滴加时可用吹风机用冷风边吹边加。滴加样式如下：

第一点：10μL 黄曲霉毒素 B₁ 标准使用液（0.04μg/mL）。

第二点：20μL 样液。

第三点：20μL 样液＋10μL 0.04μg/mL 黄曲霉毒素 B₁ 标准使用液。

第四点：20μL 样液＋10μL 0.2μg/mL 黄曲霉毒素 B₁ 标准使用液。

③ 展开与观察　在展开槽内加 10mL 无水乙醚，预展 12cm，取出挥干。再于另一展开槽内加 10mL 丙酮-三氯甲烷（8＋92），展开 10～12cm，取出。在紫外光下观察结果，方法如下：

a. 由于样液点上加滴黄曲霉毒素 B₁ 标准使用液，可使黄曲霉毒素 B₁ 标准点与样液中的黄曲霉毒素 B₁ 荧光点重叠。如样液为阴性，薄层板上的第三点中黄曲霉毒素 B₁ 为 0.0004μg，可用作检查在样液内黄曲霉毒素 B₁ 最低检出量是否正常出现；如为阳性，则起定性作用。薄层板上的第四点中黄曲霉毒素 B₁ 为 0.002μg，主要起定位作用。

b. 若第二点在与黄曲霉毒素 B₁ 标准点的相应位置上无蓝紫色荧光点，表示样品中黄曲霉毒素 B₁ 含量在 5μg/kg 以下；如在相应位置上有蓝紫色荧光点，则需进行确证试验。

④ 确证试验　为了证实薄层板上样液荧光系由黄曲霉毒素 B₁ 产生的，加滴三氟乙酸，产生黄曲霉毒素 B₁ 的衍生物，展开后此衍生物的比移值在 0.1 左右。于薄层板左边依次滴加两个点：

第一点——10μL 0.04μg/mL 黄曲霉毒素 B₁ 标准使用液。

第二点——20μL 样液。

于以上两点各加一小滴三氟乙酸盖于其上，反应 5min 后，用吹风机吹热风 2min 后，使热风吹到薄层板上的温度不高于 40℃。

再于薄层板上滴加以下两个点：

第三点——10μL 0.04μg/mL 黄曲霉毒素 B₁ 标准使用液。

第四点——20μL 样液。

再展开（同③），在紫外灯下观察样液是否产生与黄曲霉毒素 B₁ 标准点相同的衍生物。未加三氟乙酸的三、四两点，可依次作为样液与标准的衍生物空白对照。

⑤ 稀释定量　样液中的黄曲霉毒素 B₁ 荧光点的荧光强度如与黄曲霉毒素 B₁ 标准点的最低检出量（0.004μg）的荧光强度一致，则样品中黄曲霉毒素 B₁ 含量即为 5μg/kg。如样液中荧光强度比最低检出量强，则根据其强度估计减少滴加量或将样液稀释后再滴加不同量，直至样液点的荧光强度与最低检出量的荧光强度一致为止。滴加式样如下：

第一点——10μL 黄曲霉毒素 B₁ 标准使用液（0.04μg/mL）。

第二点——根据情况滴加 10μL 样液。

第三点——根据情况滴加 15μL 样液。

第四点——根据情况滴加 20μL 样液。

⑥ 计算

$$X_2 = 0.0004 \times \frac{V_1 D}{V_2} \times \frac{1000}{m}$$

式中　X_2——样品中黄曲霉毒素 B₁ 的含量，μg/kg；

V_1——加入苯-乙腈混合液的体积，mL；

V_2——出现最低荧光时而加样液的体积，mL；

D——样液的总稀释倍数；

m——加入苯-乙腈混合液溶解时相当样品的质量，g；

0.0004——黄曲霉毒素 B₁ 的最低检出量，μg。

结果表述：报告测定值的整数位。

（2）双向展开法　如用单向展开法展开后，薄层色谱由于杂质干扰掩盖了黄曲霉毒素 B₁ 的荧光强度，需采用双向展开法。薄层板先用无水乙醚作横向展开，将干扰的杂质展至样液点的一边而黄曲霉毒素 B_1 不动，然后再用丙酮、三氯甲烷（8＋92）作纵向展开，样品在黄曲霉毒素 B_1 相应处的杂质底色大量减少，因而提高了方法灵敏度。如用双向展开中滴加两点法展开仍有杂质干扰时，则可改用滴加一点法。

① 滴加两点法

a. 点样：取薄层板三块，在距下端 3cm 基线上滴加黄曲霉毒素 B_1 标准使用液与样液。即在三块板的距左边缘 0.8～1cm 处各滴加 $10\mu L$ 黄曲霉毒素 B_1 标准使用液（$0.04\mu g/mL$），在距左边缘 2.8～3cm 处各滴加 $20\mu L$ 样液，然后在第二块板的样液点上加滴 $10\mu L$ $0.04\mu g/mL$ 黄曲霉毒素 B_1 标准使用液，在第三块板的样液点上加滴 $10\mu L$ $0.2\mu g/mL$ 黄曲霉毒素 B_1 标准使用液。

b. 展开

ⅰ. 横向展开　在展开槽内的长边置一玻璃支架，加 10mL 无水乙醇，将上述点好的薄层板靠标准点的长边置于展开槽内展开，展至板端后，取出挥干，或根据情况需要时可再重复展开 1～2 次。

ⅱ. 纵向展开　挥干的薄层板以丙酮-三氯甲烷（8＋92）展开至 10～12cm 为止。丙酮-三氯甲烷的比例根据不同条件自行调节。

c. 观察及评定结果

ⅰ. 在紫外灯下观察第一、二板，若第二板的第二点在黄曲霉毒素 B_1 标准点的相应处出现最低检出量，而第一板在与第二板的相同位置上未出现荧光点，则样品中黄曲霉毒素 B_1 含量在 $5\mu g/kg$ 以下。

ⅱ. 若第一板在与第二板的相同位置上出现荧光点，则将第一板与第三板比较，看第三板上第二点与第一板上第二点的相同位置上的荧光点是否与黄曲霉毒素 B_1 标准点重叠，如果重叠，再进行确证试验。在具体测定中，第一、二、三板可以同时做，也可按照顺序做。如按顺序做，当在第一板出现阴性时，第三板可以省略，如第一板为阳性，则第二板可以省略，直接做第三板。

d. 确证试验　另取薄层板两块，于第四、五两板距左边缘 0.8～1cm 处各滴加 $10\mu L$ 黄曲霉毒素 B_1 标准使用液（$0.04\mu g/mL$）及 1 小滴三氟乙酸；在距左边缘 2.8～3cm 处，于第四板滴加 $20\mu L$ 样液及 1 小滴三氟乙酸；于第五板滴加 $20\mu L$ 样液、$10\mu L$ 黄曲霉毒素 B_1 标准使用液（$0.04\mu g/mL$）及 1 小滴三氟乙酸。反应 5min 后，用吹风机吹热风 2min，使热风吹到薄层板上的温度不高于 40℃，再用双向展开法展开后，观察样液是否产生与黄曲霉毒素 B_1 标准点重叠的衍生物。观察时，可将第一板作为样液的衍生物空白板。如样液黄曲霉毒素 B_1 含量高时，则将样液稀释后，按（1）④做确证试验。

e. 稀释定量　如样液黄曲霉毒素 B_1 含量高时按（1）⑤稀释定量操作。如黄曲霉毒素 B_1 含量低，稀释倍数小，在定量的纵向展开板上仍有杂质干扰，影响结果的判断，可将样液再做双向展开法测定，以确定含量。

f. 计算　同（1）⑥。

② 滴加一点法

a. 点样　取薄层板三块，在距下端 3cm 基线上滴加黄曲霉毒素 B_1 标准使用液与样液。即在三块板距左边缘 0.8～1cm 处各滴加 $20\mu L$ 样液，在第二板的点上加滴 $10\mu L$ 黄曲霉毒素 B_1 标准使用液（$0.04\mu g/mL$），在第三板的点上加滴 $10\mu L$ 黄曲霉毒素 B_1 标准溶液（$0.2\mu g/mL$）。

b. 展开　同①b 的横向展开与纵向展开。

c. 观察及评定结果　在紫外灯下观察第一、二板，如第二板出现最低检出量的黄曲霉毒素 B_1 标准点，而第一板与其相同位置上未出现荧光点，则样品中黄曲霉毒素 B_1 含量在 $5\mu g/kg$ 以下。如第一板在与第二板黄曲霉毒素 B_1 相同位置上出现荧光点，则将第一板与第三板比较，看第三板上与第一板相同位置的荧光点是否与黄曲霉毒素 B_1 标准点重叠，如果重叠，再进行以下确证试验。

d. 确证试验 另取两板，于距左边缘 0.8～1cm 处，第四板滴加 20μL 样液、1 滴三氟乙酸；第五板滴加 20μL 样液、10μL 0.04μg/mL 黄曲霉毒素 B_1 标准使用液及 1 滴三氟乙酸，产生衍生物及展开方法同①d。再将以上二板在紫外灯下观察，以确定样液点是否产生与黄曲霉毒素 B_1 标准点重叠的衍生物，观察时可将第一板作为样液的衍生物空白板。经过以上确证试验确定为阳性后，再进行稀释定量，如黄曲霉毒素 B_1 含量低，不需稀释或稀释倍数小，杂质荧光仍有严重干扰，可根据样液中黄曲霉毒素 B_1 荧光的强弱，直接用双向展开法定量。

e. 计算 同（1）⑥。

二十一、小麦面粉中铅含量的检验

参见模块三，任务九，第二节，八。

二十二、小麦面粉中无机砷含量的检验（氢化物原子荧光光度法）

（一）原理

小麦面粉中的砷可能以不同的化学形式存在，包括无机砷和有机砷。在 6mol/L 盐酸水浴条件下，无机砷以氢化物形式被提取，实现无机砷和有机砷的分离。在 2mol/L 盐酸条件下测定总无机砷。原子荧光光谱分析法检出限：固体试样 0.04mg/kg。

（二）试剂

（1）盐酸溶液（1+1） 量取 250mL 盐酸，慢慢倒入 250mL 水中，混匀。

（2）氢氧化钾溶液（2g/L） 称取氢氧化钾 2g 溶于水中，稀释至 1000mL。

（3）硼氢化钾溶液（7g/L） 称取硼氢化钾 3.5g 溶于 500mL 2g/L 氢氧化钾溶液中。

（4）碘化钾（100g/L）硫脲混合溶液（50g/L） 称取碘化钾 10g、硫脲 5g 溶于水中，并稀释至 100mL 混匀。

（5）三价砷（As^{3+}）标准液 准确称取三氧化二砷 0.1320g，加 100g/L 氢氧化钾 1mL 和少量亚沸蒸馏水，溶解，转入 100mL 容量瓶中定容。此标准溶液含三价砷（As^{3+}）1mg/mL。使用时用水逐级稀释至标准使用液浓度为三价砷（As^{3+}）1μg/mL。冰箱保存可使用 7d。

（三）仪器

玻璃仪器使用前经 15% 硝酸浸泡 24h。

（1）原子荧光光度计。

（2）恒温水浴锅。

（四）分析步骤

1. 试样处理

称取经粉碎过 80 目筛的干样 2.50g（称样量依据试样含量酌情增减）于 25mL 具塞刻度试管中，加盐酸（1+1）溶液 20mL，混匀。置于 60℃ 水浴锅 18h，其间多次振摇，使试样充分浸提。取出冷却，脱脂棉过滤，取 4mL 滤液于 10mL 容量瓶中，加碘化钾-硫脲混合溶液 1mL，正辛醇（消泡剂）8 滴，加水定容。放置 10min 后测试样中无机砷。如混浊，再次过滤后测定。同时做试剂空白试验。

注：试样浸提冷却后，过滤前用盐酸（1+1）溶液定容至 25mL。

2. 仪器参考操作条件

光电倍增管（PMT）负高压 340V；砷空心阴极灯电流 40mA；原子化器高度 9mm；载气流速 600mL/min。读数延迟时间 2s；读数时间 12s。读数方式：峰面积。标液或试样加入体积：0.5mL。

3. 标准系列

无机砷测定标准系列：分别准确吸取 1μg/mL 三价砷（As^{3+}）标准使用液 0mL、0.05mL、

0.1mL、0.25mL、0.5mL、1.0mL 于 10mL 容量瓶中，分别加盐酸（1+1）溶液 4mL、碘化钾-硫脲混合溶液 1mL、正辛醇 8 滴，定容［各相当于三价砷（As^{3+}）浓度 0ng/mL、5.0ng/mL、10.0ng/mL、25.0ng/mL、50.0ng/mL、100.0ng/mL］。

（五）结果计算

$$X = \frac{(c_1 - c_2)F}{m \times 1000}$$

式中　X——试样中无机砷含量，mg/kg 或 mg/L；

　　　c_1——试样测定液中无机砷浓度，ng/mL；

　　　c_2——试剂空白浓度，ng/mL；

　　　m——试样质量或体积，g 或 mL；

　　　F——系数，对于小麦粉，$F = 10mL \times 25mL/4mL$。

二十三、小麦面粉中磷含量的测定

（一）原理

小麦面粉中的有机物经酸破坏以后，磷在酸性条件下与钼酸铵结合生成磷钼酸铵。用氯化亚锡-硫酸肼还原磷钼酸铁成蓝色化合物——钼蓝。蓝色强度与磷含量成正比，可进行比色定量。

（二）试剂

（1）硝酸。

（2）硫酸：相对密度 1.84。

（3）高氯酸。

（4）15%硫酸溶液　取 15mL 硫酸，加入到 80mL 水中，混匀。放冷以后用水稀释至 100mL。

（5）5%硫酸溶液　取 5mL 硫酸，加入到 90mL 水中，混匀。放冷以后用水稀释至 100mL。

（6）3%硫酸溶液　取 3mL 硫酸，加入到 90mL 水中，混匀。放冷以后用水稀释至 100mL。

（7）钼酸铵溶液　称取 5g 钼酸铵用 15%硫酸稀释至 100mL。

（8）氯化亚锡-硫酸肼混合液　称取 0.1g 氯化亚锡、0.2g 硫酸肼，加 3%硫酸溶液并用其稀释至 100mL。此溶液置棕色瓶中，于冰箱内至少可保存 1 个月。

（9）磷标准储备液　精确称取在 105℃干燥至恒重的磷酸二氢钾（优级纯）0.4394g，用水溶解于 100mL 容量瓶中，并加水至刻度，混匀。此溶液每毫升含 1mg 磷。置聚乙烯瓶内，于冰箱中保存。

（10）磷标准使用液　准确吸取磷标准储备液 1.00mL 于 100mL 容量瓶中，用水稀释至刻度，混匀（此溶液每毫升含 10μg 磷）。

（三）仪器

分光光度计。

（四）操作方法

1. 样品处理

称取均匀干样 0.1～0.5g，湿样 5g 左右于 100mL 锥形瓶中，加硝酸 15mL、高氯酸 2mL、硫酸 2mL，混匀。于电热板或电炉上小火加热消化，瓶中液体开始变棕黑色时，不断沿瓶壁补加硝酸至有机质分解完全，加大火力，至消化液发出浓密的白烟，溶液澄明或微带黄色。消化液放冷，加水 20mL。放冷以后转移至 100mL 容量瓶中，用水多次洗涤锥形瓶，合并洗液于容量瓶中，加水至刻度，混匀，作为样品测定溶液。

取与消化样品同量的硝酸、高氯酸、硫酸，按同一方法制备试剂空白溶液。

2. 标准曲线绘制

取磷标准使用液 0mL、0.2mL、0.4mL、0.6mL、0.8mL、1.0mL（相当于磷 0μg、2μg、

$4\mu g$、$6\mu g$、$8\mu g$、$10\mu g$），分别置于25mL比色管中，各加水约15mL、5%（体积分数）硫酸溶液2.5mL、钼酸铵溶液2mL、氯化亚锡-硫酸肼混合液0.5mL，各管均补加水至25mL，混匀。在室温放置20min以后，用2cm比色杯，在660nm波长处，以零管作参比，在分光光度计上分别测定其吸光度，以吸光度对磷含量绘制标准曲线。

3. 样品测定

准确吸取样品测定溶液1～2mL及同量的试剂空白液，分别置于25mL比色管中，各加水约15mL、5%硫酸溶液2.5mL、钼酸铵溶液2mL、氯化亚锡-硫酸肼混合液0.5mL。各管均补加水至25mL，混匀。在室温放置20min以后，用2cm比色杯，在660nm波长处，用水作参比，在分光光度计上分别测定其吸光度。

以各标准显色液中磷的质量为横坐标、测得各标准显色液的吸光度为纵坐标，绘制标准曲线。根据空白溶液和各样品显色液的吸光度，从标准曲线上查得空白液和各样品显色液中磷的质量。

（五）计算

$$磷含量(mg/100g) = \frac{(m_1 - m_0) \times 10^{-3} \times \frac{100}{V}}{m} \times 100$$

式中 m_1——由标准曲线上查得样品显色液中磷的质量，μg；

$\quad\quad m_0$——由标准曲线上查得空白溶液中磷的质量，μg；

$\quad\quad m$——样品质量，g；

$\quad\quad V$——测定用样品溶液的体积，mL。

（六）精密度

平行测定两次，两次测定的结果之差不得超过平均值的10%。

二十四、小麦面粉中淀粉含量的测定（酸水解法）

（一）原理

小麦面粉经除去脂肪及可溶性糖类后，用酸将淀粉水解为具有还原性的单糖，然后按还原糖测定法测定还原糖量，再折算为淀粉含量。

（二）试剂

乙醚、85%（体积分数）乙醇、400g/L氢氧化钠、100g/L氢氧化钠、2g/L甲基红指示剂、200g/L醋酸铅溶液、100g/L硫酸钠溶液、6mol/L盐酸。

碱性酒石酸甲液：称取15g硫酸铜（$CuSO_4 \cdot 5H_2O$）及0.05g亚甲基蓝，溶于水中并稀释至1000mL。

碱性酒石酸乙液：称取50g酒石酸钾钠及75g氢氧化钠，溶于水中，再加入4g亚铁氰化钾，完全溶解后，用水稀释至1000mL，贮存于橡胶塞玻璃瓶中。

（三）操作步骤

称取40目筛（孔径为0.45mm）的面粉样品2～5g，置于放有慢速滤纸的漏斗中，用150mL 85%（体积分数）乙醇分数次洗涤残渣，以除去可溶性糖类。以100mL水洗涤漏斗中残渣，并转移至250mL锥形瓶中。向上述250mL锥形瓶中加入30mL 6mol/L盐酸，装好冷凝管，于沸水浴中回流2h，回流完毕后，立即置于流水中冷却，待样品水解液冷却后，加入2滴甲基红指示剂，先用400g/L氢氧化钠调至黄色，再用6mol/L盐酸调至刚好变为红色。若水解液颜色较深，可用精密试纸测试，使样品水解液pH值约为7。加入20mL 200g/L醋酸铅溶液，摇匀放置10min，以除去蛋白质、单宁、有机酸、果胶及其他胶体，再加20mL 100g/L硫酸钠溶液，以除去过多的铅，摇匀后用蒸馏水转移至500mL容量瓶中，定容。过滤、弃去初滤液，收集滤液供测定用。吸取标定好的碱性酒石酸铜甲液及乙液各5.00mL，置于250mL锥形瓶中，加水

10mL，加玻璃珠3粒，使其在2min内加热至沸。趁沸以先快后慢的速度从滴定管中滴加样品液，始终保持溶液的沸腾状态，待溶液颜色变浅时，以0.5滴/s的速度滴定，直至溶液蓝色刚好褪去为终点。记录样品溶液消耗体积（预测体积）。吸取碱性酒石酸铜甲液及乙液各5.00mL，置于250mL锥形瓶中，加水10mL，加玻璃珠3粒，从滴定管中加入比预测体积少1mL的样品液，使其在2min内加热至沸。趁沸以0.5滴/s的速度滴定，直至溶液蓝色刚好褪去为终点。记录样品溶液消耗体积。同法平行操作3次，得出平均消耗体积。同时吸取50mL水，按同一方法做试剂的空白试验。

（四）计算

淀粉质量分数的计算公式：

$$w = \frac{(m_1 - m_2) \times 0.9}{m \times \frac{V}{500} \times 1000} \times 100\%$$

式中　w——淀粉质量分数，%；

m_1——样品水解液中还原糖的质量，mg；

m_2——空白液中还原糖的质量，mg；

m——样品质量，g；

V——测定用样品水解液的体积，mL；

500——样品液的总体积，mL；

0.9——还原糖换算为淀粉的系数。

（五）精密度

在重复性条件下获得的两次独立测定结果的绝对差值不得超过算术平均值的10%。

二十五、小麦面粉中粗纤维素的测定

（一）原理

利用纤维素不溶于稀酸、稀碱和通常的有机溶剂，以及其对氧化剂相当稳定的性质，经酸、碱、醇和醚相继处理。酸将淀粉、果胶及部分半纤维素水解除去，碱可溶解除去蛋白质、脂肪、部分半纤维素和木质素。乙醇和乙醚可去除树脂、单宁、色素、戊糖、剩余的脂肪、蜡质及一部分蛋白质。最后所得的残渣，减去灰分即为"粗纤维素"（由于其中还含有少量的半纤维素和木质素等，故称为粗纤维素）。

（二）试剂

（1）95%乙醇。

（2）乙醚。

（3）石蕊试纸。

（4）酸洗石棉　先用1.25%碱液洗至中性，再用乙醇和乙醚先后洗三次，待乙醚挥发净后备用。

（5）1.25%（0.255mol/L）硫酸溶液　用移液管量取相对密度1.84的浓硫酸3.5mL，注入500mL水中，经标定后，调至准确浓度。

（6）1.25%（0.3125mol/L）氢氧化钠溶液　取7.0g氢氧化钠溶解于500mL水中，经标定后，调至准确浓度。

（三）仪器和用具

500mL烧杯；古氏坩埚（30mL，用石棉铺垫后，在600℃温度下灼烧30min）；玻璃棉吸滤管（直径1cm）；250mL量筒；500mL平底烧瓶；500mL容量瓶；5mL移液管；吸滤瓶、抽气泵；万用电炉、高温炉；电热恒温箱；备有变色硅胶的干燥器；冷凝管等。

（四）操作方法

1. 称取试样

称取粉碎试样 2～3g 倒入 500mL 烧杯中。

2. 酸液处理

向装有试样的烧杯中加入事先在回流装置下煮沸的 1.25% 硫酸溶液 200mL，从外面标记烧杯中的液面高度。盖上表面皿，置于电炉上，在 1min 内煮沸，再继续慢慢煮沸 30min（在煮沸过程中，要加沸水保持液面高度，经常转动烧杯），取下烧杯待沉淀下降后，用玻璃棉抽滤管吸去上层清液，吸净后立即加入 100～150mL 沸水洗涤沉淀，再吸去清液，用沸水如此洗涤至沉淀，用石蕊试纸试验呈中性为止。

3. 碱液处理

将抽滤管中的玻璃棉并入沉淀中，加入事先在回流装置下煮沸的 1.25% 碱液 200mL，按照酸液处理法加热微沸 30min，取下烧杯，使沉淀下降后，趁热用处理到恒重的古氏坩埚抽滤，用沸水将沉淀无损失地转入坩埚中，洗至中性。

4. 乙醇和乙醚处理

沉淀，先用热至 50～60℃ 的乙醇 20～25mL 分 3～4 次洗涤，然后用乙醚 20～25mL 分 3～4 次洗涤，最后抽净乙醚。

5. 烘干与灼烧

古氏坩埚和沉淀，先在 105℃ 温度下烘至恒重，然后送入 600℃ 高温炉中灼烧 30min。取出冷却，称重，再烧 20min，灼烧至恒重为止。

（五）结果计算

粗纤维素干基含量按下式计算：

$$w = \frac{m_1 - m_2}{m} \times 100\%$$

式中　w——粗纤维素干基含量，%；

　　　m——试样质量，g；

　　　m_1——坩埚与沉淀烘后质量，g；

　　　m_2——坩埚与沉淀灼烧后质量，g。

（六）精密度

双试验结果允许差不超过平均值的 1%，取平均值作为测定结果。测定结果取小数点后 1 位。

任务十一　糕点的检验

> **实训目标**
> 1. 掌握糕点制品的基本知识。
> 2. 掌握糕点制品的常规检验项目及相关标准。
> 3. 掌握糕点制品的检验方法。

第一节　糕点制品基本知识

糕点制品包括以粮、油、糖、蛋等为主要原料，添加适量辅料，并经调制、成型、熟制、包装等工序制成的食品，如月饼、面包、蛋糕等。包括：烘烤类糕点（酥类、松酥类、松脆类、酥层类、酥皮类、松酥皮类、糖浆皮类、硬酥类、水油皮类、发酵类、烤蛋糕类、烘糕类等）；油炸类糕点（酥皮类、水油皮类、松酥类、酥层类、水调类、发酵类、上糖浆类等）；蒸煮类糕点（蒸蛋糕类、印模糕类、切糕类、发糕类、松糕类、粽子类、糕团类、水油皮类等）；熟粉类糕点（冷调韧糕类、热调韧糕类、印模糕类、片糕类等）等。

一、糕点制品的加工工艺

原辅料处理→调粉→发酵→成型→熟制（烘烤、油炸、蒸制或水煮）
　　　　　　　　　　　　　　　　　　　　　↓
　　　　　　　　　　包装←冷却

二、糕点制品容易出现的质量安全问题

（1）微生物指标超标　熟制的温度、时间控制不当；生产设备的定期清洗不彻底造成残留物质变质、霉变等；生产车间卫生条件不满足糕点生产的要求，人员操作不卫生等原因造成产品的污染。

（2）油脂酸败（酸价、过氧化值超标等）　已酸败的油脂原料投入生产；生产过程中工艺控制不当；贮存条件不合理造成油脂酸败。

（3）食品添加剂超量、超范围使用　防腐剂、甜味剂、人工色素等未按标准要求使用。

三、糕点制品生产的关键控制环节

原辅料、食品添加剂的使用等。

四、糕点制品生产企业必备的出厂检验设备

天平（0.1g）；分析天平（0.1mg）；干燥箱；灭菌锅；无菌室或超净工作台；微生物培养箱；生物显微镜。

五、糕点制品的检验项目和标准

糕点制品的相关标准见表3-37。

表 3-37　糕点制品的相关标准

国 家 标 准	行 业 标 准
糕点、面包卫生标准 GB 7099	蛋糕通用技术条件 GB/T 20977
食品中污染物限量 GB 2762	片糕通用技术条件 GB/T 20977
月饼 GB/T 19855	桃酥通用技术条件 GB/T 20977

国 家 标 准	行 业 标 准
糕点、面包卫生标准 GB 7099 食品中污染物限量 GB 2762 月饼 GB/T 19855	烘烤类糕点通用技术条件 GB/T 20977
	油炸类糕点通用技术条件 GB/T 20977
	水蒸类糕点通用技术条件 GB/T 20977
	熟粉类糕点通用技术条件 GB/T 20977
	糕点检验规则、包装、标志、运输及贮存 GB/T 20977
	粽子 SB/T 10377
	裱花蛋糕 SB/T 10329
	《面包》GB/T 20981
	《月饼馅料》GB/T 21270
	备案的现行企业标准

糕点制品的检验项目见表 3-38。

表 3-38　糕点制品质量检验项目

序号	检验项目	发证	监督	出厂	检验标准	备注
1	外观和感官	√	√	√	GB 7099	
2	净含量	√	√	√	JJF 1070	
3	水分或干燥失重	√	√	√	GB 5009.3	
4	总糖	√	√	*	GB/T 20977	面包不检此项
5	脂肪	√	√	*	GB/T 5009.6	水蒸类、面包、蛋糕类、熟粉类、片糕、非肉馅粽子、无馅类粽子、混合类粽子不检此项
6	蛋白质	√	√	*	GB 5009.5	适用于蛋糕、果仁类广式月饼、肉与肉制品类广式月饼、水产类广式月饼、果仁类、果仁类苏式月饼、肉与肉制品类苏式月饼、肉馅粽子
7	馅料含量	√	√	√	GB/T 19855	适用于月饼
8	装饰料占蛋糕总质量的比率	√	√	*	SB/T 10329	适用于裱花蛋糕
9	比容	√	√	*	GB/T 20981	适用于面包
10	酸度	√	√	*	GB/T 20981	适用于面包
11	酸价	√	√	*	GB/T 5009.56	
12	过氧化值	√	√	*	GB/T 5009.56	
13	总砷	√	√	*	GB 5009.11	
14	铅	√	√	*	GB 5009.12	
15	黄曲霉毒素 B_1	√	√	*	GB 5009.22	
16.	防腐剂:山梨酸、苯甲酸、丙酸钙(钠)	√	√	*	GB/T 5009.29	月饼加测脱氢乙酸; 面包加测溴酸钾

序号	检验项目	发证	监督	出厂	检验标准	备注
17	甜味剂:糖精钠、甜蜜素	√	√	*	GB/T 5009.28 GB/T 5009.97	
18	色素:胭脂红、苋菜红、柠檬黄、日落黄、亮蓝	√	√	*	GB/T 5009.35	根据色泽选择测定
19	铝	√	√	*	GB/T 5009.182	
20	细菌总数	√	√	√	GB/T 4789.24	
21	大肠菌群	√	√	√	GB/T 4789.24	
22	致病菌	√	√	*	GB/T 4789.24	
23	霉菌计数	√	√	*	GB/T 4789.24	
24	商业无菌	√	√	*	GB 4789.26	只适用于真空包装类粽子
25	标签	√	√		GB 7718	

注：1. 企业出厂检验项目中有"√"标记的，为常规检验项目。

2. 企业出厂检验项目中有"*"标记的，企业应当每年检验两次。

第二节　糕点制品检验项目

一、糕点外观、感官检验及净含量检验

1. 外观、感官检验方法

取两块以上试样切开后观察其色泽、气味、滋味及组织状态是否正常，应具有糕点、面包各自的正常色泽、气味、滋味及组织状态，不得有酸败、发霉等异味，食品内外不得有霉变、生虫及其他外来异物。

2. 净含量检验方法

去除外包装，用感量为 0.1g 的天平称量后，与标准规定对照。

二、糕点水分的测定

参见模块一，项目一。

三、糕点中脂肪的测定

参见模块一，项目四。

四、糕点中总糖的测定（斐林容量法）

（一）原理

斐林溶液甲、乙液混合时，生成的酒石酸钾钠铜被还原性的单糖还原，生成红色的氧化亚铜沉淀。达到终点时，稍微过量的还原性单糖将蓝色的亚甲基蓝染色体还原为无色的隐色体而显出氧化亚铜的鲜红色。

（二）试剂

（1）斐林溶液

① 斐林溶液甲液　称取 69.3g 化学纯硫酸铜，加蒸馏水溶解，配成 1000mL。

② 斐林溶液乙液　称取 346g 化学纯酒石酸钾钠和 100g 氢氧化钠，加蒸馏水溶解，配成 1000mL。

③ 斐林溶液的标定　在分析天平上精确称取经烘干冷却的分析纯葡萄糖 0.4g，用蒸馏水溶

解并转入 250mL 容量瓶中，加水至刻度，摇匀备用。

准确取斐林溶液甲、乙液各 2.5mL，放入 150mL 锥形瓶中，加蒸馏水 20mL，置电炉上加热至沸，用配好的葡萄糖溶液滴定至溶液变红色时，加入亚甲基蓝指示剂 1 滴，继续滴定至蓝色消失显鲜红色为终点。正式滴定时，先加入比预试时少 0.5～1mL 的葡萄糖溶液，置电炉上煮沸 2min，加亚甲基蓝指示剂 1 滴，继续用葡萄糖溶液滴定至终点，按下式计算其浓度：

$$A = \frac{mV}{250}$$

式中　A ——5mL 斐林溶液甲、乙液相当于葡萄糖的质量，g；

　　　m ——葡萄糖的质量，g；

　　　V ——滴定时消耗葡萄糖溶液的体积，mL。

（2）1% 亚甲基蓝指示剂。

（3）20% 氢氧化钠溶液。

（4）6mol/L 盐酸。

（三）仪器

锥形瓶（150mL、250mL）；容量瓶（250mL）；滴定管（25mL）；烧杯（100mL）；离心机（0～4000r/min）；天平（感量 0.001g，最大称量 200g）；电炉（300W）。

（四）操作方法

在天平上准确称取样品 1.5～2.5g，放入 100mL 烧杯中，用 50mL 蒸馏水浸泡 30min（浸泡时多次搅拌）。转入离心试管，用 20mL 蒸馏水冲洗烧杯，洗液一并转入离心试管中。置离心机上以 3000r/min 离心 10min，上层清液经快速滤纸滤入 250mL 锥形瓶，用 30mL 蒸馏水分 2～3 次冲洗原烧杯，然后转入离心试管搅洗样渣，再以 3000r/min 离心 10min，上清液经滤纸滤入 250mL 锥形瓶。浸泡后的试样溶液也可直接用快速滤纸过滤（必要时加沉淀剂）。在滤液中加 6mol/L 盐酸 10mL，置 70℃ 水浴中水解 10min。取出迅速冷却后加酚酞指示剂 1 滴，用 20% 氢氧化钠溶液中和至溶液呈微红色，转入 250mL 容量瓶，加水至刻度，摇匀备用。

用标定斐林溶液甲、乙液的方法［（二）（1）③］，测定样品中总糖。

（五）计算

$$X（以葡萄糖计）= \frac{A}{W \times \dfrac{V}{250}} \times 100\%$$

式中　X ——总糖含量（以葡萄糖计），%；

　　　A ——5mL 斐林溶液甲、乙液相当于葡萄糖的质量，g；

　　　W ——样品质量，g；

　　　V ——滴定时消耗样品溶液的量，mL。

平行测定两个结果间的差值不得大于 0.4%。

五、糕点中蛋白质的测定

参见模块一，项目六。

六、糕点中酸价的测定

（一）原理

植物油中的游离脂肪酸用氢氧化钾标准溶液滴定，每克植物油消耗氢氧化钾的质量（mg），称为酸价。

（二）试剂

（1）乙醚-乙醇混合液：按乙醚-乙醇（2＋1）混合。用氢氧化钾溶液（3g/L）中和至酚酞指示液呈中性。

（2）氢氧化钾标准滴定溶液（$c=0.050\text{mol/L}$）。

（3）酚酞指示液：10g/L 乙醇溶液。

（三）分析步骤

1. 取样方法

称取 0.5kg 含油脂较多的试样，面包、饼干等含脂肪少的试样取 1.0kg，然后用对角线取 2/4 或 2/6，或根据试样情况取有代表性试样，在玻璃研钵中研碎，混合均匀后放置于广口瓶内保存在冰箱中。

2. 试样处理

（1）油脂含量高的试样　如桃酥等。称取混合均匀的试样 50g，置于 250mL 具塞锥形瓶中，加 50mL 石油醚（沸程 30～60℃），放置过夜，用快速滤纸过滤后，减压回收溶剂，得到油脂供测定酸价、过氧化值用。

（2）油脂含量中等的试样　如蛋糕、江米条等。称取混合均匀后的试样 100g 左右，置于 500mL 具塞锥形瓶中，加 100～200mL 石油醚，以下按（1）自"放置过夜"起依法操作。

（3）油脂含量少的试样　如面包、饼干等。称取混合均匀后的试样 250～300g 于 500mL 具塞锥形瓶中，加入适量石油醚浸泡试样，以下按（1）自"放置过夜"起依法操作。

3. 酸价的测定

称取 3.00～5.00g 经（三）2 处理过的试样，置于锥形瓶中，加入 50mL 中性乙醚-乙醇混合液，振摇使油溶解，必要时可置热水中，温热促其溶解。冷至室温，加入酚酞指示液 2～3 滴，以氢氧化钾标准滴定溶液（0.050mol/L）滴定，至初现微红色，且 0.5min 内不褪色为终点。

（四）结果计算

试样的酸价按下式进行计算：

$$X=\frac{Vc\times56.11}{m}$$

式中　X——试样的酸价（以氢氧化钾计），mg/g；

V——试样消耗氢氧化钾标准滴定溶液体积，mL；

c——氢氧化钾标准滴定液的实际浓度，mol/L；

m——试样质量，g；

56.11——与 1.0mL 氢氧化钾标准滴定溶液 [$c(\text{KOH})=1.000\text{mol/L}$] 相当的氢氧化钾质量，mg/mmol。

计算结果保留两位有效数字。

（五）精密度

在重复性条件下获得的两次独立测定结果的绝对差值不得超过算术平均值的 10%。

七、糕点中过氧化值的测定

（一）原理

油脂氧化过程中产生过氧化物，与碘化钾作用，生成游离碘，以硫代硫酸钠溶液滴定，计算含量。

（二）试剂

（1）饱和碘化钾溶液　称取 14g 碘化钾，加 10mL 水溶解，必要时微热使其溶解，冷却后储于棕色瓶中。

（2）三氯甲烷-冰醋酸混合液　量取 40mL 三氯甲烷，加 60mL 冰醋酸，混匀。

（3）硫代硫酸钠标准滴定溶液 [$c(\text{Na}_2\text{S}_2\text{O}_3)=0.0020\text{mol/L}$]。

（4）淀粉指示剂（10g/L）　称取可溶性淀粉 0.50g，加少许水，调成糊状，倒入 50mL 沸水中调匀，煮沸。临用时现配。

（三）分析步骤

1. 取样方法

见本节六（三）1。

2. 试样处理

见本节六（三）2。

3. 过氧化值的测定

称取 2.00～3.00g 经（三）2 处理过的试样，置于 250mL 碘瓶中，加 30mL 三氯甲烷-冰醋酸混合液，使试样完全溶解。加入 1.00mL 饱和碘化钾溶液，紧密塞好瓶盖，并轻轻振摇 0.5min，然后在暗处放置 3min。取出加 100mL 水，摇匀，立即用硫代硫酸钠标准滴定溶液（0.0020mol/L）滴定，至淡黄色时，加 1mL 淀粉指示液，继续滴定至蓝色消失为终点。取相同量三氯甲烷-冰醋酸溶液、碘化钾溶液、水，按同一方法，做试剂空白试验。

（四）计算结果

试样的过氧化值按下式进行计算：

$$X = \frac{(V_1 - V_2)c \times 0.1269}{m} \times 100$$

式中　X——试样的过氧化值，g/100g；

　　　V_1——试样消耗硫代硫酸钠标准滴定溶液体积，mL；

　　　V_2——试剂空白消耗硫代硫酸钠标准滴定溶液体积，mL；

　　　c——硫代硫酸钠标准滴定溶液的浓度，mol/L；

　　　m——试样质量，g；

　0.1269——与 1.00mL 硫代硫酸钠标准滴定溶液 $[c(Na_2S_2O_3) = 1.000mol/L]$ 相当的碘的质量，g/mmol。

计算结果保留两位有效数字。

（五）精密度

在重复性条件下获得的两次独立测定结果的绝对差值不得超过算术平均值的 10％。

八、面包酸度的测定

（一）原理

食品中的有机酸（弱酸）用标准碱液滴定时，被中和生成盐类。用酚酞作指示剂，当滴定到终点（pH8.2，指示剂显红色）时，根据消耗的标准碱液体积，计算出样品总酸的含量。面包的酸度用中和 100g 面包样品所需 0.1mol/L NaOH 溶液的量表示。

（二）试剂和仪器

氢氧化钠（0.1mol/L）；酚酞指示液（1％乙醇溶液）；碱式滴定管。

（三）分析步骤

精确称取面包芯 25g，加入无二氧化碳蒸馏水 60mL，用玻璃棒捣碎，移入 250mL 容量瓶中，定容至刻度，摇匀。静置 10min，用纱布或滤纸过滤。取滤液 25mL 移入 125mL 或 200mL 锥形瓶中，加入 2～3 滴酚酞指示液，用 0.1mol/L 氢氧化钠标准溶液滴定至显粉红色 1min 不消失为止。

（四）计算

$$T = \frac{\dfrac{c}{0.1} \times V}{W \times \dfrac{25}{250}} \times 100$$

式中　T——酸度，T°；

c——氢氧化钠标准溶液的浓度，mol/L；

V——消耗 0.1mol/L 氢氧化钠溶液的体积，mL；

W——样品质量，g。

（五）允许差

两次分析结果值之差应小于 0.1°T。

九、面包比容的测定

（一）仪器

天平（感量 0.1g）；面包体积测定仪（见图 3-14）。

（二）测定步骤

（1）将待测面包称重（精确至 0.1g）。

（2）选择适当体积的面包模块（与待测面包体积相仿），放入体积仪底箱中，盖好，从体积仪顶端放入填充物，至标尺零线。盖好顶盖后反复颠倒几次，消除死角空隙，调整填充物加入量至标尺零线。

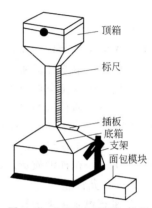

图 3-14 MTJ-1 型面包体积
测定仪示意图

（3）取出面包模块，放入待测面包。拉开插板使填充物自然落下。在标尺上读出填充物的刻度 V_1。

（4）取出面包，再读出刻度尺上填充物刻度 V_2。

（三）计算

$$P = \frac{V_1 - V_2}{W}$$

式中 P——面包比容，mL/g；

V_1——放入面包，标尺上填充物刻度，mL；

V_2——取出面包，标尺上填充物刻度，mL；

W——面包重量，g。

（四）允许差

两次测定值之差应小于 0.1mL/g。

十、面包、面粉中溴酸钾的测定

（一）原理

溴酸钾与碘化钾在酸性溶液中反应析出碘后，用硫代硫酸钠标准滴定溶液进行滴定。其反应式如下：

$$BrO_3^- + 6I^- + 6H^+ \Longrightarrow 3I_2 + 3H_2O + Br^-$$

$$I_2 + 2S_2O_3^{2-} \Longrightarrow S_4O_6^{2-} + 2I^-$$

（二）试剂

（1）碘化钾。

（2）盐酸：（1+1）溶液。

（3）硫代硫酸钠标准滴定溶液 [$c(Na_2S_2O_3) = 0.01mol/L$]。

（4）0.5%淀粉溶液：称取 0.5g 可溶性淀粉，加沸水 100mL，边搅拌边煮沸 3min，冷却备用。

（三）仪器

抽滤设备；振荡器；天平。

（四）分析步骤

（1）称取面包或面粉均匀试样 5g，在 250mL 具塞锥形瓶中加入 50mL 水，于振荡器上振荡 0.5h。

（2）将振荡后的样品抽滤，加少量水洗涤，滤液转入 250mL 碘量瓶中。

（3）加碘化钾 3g，再加盐酸溶液（1+1）6mL，摇匀，加水封口并于暗处放置 5min 后，加 10℃以下的水 100mL，用 0.01mol/L 硫代硫酸钠标准溶液滴定，接近终点时，加淀粉溶液 1mL，继续滴定至蓝色消失，记录所消耗硫代硫酸钠体积 V_1，同时做空白实验。

（五）计算

$$X = \frac{c(V_1 - V_0) \times 0.02783}{m} \times 1000$$

式中　X——溴酸钾的含量，g/kg；

$\quad\quad V_1$——滴定样品所消耗的硫代硫酸钠标准滴定溶液的体积，mL；

$\quad\quad V_0$——滴定空白所消耗的硫代硫酸钠标准滴定溶液的体积，mL；

$\quad\quad c$——硫代硫酸钠标准滴定溶液的实际浓度，mol/L；

0.02783——与 1.00mL 硫代硫酸钠标准滴定溶液 $[c(\text{Na}_2\text{S}_2\text{O}_3) = 1.000\text{mol/L}]$ 相当的溴酸钾的质量，g/mmol；

$\quad\quad m$——试样的质量，g。

（六）允许差

取平行测定结果的算术平均值为测定结果，平行测定结果的绝对差值不大于 0.3%。

十一、月饼中脱氢乙酸的测定

（一）原理

试样酸化后，脱氢乙酸用乙醚提取，浓缩，用附氢火焰离子化检测器的气相色谱仪进行分离测定，与标准系列比较定量。

（二）试剂

（1）乙醚：重蒸。

（2）丙酮：重蒸。

（3）无水硫酸钠。

（4）饱和氯化钠溶液。

（5）10g/L 碳酸氢钠溶液。

（6）10%（体积分数）硫酸。

（7）脱氢乙酸标准溶液　精密称取脱氢乙酸标准品 50mg，加丙酮溶于 50mL 容量瓶中，用丙酮分别稀释至每毫升相当于 100μg、200μg、300μg、400μg、500μg、800μg 脱氢乙酸。

（三）仪器

气相色谱仪（具有氢火焰离子化检测器）；K-D 浓缩器。

（四）分析步骤

1. 提取

称取 5g 事先均匀的试样于 100mL 具塞试管中，加 10mL 饱和氯化钠溶液，用硫酸调节成酸性，用 50mL、30mL、30mL 乙醚提取三次（提取时不要剧烈振荡以防乳化）。用吸管转移乙醚于 250mL 分液漏斗中，用 10mL 饱和氯化钠溶液洗涤一次，弃去水层，用 50mL、50mL 碳酸氢钠溶液提取两次，每次 2min。水层转移至另一分液漏斗，用硫酸调节成酸性，加入氯化钠至饱和，用 50mL、30mL、30mL 乙醚提取三次，合并乙醚层于 250mL 分液漏斗中，用滤纸去除漏斗颈部水分，塞上脱脂棉，加 10g 无水硫酸钠，室温下放置 30min。在 50℃水浴 K-D 浓缩器上浓缩至近干，吹氮除去残留溶剂，用丙酮定容后供色谱测定。

2. 色谱条件

（1）色谱柱：玻璃柱，内径 3mm，长 2.0m 内涂 5% DEGS+1%磷酸（H_3PO_4）固定液的 60~80 目 Chromosorb WAW DMCS。

（2）仪器条件：柱温 165℃；进样口、检测器温度 220℃。

（3）气流条件：氢气 50mL/min；空气 500mL/min；氮气 40mL/min。

3. 测定

进样 $2\mu L$ 标准系列中各浓度标准使用液于色谱仪中，测定不同浓度脱氢乙酸的峰高，以浓度为横坐标、峰高为纵坐标绘制标准曲线。同时进样 $2\mu L$ 试样溶液，测定峰高，与标准曲线比较定量。

（五）结果计算

$$X = \frac{AV}{m \times 1000}$$

式中　X ——试样中脱氢乙酸含量，g/kg；

　　　A ——$2\mu L$ 待测试样中脱氢乙酸浓度，$\mu g/mL$；

　　　V ——待测试样定容后体积，mL；

　　　m ——试样质量，g。

计算结果保留两位有效数字。

（六）精密度

在重复性条件下获得的两次独立测定结果的绝对差值不得超过算术平均值的 10%。

十二、糕点中丙酸钙、丙酸钠的测定

（一）原理

试样酸化后，丙酸盐转化为丙酸，经水蒸气蒸馏，收集后直接进气相色谱，用氢火焰离子化检测器检测，与标准系列比较定量。

（二）试剂

（1）磷酸溶液：取 10mL 磷酸（85%）加水至 100mL。

（2）甲酸溶液：取 1mL 甲酸（99%）加水至 50mL。

（3）硅油。

（4）丙酸标准溶液

① 标准储备液（10mg/mL）：准确称取 250mg 丙酸于 25mL 容量瓶中，加水至刻度。

② 标准使用液：将储备液用水稀释成 $10\sim250\mu g/mL$ 的标准系列。

（三）仪器

气相色谱仪［具有氢火焰离子化检测器（FID）］；水蒸气蒸馏装置。

（四）分析步骤

1. 提取

准确称取 30g 事先均匀化的试样（面包、糕点试样需在室温下风干，磨碎），置于 500mL 蒸馏瓶中，加入 100mL 水，再用 50mL 水冲洗容器，转移到蒸馏瓶中，加 10mL 磷酸溶液、2~3 滴硅油，进行水蒸气蒸馏。将 250mL 容量瓶置于冰浴中作为吸收液装置，待蒸馏约 250mL 时取出，在室温下放置 30min，加水至刻度，吸取 10mL 该溶液于试管中，加入 0.5mL 甲酸溶液，混匀，供色谱测定用。

2. 色谱条件

（1）色谱柱：玻璃柱，内径 3mm，长 1m，内装 80~100 目 PorapakQS。

（2）仪器条件：柱温 180℃；进样口、检测器温度 220℃。

（3）气流条件：氮气 50mL/min；氢气 50mL/min；空气 500mL/min。

3. 测定

取标准系列中各种浓度的标准使用液 10mL，加 0.5mL 甲酸溶液，混匀。取 $5\mu L$ 进气相色谱，测定不同浓度丙酸的峰高，根据浓度和峰高绘制标准曲线。同时进试样溶液，根据试样的峰高与标准曲线比较定量。

（五）结果计算

$$X = \frac{A \times 250}{m \times 1000}$$

式中　X——试样中丙酸含量，g/kg；

　　　A——待测定液中丙酸含量，μg/mL；

　　　m——试样质量，g。

$$丙酸钠含量 = 丙酸含量 \times 1.2967$$
$$丙酸钙含量 = 丙酸含量 \times 1.2569$$

计算结果保留两位有效数字。

（六）精密度

在重复性条件下获得的两次独立测定结果的绝对差值不得超过算术平均值的10%。

十三、面制食品中铝的测定

（一）原理

试样经处理后，三价铝离子在乙酸-乙酸钠缓冲介质中，与铬天青S及溴化十六烷基三甲胺反应形成蓝色三元络合物，于640nm波长处测定吸光度并与标准比较定量。

（二）试剂

（1）硝酸

（2）高氯酸。

（3）硫酸。

（4）盐酸。

（5）6mol/L盐酸　量取50mL盐酸，加水稀释至100mL。

（6）1%（体积分数）硫酸溶液。

（7）硝酸-高氯酸（5+1）混合液。

（8）乙酸-乙酸钠溶液　称取34g乙酸钠（NaAc·3H$_2$O）溶于450mL水中，加2.6mL冰醋酸，调pH至5.5，用水稀释至500mL。

（9）0.5g/L铬天青S（chrome azurol S）溶液　称取50mg铬天青S，用水溶解并稀释至100mL。

（10）0.2g/L溴化十六烷基三甲胺溶液　称取20mg溴化十六烷基三甲胺，用水溶解并稀释至100mL。必要时加热助溶。

（11）10g/L抗坏血酸溶液　称取1.0g抗坏血酸，用水溶解并定容至100mL。临用时现配。

（12）铝标准储备液　精密称取1.0000g金属铝（纯度99.99%），加50mL 6mol/L盐酸溶液，加热溶解，冷却后，移入1000mL容量瓶中，用水稀释至刻度。该溶液每毫升相当于1mg铝。

（13）铝标准使用液　吸取1.00mL铝标准储备液，置于100mL容量瓶中，用水稀释至刻度，再从中吸取5.00mL于50mL容量瓶中，用水稀释至刻度。该溶液每毫升相当于1μg铝。

（三）仪器

分光光度计；食品粉碎机；电热板。

（四）操作

1. 试样处理

将试样（不包括夹心、夹馅部分）粉碎均匀，取约30g置85℃烘箱中干燥4h，称取1.000～2.000g，置于100mL锥形瓶中，加数粒玻璃珠，加10～15mL硝酸-高氯酸（5+1）混合液，盖好玻片盖，放置过夜。置电热板上缓缓加热至消化液无色透明，并出现大量高氯酸烟雾，取下锥形瓶，加入 0.5mL 硫酸，不加玻片盖，再置电热板上适当升高温度加热除去高氯酸。加 10～15mL 水，加热至沸，取下放冷后用水定容至 50mL。如果试样稀释倍数不同，应保证试样溶液中含 1% 硫酸。同时做两个试剂空白。

2.测定

吸取 0.0mL、0.5mL、1.0mL、2.0mL、3.0mL、4.0mL、6.0mL 铝标准使用液（相当于含铝 0μg、0.5μg、1.0μg、2.0μg、3.0μg、4.0μg、6.0μg）分别置于 25mL 比色管中，依次向各管中加入 1mL 硫酸溶液。吸取 1.0mL 消化好的试样液，置于 25mL 比色管中。向标准管、试样管、试剂空白管中依次加入 8.0mL 乙酸-乙酸钠缓冲液、1.0mL 10g/L 抗坏血酸溶液，混匀，加 2.0mL 0.2g/L 溴化十六烷基三甲胺溶液，混匀，再加 2.0mL 0.5g/L 铬天青 S 溶液，摇匀后，用水稀释至刻度。室温放置 20min 后，用 1cm 比色杯，于分光光度计上，以零管调零点，于 640nm 波长处测其吸光度，绘制标准曲线比较定量。

（五）结果计算

$$X = \frac{A_1 - A_2}{m \dfrac{V_2}{V_1}}$$

式中　X——试样中铝的含量，mg/kg；

　　　A_1——测定用试样液中铝的质量，μg；

　　　A_2——试剂空白液中铝的质量，μg；

　　　m——试样质量，g；

　　　V_1——试样消化液总体积，mL；

　　　V_2——测定用试样消化液体积，mL。

计算结果表示到小数点后一位。

（六）精密度

在重复性条件下获得的两次独立测定结果的绝对差值不得超过算术平均值的 10%。

十四、糕点中菌落总数的测定

参见模块二，项目一。

十五、糕点中大肠菌群的测定

参见模块二，项目二。

十六、糕点中霉菌计数测定

参见模块三，任务十三，第二节，十五。

任务十二　饼干的检验

实训目标
1. 掌握饼干制品的基本知识。
2. 掌握饼干制品的常规检验项目及相关标准。
3. 掌握饼干制品的检验方法。

第一节　饼干制品基本知识

饼干制品包括以小麦粉、糖、油脂等为主要原料，加入疏松剂和其他辅料，按照一定工艺加工制成的各种饼干，如：酥性饼干、韧性饼干、发酵饼干、薄脆饼干、曲奇饼干、夹心饼干、威化饼干、蛋圆饼干、蛋卷、粘花饼干、水泡饼干。

一、饼干的加工工艺

配粉和面→成型→烘烤→包装

二、饼干容易出现的质量安全问题

（1）食品添加剂超范围和超量使用。

（2）残留物质变质、霉变等。

（3）水分和微生物超标。

三、饼干生产的关键控制环节

配粉，烤制，灭菌。

四、饼干制品生产企业必备的出厂检验设备

分析天平（0.1mg）、干燥箱、灭菌锅、无菌室或超净工作台、微生物培养箱、生物显微镜。

五、饼干制品的检验项目和标准

饼干制品的相关标准包括：GB 7100《食品安全国家标准饼干》；GB/T 20980《饼干》；备案有效的企业标准。

饼干制品的检验项目见表3-39。

表3-39　饼干的质量检验项目

序号	检验项目	发证	监督	出厂	检验标准	备　注
1	感官	√	√	√	GB/T 20980	
2	净含量	√	√	√	JJF 1070	
3	水分	√	√	√	GB 5009.3	
4	碱度	√	√		GB/T 20980	酥性、韧性、薄脆、曲奇、夹心、威化、蛋圆、粘花、水泡饼干、蛋卷检此项目
5	酸度	√	√		GB/T 12456	发酵、薄脆、夹心饼干、蛋卷检此项目
6	脂肪	√	√		GB/T 5009.6	曲奇饼干检此项目
7	酸价	√	√	*	GB/T 5009.37	

续表

序号	检验项目	发证	监督	出厂	检验标准	备　注
8	总砷	√	√	*	GB 5009.11	
9	铅	√	√	*	GB 5009.12	
10	过氧化值	√	√	*	GB 5009.37	
11	食品添加剂:甜蜜素、糖精钠	√	√	*	GB/T 5009.97 GB/T 5009.28	
12	细菌总数	√	√	√	GB/T 4789.24	
13	大肠菌群	√	√	√	GB/T 4789.24	
14	致病菌	√	√	*	GB/T 4789.24	
15	霉菌计数	√	√	*	GB/T 4789.24	
16	标签	√	√		GB 7718	

注：1. 企业出厂检验项目中有"√"标记的，为常规检验项目。

2. 企业出厂检验项目中有"＊"标记的，企业应当每年检验两次。

第二节　饼干制品检验项目

一、饼干的感官检验及净含量检验

(一) 感官检验方法

(1) 色泽、形态、组织：取 20 块样品平放在桌面上，在自然光下观察。

(2) 口感、滋味：用水漱口后品尝。

(3) 气味：嗅样品的气味。

(4) 感官要求：应具有各种饼干正常的色泽，不得有霉变及其他外来污染物，不得有酸败、油哈等异味。

(二) 净含量检验方法

(1) 每袋（盒）净重不大于 500g 的样品，用感量为 1g（最大称量 1000g）的托盘天平称量。

(2) 每袋（盒、箱）净重 501～5000g 的样品，用感量为 5g（最大称量 6000g）的案秤称量。

(3) 每袋（箱）净重大于 5000g 的样品，用最大称量为 50000g 的台秤称量。

二、饼干水分的测定

参见模块一，项目一。

三、饼干酸度的测定

参见模块一，项目三。

四、饼干碱度的测定

(一) 原理

饼干中的碱度主要来自于添加的疏松剂碳酸氢钠等，根据酸碱中和的原理，采用酸碱滴定进行测定。

(二) 试剂

(1) 盐酸标准溶液（0.05mol/L）。

(2) 甲基橙指示液（0.1%）　称取甲基橙 0.1g 溶于 70℃ 的蒸馏水中，冷却，稀释至 100mL。

（三）仪器

酸式滴定管：25mL。

（四）分析步骤

1. 试样的制备

取有代表性的饼干样品至少 200g，置于研钵或组织捣碎机中，加入与试样等量的水，研碎或捣碎，混匀。

2. 测定

在分析天平上称取粉碎样品 5g 左右，放于 250mL 锥形瓶中，加蒸馏水 50mL，充分摇荡后，浸渍 30min，加甲基橙指示液 2 滴，用 0.05mol/L 盐酸标准溶液滴定至颜色由橙黄色变为橙红色。记录耗用盐酸标准溶液的体积，同时用蒸馏水做空白试验。

（五）结果计算

饼干的碱度 X 以 100g 试样中所含碳酸钠的质量（g）表示，按下式计算：

$$X = \frac{c(V_1 - V_2) \times 0.053}{m} \times 100$$

式中 X——碱度，g/100g；

V_1——滴定试液时消耗盐酸标准溶液的体积，mL；

V_2——空白试验消耗盐酸标准溶液的体积，mL；

c——盐酸标准溶液的实际浓度，mol/L；

m——样品的质量，g；

0.053——与 1.00mL 盐酸标准溶液相当的碳酸钠的质量，g/mmol。

（六）允许差

同一样品的两次测定值之差，不得超过两次测定平均值的 2%。

五、饼干脂肪的测定

参见模块一，项目四。

六、饼干酸价的测定

参见模块三，任务十一，第二节，六。

七、饼干过氧化值的测定

参见模块三，任务十一，第二节，七。

八、饼干中铅的测定

参见模块三，任务九，第二节，八。

九、饼干中总砷的测定

参见模块三，任务九，第二节，七。

十、饼干中菌落总数测定

参见模块二，项目一。

十一、饼干中大肠菌群的测定

参见模块二，项目二。

十二、饼干中霉菌计数测定

参见模块三，任务十三，第二节，十五。

任务十三　速冻食品的检验

实训目标
1. 掌握速冻食品的基本知识。
2. 掌握速冻食品的常规检验项目及相关标准。
3. 掌握速冻食品的检验方法。

第一节　速冻食品基本知识

速冻食品就是将新鲜的农产品、畜禽产品和水产品等原料与配料经过加工后，利用速冻装置使其在−30℃低温及其以下进行快速冻结，使食品中心温度在 20～30min 内从−1℃降至−5℃，然后再降到−18℃，并经包装后在−18℃及其以下的条件进行冻藏和流通的方便食品。速冻食品包括速冻面米食品和速冻其他食品。

速冻面米食品是指以面粉、大米、杂粮等粮食为主要原料，也可配以肉、禽、蛋、水产品、蔬菜、果料、糖、油、调味品等为馅（辅）料，经加工成型（或熟制）后，采用速冻工艺加工包装并在冻结条件下贮存、运输及销售的各种面、米制品。根据加工方式，速冻面米食品可分为生制品（即产品冻结前未经加热成熟的产品）、熟制品（即产品冻结前经加热成熟的产品，包括发酵类产品及非发酵类产品）。

速冻其他食品是指除速冻面米食品外，以农产品（包括水果、蔬菜）、畜禽产品、水产品等为主要原料，经相应的加工处理后，采用速冻工艺加工包装并在冻结条件下贮存、运输及销售的食品。速冻其他食品按原料不同可分为速冻肉制品、速冻果蔬制品及速冻其他制品。

一、速冻食品的加工工艺

1. 速冻鱼片

原料鱼 → 冲洗 → 采前处理 → 洗净 → 割片 → 整形 → 挑刺修补 → 冻前检验 → 浸液→装盘

成品←冷藏←包装←包冰衣←速冻←

2. 速冻蔬菜

原料 → 运输 → 整理(去蒂、皮、荚、筋等) → 清洗 → 预处理(加盐等) → 烫漂 → 冷却→滤水

冻藏←定量包装←单体快速冻结←码料←

3. 速冻饺子

称量面粉 → 加水和面 → 放置 → 分割 → 压延制皮→包馅→速冻→包装→冻藏

馅心原料清洗→称量→绞碎→拌馅→

4. 速冻汤圆

馅料处理(清洗、炒熟、绞碎)→制馅→成型→速冻→包装→冻藏

皮料处理(浸泡、磨浆、脱水)→制皮→

5. 速冻鱼香肉丝

原辅料配方→切丝处理→调料制作→速冻→包装冻藏

二、速冻食品容易出现的质量安全问题

（1）速冻食品发生沟流、黏结、夹带等不良流化现象。

（2）冻藏过程中易发生食品变色现象。

（3）速冻食品解冻时易产生汁液流失。

（4）速冻食品在原料、设备、加工过程方面不注意卫生而造成的微生物污染。

（5）冻藏期间食品中脂肪的分解氧化作用。

三、速冻食品生产的关键控制环节

（1）速冻食品冻结速度的控制。

（2）冻藏期间食品温度波动的控制。

（3）食品冷链（冷冻加工、冷冻贮藏、冷藏运输和冷冻销售）的温度控制。

四、速冻食品生产企业必备的出厂检验设备

天平（0.1g）、分析天平（0.1mg）、真空烘箱、滴定装置、无菌室或超净工作台、杀菌锅、微生物培养箱、干燥箱。

五、速冻食品的检验项目和标准

速冻食品的相关标准包括：GB 19295《食品安全国家标准　速冻面米制品》；SB/T 10412《速冻面米食品》；SB/T 10379《速冻调制食品》；GB 8864《速冻菜豆》；GB 8865《速冻豌豆》；SB/T 10165《速冻豇豆》；SB/T 10027—1992《速冻黄瓜》；SB/T 10028《速冻甜椒》；SN/T 0795《出口速冻方便食品检验规程》。

速冻食品的检验项目见表3-40、表3-41。

表 3-40　速冻米面食品质量检验项目及检验标准

序号	检验项目	发证	监督	出厂	检验标准	备　注
1	净含量偏差	√	√	√	SB/T 10412	
2	感官	√	√	√	SB/T 10412	
3	馅料含量占净含量的百分数	√	√	*	SB/T 10412	适用于含馅类产品
4	水分	√	√	*	GB 5009.3	
5	蛋白质	√	√	*	GB 5009.5	适用于馅料含有畜肉、禽肉、水产品等原料的产品
6	脂肪	√	√	*	GB/T 5009.6	
7	总砷	√	√	*	GB 5009.11	
8	铅	√	√	*	GB 5009.12	
9	酸价	√	√	*	按 GB/T 5009.56 规定提取脂肪。分析按 GB/T 5009.37 中 4.1 规定的方法测定	适用于以动物性食品或坚果类为主要馅料的产品
10	过氧化值	√	√	*	按 GB/T 5009.56 规定提取脂肪。分析按 GB/T 5009.37 中 4.2 规定的方法测定	
11	挥发性盐基氮	√	√	*	GB/T 5009.44	适用于以肉、禽、蛋、水产品为主要馅料制成的生制产品
12	食品添加剂	√	√	*	GB/T 5009.35	视产品具体情况检验着色剂、甜味剂（糖精钠、甜蜜素）
13	黄曲霉毒素 B_1	√	√	*	GB/T 5009.22	
14	菌落总数	√	√	√	GB 4789.2	

续表

序号	检验项目	发证	监督	出厂	检验标准	备 注
15	大肠菌群	√	√	√	GB 4789.3	适用于熟制产品
16	霉菌计数	√	√	*	GB 4789.15	
17	致病菌(沙门菌、志贺菌、金黄色葡萄球菌)	√	√	*	GB 4789.4 GB 4789.5 GB 4789.10	
18	标签	√	√		GB 7718—2004	

注:1. 产品标签内容除 GB 7718 的要求外,还应满足 GB 19295《食品安全国家标准 速冻面米制品》及 SB/T 10412《速冻面米食品》的要求,应标明:速冻、生制或熟制、馅料含量占净含量的百分比。

2. 企业出厂检验项目中有"√"标记的,为常规检验项目。

3. 企业出厂检验项目中有"*"标记的,企业应当每年检验两次。

表 3-41 速冻其他食品质量检验项目及检验标准

序号	检验项目	发证	监督	出厂	检验标准	备 注
1	净含量(净重)	√	√	√		
2	外观及感官	√	√	√		
3	杂质	√	√	√	GB/T 10470	适用于速冻果蔬
4	砷(以 As 计)	√	√	*	GB 5009.11	
5	铅(以 Pb 计)	√	√	*	GB 5009.12	
6	镉(以 Cd 计)	√	√	*	GB 5009.15	
7	汞(以 Hg 计)	√	√	*	GB 5009.17	速冻水产品检甲基汞
8	苯并(α)芘	√	√	*	GB/T 5009.27	适用于烧烤(烟熏)产品
9	酸价(以脂肪计)	√	√	*	按 GB/T 5009.56 规定提取脂肪。分析按 GB/T 5009.37 中 4.1 规定的方法测定	除速冻果蔬产品
10	过氧化值(以脂肪计)	√	√	*	按 GB/T 5009.56 规定提取脂肪。分析按 GB/T 5009.37 中 4.2 规定的方法测定	除速冻果蔬产品
11	挥发性盐基氮	√	√	*	GB/T 5009.44	适用于动物性产品
12	食品添加剂	√	√	*	GB 2760	按 GB 2760 规定,视产品具体情况检验着色剂、甜味剂
13	菌落总数	√	√	√	GB 4789.2	
14	大肠菌群	√	√	√	GB 4789.3	适用于熟制产品
15	霉菌计数	√	√	*	GB 4789.15	适用于熟制产品
16	致病菌	√	√	*	GB 4789.4 GB 4789.5 GB 4789.10	

续表

序号	检验项目	发证	监督	出厂	检验标准	备注
17	企业标准规定的其他检验项目	√	√	*		
18	标签	√	√		GB 7718	

注：1. 产品标签内容除 GB 7718《预包装食品标签通则》的要求外，根据相应产品品种或类别应满足 SB/T 10379《速冻调制食品》、GB 8864《速冻菜豆》、GB 8865《速冻豌豆》、SB/T 10165《速冻豇豆》、SB/T 10027《速冻黄瓜》、SB/T 10028《速冻甜椒》标准的规定，应标明：速冻、生制或熟制。

2. 企业出厂检验项目中有"√"标记的，为常规检验项目。

3. 企业出厂检验项目中有"＊"标记的，企业应当每年检验两次。

第二节 速冻食品检验项目

一、速冻食品的感官检验、净含量检验

1. 感官检验方法

速冻面米食品：取出冻结状态下的以销售包装计样品一件，置于清洁的白瓷盘中，首先目测检查形态、色泽、表面是否结霜，并用刀切开后观察偏芯及组织结构情况，然后将样品按包装上标明的食用方法进行复热或成熟，分别品尝、嗅闻、目测检查其滋味、香气、杂质和破损情况。

2. 净含量检验方法

（1）速冻面米食品净含量及馅料含量占净含量的百分比　除去包装，用最少分度值为 0.1g 的秤，称取净含量并记录，然后将样品置于清洁瓷盘中，用刮刀将馅料全部分离，称取分离出馅料重后，按下式计算：

$$馅料含量占净含量 = \frac{馅料重}{样品重} \times 100\%$$

（2）速冻水果蔬菜净重的测定方法　样品从低温贮存处取出，用干布将包装外的冰霜擦去，立即称重（用灵敏度为 0.25g 的天平），得出样品毛重（G）。打开样品的包装，将内容物取出，用干布擦去包装表面的水，在室温下将包装晾干后称重，得出样品的皮重（T）。

速冻水果蔬菜净重的计算公式如下：

$$W = G - T$$

式中　W——速冻水果蔬菜的净重，g；

　　　G——速冻水果蔬菜的毛重，g；

　　　T——速冻水果蔬菜的皮重，g。

二、速冻水果和蔬菜的矿物杂质测定方法

（一）原理

用漂浮法分离有机物质并用沉积法分离重的杂质，在 600℃高温电阻炉中灼烧沉积物，将所得残留物称量。

（二）试剂

试剂均用分析纯，所用水为蒸馏水或同等纯度的水。

（1）氯化钠：15%（质量分数）溶液。

（2）硝酸银：17g/L 溶液。

（三）仪器

捣碎机；无灰滤纸；坩埚；高温电阻炉（600℃±10℃）；干燥器（带有效干燥剂）；分析天平；烧杯（2000mL）；漏斗。

（四）操作

1. 样品的制备

包装在 500g 以下的样品，取整个包装。将样品置于密闭的器皿中解冻，定量转移至 2000mL 烧杯中。必要时可以将样品捣碎，大于 500g 包装的样品在解冻前取有代表性的样品 500g。

2. 坩埚的制备

将洗净的坩埚移入 600℃±10℃ 高温电阻炉中灼烧 1h，冷至 200℃ 以下后取出，移入干燥器中冷却至室温，称量。重复灼烧至前后两次称量相差不超过 0.0002g 为恒重。

3. 测定

（1）分离　将样品移入 2000mL 烧杯中，加水至刻度，用玻璃棒充分搅拌后，静置约 10min，然后将上层水倾入第二个 2000mL 烧杯中，分别加水于第一、第二烧杯中，混合，搅拌，静置 10min，然后将第二烧杯上层水倾入第三个 2000mL 烧杯中，第一烧杯的上层水倾入第二烧杯中。小心地重复这些操作，将第三烧杯上层液倾入排水槽，直至全部漂浮的果蔬有机物弃去，收集全部沉积物于第一烧杯中。

将温的氯化钠溶液加入沉积物中，使有机杂质漂浮，沉积物沉淀，再用温水充分洗涤沉积物除去氯化钠，以硝酸银溶液检验洗液无氯离子为止，再将沉积物定量地转移至无灰滤纸上。

（2）灰化　将滤纸连同沉积物移入坩埚 [（四）2] 中，在电炉上炭化，至无烟，再移入 600℃±10℃ 高温电阻炉中灼烧 1h，冷至 200℃ 以下后取出，移入干燥器中冷却至室温，称量。重复灼烧至前后两次称量相差不超过 0.0002g 为恒重。

（五）结果计算

$$X = \frac{m_2 - m_1}{m_0} \times 10^6$$

式中　X ——矿物杂质含量，mg/kg；

m_0 ——样品的质量，g；

m_1 ——坩埚的质量，g；

m_2 ——坩埚和矿物杂质的质量，g。

三、速冻食品的水分含量检验

取样品一件，不打开包装自然解冻后制样。然后按照模块一、项目一的方法测定。

四、速冻食品的蛋白质含量检验

参见模块一，项目六。

五、速冻食品的脂肪含量检验

参见模块一，项目四。

六、速冻食品总砷含量检验

参见模块三，任务九，第二节，七。

七、速冻食品的铅含量检验

参见模块三，任务九，第二节，八。

八、速冻食品酸价测定

参见模块三，任务九，第二节，四。

九、速冻食品过氧化值检验

参见模块三，任务九，第二节，六。

十、速冻食品挥发性盐基氮检验

(一) 原理

挥发性盐基氮是指动物性食品由于酶和细菌的作用，在腐败过程中，使蛋白质分解而产生氨以及胺类等碱性含氮物质。此类物质具有挥发性，在碱性溶液中蒸出后，用标准酸溶液滴定计算含量。

(二) 试剂

(1) 氧化镁混悬液 (10g/L)：称取 1.0g 氧化镁，加 100mL 水，振摇成混悬液。

(2) 硼酸吸收液 (20g/L)。

(3) 盐酸 [$c(HCl)=0.010mol/L$] 或硫酸 [$c(1/2H_2SO_4)=0.010mol/L$] 的标准滴定溶液。

(4) 甲基红-乙醇指示剂 (2g/L)。

(5) 亚甲基蓝指示剂 (1g/L)。

临用时将上述两种指示液等量混合为混合指示液。

(三) 仪器

半微量定氮器；微量滴定管 (最小分度 0.01mL)。

(四) 分析步骤

(1) 试样处理 将试样除去脂肪、骨及腱后，绞碎搅匀，称取约 10.0g，置于锥形瓶中，加 100mL 水，不时振摇，浸渍 30min 后过滤，滤液置冰箱中备用。

(2) 蒸馏滴定 将盛有 10mL 吸收液及 5～6 滴混合指示液的锥形瓶置于冷凝管下端，并使其下端插入吸收液的液面下，准确吸取 5.0mL 上述试样滤液于蒸馏器反应室内，加 5mL 氧化镁混悬液 (10g/L)，迅速盖塞，并加水以防漏气，通入蒸汽，进行蒸馏。蒸馏 5min 即停止，吸收液用盐酸标准滴定溶液 (0.010mol/L) 或硫酸标准滴定溶液滴定，至蓝紫色为终点。同时做试剂空白试验。

(五) 结果计算

试样中挥发性盐基氮的含量按下式进行计算：

$$X = \frac{(V_2-V_1)c \times 14}{m \times \dfrac{5}{100}} \times 100$$

式中 X——试样中挥发性盐基氮的含量，mg/100g；

V_1——测定用样液消耗盐酸或硫酸标准溶液体积，mL；

V_2——试剂空白消耗盐酸或硫酸标准溶液体积，mL；

c——盐酸或硫酸标准溶液的实际浓度，mol/L；

14——与 1.00mL 盐酸标准滴定溶液 [$c(HCl)=1.000mol/L$] 或硫酸标准滴定溶液 [$c(1/2H_2SO_4)=1.000mol/L$] 相当的氮的质量，mg/mmol；

m——试样质量，g。

计算结果保留三位有效数字。

(六) 精密度

在重复性条件下获得的两次独立测定结果的绝对差值不得超过算术平均值的 10%。

十一、速冻食品食品添加剂检验

参见模块三，任务一，第二节，九、十。

十二、速冻食品黄曲霉毒素 B₁ 检验

参见模块三，任务十，第二节，二十。

十三、速冻食品菌落总数检验

参见模块二，项目一。

十四、速冻食品大肠菌群检验

参见模块二，项目二。

十五、速冻食品霉菌计数检验

（一）设备和材料

冰箱（0～4℃）；恒温培养箱（25～28℃）；恒温振荡器；显微镜（10×～100×）；架盘药物天平（0～500g，精确至0.5g）；灭菌具玻塞锥形瓶（300mL）；灭菌广口瓶（500mL）；灭菌吸管（1mL，具0.01mL刻度；10mL，具0.1mL刻度）；灭菌平皿（直径90mm）；灭菌试管（16mm×160mm）；玻片；灭菌牛皮纸袋、塑料袋；灭菌金属勺、刀。

（二）培养基和试剂

马铃薯-葡萄糖琼脂培养基（附加抗生素）；孟加拉红培养基；灭菌蒸馏水。

（三）检验程序

速冻食品霉菌检验程序见图3-15。

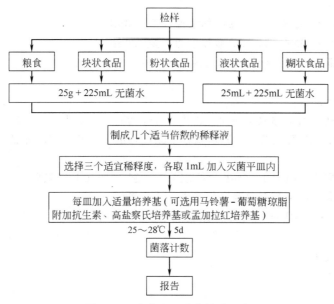

图 3-15　速冻食品霉菌检验程序

（四）操作步骤

（1）以无菌操作将检样25mL（或g）放于含有225mL灭菌生理盐水的具塞锥形瓶中，振摇30min，即为1∶10稀释液。

（2）用1mL灭菌吸管吸取1∶10稀释液10mL，注入灭菌试管中，另用1mL灭菌吸管反复吹吸50次，使霉菌孢子充分散开。

（3）取1mL 1∶10稀释注入含有9mL灭菌水的试管中，另换一支1mL灭菌吸管吹吸5次，此液为1∶100稀释液。

（4）按上述操作顺序制成10倍递增稀释液，每稀释一次，换用一支1mL灭菌吸管，根据对样品污染情况的估计，选择三个合适的稀释度，分别在做10倍稀释的同时，吸取1mL稀释液于灭菌平皿中，每个稀释度做两个平皿，然后将晾至45℃左右的培养基注入平皿中，并转动平皿使之与样液混匀。待琼脂凝固后，倒置于25～28℃温箱中，3d后开始观察，共培养观察5d。

（五）计算方法

通常选择菌落数在 10～150 之间的平皿进行计数，同稀释度的两个平皿菌落平均数乘以稀释倍数，即为每克（或毫升）检样中所含霉菌数。

报告：每克（或毫升）食品所含霉菌数以 cfu/g（mL）计。

十六、速冻食品致病菌检验

参见模块二，项目三、项目四。

十七、速冻食品镉含量检验（原子吸收分光光度法）

原子吸收分光光度法，也称碘化钾-4-甲基戊酮-2 法。

（一）原理

样品经处理后，在酸性溶液中镉离子与碘离子形成络合物，并经 4-甲基戊酮-2 萃取分离，导入原子吸收仪中，原子化以后，吸收 228.8nm 共振线，其吸收量与镉量成正比，与标准系列比较定量。

（二）试剂

要求使用去离子水，优级纯或高级纯试剂。

（1）1∶10 磷酸。

（2）1mol/L 盐酸　量取 10mL 盐酸加水稀释至 120mL。

（3）5mol/L 盐酸　量取 50mL 盐酸加水稀释至 120mL。

（4）混合酸　硝酸与高氯酸按 3∶1 混合。

（5）1∶1 硫酸。

（6）25％碘化钾溶液。

（7）镉标准溶液　精密称取 1.0000g 金属镉（99.99％），溶于 20mL 5mol/L 盐酸中，加入 2 滴硝酸后，移入 1000mL 容量瓶中，以水稀释至刻度，混匀。储于聚乙烯瓶中。此溶液每毫升相当于 1mg 镉。

（8）镉标准使用液　吸取 10.0mL 镉标准溶液，置于 100mL 容量瓶中，以 1mol/L 盐酸稀释至刻度，混匀。如此多次稀释至每毫升相当于 0.2μg 镉。

（9）4-甲基戊酮-2（MIBK，又名甲基异丁酮）。

（三）仪器

原子吸收分光光度计。

（四）操作方法

1. 样品处理

（1）谷类　去除其中杂物及尘土，必要时除去外壳，碾碎，过 30 目筛，混匀。称取 5.0～10.0g 置于 50mL 瓷坩埚中，小火炭化，然后移入高温炉中，500℃以下灰化约 16h 后，取出坩埚，放冷后再加少量混合酸，小火加热，不使干涸，必要时再加少许混合酸，如此反复处理，直至残渣中无炭粒，待坩埚稍冷，加 10mL 1mol/L 盐酸，溶解残渣并移入 50mL 容量瓶中，再用 1mol/L 盐酸反复洗涤坩埚，洗液并入容量瓶中，并稀释至刻度，混匀备用。

取与处理样品相同量的混合酸和 1mol/L 盐酸按同一操作方法做试剂空白试验。

（2）蔬菜、瓜果及豆类　取可食部分洗净晾干，充分切碎混匀。称取 10.0～20.0g 置于瓷坩埚中，加 1mL 1∶10 磷酸，小火炭化，以下按（1）自"然后移入高温炉中"起依法操作。

（3）禽、蛋、水产及乳制品　取可食部分充分混匀。称取 5.0～10.0g 置于瓷坩埚中，小火炭化，以下按（1）自"然后移入高温炉中"起依法操作。

乳类经混匀后，量取 50mL，置于瓷坩埚中，加 1mL 1∶10 磷酸，在水浴上蒸干，再小火炭化，以下按（1）自"然后移入高温炉中"起依法操作。

2. 萃取分离

吸取 25mL 上述制备的样液及试剂空白液，分别置于 125mL 分液漏斗中，加 10mL 1∶1 硫酸，再加 10mL 水，混匀。吸取 0.00mL、0.25mL、0.50mL、1.50mL、2.50mL、3.50mL、5.0mL 镉标准使用液（相当于 0μg、0.05μg、0.1μg、0.3μg、0.5μg、0.7μg、1.0μg 镉），分别置于 125mL 分液漏斗中，各加 1mol/L 盐酸至 25mL，再加 10mL 1∶1 硫酸及 10mL 水，混匀。于样品溶液、试剂空白液及镉标准溶液中各加 10mL 25% 碘化钾溶液，混匀，静置 5min，再各加 10mL 4-甲基戊酮-2 振摇 2min，静置分层约 0.5h，弃去下层水相，以少许脱脂棉塞入分液漏斗下颈部，将 4-甲基戊酮-2 层经脱脂棉滤至 10mL 具塞试管中，备用。

3. 测定

将有机相导入火焰进行测定，测定条件：灯电流 6～7mA，波长 228.8nm，狭缝 0.15～0.2nm，空气流量 5L/min，乙炔流量 0.4L/min，灯头高度 1mm，氘灯背景校正（也可根据仪器型号，调至最佳条件），以镉含量对应浓度吸光度，绘制标准曲线比较。

（五）计算

$$X = \dfrac{A_1 - A_2}{m \dfrac{V_1}{V_2}}$$

式中　X——样品中镉的含量，mg/kg 或 mg/L；

A_1——测定用样品液中镉的含量，μg；

A_2——试剂空白液中镉的含量，μg；

m——样品质量（或体积），g（或 mL）；

V_1——测定用样品处理液的体积，mL；

V_2——样品处理液的总体积，mL。

（六）精密度

在重复性条件下获得的两次独立测定结果的绝对差值不得超过算术平均值的 15%。

十八、速冻食品汞含量检验

参见模块三，任务十，第二节，十八。

十九、速冻食品苯并［a］芘含量检验

（一）原理

试样先用有机溶剂提取，或经皂化后提取，再将提取液经液-液分配或色谱柱净化，然后在乙酰化滤纸上分离苯并［a］芘，因苯并［a］芘在紫外光照射下呈蓝紫色荧光斑点，将分离后有苯并［a］芘的滤纸部分剪下，用溶剂浸出后，以荧光分光光度计测荧光强度，与标准比较定量。

（二）试剂

（1）苯：重蒸馏。

（2）环己烷（或石油醚，沸程 30～60℃）：重蒸馏或经氧化铝柱处理无荧光。

（3）二甲基甲酰胺或二甲基亚砜。

（4）无水乙醇：重蒸馏。

（5）乙醇（95%）。

（6）无水硫酸钠。

（7）氢氧化钾。

（8）丙酮：重蒸馏。

（9）展开剂：乙醇（95%）-二氯甲烷（2∶1）。

（10）硅镁型吸附剂　将 60～100 目筛孔的硅镁吸附剂经水洗四次（每次用水量为吸附剂质量的 4 倍）于垂熔漏斗上抽滤干后，再以等量的甲醇洗（甲醇与吸附剂量质量相等），抽滤干后，吸附剂铺于干净瓷盘上，在 130℃干燥 5h 后，装瓶贮存于干燥器内。临用前每 100g 加 5g 水减活，混匀并平衡 4h 以上，最好放置过夜。

（11）甲酸（88%～90%）。

（12）无水硫酸钠：120℃烤 2h 以上。

（13）色谱用氧化铝（中性）：120℃活化 4h。

（14）乙酰化滤纸　将中速色谱用滤纸裁成 30cm×4cm 的条状，逐条放入盛有乙酰化混合液（180mL 苯、130mL 乙酸酐、0.1mL 硫酸）的 500mL 烧杯中，使滤纸充分地接触溶液，保持溶液温度在 21℃以上，时时搅拌，反应 6h，再放置过夜。取出滤纸条，在通风橱内吹干，再放入无水乙醇中浸泡 4h，取出后放在垫有滤纸的干净白瓷盘上，在室温下风干压平备用，一次可处理滤纸 15～18 条。

（15）咖啡因甲酸溶液（150g/L）　称咖啡因（医用或试剂用）15g，溶于适量甲酸中，再稀释至 100mL。

（16）苯并 [a] 芘标准溶液　精密称取 10.0mg 苯并 [a] 芘，用苯溶解后移入 100mL 棕色容量瓶中，并稀释至刻度，此溶液每毫升相当于苯并 [a] 芘 $100\mu g$。放置于冰箱中保存。

（17）苯并 [a] 芘标准使用液　吸取 1.00mL 苯并 [a] 芘标准溶液置于 10mL 容量瓶中，用苯稀释至刻度，同法依次用苯稀释，最后配成每毫升相当于 $1.0\mu g$ 及 $0.1\mu g$ 苯并 [a] 芘的两种标准使用液。放置于冰箱中保存。

（三）使用仪器

（1）脂肪提取器。

（2）色谱柱：内径 10mm，长 350mm，上端有内径 25mm，长 80～100mm 内径漏斗，下端具有活塞。

（3）展开槽。

（4）K-D 全玻璃浓缩器。

（5）紫外灯：带有波长为 365nm 或 254nm 的滤光片。

（6）回流皂化装置：锥形瓶磨口处连接冷凝管。

（7）组织捣碎机。

（8）荧光分光光度计。

（四）操作

1. 试样预处理

（1）试样提取

① 粮食或水分少的食品　称取 40.0～60.0g 粉碎过筛的试样，装入滤纸筒内，用 70mL 环己烷润湿试样，接收瓶内装 6～8g 氢氧化钾、100mL 乙醇（95%）及 60～80mL 环己烷，然后将脂肪提取器接好，于 90℃水浴上回流提取 6～8h，将皂化液趁热倒入 500mL 分液漏斗中，并将滤纸筒中的环己烷也从支管中倒入分液漏斗，用 50mL 乙醇（95%）分两次洗接收瓶，将洗液合并于分液漏斗。加入 100mL 水，振摇提取 3min，静置分层（约需 20min），下层液放入第二分液漏斗，再用 70mL 环己烷振摇提取一次，待分层后弃去下层液，将环己烷层合并于第一分液漏斗中，并用 6～8mL 环己烷淋洗第二分液漏斗，洗液合并。用水洗涤合并后的环己烷提取液三次，每次 100mL，三次水洗液合并于原来的第二分液漏斗中，用环己烷提取两次，每次 30mL，振摇 0.5min，分层后弃去水层液，收集环己烷液并入第一分液漏斗中，于 50～60℃水浴上减压浓缩至 40mL，加适量无水硫酸钠脱水。

② 油脂（植物油）　称取 20.0～25.0g 的混匀油样，用 100mL 环己烷分次洗入 250mL 分液

漏斗中，以环己烷饱和过的二甲基甲酰胺提取三次，每次 40mL，振摇 1min，合并二甲基甲酰胺提取液，用 40mL 经二甲基甲酰胺饱和过的环己烷提取一次，弃去环己烷液层。二甲基甲酰胺提取液合并于预先装有 240mL 硫酸钠溶液（20g/L）的 500mL 分液漏斗中，混匀，静置数分钟后，用环己烷提取两次，每次 100mL，振摇 3min，环己烷提取液合并于第一个 500mL 分液漏斗。也可用二甲基亚砜代替二甲基甲酰液。

用 40～50℃温水洗涤环己烷提取液两次，每次 100mL，振摇 0.5min，分层后弃去水层液，收集环己烷层，于 50～60℃水浴上减压浓缩至 40mL。加适量无水硫酸钠脱水。

③ 鱼、肉及其制品　称取 50.0～60.0g 切碎混匀的试样，再用无水硫酸钠搅拌（试样与无水硫酸钠的比例为 1∶1 或 1∶2，如水分过多则需在 60℃左右先将试样烘干），装入滤纸筒内，然后将脂肪提取器接好，加入 100mL 环己烷于 90℃水浴上回流提取 6～8h。将提取液倒入 250mL 分液漏斗中，再用 6～8mL 环己烷淋洗滤纸筒，洗液合并于 250mL 分液漏斗中，以下按②自"以环己烷饱和过的二甲基甲酰胺提取三次"起依法操作。

④ 蔬菜　称取 100.0g 洗净、晾干的可食部分的蔬菜，切碎放入组织捣碎机内，加 150mL 丙酮，捣碎 2min。在小漏斗上加少许脱脂棉过滤，滤液移入 500mL 分液漏斗中，残渣用 50mL 丙酮分数次洗涤，洗液与滤液合并，加 100mL 水和 100mL 环己烷，振摇提取 2min，静置分层。环己烷层转入另一 500mL 分液漏斗中，水层再用 100mL 环己烷分两次提取，环己烷提取液合并于第一个分液漏斗中，再用 250mL 水分两次振摇、洗涤，收集环己烷于 50～60℃水浴中减压浓缩至 25mL，加适量无水硫酸钠脱水。

⑤ 饮料（如含二氧化碳先在温水浴上加温除去）　吸取 50.0～100.0mL 试样于 500mL 分液漏斗中，加 2g 氯化钠溶解，加 50mL 环己烷振摇 1min，静置分层。水层分于第二个分液漏斗中，再用 50mL 环己烷提取一次，合并环己烷提取液，每次用 100mL 水振摇、洗涤两次，收集环己烷于 50～60℃水浴上减压浓缩至 25mL，加适量无水硫酸钠脱水。

⑥ 糕点类　称取 50.0～60.0g 磨碎试样，装于滤纸筒内，以下按①自"用 70mL 环己烷润湿试样"起依法操作。

在以上食品的预处理当中，除了油脂外，均可用石油醚代替环己烷，但需将石油醚提取液蒸发至近干，残渣用 25mL 环己烷溶解。

（2）净化

① 于色谱柱下端填入少许玻璃棉，先装入 5～6cm 的氧化铝，轻轻敲管壁使氧化铝层填实、无空隙，顶面平齐，再同样装入 5～6cm 的硅镁型吸附剂，上面再装入 5～6cm 无水硫酸钠，用 30mL 环己烷淋洗装好的色谱柱，待环己烷液面流至下至无水硫酸钠层时关闭活塞。

② 将试样环己烷提取液倒入色谱柱中，打开活塞，调节流速为每分钟 1mL，必要时可用适当方法加压，待环己烷液面下降至无水硫酸钠层时，用 30mL 苯洗脱，此时应在紫外灯下观察，以蓝紫色荧光物质完全从氧化铝层洗下为止。如 30mL 苯不足，可适当增加苯量。收集苯液于 50～60℃水浴上减压浓缩至 0.1～0.5mL（可根据试样中苯并 [a] 芘含量而定，应注意不可蒸干）。

（3）分离

① 在乙酰化滤纸条上的一端 5cm 处，用铅笔画一横线为起始线，吸取一定量净化后的浓缩液，点于滤纸条上，用电吹风从纸条背面吹冷风，使溶剂挥散，同时点 20μL 苯并 [a] 芘的标准使用液（1μg/mL），点样时斑点的直径不超过 3mm，展开槽内盛有展开剂，滤纸条下端浸入展开剂约 1cm，待溶剂前沿至约 20cm 时取出阴干。

② 在 365nm 或 254nm 紫外灯下观察展开后的滤纸条，用铅笔划出标准苯并 [a] 芘及与其同一位置的试样的蓝紫色斑点，剪下此斑点分别放入小比色管中，各加 4mL 苯加盖，插入 50～60℃水浴中不时振摇，浸泡 15min。

2. 测定

（1）将试样及标准斑点的苯浸出液移入荧光分光光度计的石英杯中，以 365nm 为激发光波长，以 365～460nm 波长进行荧光扫描，所得荧光光谱与标准苯并 [a] 芘的荧光光谱比较定性。

（2）试样分析的同时做试剂空白，包括处理试样所用的全部试剂同样操作，分别读取试样、标准及试剂空白于波长 406nm、(406＋5)nm、(406－5)nm 处的荧光强度，按基线法由下式计算所得的 F 数值，为定量计算的荧光强度：

$$F = F_{406} - \frac{F_{401} + F_{411}}{2}$$

（3）目测法 吸取 5μL、10μL、15μL、20μL 或 50μL 试样浓缩液（可根据试样中苯并 [a] 芘含量而定）10μL、20μL 及苯并 [a] 芘标准使用液（0.1μg/mL），点于同一条乙酰化滤纸上，按 1（3）①展开，取出阴干。于暗室紫外灯下目测比较，找出相当于标准斑点荧光强度的试样浓缩液体积，如试样含量太高，可稀释后再重点，尽量使试样浓度在两个标准斑点之间。

（五）结果计算

$$X = \frac{m_1 \frac{F_1 - F_2}{F} \times 1000}{m_2 \frac{V_2}{V_1}}$$

式中　X——试样中苯并 [a] 芘的含量，μg/kg；

m_1——苯并 [a] 芘标准斑点的质量，μg；

F——标准的斑点浸出液荧光强度，mm；

F_1——试样斑点浸出液荧光强度，mm；

F_2——试剂空白浸出液荧光强度，mm；

V_1——试样浓缩液体积，mL；

V_2——点样体积，mL；

m_2——试样质量，g。

结果表述：报告测定结果至小数点后一位。

目测法的计算公式：

$$X = \frac{m_3 \times 1000}{m_2 \frac{V_2}{V_1}}$$

式中　X——试样中苯并 [a] 芘的含量，μg/kg；

m_2——试样质量，g；

m_3——试样斑点相当苯并 [a] 芘的质量，μg；

V_1——试样浓缩总体积，mL；

V_2——点样体积，mL。

（六）精密度

在重复性条件下获得的两次独立测定结果的绝对差值不超过算术平均值的 20%。

任务十四 糖果的检验

实训目标

1. 掌握糖果制品的基本知识。
2. 掌握糖果制品的常规检验项目及相关标准。
3. 掌握糖果制品的检验方法。

第一节 糖果制品基本知识

糖果制品是包括以白砂糖（或其他食糖）、淀粉糖浆或甜味剂为主要原料制成的固态或半固态甜味食品。

一、糖果的加工工艺

1. 硬糖、乳脂糖果等

砂糖、淀粉糖浆 → 溶糖 → 过滤 → 油脂混合（乳脂糖果）→ 熬煮→充气（充气糖果）

包装←挑选←冷却←成型←调和←冷却

2. 凝胶糖果

砂糖淀粉糖浆→溶糖→过滤→凝胶剂熬煮→浇模→干燥→（筛分→清粉→拌砂）→包装

3. 胶基糖果

胶基预热→搅拌（加入各种原料和添加剂）→出料→成型→包装

4. 压片糖果

原料混合→压片成型→包装

二、糖果容易出现的质量安全问题

（1）返砂或发烊。

（2）水分或还原糖不合格。

（3）乳糖产品蛋白质、脂肪不合格。

（4）含乳糖和充气糖果，由于加入了奶制品，容易造成微生物指标超标。

三、糖果生产的关键控制环节

（1）还原糖控制。

（2）焦香糖果焦香化处理控制。

（3）充气糖果充气程度的控制。

（4）凝胶糖果凝胶剂的使用技术。

（5）成品包装控制。

四、糖果制品生产企业必备的出厂检验设备

天平（0.1g）、分析天平（0.1mg）、真空烘箱、滴定装置、无菌室或超净工作台、杀菌锅、微生物培养箱、干燥箱。

五、糖果制品的检验项目和标准

糖果制品的相关标准包括：GB 9678.1《糖果卫生标准》；GB 17399《胶基糖果卫生标准》；

SB/T 10018《糖果 硬质糖果》；SB/T 10019《糖果 酥质糖果》；SB/T 10020《糖果 焦香糖果》；SB/T 10021《糖果 凝胶糖果》；SB 10022《糖果 奶糖糖果》；SB/T 10023《糖果 胶基糖果》；SB 10104《糖果 充气糖果》；SB 10347《糖果 压片糖果》。

糖果制品的检验项目见表3-42。

表3-42 糖果制品质量检验项目及检验标准

序号	检验项目	发证	监督	出厂	检验标准	备 注
1	感官	√	√	√	SB 10018	
2	净含量	√	√	√	SB 10018	
3	干燥失重	√	√	√	GB 5009.3	
4	还原糖	√	√	√	GB/T 5009.7中第二法	抛光糖果、胶基糖果、压片糖果不要求
5	脂肪	√	√	*	GB 5413.3	乳脂糖果,中、低度充气糖果测定
6	蛋白质	√	√	*	GB 5009.5	乳脂糖果测定
7	铅	√	√	*	GB 5009.12	
8	总砷	√	√	*	GB 5009.11	
9	铜	√	√	*	GB/T 5009.13	
10	锌	√	√	*	GB/T 5009.14	胶基糖果测定
11	二氧化硫残留	√	√	*	GB/T 5009.34	
12	着色剂	√	√	*	GB/T 5009.35	根据产品色泽测定
13	菌落总数	√	√	√	GB 4789.2	
14	大肠菌群	√	√	*	GB 4789.3	
15	霉菌	√	√	*	GB 4789.15	胶基糖果测定
16	致病菌	√	√	*	GB 4789.4 GB 4789.5 GB 4789.10	
17	标签	√	√		SB 10018、 GB 7718	

注：1. 企业出厂检验项目中有"√"标记的，为常规检验项目。

2. 企业出厂检验项目中有"＊"标记的，企业应当每年检验两次。

第二节 糖果制品检验项目

一、硬质糖果的感官检验及净含量检验

1. 感官检验方法

将样品置于清洁、干燥的白瓷盘中，剥去所有包装纸，检查色泽、形态、组织、滋气味和杂质。

2. 净含量检验方法

剥去所有包装纸，用感量为0.1g的天平称量内容物，与销售包装标明的净重对照，不得超过规定的范围。

二、糖果干燥失重的测定减压干燥法

（一）原理

糖果中的干燥失重指在一定的温度及减压的情况下失去物质的总量，减压干燥法适用于含

糖、味精等易分解的食品。

（二）仪器

真空干燥箱；扁形铝制或玻璃制称量瓶（内径 60～70mm，高 35mm 以下）；电热恒温干燥箱。

（三）操作步骤

（1）试样的制备　粉末和结晶试样直接称取；硬糖果经研钵粉碎；软糖用刀片切碎，混匀备用。

（2）测定　取已恒重的称量瓶准确称取约 2～10g 试样，放入真空干燥箱内，将干燥箱连接水泵，抽出干燥箱内空气至所需压力（一般为 40～53kPa），并同时加热至所需温度 60℃±5℃。关闭通水泵或真空泵上的活塞，停止抽气，使干燥箱内保持一定的温度和压力，经 4h 后，打开活塞，使空气经干燥装置缓缓通入至干燥箱内，待压力恢复正常后再打开。取出称量瓶，放入干燥器中 0.5h 后称量，并重复以上操作至恒重。

（四）结果计算

$$X = \frac{m_1 - m_2}{m_1 - m_3} \times 100\%$$

式中　X——样品干燥失重，%；

m_1——称量瓶和试样的质量，g；

m_2——称量瓶和试样干燥后的质量，g；

m_3——称量瓶的质量，g。

计算结果保留三位有效数字。

（五）精密度

在重复性条件下获得的两次独立测定结果的绝对差值不得超过算术平均值的 10%。

三、糖果还原糖的测定高锰酸钾滴定法

（一）原理

试样经除去蛋白质后，其中还原糖把铜盐还原为氧化亚铜，加硫酸铁后，氧化亚铜被氧化为铜盐，以高锰酸钾溶液滴定氧化作用后生成的亚铁盐，根据高锰酸钾消耗量，计算氧化亚铜含量，再查附录六得还原糖量。

（二）试剂

（1）碱性酒石酸铜甲液　称取 34.639g 硫酸铜（$CuSO_4 \cdot 5H_2O$），加适量水溶解，加入 0.5mL 硫酸，再加水稀释至 500mL，用精制石棉过滤。

（2）碱性酒石酸铜乙液　称取 173g 酒石酸钾钠和 50g 氢氧化钠，加适量水溶解并稀释到 500mL，用精制石棉过滤，储于橡胶塞玻璃瓶中。

（3）精制石棉　取石棉，先用 3mol/L 盐酸浸泡 2～3d，用水洗净，然后用 100g/L 氢氧化钠浸泡 2～3d，倾去溶液，再用碱性酒石酸铜乙液浸泡数小时，用水洗净。再以 3mol/L 盐酸浸泡数小时，用水洗至不呈酸性。加水振荡，使之成为微细的浆状软纤维，用水浸泡并储于玻璃瓶中，即可用于填充古氏坩埚用。

（4）0.02mol/L 高锰酸钾标准溶液

① 配制　称取 3.3g 高锰酸钾溶于 1050mL 水中，缓缓煮沸 20～30min，冷却后于暗处密闭保存数日，用垂熔漏斗过滤，保存于棕色瓶中。

② 标定　精确称取 150～200℃ 干燥 1～2h 的基准草酸钠约 0.2g，溶于 50mL 水中，加 80mL 硫酸，用配制的高锰酸钾溶液滴定，接近终点时加热至 70℃，继续滴至溶液呈粉红色 30s 不褪为止。同时做空白试验。

③ 计算

$$c = \frac{m \times \frac{2}{5}}{(V - V_0) \times 134} \times 1000$$

式中　c——高锰酸钾标准溶液的浓度，mol/L；

　　m——草酸钠质量，g；

　　V——标定时消耗高锰酸钾溶液体积，mL；

　　V_0——空白消耗高锰酸钾溶液体积，mL；

　　134——草酸钠的摩尔质量，g/mol。

（5）1mol/L 氢氧化钠溶液　称取 4g 氢氧化钠，加水溶解并稀释至 100mL。

（6）硫酸铁溶液　称取 50g 硫酸铁，加入 200mL 水溶解后，慢慢加入 100mL 硫酸，冷却后加水稀释至 1000mL。

（7）3mol/L 盐酸溶液　取 30mL 盐酸，加水稀释至 120mL。

（三）仪器

25mL 古氏坩埚或 G_4 垂熔坩埚；真空泵或水泵。

（四）操作步骤

（1）样品处理　先将硬糖果经研钵粉碎；软糖用刀片切碎，混匀备用。称取 2.50～5.00g 样品，置于 250mL 容量瓶中，加 50mL 水，摇匀后加 10mL 碱性酒石酸铜甲液和 4mL 的 40g/L 氢氧化钠溶液，加水至刻度，混匀。静置 30min，用干燥滤纸过滤，弃去初滤液，滤液供分析检测用。

（2）测定　吸取 50mL 处理后的样品溶液于 400mL 烧杯中，加碱性酒石酸铜甲液、乙液各 25mL，于烧杯上盖一表面皿，置电炉上加热，使其在 4min 内沸腾，再准确沸腾 2min，趁热用铺好石棉的古氏坩埚或 G_4 垂熔坩埚抽滤，并用 60℃热水洗涤烧杯及沉淀，至洗液不呈碱性反应为止。

将坩埚放回原 400mL 烧杯中，加 25mL 硫酸铁溶液及 25mL 水，用玻璃棒搅拌使氧化亚铜完全溶解，以高锰酸钾标准溶液滴定至微红色为终点。记录高锰酸钾标准溶液消耗量。

同时吸取 50mL 水代替样品溶液，按上述方法做试剂空白试验。记录空白试验消耗高锰酸钾溶液的量。

（五）结果计算

（1）根据滴定所消耗 $KMnO_4$ 标准溶液的体积，计算相当于样品中还原糖的氧化亚铜量。

$$W = (V - V_0)c \times \frac{2}{5} \times 71.54$$

式中　W——样品中还原糖质量相当于氧化亚铜的质量，mg；

　　V——测定用样品溶液消耗高锰酸钾标准溶液的体积，mL；

　　V_0——试剂空白消耗高锰酸钾标准溶液的体积，mL；

　　c——高锰酸钾标准溶液的浓度，mol/L；

　71.54——1mL 高锰酸钾标准溶液 $[c(1/5KMnO_4) = 1.000mol/L]$ 相当于氧化亚铜的质量，
　　　　　mg/mmol。

（2）根据上式中计算所得的氧化亚铜质量，查附录六，再计算样品中还原糖的含量。

$$X = \frac{A}{m \frac{V_2}{V_1} \times 1000} \times 100$$

式中　X——样品中还原糖的含量，g/100g 或 g/100mL；

　　A——查表得的还原糖质量，mg；

　　m——样品质量（或体积），g（或 mL）；

V_1——样品处理后的总体积，mL；

V_2——测定用样品处理液的体积，mL。

计算结果保留三位有效数字。

(六) 精密度

在重复性条件下获得的两次独立测定结果的绝对差值不得超过算术平均值的 10%。

(七) 说明及注意事项

(1) 此法又称贝尔德蓝（Bertrand）法。还原糖能在碱性溶液中将二价铜离子还原为棕红色的氧化亚铜沉淀，而糖本身被氧化为相应的羧酸。这是还原糖定量分析和检测的基础。

(2) 此法以高锰酸钾滴定反应过程中产生的定量的硫酸亚铁为结果计算的依据，因此，在样品处理时，不能用乙酸锌和亚铁氰化钾作为糖液的澄清剂，以免引入 Fe^{2+}，造成误差。

(3) 测定必须严格按规定的操作条件进行，必须使加热至沸腾时间及保持沸腾时间严格保持一致。即必须控制好热源强度，保证在 4min 内加热至沸，并使每次测定的沸腾时间保持一致，否则误差较大。实验时可先取 50mL 水，碱性酒石酸铜甲液、乙液各 25mL，调整热源强度，使其在 4min 内加热至沸，维持热源强度不变，再正式测定。

(4) 此法所用碱性酒石酸铜溶液是过量的，即保证把所有的还原糖全部氧化后，还有过剩的 Cu^{2+} 存在，所以，煮沸后的反应液应呈蓝色。如不呈蓝色，说明样品溶液含糖浓度过高，应调整样品溶液浓度。

(5) 此法测定食品中的还原糖测定结果准确性较好，但操作烦琐费时，且在过滤及洗涤氧化亚铜沉淀的整个过程中，应使沉淀始终在液面以下，避免氧化亚铜暴露于空气中而被氧化，同时严格掌握操作条件。

四、糖果菌落总数测定

参见模块二，项目一。

五、乳脂糖果、充气糖果脂肪的测定

参见模块一，项目五。

六、乳脂糖果蛋白质的测定

参见模块一，项目六。

任务十五 巧克力及巧克力制品的检验

实训目标
1. 掌握巧克力及巧克力制品的基本知识。
2. 掌握巧克力及巧克力制品的常规检验项目及相关标准。
3. 掌握巧克力及巧克力制品的检验方法。

第一节 巧克力及巧克力制品的基本知识

巧克力及巧克力制品是指以可可制品（可可脂、可可液块或可可粉）、白砂糖和（或）甜味料为主要原料，添加或不添加乳制品、食品添加剂，经特定工艺制成的固体食品。

代可可脂巧克力及代可可脂巧克力制品是指以白砂糖和（或）甜味料、代可可脂为主要原料，添加或不添加可可制品（可可脂、可可液块或可可粉）、乳制品及食品添加剂，经特定工艺制成的在常温下保持固体或半固体状态，并具有巧克力风味（代可可脂白巧克力应具有其应有的风味）及性状的食品。

一、巧克力及巧克力制品的加工工艺

糖、乳、可可脂(代可可脂)、可可液块或可可粉→混合→精磨→精炼(可可脂巧克力)→保温贮存→调温→浇模→包装→成品

各种类型夹心糖果→涂层→包装→巧克力制品

二、巧克力及巧克力制品容易出现的质量安全问题

(1) 产品品质变化，表面花白。巧克力泛白的原因有两种：由脂肪引起和由砂糖引起的花白。

(2) 口感粗糙或黏稠。巧克力最终细度决定于精磨过程的结果，物料过大或大粒的比例过多，口感粗糙；但质点过小或小粒的比例过多，使人感到糊口。

(3) 油脂氧化酸败（果仁巧克力）。果仁巧克力较容易因油脂氧化而变味。

(4) 代脂巧克力及其制品容易产生皂化味。

(5) 储藏中生虫、霉变。包装不严和贮存条件不当，果仁等巧克力制品原料不新鲜，造成产品变质，无法食用。

三、巧克力及巧克力制品生产的关键控制环节

(1) 精磨过程，控制物料颗粒度。

(2) 精炼时间、温度的控制。

(3) 成品包装控制。

(4) 巧克力制品中巧克力的含量。

四、巧克力及巧克力制品生产企业必备的出厂检验设备

天平（0.1g）、刮板细度计或微米千分尺、分析天平（0.1mg）、真空烘箱。

五、巧克力及巧克力制品的检验项目和标准

巧克力及巧克力制品的相关标准包括：GB 9678.2《巧克力、代可可脂巧克力及其制品》；GB/T 19343《巧克力及巧克力制品》；SB/T 10402《代可可脂巧克力及代可可脂巧克力制品》；

备案有效的企业标准。

巧克力及巧克力制品检验项目见表 3-43。

表 3-43　巧克力及巧克力制品质量检验项目及检验标准

序号	检验项目	发证	监督	出厂	检验标准	备　注
1	感官	√	√	√	GB/T 19343、SB/T 10402	
2	净含量	√	√	√	JJF 1070	
3	可可脂（以干物质计）	√☆		*	GB/T 19343	代可可脂巧克力及代可可脂巧克力制品不检此项目
4	非脂可可固形物（以干物质计）	√☆		*	GB/T 19343	
5	总可可固形物（以干物质计）	√☆		*	GB/T 19343	代可可脂巧克力及代可可脂巧克力制品不检此项目
6	乳脂肪（以干物质计）	√☆		*	GB/T 19343	代可可脂巧克力及代可可脂巧克力制品不检此项目
7	总乳固体（以干物质计）	√☆		*	GB/T 19343	
8	细度	√	√	√	GB/T 19343	巧克力制品不检此项目
9	制品中巧克力的比重	√☆			GB/T 19343	
10	干燥失重	√	√	√	GB 5009.3	制品不检此项目
11	铅	√	√	*	GB 5009.12	
12	总砷	√	√	*	GB 5009.11	
13	铜	√	√	*	GB/T 5009.13	
14	糖精钠	√	√	*	GB/T 5009.28	其他甜味剂根据产品使用情况确定
15	甜蜜素	√	√	*	GB/T 5009.97	
16	致病菌	√	√	*	GB 4789.4 GB 4789.5 GB 4789.10	
17	标签	√	√		GB/T 19343 GB 7718	

注：1. 企业出厂检验项目中有"√"标记的，为常规检验项目。

2. 企业出厂检验项目中有"＊"标记的，企业应当每年检验两次。

3. 带☆项目的数值按企业原始配料计算。

第二节　巧克力及巧克力制品检验项目

一、感官检验

1. 感官检验方法

将样品置于清洁、干燥的白瓷盘中，剥去所有包装纸，检查色泽、形态、组织、滋味气味和杂质。

2. 感官要求

具有各种巧克力和巧克力制品相应的色、香、味及形态，无异味，无肉眼可见杂质。

二、净含量测定

剥去所有包装纸，用感量为 0.1g 的天平称量内容物，与销售包装标明的净重对照，不得超过规定的范围。

三、干燥失重的测定

参见模块三，任务十四，第二节，二。

四、细度的测定

方法一：千分尺法

（一）仪器和用具

（1）数字显示式千分尺：测量范围 0～25mm；精度 0.001mm。

（2）不锈钢匙。

（3）烧杯（50mL）。

（二）试剂

液体石蜡。

（三）测定步骤

1. 试样的制备

取有代表性的样品约 20g，放入 50mL 烧杯内，加热至 40～50℃使其熔化，搅拌均匀，用不锈钢匙取约 5g 熔融的样品放入 50mL 烧杯（或平皿）内，加入 1g 加热到约 50℃的液体石蜡，混合均匀至无聚集的团块。制备好的试样应在 5min 内测定完毕。

2. 千分尺调零

旋转千分尺套管使两个测量平面相距约 10mm，小心用软纸或软布将测量平面擦拭干净。打开千分尺开关，选择测量范围。缓慢旋转棘轮，使两个测量平面接近，当两个测量平面接触时棘轮滑动一次（发出一声微弱的滑动声响）即停止旋转棘轮。按"回零"键，显示屏显示"00.000mm"。打开千分尺，重复上述操作 2～3 次，使每次都显示"00.000mm"。当重新打开千分尺开关或变动测量范围时，应重新调零。

3. 测定

取一滴试样［（三）1］滴在千分尺任意一个测量平面上，保持千分尺垂直位置，旋转棘轮（不得旋转套管），使两个测量平面缓慢接近。当两个测量平面开始接触时，继续旋转棘轮，使之滑动 3～4 次（发出 3～4 声微弱的滑动声响），停止旋转棘轮，读取显示屏上显示的数字。

4. 测定结果的表述

同一样品连续测定三次，相邻两次测定差不得超过 2μm，最高值和最低值之差不得超过 4μm，以平均值为测定结果。

方法二：刮板法

（一）仪器

刮板细度计。

（二）测定

将刮板和底板预热至 32℃±1℃，取少量搅拌均匀的试样，滴入底板斜槽的最深处，滴入量应充满斜槽而稍有余量。用双手拇指、食指、中指将刮板置于底板上端，使刮板圆棱与底板上表面接触，由斜槽深处向浅处拉过，在 5s 内观察槽内颗粒均匀分布的刻度值。

同一试样测定五次，取平均值。

五、致病菌的测定

参见模块二，项目三、项目四。

任务十六 蜜饯制品的检验

实训目标

1. 掌握蜜饯制品的基本知识。
2. 掌握蜜饯制品的常规检验项目及相关标准。
3. 掌握蜜饯制品的检验方法。

第一节 蜜饯制品基本知识

蜜饯制品是指以果蔬和糖类等为原料，经加工制成的蜜饯类、凉果类、果脯类、话梅类、果丹皮类和果糕类制品。

一、蜜饯制品的加工工艺

原料处理→糖（盐）制→干燥→修整→包装

二、蜜饯制品容易出现的质量安全问题

1. 超量或超范围使用食品添加剂

目前主要存在的问题一是企业不了解国家有关标准要求，盲目使用食品添加剂；二是企业为了达到降低成本，改善食品感官特性，延长货架期，超量或超范围使用食品添加剂。

2. 返砂或流汤（糖）

产生"返砂"现象的原因是蜜饯中蔗糖含量过高而转化糖含量不足；但在转化糖占总糖的90％以上时，又容易产生"流汤"。因此控制好蜜饯中蔗糖和转化糖的含量，是避免上述现象发生的根本途径。但也应注意储藏温度不能低于12～15℃，否则由于糖液在低温条件下溶解度下降引起过饱和而造成结晶。

3. 微生物超标

造成微生物指标超标的原因：一是车间的环境卫生差，防尘、防蝇、防鼠等措施不当；二是生产设备和器具受到污染；三是包装人员不注重个人卫生，消毒不彻底。

三、蜜饯制品生产的关键控制环节

（1）原料处理。

（2）食品添加剂使用。

（3）糖（盐）制。

（4）包装。

四、蜜饯制品生产企业必备的出厂检验设备

天平（0.1g）、分析天平（0.1mg）、干燥箱、电炉、灭菌锅、无菌室或超净工作台、微生物培养箱、生物显微镜。

五、蜜饯制品的检验项目和标准

蜜饯制品的相关标准包括：GB 14884《蜜饯卫生标准》；GB 14891.3《辐照干果果脯类卫生标准》；SB/T 10050《糖莲子》；SB/T 10051《丁香榄》；SB/T 10052《雪花应子》；SB/T 10053《桃脯》；SB/T 10054《梨脯》；SB/T 10055《海棠脯》；SB/T 10056《糖橘饼》；SB/T 10057《山楂糕、条、片》；SB/T 10085《苹果脯》；SB/T 10086《杏脯》；SB/T 10195《冬瓜条》；备案有

效的企业标准。

　　蜜饯制品的检验项目见表 3-44。

表 3-44　蜜饯制品质量检验项目

序号	检验项目	发证	监督	出厂	检验标准	备　注
1	标签	√	√		GB 7718	
2	感官	√		√	GB 14884	
3	净含量	√	√	√	JJF 1070	
4	水分	√			GB/T 10782	
5	总糖(以葡萄糖计)	√			GB/T 10782	产品明示标准中有此规定的
6	食盐(以氯化钠计)	√			GB/T 10782	
7	总酸	√			GB/T 10782	
8	铅(Pb)	√	√	*	GB 5009.12	
9	铜(Cu)	√	√	*	GB/T 5009.13	
10	总砷(以 As 计)	√	√	*	GB 5009.11	
11	二氧化硫残留量	√	√	√	GB/T 5009.34	
12	苯甲酸	√	√	*	GB/T 5009.29	
13	山梨酸	√	√	*	GB/T 5009.29	
14	糖精钠	√	√	*	GB/T 5009.28	
15	环己基氨基磺酸钠(甜蜜素)	√	√	*	GB/T 5009.97	
16	着色剂	√	√	*	GB/T 5009.35	
17	汞	√	√	*	GB 5009.17	
18	六六六	√	√	*	GB/T 5009.19	辐照果脯类
19	滴滴涕	√	√	*	GB/T 5009.19	
20	菌落总数	√	√	√	GB 4789.2	
21	大肠菌群	√	√	√	GB 4789.3	
22	致病菌	√	√	*	GB 4789.4 GB 4789.5 GB 4789.10 GB 4789.11	
23	霉菌	√	√	*	GB 4789.15	

　　注：1. 着色剂包括：柠檬黄、日落黄、胭脂红、苋菜红、亮蓝等人工合成色素，检测时应根据产品的颜色确定。

　　2. 致病菌包括：沙门菌、志贺菌、金黄色葡萄球菌。

　　3. 企业出厂检验项目中有"√"标记的，为常规检验项目。

　　4. 企业出厂检验项目中有"＊"标记的，企业应当每年检验两次。

第二节　蜜饯制品检验项目

一、蜜饯的感官检验及净含量检验

1. 感官检验

（1）色泽、形态、杂质　将试样放在白搪瓷盘中，在自然光下用肉眼直接观察。

（2）组织　用不锈钢刀将样品切开，用目测、手感、口尝的方法检验内部组织结构。

（3）滋味与气味　嗅其气味，品尝其滋味。

2. 净含量检验

用感量为 0.1g 的天平称其质量。

二、蜜饯水分的测定（直接干燥法）

（一）原理

蜜饯食品在 90～105℃ 温度下直接干燥，所失去物质的总量即为蜜饯食品的水分。

（二）仪器

恒温干燥箱；铝制或玻璃扁形称量瓶。

（三）操作方法

1. 样品处理

（1）干态样品称取可食部分约 200g 的试样，剪碎或切碎，充分混匀，装入干燥的磨口样品瓶内。

（2）糖渍样品必须将样品先沥干糖液（沥卤断线 1min），然后立即按（1）规定的方法进行处理。

（3）返砂样品必须连同样品附着的糖霜一起按（1）规定的方法进行处理。

（4）果糕类样品必须将样品充分捣碎混匀后立即称取 200g，置清洁容器中，严密封闭备用。

2. 测定

（1）取洁净的称量瓶，置于 95～105℃ 干燥箱中，瓶盖斜支于瓶边，加热 1～2h 取出盖好，置于干燥器内冷却 0.5h，并重复干燥至恒重。

（2）称取处理好的试样［（三）1］2～5g 左右（精确至 0.0001g），放入已知质量的称量瓶中，干燥 2～4h，盖好取出，放入干燥器内冷却 0.5h 称量；然后用同样方法反复干燥、冷却、称量，待前后两次之差不超过 3mg 时为止。

（四）计算

$$X = \frac{m_1 - m_2}{m_1 - m_3} \times 100\%$$

式中　X ——试料中水分的含量，%；

　　　m_1 ——称量瓶和试料的质量，g；

　　　m_2 ——称量瓶和试料干燥后的质量，g；

　　　m_3 ——称量瓶的质量，g。

（五）允许差

同一分析者，同一试样，同时或相继两次测定结果，相对误差不大于 1.5%。

三、蜜饯总酸的测定

参见模块一，项目三。

四、蜜饯总糖（以葡萄糖计）的测定

（一）原理

样品中原有的和水解后产生的糖具有还原性，它可以还原斐林试剂而生成红色氧化亚铜。

（二）试剂

（1）浓盐酸。

（2）氢氧化钠溶液（0.3g/mL）。

（3）甲基红指示剂（0.001g/mL）。

（4）斐林试剂

① 甲液　溶解 15g 硫酸铜（化学纯）及 0.05g 亚甲基蓝于 1000mL 容量瓶中，加蒸馏水至刻

度摇匀，过滤备用。

② 乙液　溶解 50g 酒石酸钾钠（化学纯）、75g 氢氧化钠（化学纯）及 4g 亚铁氰化钾于蒸馏水中定容至 1000mL，摇匀，过滤，储于橡皮塞玻璃瓶中备用。

③ 标定　准确取斐林试剂甲、乙液各 5mL，放入 150mL 锥形瓶中，加水 10mL、玻璃珠数粒，从滴定管滴加约 10mL 葡萄糖标准溶液，置电炉上加热，控制在 2min 内加热至沸，趁沸以每 2s 1 滴的速度滴加葡萄糖标准溶液，滴定至蓝色褪尽为终点。记录消耗葡萄糖标准溶液的体积。同时平行操作 3 次，取其平均值，计算每 10mL（甲、乙液各 5mL）斐林混合液相当于葡萄糖的质量。

④ 计算

$$A = \frac{mV}{250}$$

式中　A——相当于 10mL 斐林甲、乙混合液的葡萄糖的质量，g；

　　　m——葡萄糖的质量，g；

　　　V——滴定时所消耗葡萄糖溶液的体积，mL；

　　　250——葡萄糖稀释液的总体积，mL。

（5）葡萄糖标准滴定溶液　准确称取 0.2g（精确至 0.0001g）经 98～100℃ 干燥至恒重的葡萄糖，加水溶解置于 250mL 容量瓶中，然后加入 5mL 盐酸（防止微生物生长），用水稀释至 250mL，摇匀，定容备用。

（三）仪器

高速组织捣碎机；恒温水浴锅；调温电炉。

（四）分析步骤

1. 样品处理

（1）称取 200g 可食部分，剪碎、切碎或捣碎，充分混匀，装入干燥的磨口样品瓶内。糖渍样品应先沥干糖液（沥卤断线 1min）；糖霜类样品应连同附着的糖霜一起称样。

（2）称取处理好的试样 10g（精确至 0.001g），加水浸泡 1～2h，放入高速组织捣碎机中，加少量水捣碎，全部转移到 250mL 容量瓶中，用水定容至刻度，摇匀，过滤，滤液备用。

2. 测定

（1）准确吸取 10mL 滤液于 250mL 锥形瓶中，加水 30mL，加入盐酸 5mL，置于水浴锅中，待温度升至 68～70℃ 时，计算时间共转化 10min，然后用流水冷却至室温，全部转移到 250mL 容量瓶中，加 0.001g/mL 甲基红指示剂 2 滴，再用 0.3g/mL 氢氧化钠溶液中和至中性，用水稀释至刻度，摇匀，注入滴定管中备用。

（2）预备实验　吸取斐林甲、乙液各 5.0mL，置于 150mL 锥形瓶中，在电炉上加热至沸，从滴定管中滴入转化好的试液至蓝色变为浅黄色，即为终点，记下滴定所消耗试样的体积。

（3）正式实验　吸取斐林甲、乙液各 5.0mL，置于 150mL 锥形瓶中，滴入转化好的试液，较预备实验少 1mL，加热至沸 1min，再以每 2s 1 滴的速度滴入试液至终点，记下所消耗试液的体积，同时平行操作两次。

（五）结果计算

试样中总糖（以葡萄糖计）含量按下式计算：

$$X = \frac{A}{m \times \dfrac{V}{250}} \times 100$$

式中　X——试样中总糖（以葡萄糖计）含量，g/100g；

　　　m——样品质量，g；

　　　A——10mL 斐林混合液相当于葡萄糖的质量，g；

　　　V——滴定时消耗试液的体积，mL。

（六）允许差

在重复性条件下获得的两次独立测定结果的绝对差值不得超过算术平均值的 2%。

五、蜜饯中食盐（以氯化钠计）的测定

（一）原理

用已知浓度的硝酸银溶液，滴定试样中的氯化钠，生成氯化银沉淀后，过量的硝酸银与铬酸钾指示剂生成铬酸银，使溶液呈橘红色，即为终点。由硝酸银溶液消耗量计算氯化钠的含量。

（二）试剂

（1）50g/L 铬酸钾溶液。

（2）0.1mol/L（或 0.05mol/L）硝酸银标准滴定液。

① 配制　称取硝酸银 17.5g 加适量水溶解并稀释至 1000mL，此硝酸银溶液浓度约为 0.1mol/L，用此液稀释 1 倍得 0.05mol/L 的硝酸银溶液备用。

② 标定　准确称取 $500\sim600℃$ 干燥至恒重的基准氯化钠 0.2g（精确到 0.0001g），加入 50mL 蒸馏水使之溶解，加入 1mL 50g/L 铬酸钾溶液边摇边用硝酸银溶液滴定至初显红色，记下消耗硝酸银溶液的体积。平行操作三份。

同时，量取 50.00mL 水做空白试验。

③ 计算：

$$c=\frac{m}{(V_1-V_2)\times0.0584}$$

式中　c ——硝酸银标准滴定液的实际浓度，mol/L；

　　　　m ——氯化钠的质量，g；

　　　　V_1 ——氯化钠消耗硝酸银标准滴定液的体积，mL；

　　　　V_2 ——空白滴定消耗硝酸银标准滴定溶液的体积，mL；

0.0584 ——与 1.00mL 硝酸银标准滴定溶液 $[c(AgNO_3)=1.000mol/L]$ 相当的氯化钠的质量，

　　　　　　g/mmol。

结果保留至小数点后四位。

（三）仪器

高速组织捣碎机；可调电炉。

（四）操作步骤

1. 试样液的制备

称取处理好的试样 [本节二（三）1] $5\sim10g$（精确至 0.001g），加水浸泡 $1\sim2h$，放入高速组织捣碎机中捣碎。然后转移到烧杯中，放在电炉上小火煮沸 0.5h，冷却。全部转移到 250mL 容量瓶中，定容至刻度。过滤，滤液备用。

2. 分析

吸取 $5.00\sim10.00mL$ 滤液置于锥形瓶中加 50mL 水及 1mL 铬酸钾溶液，用硝酸银标准溶液滴定至初显橘红色，记录消耗硝酸银的体积，平行操作 2 份。同时，量取 5.00mL 水做空白试验。

（五）结果计算

$$X=\frac{c(V_1-V_2)\times0.0584}{m}\times100\%$$

式中　X ——试样中氯化钠的含量，%；

　　　　c ——硝酸银标准滴定溶液的实际浓度，mol/L；

　　　　V_1 ——试样消耗硝酸银标准滴定溶液的体积，mL；

　　　　V_2 ——空白滴定消耗硝酸银标准滴定溶液的体积，mL；

　　　　m ——试样的质量，g；

0.0584——与1.00mL硝酸银标准滴定溶液 $[c(AgNO_3)=1.000mol/L]$ 相当的氯化钠的质量，g/mmol。

结果保留两位小数。

（六）允许差

在重复性条件下获得的两次独立测定结果的绝对差值不得超过算数平均值的2%。

六、蜜饯中二氧化硫残留量测定（蒸馏法）

（一）原理

在密闭容器中对样品进行酸化并加热蒸馏，以释放出其中的二氧化硫，释放物用乙酸铅溶液吸收。吸收后用浓酸酸化，再以碘标准溶液滴定，根据所消耗的碘标准溶液量计算出样品中的二氧化硫含量。本法适用于色酒及葡萄糖糖浆、果脯、蜜饯。

（二）试剂

（1）盐酸（1+1）　浓盐酸用水稀释1倍。

（2）乙酸铅溶液（20g/L）　称取2g乙酸铅，溶于少量水中并稀释至100mL。

（3）碘标准溶液 $[c(1/2I_2)=0.010mol/L]$ 　将碘标准溶液（0.100mol/L）用水稀释10倍（需用硫代硫酸钠标定）。

（4）淀粉指示液（10g/L）　称取1g可溶性淀粉，用少许水调成糊状，缓缓倾入100mL沸水中，随加随搅拌，煮沸2min，放冷备用。此溶液应临用时新配制。

（三）仪器

全玻璃蒸馏器；碘量瓶；酸式滴定管。

（四）分析步骤

1. 样品处理

固体样品用刀切或剪刀剪成碎末后混匀，称取约5.00g均匀样品（样品量可视含量高低而定）。液体样品可直接吸取5.0～10.0mL样品，置于500mL圆底蒸馏烧瓶中。

2. 测定

（1）蒸馏　将称好的样品置入圆底蒸馏烧瓶中，加入250mL水，装上冷凝装置，冷凝管下端应插入碘量瓶中的25mL乙酸铅（20g/L）吸收液中，然后在蒸馏瓶中加入10mL盐酸（1+1），立即盖塞，加热蒸馏。当蒸馏液约200mL时，使冷凝管下端离开液面，再蒸馏1min。用少量蒸馏水冲洗插入乙酸铅溶液的装置部分。在检测样品的同时要做空白试验。

（2）滴定　向取下的碘量瓶中依次加入10mL浓盐酸、1mL淀粉指示液（10g/L）。摇匀之后用碘标准滴定溶液（0.010mol/L）滴定至变蓝且在30s内不褪色为止。

（五）计算

$$X = \frac{(A-B) \times 0.01 \times 0.032 \times 1000}{m}$$

式中　X——样品中的二氧化硫总含量，g/kg；

A——滴定样品所用碘标准滴定溶液（0.01mol/L）的体积，mL；

B——滴定试剂空白所用碘标准滴定溶液（0.01mol/L）的体积，mL；

m——样品质量，g；

0.032——1mL碘标准溶液 $[c(1/2I_2)=1.0mol/L]$ 相当的二氧化硫的质量，g/mmol。

七、蜜饯中苯甲酸、山梨酸的测定

参见模块三，任务一，第二节，九。

八、蜜饯中糖精钠、甜蜜素的测定

参见模块三，任务一，第二节，十。

九、蜜饯中着色剂的测定（高效液相色谱法）

（一）原理

食品中人工合成着色剂用聚酰胺吸附法或液-液分配法提取，制成水溶液，注入高效液相色谱仪，经反相色谱分离，根据保留时间定性，与峰面积比较进行定量。

（二）试剂

（1）正己烷。

（2）盐酸。

（3）乙酸。

（4）甲醇　经 $0.5\mu m$ 滤膜过滤。

（5）聚酰胺粉（尼龙6）过 200 目筛。

（6）乙酸铵溶液（0.02mol/L）称取 1.54g 乙酸铵，加水至 1000mL，溶解，经 $0.45\mu m$ 滤膜过滤。

（7）2％氨水　量取浓氨水 2mL，加水至 100mL，混匀。

（8）氨水-乙酸铵溶液（0.02mol/L）量取 2％氨水 0.5mL，加乙酸铵溶液（0.02mol/L）至 1000mL，混匀。

（9）甲醇-甲酸（6+4）溶液　量取甲醇 60mL、甲酸 40mL，混匀。

（10）柠檬酸溶液　称取 20g 柠檬酸（$C_6H_8O_7 \cdot H_2O$），加水至 100mL，溶解混匀。

（11）无水乙醇-氨水-水（7+2+1）溶液　量取无水乙醇 70mL、2％氨水 20mL、水 10mL，混匀。

（12）三正辛胺正丁醇溶液（5％）量取三正辛胺 5mL，加正丁醇至 100mL，混匀。

（13）饱和硫酸钠溶液。

（14）硫酸钠溶液（2g/L）。

（15）pH6 的水　水加柠檬酸溶液调 pH 值到 6。

（16）合成着色剂标准溶液　准确称取按其纯度折算为 100％的柠檬黄、日落黄、苋菜红、胭脂红、新红、赤藓红、亮蓝、靛蓝各 0.100g，置于 100mL 容量瓶中，加 pH6 水到刻度，配成水溶液（1.00mg/mL）。

（17）合成着色剂标准使用液　临用时上述溶液（16）加水稀释 20 倍，经 $0.45\mu m$ 滤膜过滤，配成每毫升相当于 $50.0\mu g$ 的合成着色剂。

（三）仪器

高效液相色谱仪，带紫外检测器，波长 254nm。

（四）分析步骤

1.试样处理

称取 $5.00\sim10.00g$ 粉碎试样，放入 100mL 小烧杯中，加水 30mL，温热溶解。若试样溶液 pH 值较高，用柠檬酸溶液调 pH 值到 6 左右。

2.色素提取

（1）聚酰胺吸附法　试样溶液加柠檬酸溶液调 pH 值到 6，加热至 60℃，将 1g 聚酰胺粉加少许水调成粥状，倒入试样溶液中，搅拌片刻，以 G_3 垂熔漏斗抽滤，用 60℃、pH4 的水洗涤 3～5 次，然后用甲醇-甲酸混合溶液洗涤 3～5 次［含赤藓红的试样用（2）法处理］，再用水洗至中性，用乙醇-氨水-水混合溶液解吸 3～5 次，每次 5mL，收集解吸液，加乙酸中和，蒸发至近干，加水溶解，定容至 5mL。经 $0.45\mu m$ 滤膜过滤，取 $10\mu L$ 进高效液相色谱仪。

（2）液-液分配法（适用于含赤藓红的试样）将制备好的试样溶液放入分液漏斗中，加 2mL 盐酸、三正辛胺正丁醇溶液（5％）10～20mL，振摇提取，分取有机相，重复提取至有机相无色。合并有机相，用饱和硫酸钠溶液洗 2 次，每次 10mL，分取有机相，放蒸发皿中。水浴加热

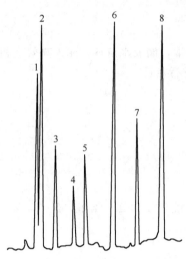

图 3-16　八种着色剂色谱分离图

1—新红；2—柠檬黄；3—苋菜红；

4—靛蓝；5—胭脂红；6—日落黄；

7—亮蓝；8—赤藓红

浓缩至 10mL，转移至分液漏斗中。加 60mL 正己烷，混匀，加氨水提取 2～3 次，每次 5mL，合并氨水溶液层（含水溶性酸性色素），用正己烷洗 2 次，氨水层加乙酸调成中性，水浴加热蒸发至近干，加水定容至 5mL。经滤膜 0.45μm 过滤，取 10μL 进高效液相色谱仪。

3. 高效液相色谱参考条件

(1) 柱：YWG-C$_{18}$ 10μm 不锈钢柱，4.6mm（i.d.）×250mm。

(2) 流动相：甲醇-乙酸铵溶液（pH＝4，0.02mol/L）。

(3) 梯度洗脱：甲醇 20％～35％，3％/min；35％～98％，9％/min；98％继续 6min。

(4) 流速：1mL/min。

(5) 紫外检测器：波长 254nm。

4. 测定

取相同体积样液和合成着色剂标准使用液分别注入高效液相色谱仪，根据保留时间定性，外标峰面积法定量。

色谱图见图 3-16。

（五）结果计算

试样中着色剂的含量按下式进行计算：

$$X = \frac{A}{m\dfrac{V_2}{V_1} \times 1000}$$

式中　X ——试样中着色剂的含量，g/kg；

　　　A ——样液中着色剂的质量，μg；

　　　V_1 ——试样稀释总体积，mL；

　　　V_2 ——进样体积，mL；

　　　m ——试样质量，g。

计算结果保留两位有效数字。

（六）精密度

在重复性条件下获得的两次独立测定结果的绝对差值不得超过算术平均值的 10％。

十、蜜饯制品菌落总数测定

参见模块二，项目一。

十一、蜜饯制品大肠菌群的测定

参见模块二，项目二。

十二、蜜饯中霉菌计数测定

参见模块三，任务十三，第二节，十五。

任务十七 酱油的检验

实训目标
1. 掌握酱油的基本知识。
2. 掌握酱油的常规检验项目及相关标准。
3. 掌握酱油的检验方法。

第一节 酱油的基本知识

以富含蛋白质的豆类和富含淀粉的谷物及其副产品为主要原料，在微生物酶的催化作用下分解制成并经浸滤提取的调味汁液。酱油按生产工艺分为酿造酱油和配制酱油，按使用方法分为烹调酱油和餐桌酱油。

酿造酱油：以大豆和（或）脱脂大豆、小麦和（或）麸皮为原料，经微生物发酵制成的具有特殊色、香、味的液体调味品。

配制酱油：以酿造酱油为主体，与酸水解植物蛋白调味液、食物添加剂等配制而成的液体调味品。

烹调酱油：不直接食用的，适用于烹调加工的酱油。

餐桌酱油：既可以直接食用，又可以用于烹调加工的酱油。

一、酱油的加工工艺

1. 酿造酱油

原料→蒸料→制曲→发酵→淋油→灭菌→灌装

2. 配制酱油

酿造酱油＋酸水解植物蛋白调味液→调配→灭菌→灌装

二、酱油容易出现的质量安全问题

（1）食品添加剂超范围和超量使用。

（2）微生物指标超标。

三、酱油生产的关键控制环节

（1）酿造酱油：制曲、发酵、灭菌。

（2）配制酱油：原料管理、酿造酱油的比例控制、灭菌。

四、酱油制品生产企业必备的出厂检验设备

酸度计；凯氏定氮装置；分析天平（0.1mg）；干燥箱；无菌室或超净工作台；微生物培养箱；生物显微镜；灭菌锅。

五、酱油制品的检验项目和标准

酱油制品的相关标准包括：GB 2717《酱油卫生标准》；GB 18186《酿造酱油》；SB/T 10336《配制酱油》；备案有效的企业标准。

酱油的检验项目见表3-45。

表 3-45 酱油质量检验项目

序号	检验项目	发证	监督	出厂	检验标准	备注
1	感官	√	√	√	GB 2717	
2	净含量	√	√	√	JJF 1070	
3	氨基酸态氮	√	√	√	GB 2717	
4	总酸(以乳酸计)	√	√	√	GB 12456	适用于烹调酱油
5	总砷(以 As 计)	√	√	*	GB 5009.11	
6	铅(以 Pb 计)	√	√	*	GB 5009.12	
7	黄曲霉毒素 B₁	√	√	*	GB 5009.22	
8	食品添加剂(苯甲酸、山梨酸等)	√	√	*	GB/T 5009.29	
9	菌落总数	√	√	√	GB 4789.2	适用于餐桌酱油
10	大肠菌群	√	√	√	GB 4789.3	
11	致病菌	√	√	*	SN/T 1870	
12	铵盐	√	√		GB 2717	
13	可溶性无盐固形物	√		√	SB/T 10326	
14	全氮	√		√	ZB 66026	
15	※3-氯-1,2-丙二醇	√			GB/T 18782	
16	标签	√	√		GB 7718	

注：1. 企业出厂检验项目中有"√"标记的，为常规检验项目。

2. 企业出厂检验项目中有"＊"标记的，企业应当每年检验两次。

3. ※表示有能力时可列入，但不判定。

4. 产品标签内容除符合 GB 7718 要求外，还应注明酿造酱油或配制酱油，氨基酸态氮含量、质量等级、用于"佐餐和/或烹调"、产品标准号（生产工艺）。

第二节 酱油的检验项目

一、酱油的感官检验

取 2mL 样品于 25mL 具塞比色管中，加水至刻度，振摇观察色泽、澄明度，应不混浊，无沉淀物。

取 30mL 样品于 50mL 烧杯中，应无霉味，无霉花浮膜。

用玻棒搅拌烧杯中样品后，尝其味不得有酸、苦、涩等异味。

二、酱油净含量的测定

取样品于烧杯中，由感量为 0.1g 的天平称量内容物。

三、酱油中氨基酸态氮的测定

参见模块一，项目七。

四、酱油总酸的测定

参见模块一，项目三。

五、酱油中菌落总数的测定

参见模块二，项目一。

六、酱油中大肠菌群的测定

参见模块二，项目二。

七、酱油中食盐（以氯化钠计）的测定

（一）原理

用硝酸银标准溶液滴定试样中的氯化钠，生成氯化银沉淀，待全部氯化银沉淀后，多滴加的硝酸银与铬酸钾指示剂生成铬酸银使溶液呈橘红色即为终点。由硝酸银标准滴定溶液消耗量计算氯化钠的含量。

（二）试剂

（1）硝酸银标准滴定溶液：$c(AgNO_3)=0.100mol/L$。

（2）铬酸钾溶液（50g/L）：称取5g铬酸钾用少量水溶解后定容至100mL。

（三）仪器

10mL微量滴定管。

（四）分析步骤

精确吸取样液5mL置于100mL容量瓶中，加水至刻度，摇匀，准确吸取2.0mL试样稀释液，于150~200mL锥形瓶中，加100mL水及1mL铬酸钾溶液（50g/L），混匀。用硝酸银标准溶液（0.100mol/L）滴定至初显橘红色。

量取100mL水，同时做试剂空白试验。

（五）结果计算

试样中食盐（以氯化钠计）的含量按下式进行计算：

$$X=\frac{(V_1-V_2)c\times0.0585}{5\times\frac{2}{100}}\times100$$

式中　X——试样中食盐（以氯化钠计）的含量，g/100mL；

V_1——测定用试样稀释液消耗硝酸银标准滴定溶液的体积，mL；

V_2——试剂空白消耗硝酸银标准滴定溶液的体积，mL；

c——硝酸银标准滴定溶液的浓度，mol/L；

5——吸取样品溶液的量，mL；

0.0585——与1.00mL硝酸银标准溶液 $[c(AgNO_3)=1.000mol/L]$ 相当的氯化钠的质量，g/mmol。

计算结果保留三位有效数字。

（六）精密度

在重复性条件下获得的两次独立测定结果的绝对差值不得超过算术平均值的10%。

任务十八 食醋的检验

> **实训目标**
> 1. 掌握食醋的基本知识。
> 2. 掌握食醋的常规检验项目及相关标准。
> 3. 掌握食醋的检验方法。

第一节 食醋的基本知识

食醋：以粮食、果实、酒类等含有淀粉、糖类、酒精的原料，经微生物酿造而成的液体酸性调味品。

酿造食醋：单独或混合使用含有淀粉、糖的物料或酒精，经微生物发酵酿制而成的液体调味品。

配制食醋：以酿造食醋为主体，与冰醋酸（食品级）、食品添加剂等混合配制而成的调味食醋。

一、食醋的加工工艺

1. 酿造食醋：

原料→原料处理→酒精发酵→醋酸发酵→淋醋→灭菌→灌装

2. 配制食醋：

酿造食醋＋食用冰醋酸→调配→灭菌→灌装

二、食醋容易出现的质量安全问题

（1）食品添加剂超范围和超量使用。

（2）微生物指标超标。

三、食醋生产的关键控制环节

酿造食醋：原料控制、醋酸发酵、灭菌。

配制食醋：原料控制、酿造食醋的比例控制、灭菌。

四、食醋制品生产企业必备的出厂检验设备

酸度计；蒸馏装置（仅以酒精为原料的液态发酵食醋不要求）；分析天平（0.1mg）；干燥箱；无菌室或超净工作台；微生物培养箱；生物显微镜；灭菌锅。

五、食醋的检验项目和标准

食醋制品的相关标准包括：GB 2719《食醋卫生标准》；GB 18187《酿造食醋》；SB/T 10337《配制食醋》；备案有效的企业标准。

食醋的检验项目见表 3-46。

表 3-46 食醋质量检验项目

序号	检验项目	发证	监督	出厂	检验标准	备注
1	感官	√	√	√	GB 2719	
2	净含量	√	√	√	JJF 1070	

续表

序号	检验项目	发证	监督	出厂	检验标准	备　　注
3	总酸(以乙酸计)	√	√	√	GB/T 12456	
4	游离矿酸①	√	√	*	GB 2719	
5	总砷(以 As 计)	√	√	*	GB 5009.11	
6	铅(以 Pb 计)	√	√	*	GB 5009.12	
7	黄曲霉毒素 B$_1$	√	√	*	GB 5009.22	
8	食品添加剂(苯甲酸、山梨酸等)	√	√	*	GB 5009.29	
9	菌落总数	√	√	√	GB 4789.2	
10	大肠菌群	√	√	√	GB 4789.3	
11	致病菌(系指肠道致病菌)	√	√	*	SN/T 1870	
12	不挥发酸	√		√	GB 2719	适用于固态发酵的酿造食醋,以乳酸计
13	可溶性无盐固形物	√		√	SB/T 10326	以酒精为原料的液态发酵食醋不要求
14	标签	√	√		GB 7718	

① 矿酸汙指无机酸。

注：1. 企业出厂检验项目中有"√"标记的，为常规检验项目。

2. 企业出厂检验项目中有"＊"标记的，企业应当每年检验两次。

3. 产品标签内容除 GB 7718《食品标签通用标准》的要求外，还应注明酿造食醋或配制食醋，总酸含量、产品标准号（生产工艺）。

第二节　食醋的检验项目

一、食醋的感官检验

取 2mL 样品于 25mL 具塞比色管中，加水至刻度，振摇观察色泽、澄明度，应不混浊，无沉淀物。

取 30mL 样品于 50mL 烧杯中观察，应无悬浮物，无霉花浮膜，无"醋鳗"、"醋虱"。

用玻璃棒搅拌烧杯中试样，尝味应不涩，无其他不良气味与异味。

二、食醋净含量的测定

取样品于烧杯中，由感量为 0.1g 的天平称量内容物。

三、食醋总酸的测定（以乳酸计）

参见模块一，项目三。

四、食醋中菌落总数的测定

参见模块二，项目一。

五、食醋中大肠菌群的测定

参见模块二，项目二。

任务十九　味精的检验

> **实训目标**
> 1. 掌握味精的基本知识。
> 2. 掌握味精的常规检验项目及相关标准。
> 3. 掌握味精的检验方法。

第一节　味精的基本知识

味精是以淀粉质、糖质为原料，经微生物（谷氨酸棒杆菌等）发酵、提取、中和、结晶精制而成的，谷氨酸钠含量≥99.0%、具有特殊鲜味的白色结晶或粉末。

加盐味精：在谷氨酸钠（味精）中，定量添加了精制盐的均匀混合物。

增鲜味精：在谷氨酸钠（味精）中，定量添加了核苷酸二钠或呈味核苷酸二钠等增鲜剂，其鲜味度超过混合前的谷氨酸钠（味精）。

一、味精的加工工艺

原料→淀粉糖化→发酵→谷氨酸提取→味精制造→包装

二、味精容易出现的质量安全问题

(1) 谷氨酸含量未达到产品要求。

(2) 成品中铅、锌、硫酸盐等超标。

三、味精生产的关键控制环节

(1) 发酵控制。

(2) 谷氨酸提取。

四、味精制品生产企业必备的出厂检验设备

旋光仪；分光光度计；分析天平（0.1mg）；干燥箱；酸度计（仅生产含盐味精的企业可不要求）；紫外分光光度计［生产特鲜（强力）味精的企业必备］。

五、味精的检验项目和标准

味精制品的相关标准包括：GB 2720《食品安全国家标准 味精》；GB/T 8967《谷氨酸钠（味精）》；备案有效的企业标准。

味精的检验项目见表3-47。

表 3-47　味精质量检验项目

序号	项　目	谷氨酸钠(99%味精)			味　精			检验标准
		发证	监督	出厂	发证	监督	出厂	
1	感官	√	√	√	√	√	√	GB/T 5009.43
2	净含量	√	√	√	√	√	√	GB 2717
3	谷氨酸钠(含量)	√	√	√	√	√	√	GB/T 8967
4	透光率	√		√	√		√	GB/T 8967
5	比旋光度	√		√				GB/T 613

续表

序号	项 目	谷氨酸钠(99%味精)			味 精			检验标准
		发证	监督	出厂	发证	监督	出厂	
6	氯化物(食用盐)	√		*	√		√	GB/T 8967
7	pH 值	√		√				GB/T 8967
8	干燥失重	√		√	√		√	GB/T 8967
9	铁	√		√	√		√	GB/T 8967
10	硫酸盐	√		√	√		*	GB/T 5009.43
11	重金属				√		*	GB/T 5009.43
12	5'-鸟苷酸二钠或呈味核苷酸钠				√		√	QB/T 2846
13	砷	√	√	*	√	√	*	GB 5009.11
14	铅	√	√	*	√	√	*	GB 5009.12
15	锌	√	√	*	√	√	*	GB/T 5009.14
16	标签	√	√		√	√		GB 7718

注：1. 企业出厂检验项目中有"√"标记的，为常规检验项目。

2. 企业出厂检验项目中有"*"标记的，企业应当每年检验两次。

3. 产品标签除应符合 GB 7718 的要求外，还应注明谷氨酸钠含量，味精需在配料表中标出食盐含量，特鲜味精需在配料表中标出食盐、5'-鸟苷酸二钠或呈味核苷酸钠含量。

第二节 味精的检验项目

一、味精的感官检验

将味精试样平铺在一张白纸上，观察其外观，应为白色结晶，无夹杂物。尝其味应无异味。

二、味精净含量的测定

取样品于烧杯中，由感量为 0.1g 的天平称量内容物。

三、味精中谷氨酸钠（含量）的测定（高氯酸非水溶液滴定法）

（一）原理

在乙酸存在下，用高氯酸标准溶液滴定样品中的谷氨酸钠，以电位滴定法确定其终点，或以 α-萘酚苯基甲醇为指示剂，滴定溶液至绿色为其终点。

（二）仪器

自动电位滴定仪；酸度计；磁力搅拌器。

（三）试剂和溶液

（1）高氯酸标准滴定溶液：$c(HClO_4)=0.1mol/L$。

（2）乙酸。

（3）甲酸。

（4）α-萘酚苯基甲醇-乙醇指示液（2g/L）：称取 0.1g α-萘酚苯基甲醇，用乙酸溶解并稀释至 50mL。

（四）分析步骤

1. 电位滴定法

按仪器使用说明书处理电极和校正电位滴定仪。用小烧杯称取试样 0.15g，精确至 0.0001g，加甲酸 3mL，搅拌，直至完全溶解，再加乙酸 30mL，摇匀。将盛有试液的小烧杯置于电磁搅拌器上，插入电极，搅拌，从滴定管中陆续滴加高氯酸标准滴定溶液，分别记录电位（或 pH）和消耗高氯酸标准滴定溶液的体积;滴定至终点前,每次滴加 0.05mL 高氯酸标准滴定溶液并记录电位(或 pH)和消耗高氯酸标准滴定溶液的体积;超过突跃点后,继续滴加高氯酸标准滴定溶液至电位(或 pH)无明显变化为止。以电位 E(或 pH)为纵坐标、滴定时消耗高氯酸标准滴定溶液的体积(V)为横坐标,绘制 E-V 滴定曲线,以该曲线的转折点(突跃点)为其滴定终点。

2. 指示剂法

称取试样 0.15g(精确至 0.0001g)于锥形瓶内,加甲酸 3mL 搅拌,直至完全溶解,再加乙酸 30mL、α-萘酚苯基甲醇-乙酸指示液 10 滴,用高氯酸标准滴定溶液滴定试样液,当颜色变绿即为滴定终点,记录消耗高氯酸标准滴定溶液的体积(V_1)。同时做空白试验,记录消耗高氯酸标准滴定溶液的体积(V_0)。

3. 高氯酸溶液浓度的校正

若滴定试样与标定高氯酸标准溶液时温度之差超过 10℃,则应重新标定高氯酸标准溶液的浓度;若不超过 10℃,则按下式加以校正:

$$c_1 = \frac{c_0}{1 + 0.0011 \times (t_1 - t_0)}$$

式中　c_1——滴定试样时高氯酸溶液的浓度,mol/L;

　　　c_0——标定时高氯酸溶液的浓度,mol/L;

　　　t_1——滴定试样时高氯酸溶液的温度,℃;

　　　t_0——标定时高氯酸溶液的温度,℃;

　0.0011——乙酸的膨胀系数。

(五)计算

样品中谷氨酸钠含量按下式计算:

$$X = \frac{0.09357 \times (V_1 - V_0)c}{m} \times 100\%$$

式中　X——样品中谷氨酸钠含量,%;

　0.09357——1.00mL 高氯酸标准溶液相当于谷氨酸钠的质量,g/mmol;

　　　V_1——试样消耗高氯酸标准滴定溶液的体积,mL;

　　　V_0——空白消耗高氯酸标准滴定溶液的体积,mL;

　　　c——高氯酸标准滴定溶液的浓度,mol/L;

　　　m——试样质量,g。

计算结果保留至小数点后第一位。

(六)允许差

同一试样测试结果,相对平均偏差不得超过 0.3%。

四、味精透光率的测定

(一)仪器

721 型分光光度计。

(二)分析步骤

称取试样 10g(精确至 0.1g),加水溶解,定容至 100mL,摇匀。用 1cm 比色皿,以水为空白对照,在波长 430nm 下测定试样液的透光率,记录读数。

(三)允许差

同一样品两次测定结果的绝对差值不得超过算术平均值的 0.2%。

五、味精中氯化物(食用盐)的测定
方法一:比浊法(适于微量氯化物)

(一)原理

试样溶液中含有的微量氯离子与硝酸银生成氯化银沉淀,其浊度与标准氯离子产生的氯化银比较，进行目视比浊。

(二) 试剂和溶液

（1）硝酸。

（2）氯化物标准溶液：1mL 溶液含有 0.1mg 氯。

（3）10%（体积分数）硝酸溶液：量取 1 体积硝酸，注入 9 体积水中。

（4）硝酸银标准溶液：$c(AgNO_3)=0.1mol/L$。

(三) 分析步骤

称取试样 10g，精确至 0.1g，加水溶解并定容至 100mL，摇匀。

吸取试样液 10.00mL 于一支 50mL 纳氏比色管中，加水 13mL，摇匀；准确吸取氯化物标准溶液 10.00mL 于另一只 50mL 纳氏比色管中，加水 13mL，摇匀；同时向上述两管各加硝酸溶液和硝酸银标准溶液各 1mL，立即摇匀，于暗处放置 5min 后，取出，立即进行目视比浊。

若样品管浊度不高于标准管浊度，则氯化物含量≤0.1%。

方法二：铬酸钾指示剂法（适于添加食用盐的测定）

(一) 原理

以铬酸钾作指示剂，用硝酸银标准滴定溶液滴定试样液中的氯化钠，根据硝酸银标准滴定溶液的消耗量，计算出样品中氯化钠的含量。

(二) 试剂和溶液

（1）硝酸银标准溶液 $c(AgNO_3)-0.1mol/L$。

（2）铬酸钾指示液 称取铬酸钾 5g，加 95mL 水溶解，滴加硝酸银标准溶液直至生成红色沉淀为止，放置过夜。过滤，收集滤液备用。

(三) 分析步骤

称取试样 10g，精确至 0.0001g，加水溶解并定容至 100mL，摇匀。

吸取上述制备的试样液 5.00mL 于锥形瓶中，加水 40mL、铬酸钾指示液 1mL，以 0.1mol/L 硝酸银标准滴定溶液滴定试样液，直至砖红色为其终点，同时做空白试验。

(四) 计算

样品中氯化钠的含量按下式计算：

$$X=\frac{(V-V_0)c\times0.05844\times100}{m\times5}\times100\%$$

式中　X——样品中氯化钠的含量，%；

　　　V——试样消耗硝酸银标准滴定溶液的体积，mL；

　　　V_0——空白消耗硝酸银标准滴定溶液的体积，mL；

　　　c——硝酸银标准滴定溶液的浓度，mol/L；

0.05844——1.00mL 硝酸银标准溶液 $[c(AgNO_3)=1.000mol/L]$ 相当于氯化钠的质量，g/mmol；

　　100——试样定容的总体积，mL；

　　　m——样品质量，g；

　　　5——测定时，吸取试样液的体积，mL。

计算结果保留至小数点后第一位。

(五) 允许差

同一试样测试结果，相对平均偏差不得超过 2%。

六、味精干燥失重的测定

(一) 原理

用干燥法测定失去的易挥发性物质的质量，以百分含量表示。

（二）仪器

（1）电热干燥箱：温控 98℃±1℃。

（2）称量瓶：50mm×30mm。

（3）干燥器：变色硅胶。

（4）分析天平：感量 0.1mg。

（三）分析步骤

用烘至恒重的称量瓶称取试样 5g，精确至 0.0001g，置于 98℃±1℃ 电热干燥箱中，烘干 5h，取出，加盖，放入干燥器中，冷却至室温 30min 后称量。

（四）计算

样品的干燥失重按下式计算：

$$X = \frac{m_1 - m_2}{m_1 - m} \times 100\%$$

式中　X——样品的干燥失重，%；

　　　m——称量瓶的质量，g；

　　　m_1——干燥前称量瓶和试样的质量，g；

　　　m_2——干燥后称量瓶和试样的质量，g。

计算结果保留至小数点后第一位。

（五）允许差

同一样品测定结果相对平均偏差不得超过 10%。

七、味精中铁的测定

（一）原理

在酸性条件下，样液中的铁离子与硫氰酸铵作用，其颜色深浅与铁离子的浓度成正比，可以进行比色测定。

（二）仪器

具塞比色管：50mL。

（三）试剂和溶液

（1）硝酸。

（2）1+1 硝酸溶液：量取 1 体积硝酸，注入 1 体积水中。

（3）硫氰酸铵。

（4）硫氰酸铵溶液（150g/L）：称取硫氰酸铵 15.0g，用水溶解并定容至 100mL。

（5）铁标准溶液Ⅰ：含铁 0.1g/L。

（6）铁标准溶液Ⅱ：含铁 0.01g/L。

（四）分析步骤

称取试样 1g 于比色管中，精确至 0.1g，加水 10mL 溶解，再加硝酸溶液 2mL，摇匀。准确吸取铁标准溶液Ⅱ0.5mL 于另一支比色管中，加水 9.5mL、硝酸溶液 2mL，摇匀。将上述两管同时置于沸水浴中煮沸 20min，取出，冷却至室温，同时向各管加入硫氰酸铵溶液 10.00mL，补加水至 25mL 刻度，摇匀，进行目视比色。

若试样管溶液颜色不高于标准管溶液的颜色，则含铁量≤5mg/kg。

任务二十　酱腌菜的检验

> **实训目标**
> 1. 掌握酱腌菜的基本知识。
> 2. 掌握酱腌菜的常规检验项目及相关标准。
> 3. 掌握酱腌菜的检验方法。

第一节　酱腌菜的基本知识

酱腌菜是指以新鲜蔬菜为主要原料，经淘洗、腌制、脱盐、切分、调味、分装、密封、杀菌等工作，采用不同腌渍工艺制作而成的各种蔬菜制品的总称。

一、酱腌菜的加工工艺

原辅料预处理 → 腌制(盐渍、糖渍、酱渍等)→整理(淘洗、晾晒、压榨、调味、发酵、后熟)

包装←灭菌(或不灭菌)←灌装

二、酱腌菜容易出现的质量安全问题

(1) 食品添加剂超范围或超量使用。

(2) 亚硝酸盐超标。

(3) 微生物指标超标。

(4) 固形物含量不足。

三、酱腌菜生产的关键控制环节

(1) 原辅料预处理：将霉变、变质、黄叶剔出。

(2) 后熟：掌握适宜时间，避免腌制时间不当导致亚硝酸盐超标。

(3) 灭菌：控制灭菌温度、灭菌时间、包装容器的清洗和灭菌。

(4) 灌装：注意灌装时样品不受污染。

四、酱腌菜生产企业必备的出厂检验设备

分析天平（0.1mg）、干燥箱、灭菌锅、无菌室或超净工作台、分光光度计、生物显微镜、微生物培养箱、酸度计（有氨基酸态氮出厂检验项目的企业需具备）。

五、酱腌菜产品的检验项目和标准

酱腌菜产品的相关标准包括：GB 2714《食品安全国家标准 酱腌菜》；GH/T 1011《榨菜》；GH/T 1012《方便榨菜》；SB/T 10439《酱渍菜》；备案有效的企业标准。

酱腌菜产品检验项目见表3-48。

表 3-48　酱腌菜产品质量检验项目及检验标准

序号	检 验 项 目	发证	监督	出厂	检 验 标 准	备　注
1	净含量	√	√		SN/T 0400	
2	外观及感官	√	√	√	GB 2714	
3	水分	√	√	√	GB 5009.3	

续表

序号	检 验 项 目	发证	监督	出厂	检 验 标 准	备 注
4	食盐含量	√	√	√	GB 5009.39	
5	总酸	√	√	√	GB 5009.39	
6	氨基酸态氮	√	√	*	GB 5009.39	
7	总糖	√	√	*	GB/T 5009.7	有此项目的进行检验
8	还原糖	√	√	*	GB/T 5009.7	有此项目的进行检验
9	砷	√	√		GB 5009.11	
10	铅	√	√		GB 5009.12	
11	锡	√	√		GB 5009.16	仅酱腌菜罐头检
12	铜	√	√	*	GB/T 5009.13	仅酱腌菜罐头检
13	防腐剂(山梨酸、苯甲酸)	√	√		GB/T 5009.29	
14	甜味剂(甜蜜素、糖精钠、安赛蜜)	√	√		GB/T 5009.97 GB/T 5009.28 GB/T 5009.140	
15	着色剂(胭脂红、苋菜红、柠檬黄、日落黄、亮蓝)	√	√	*	GB/T 5009.35	
16	亚硝酸盐	√	√	√	GB 5009.33	
17	大肠菌群	√	√	√	GB 4789.3	
18	致病菌	√	√	*	GB 4789.4 GB 4789.5 GB 4789.10 GB/T 4789.11 GB/T 4789.26	
19	商业无菌	√	√		GB/T 4789.26	仅酱腌菜罐头检
20	黄曲霉毒素 B_1	√	√	*	GB 5009.22	仅酱渍菜、酱油渍菜检
21	标签	√	√		GB 7718	

注：1. 企业出厂检验项目中标有"√"标记的，为常规检验项目。

2. 企业出厂检验项目中标有"＊"标记的，应在每次开始生产时进行一次检验，生产时间超过6个月的，需再进行1次检验。

第二节　酱腌菜制品检验项目

一、净含量检验

液体样品一般采用容量法（2L以上可采用称量法）。在（20±2）℃条件下，将样品沿容器壁缓缓注入量筒内，读取体积，计算其负偏差值。

固体、半固体样品一般采用称量法。在（20±2）℃条件下，将样品全部倒入已称重的烧杯中，在分析天平上称取其质量，并计算负偏差值。

二、外观及感官检验

酱腌菜应具有其固有的色、香、味，无杂质，无其他不良气味，不得有霉斑白膜。

三、食盐含量的测定

（1）样品制备　称取200g样品用组织捣碎机捣碎，混匀，贮存于干燥洁净的玻璃瓶中。

（2）样品稀释液的制备　准确称取处理过的样品 10g 于小烧杯中，加入 80mL 煮沸的蒸馏水，浸泡 30min（其间搅拌 3～5 次）。冷却至室温后，转移入 100mL 容量瓶中，定容至刻度后充分摇匀。用滤纸过滤，弃去初滤液 5mL，放至具塞锥形瓶中备用。此样品液稀释液的浓度为 10%。

其余参见模块三，任务四，第二节，三。

四、亚硝酸盐的测定

（一）原理

在弱酸性条件下，亚硝酸盐与对氨基苯磺酸重氮化，再与 N-1-萘基乙二胺偶合形成紫红色染料，在 538nm 处测定其吸光度，并与标准比较定量。

（二）仪器

组织捣碎机；分光光度计；具塞比色管（50mL）。

（三）试剂

（1）果蔬提取剂　称取 50g 氯化镉与 50g 氯化钡，溶于重蒸馏水中，用浓盐酸调节溶液 pH=1。

（2）4g/L 对氨基苯磺酸溶液　称取 0.4g 对氨基苯磺酸，溶于 100mL 20% 盐酸中，置于棕色试剂瓶中，避光保存。

（3）2g/L 盐酸萘乙二胺溶液　称取 0.2g 盐酸萘乙二胺，溶于 1000mL 水中，混匀后，置于棕色试剂瓶中，避光保存。

（4）亚硝酸钠储备液　准确称取 0.1000g 于硅胶干燥器中干燥 24h 的亚硝酸钠，加水溶解，移入 500mL 容量瓶中，加水稀释至刻度，混匀。此溶液每毫升相当于 200μg 亚硝酸钠。

（5）亚硝酸钠标准使用液　临用前，准确移取 25.00mL 亚硝酸钠储备液于 1000mL 容量瓶中，加水稀释至刻度，摇匀。此溶液每毫升相当于 5μg 亚硝酸钠。

（6）2.5mol/L 氢氧化钠溶液。

（7）氢氧化铝乳液　溶解 125g 硫酸铝于 1000mL 重蒸馏水中，使氢氧化铝全部沉淀（溶液呈现弱碱性）。用蒸馏水反复洗涤沉淀，抽滤，直至洗液分别用氯化钡、硝酸银溶液检验均无混浊为止。取出沉淀物，用适量重蒸馏水使其呈稀糨糊状，捣匀备用。

（四）操作步骤

（1）样品制备　准确称取 200g 样品，用组织捣碎机捣碎，混匀，贮存于洁净干燥的玻璃瓶中。

（2）样品稀释液的制备　准确移取 50mL 匀浆于 500mL 容量瓶中，加 100mL 水、100mL 果蔬提取剂，振摇提取 1h 后，加入 40mL 2.5mol/L 氢氧化钠溶液，用重蒸馏水定容后立即过滤。取 60mL 滤液于 100mL 容量瓶中，加氢氧化铝乳液至刻度，用滤纸过滤，滤液应呈现无色透明。

（3）标准曲线的绘制　准确移取 0.00mL、0.20mL、0.40mL、0.60mL、0.80mL、1.00mL、1.50mL、2.00mL、2.50mL 亚硝酸盐标准使用液（相当于 0μg、1μg、2μg、3μg、4μg、5μg、7.5μg、10μg、12.5μg 亚硝酸钠），分别置于 50mL 具塞比色管中，加入 2mL 4g/L 对氨基苯磺酸溶液，混合均匀，静置 3～5min 后加入 1mL 2g/L 盐酸萘乙二胺溶液，加水稀释至刻度，混合均匀。静置 15min 充分显色后，使用 2cm 比色皿，以试剂空白作参比溶液，于 538nm 处测定吸光度。以亚硝酸盐含量为横坐标、吸光度为纵坐标绘制标准曲线。

（4）测定　准确移取 40mL 滤液于 50mL 具塞比色管中，按标准曲线的步骤，加入各种试剂，测定吸光度。

（五）结果计算

$$X = \frac{m_1}{m \cdot \frac{V_2}{V_1}}$$

式中　X——样品中亚硝酸盐的含量，mg/kg；

　　　m_1——测定用样品溶液亚硝酸盐的质量，μg；

　　　m——样品质量，g；

　　　V_1——样品溶液总体积，mL；

　　　V_2——测定时样品溶液的体积，mL。

计算结果保留两位有效数字。

(六) 精密度

在重复性条件下获得两次独立测定结果的绝对差值不得超过算术平均值的 10%。

五、水分含量的测定

参见模块一，项目一。

六、总酸的测定

参见模块一，项目三。

七、大肠菌群的测定

参见模块二，项目二。

八、氨基酸态氮的测定

参见模块一，项目七。

任务二十一　食用植物油的检验

第一节　食用植物油的基本知识

食用植物油：以菜籽、大豆、花生、葵花籽、棉籽、亚麻籽、油茶籽、玉米胚、红花籽、米糠、芝麻、棕榈果实、橄榄果实（仁）、椰子果实以及其他小品种植物油料（如核桃、杏仁、葡萄籽等）制取的原油（毛油），经过加工制成的食用植物油（含食用调和油）。

一、食用植物油的加工工艺

（一）制取原油

1. 压榨法制油工艺流程

（1）以花生仁为例：

清理→剥壳→破碎→轧胚→蒸炒→压榨→花生原油

（2）以橄榄油为例（冷榨）：

2. 浸出法制油工艺流程

以大豆为例：

清理→破碎→软化→轧胚→浸出→蒸发→汽提→大豆原油

3. 水代法制油工艺流程

以芝麻为例：

芝麻→筛选→漂洗→炒子→扬烟→吹净→磨酱→对浆搅油→振荡分油→芝麻油

（二）油脂精炼

1. 化学精炼工艺流程

原油→过滤→脱胶（水化）→脱酸（碱炼）→脱色→脱臭→成品油

2. 物理精炼工艺流程

原油→过滤→脱胶（酸化）→脱色→脱酸（水蒸气蒸馏）→脱臭→成品油

（三）油脂的深加工工艺（包括油脂的氢化，酯交换，分提等）

棕榈（仁）油分提工艺流程：

（1）干法分提工艺

棕榈（仁）油→加热→冷却结晶→过滤→软脂、硬脂

（2）溶剂法分提工艺

棕榈（仁）油→溶剂稀释→冷却结晶→分离→蒸发溶剂→软脂、硬脂

（3）表面活性剂法分提工艺

棕榈（仁）油→棕仁软脂稀释棕仁油→冷冻→润湿硬脂晶体→离心分离→洗涤→干燥→软脂、硬脂

二、食用植物油容易出现的质量安全问题

(1) 酸价（酸值）超标。

(2) 过氧化值超标。

(3) 溶剂残留量超标。

(4) 加热试验项目不合格。

三、食用植物油生产的关键控制环节

(1) 油脂精炼：脱酸，脱臭。

(2) 水代法制芝麻油：炒子温度、对浆搅油。

(3) 橄榄油：选取原料、低温冷压榨。

(4) 棕榈（仁）油：分提工艺。

四、食用植物油制品生产企业必备的出厂检验设备

酸度计；凯氏定氮装置；分析天平（0.1mg）；干燥箱；无菌室或超净工作台；微生物培养箱；生物显微镜；灭菌锅。

五、食用植物油的检验项目和标准

食用植物油制品的相关标准包括：GB 2716《食用植物油卫生标准》；GB/T 17756《色拉油通用技术条件》；GB 1535《大豆油》；GB 1534《花生油》；GB 1536《菜籽油》；GB 1537《棉籽油》；GB 10464《葵花籽油》；GB 11765《油茶籽油》；GB 19111《玉米油》；GB 19112《米糠油》；GB/T 8235《亚麻籽油》；SB/T 10292《食用调和油》；GB/T 8233《芝麻油》；GB/T 15680《棕榈油》；GB/T 18009《棕榈仁油》；NY/T 230《椰子油》；备案有效的企业标准。

食用植物油的检验项目见表 3-49。

表 3-49　食用植物油质量检验项目

序号	检 验 项 目	发证	监督	出厂	检 验 标 准	备 注
1	色泽	√	√	√	GB/T 5525	
2	气味、滋味	√	√	√	GB/T 5525	
3	透明度	√	√	√	GB/T 5525	
4	水分及挥发物	√	√		GB/T 5528	
5	不溶性杂质（杂质）	√	√		SN/T 0801.1	
6	酸值（酸价）	√	√	√	GB/T 5530	橄榄油测定酸度
7	过氧化值	√	√	√	GB/T 5538	
8	加热试验（280℃）	√	√	√	GB/T 5531	
9	含皂量	√			GB/T 5533	
10	烟点	√			GB/T 20795	
11	冷冻试验	√	√		GB 2716	
12	溶剂残留量	√	√	√	SN/T 0801.23	此出厂检验项目可委托检验
13	铅	√	√	*	GB 5009.12	
14	总砷	√	√	*	GB 5009.11	
15	黄曲霉毒素 B_1	√	√	*	GB 5009.22	

序号	检　验　项　目	发证	监督	出厂	检验标准	备　　注
16	棉籽油中游离棉酚含量	√	√	*	GB 1537	棉籽油
17	熔点	√	√	√	GB/T 5536	棕榈(仁)油
18	抗氧化剂(BHA、BHT)	√	√	*	SN/T 1050	
19	标签	√	√		GB 7718	

注：1. 企业出厂检验项目中有"√"标记的，为常规检验项目。

2. 企业出厂检验项目中有"＊"标记的，企业应当每年检验两次。

3. 产品标签内容除符合 GB 7718 要求外，还应注明酿造食用植物油或配制食用植物油、氨基酸态氮含量、质量等级、用于"佐餐和/或烹调"、产品标准号（生产工艺）。

第二节　食用植物油的检验项目

一、食用植物油的感官检验

色泽

1. 仪器

烧杯：直径 50mm，杯高 100mm。

2. 分析步骤

将试样混匀并过滤于烧杯中，油层高度不得小于 5mm，在室温下先对着自然光观察，然后再置于白色背景前借其反射光线观察并按下列词句描述：白色、灰白色、柠檬色、淡黄色、黄色、橙色、棕黄色、棕色、棕红色、棕褐色等。

二、食用植物油净含量、滋味的测定

将试样倒入 150mL 烧杯中，置于水浴上，加热至 50℃，以玻璃棒迅速搅拌。嗅其气味，并蘸取少许试样，辨尝其滋味，按正常、焦煳、酸败、苦辣等词句描述。

三、食用植物油酸价的测定

（一）原理

植物油中的游离脂肪酸用氢氧化钾标准溶液滴定，每克植物油消耗氢氧化钾的质量（mg），称为酸价。

（二）试剂

（1）乙醚-乙醇混合液　按乙醚-乙醇（2＋1）混合。用氢氧化钾溶液（3g/L）中和至酚酞指示液呈中性。

（2）氢氧化钾标准滴定溶液　$c(KOH)＝0.050mol/L$。

（3）酚酞指示液　10g/L 乙醇溶液。

（三）分析步骤

称取 3.00～5.00g 混匀的试样，置于锥形瓶中，加入 50mL 中性乙醚-乙醇混合液，振摇使油溶解，必要时可置热水中，温热促其溶解。冷至室温，加入酚酞指示液 2～3 滴，以氢氧化钾标准滴定溶液（0.050mol/L）滴定，至初显微红色，且 0.5min 内不褪色为终点。

（四）结果计算

试样的酸价按下式进行计算：

$$X＝\frac{Vc×56.11}{m}$$

式中　X ——试样的酸价（以氢氧化钾计），mg/g；

V——试样消耗氢氧化钾标准滴定溶液体积，mL；

c——氢氧化钾标准滴定的实际浓度，mol/L；

m——试样质量，g；

56.11——与1.0mL氢氧化钾标准滴定溶液 $[c(KOH)=1.000mol/L]$ 相当的氢氧化钾质量，mg/mmol。

计算结果保留两位有效数字。

（五）精密度

在重复性条件下获得的两次独立测定结果的绝对差值不得超过算术平均值的10%。

四、食用植物油中过氧化值的测定

方法一：滴定法

（一）原理

油脂氧化过程中产生过氧化物，与碘化钾作用，生成游离碘，以硫代硫酸钠溶液滴定，计算含量。

（二）试剂

（1）饱和碘化钾溶液 称取14g碘化钾，加10mL水溶解，必要时微热使其溶解，冷却后储于棕色瓶中。

（2）三氯甲烷-冰乙酸混合液 量取40mL三氯甲烷，加60mL冰醋酸，混匀。

（3）硫代硫酸钠标准滴定溶液 $c(Na_2S_2O_3)=0.0020mol/L$。

（4）淀粉指示剂（10g/L）称取可溶性淀粉0.50g，加少许水，调成糊状，倒入50mL沸水中调匀，煮沸。临用时现配。

（三）分析步骤

称取2.00～3.00g混匀（必要时过滤）的试样，置于250mL碘瓶中，加30mL三氯甲烷-冰醋酸混合液，使试样完全溶解。加入1.00mL饱和碘化钾溶液，紧密塞好瓶盖，并轻轻振摇0.5min，然后在暗处放置3min。取出加100mL水，摇匀，立即用硫代硫酸钠标准滴定溶液（0.0020mol/L）滴定，至淡黄色时，加1mL淀粉指示液，继续滴定至蓝色消失为终点，取相同量三氯甲烷-冰醋酸溶液、碘化钾溶液、水，按同一方法，做试剂空白试验。

（四）计算结果

试样的过氧化值按下式进行计算：

$$X_1=\frac{(V_1-V_2)c\times0.1269}{m}\times100$$

$$X_2=X_1\times78.8$$

式中 X_1——试样的过氧化值，g/100g；

X_2——试样的过氧化值，meq/kg；

V_1——试样消耗硫代硫酸钠标准滴定溶液体积，mL；

V_2——试剂空白消耗硫代硫酸钠标准滴定溶液体积，mL；

c——硫代硫酸钠标准滴定溶液的浓度，mol/L；

m——试样质量，g；

0.1269——与1.00mL硫代硫酸钠标准滴定溶液 $[c(Na_2S_2O_3)=1.000mol/L]$ 相当的碘的质量，g/mmol；

78.8——换算因子。

计算结果保留两位有效数字。

（五）精密度

在重复性条件下获得的两次独立测定结果的绝对差值不得超过算术平均值的10%。

方法二：比色法

（一）原理

试样用氯仿-甲醇混合溶剂溶解，试样中的过氧化物将二价铁离子氧化成三价铁离子，三价铁离子与硫氰酸盐反应生成橙红色硫氰酸铁配合物，在波长500nm处测定吸光度，与标准系列比较定量。

（二）试剂

（1）盐酸溶液（10mol/L）　准确量取83.3mL浓盐酸，加水稀释至100mL，混匀。

（2）过氧化氢（30%）。

（3）氯仿＋甲醇（7+3）混合溶剂　量取70mL氯仿和30mL甲醇混合。

（4）氯化亚铁溶液（3.5g/L）　准确称取0.35g氯化亚铁（$FeCl_2 \cdot 4H_2O$）于100mL棕色容量瓶中，加水溶解后，加2mL盐酸溶液（10mol/L），用水稀释至刻度（该溶液在10℃下冰箱内贮存可稳定1年以上）。

（5）硫氰酸钾溶液（300g/L）　称取30g硫氰酸钾，加水溶解至100mL（该溶液在10℃下冰箱内贮存可稳定1年以上）。

（6）铁标准储备溶液（1.0g/L）　称取0.1000g还原铁粉于100mL烧杯中，加10mL盐酸（10mol/L）、0.5~1mL过氧化氢（30%）溶解后，于电炉上煮沸5min以除去过量的过氧化氢。冷却至室温后移入100mL容量瓶中，用水稀释至刻度，混匀。此溶液每毫升相当于1.0mg铁。

（7）铁标准使用溶液（0.01g/L）　用移液管吸取1.0mL铁标准储备溶液（1.0mg/mL）于100mL容量瓶中，加氯仿＋甲醇（7+3）混合溶剂稀释至刻度，混匀。此溶液每毫升相当于10.0μg铁。

（三）仪器

分光光度计；10mL具塞玻璃比色管。

（四）分析步骤

1. 试样溶液的制备

精密称取约0.01~1.0g试样（准确至刻度0.0001g）于10mL容量瓶内，加氯仿＋甲醇（7+3）混合溶剂溶解并稀释至刻度，混匀。

分别精密吸取铁标准使用溶液（10.0μg/mL）0mL、0.2mL、0.5mL、1.0mL、2.0mL、3.0mL、4.0mL（各自相当于铁浓度0μg、2.0μg、5.0μg、10.0μg、20.0μg、30.0μg、40.0μg）于干燥的10mL比色管中，用氯仿＋甲醇（7+3）混合溶剂稀释至刻度，混匀。加1滴（约0.05mL）硫氰酸钾溶液（300g/L），混匀。室温（10~35℃）下准确放置5min后，移入1cm比色皿中，以氯仿＋甲醇（7+3）混合溶剂为参比，于波长500nm处测定吸光度，以标准各点吸光度减去零管吸光度后绘制标准曲线或计算直线回归方程。

2. 试样测定

精密吸取1.0mL试样溶液于干燥的10mL比色管内，加1滴（约0.05mL）氯化亚铁（3.5g/L）溶液，用氯仿＋甲醇（7+3）混合溶剂稀释至刻度，混匀。加1滴（约0.05mL）硫氰酸钾溶液（300g/L），混匀。室温（10~35℃）下准确放置5min后，移入1cm比色皿中，以三氯甲烷＋甲醇（7+3）混合溶剂为参比，于波长500nm处测定吸光度，以标准各点吸光度减去零管吸光度后绘制标准曲线，或计算直线回归方程。

（五）结果计算

试样的过氧化值按下式进行计算：

$$X = \frac{c - c_0}{m \dfrac{V_2}{V_1} \times 55.84 \times 2}$$

式中　X ——试样的过氧化值，meq/kg；

　　　c ——由标准曲线上查得的试样中铁的含量，μg；

　　　c_0 ——由标准曲线上查得的零管铁的量，μg；

　　　V_1 ——试样稀释总体积，mL；

　　　V_2 ——测定时取样体积，mL；

　　　m ——试样质量，g；

　55.84——Fe 的摩尔质量，g/mol；

　　　2——换算因子。

（六）精密度

在重复性条件下获得的两次独立测定结果的绝对差值不得超过算术平均值的 10%。

任务二十二　人造奶油的检验

实训目标

1. 掌握人造奶油的基本知识。
2. 掌握人造奶油的常规检验项目及相关标准。
3. 掌握人造奶油的检验方法。

第一节　人造奶油的基本知识

以氢化后的精炼食用植物油为主要原料，添加水和其他辅料，经乳化、急冷而制成的具有天然奶油特色的可塑性制品，可供直接食用或加工食品。

人造奶油按照用途可分为餐用和食品加工用两种。

(1) 餐用人造奶油　在就餐时涂抹在面包等上直接食用或用于烹调的人造奶油。

(2) 食品加工用人造奶油　工厂用于加工面包、点心、冰淇淋等产品的人造奶油。

一、人造奶油的加工工艺

生产工艺流程Ⅰ

原料油脂、辅料→熔解混合→乳化→巴氏杀菌→急冷(A 单元)→捏合(B 单元)→包装→熟成

生产工艺流程Ⅱ

原料油脂、辅料、油溶性辅料——

水溶性辅料→巴氏杀菌——→调和→乳化→急冷(A 单元)→捏合(B 单元)→包装→熟成

二、人造奶油容易出现的质量安全问题

(1) 催化剂使用不当引起金属元素超标。

(2) 食品添加剂过量使用。

(3) 酸价、过氧化值超标。

(4) 含水人造奶油微生物超标。

三、人造奶油生产的关键控制环节

(1) 乳化程度。

(2) 巴氏杀菌。

(3) 物料进出 A、B 单元时温度的控制。

(4) 熟成条件的控制。

四、人造奶油制品生产企业必备的出厂检验设备

分析天平（0.1mg）；干燥箱；无菌室或超净工作台；灭菌锅；微生物培养箱；生物显微镜；温度计（分度值 0.1℃）。

五、人造奶油的检验项目和标准

人造奶油制品的相关标准包括：GB 2716《食用植物油卫生标准》；GB 15196《食品安全国家标准 食用油脂制品》；LS/T 3217《人造奶油（人造黄油）》；备案有效的企业标准。

人造奶油的检验项目见表 3-50。

表 3-50　人造奶油质量检验项目

序号	检 验 项 目	发证	监督	出厂	检 验 标 准	备 注
1	感官	√	√	√	GB/T 5009.77	
2	水分及挥发物	√	√	√	GB 5009.3	
3	脂肪	√	√	√	GB/T 5009.6	
4	食盐	√	√	√	GB 2716	
5	熔点	√	√	√	GB/T 5536	按产品要求或标签明示值
6	酸价	√	√	√	GB/T 5530	
7	过氧化值	√	√	√	GB/T 5538	
8	铅	√	√	*	GB 5009.12	
9	总砷	√	√	*	GB 5009.11	
10	铜	√	√	*	GB/T 5009.13	
11	镍	√	√	*	GB/T 5009.77	
12	菌落总数	√	√	√	GB 4789.2	
13	大肠菌群	√	√	√	GB 4789.3	
14	致病菌	√	√	*	SN/T 1870	
15	霉菌	√	√	*	GB 15196	
16	抗氧化剂(BHA、BHT)	√	√	*	SN/T 1050	
17	防腐剂(山梨酸)	√	√	*	GB 15196	
18	标签	√	√		GB 7718	

注：1. 企业出厂检验项目中有"√"标记的，为常规检验项目。

2. 企业出厂检验项目中有"＊"标记的，企业应当每年检验两次。

3. 表中的检验项目应根据相应的产品标准而定，产品标准中有该项目要求的进行该项检验。

4. 标签除符合 GB 7718 的规定及要求外还应符合相应产品标准中的标签要求。

第二节　人造奶油的检验项目

一、人造奶油的感官检验

(一) 色泽

1. 仪器

平皿：直径 50mm。

2. 分析步骤

用洁净玻璃棒挑起试样一小块（约 1cm³）置于平皿中央，在室温下对着自然光四面仔细观察，然后再置于白色背景前借其反射光线观察，并按下列词句记述：白色、灰白色、乳白色、柠檬色、淡黄色、黄色、橙色等。

(二) 外形

(1) 用洁净玻璃棒轻轻拨动上述平皿中的试样，探试其硬软程度，并按下列词句记录：硬固体、固体、半固体、稠胶体、半流体等。

(2) 用洁净玻璃棒挑起试样一小块，置于洗净的食指上，用拇指与食指搓揉，细心体会手指的感觉，然后按粗糙、有小颗粒、细腻等词句记述。

（三）气味及滋味

1. 仪器

烧杯（50mL）；水浴。

2. 分析步骤

用洁净玻璃棒挑起试样一小块置于 50mL 烧杯中，于水浴上加热至 50℃，用玻璃棒迅速搅拌，闻其气味，并用玻璃棒蘸取少许试样置舌尖上品尝其滋味。然后按焦煳气、酸败气、臭气、腥气、霉气、牛奶气、奶油香气等词句记述，滋味则以甜、酸、苦、辣、咸、平淡、可口等词句记述。

二、人造奶油水分的测定

（一）仪器和用具

电热干燥箱；备有变色硅胶的干燥器；天平（感量 0.0001g）；平底玻璃皿（直径 50～60mm，高 20～30mm）；玻璃棒（直径 5mm，长 60～70mm）。

（二）药品和试剂

石英砂：化学纯或分析纯，外观白净。

（三）操作方法

在平底玻璃皿内置短玻璃棒一支及 10～15g 石英砂，以 105℃±2℃烘至恒重（约 1.5h），于玻璃皿内加入 2～3g 试样（准确至 0.0002g），放入电热干燥箱内 5min，待样品熔化后用玻璃棒与石英砂搅拌均匀后计时，隔 1h 再用玻璃棒搅拌一次。在 105℃±2℃的电热干燥箱内烘 2～2.5h 后，在干燥器内冷却称重，然后置上述烘箱每烘 30min 冷却称重一次，直至恒重为止（如发现质量增加，则以前次最小质量为准）。

（四）结果计算

水分及挥发物含量 X（以质量分数表示）按下式计算：

$$X = \frac{G_1 - G_2}{W} \times 100\%$$

式中　G_1——干燥前玻璃皿、玻璃棒、石英砂及试样质量，g；

　　　G_2——干燥后玻璃皿、玻璃棒、石英砂及试样质量，g；

　　　W——试样质量，g。

双试验结果允许误差不超过 0.20%，测定结果取小数点后第二位。

三、人造奶油中脂肪的测定

参见模块一，项目四。

四、人造奶油中食盐的测定

（一）仪器和用具

锥形瓶（250mL）；滴定管（25mL 或 50mL，分度值 0.1）；分液漏斗（250mL 或 500mL）；电炉（500W）。

（二）药品和试剂

铬酸钾指示剂（10%铬酸钾水溶液）；0.1mol/L 硝酸银标准溶液。

（三）操作方法

精确称取 10g 左右混匀样品，置分液漏斗中，用热水充分洗涤 5～8 次，将洗涤液收集在一个 250mL 锥形瓶内，以 10%铬酸钾为指示剂，用 0.1mol/L 硝酸银标准溶液滴定至初显橘红色为止。

（四）结果计算

氯化钠含量 X（以质量分数表示）按下式计算：

$$X = \frac{Vc \times 0.0585}{W} \times 100\%$$

式中 V——滴定消耗硝酸银标准溶液的体积，mL；

$\quad\quad c$——硝酸银标准溶液的浓度，mol/L；

$\quad\quad W$——试样质量，g；

0.0585——1mol/L 硝酸银标准溶液 1mL 相当于氯化钠的质量，g/mmol。

双试验结果允许差不超过 0.20%，测定结果取小数点后第一位。

五、人造奶油熔点的测定

（一）仪器和用具

冰箱 1 台；磁力搅拌器或小量鼓风装置；温度计（刻度 0～60℃，分度值 0.1～0.2℃）；开口式玻璃毛细管（内径 1mm，外径小于 3mm，长 50～80mm）；烧杯（600mL）；电炉（带有变压装置，可控制升温速度）。

（二）操作方法

（1）取试样约 20g，在电热板温度低于 150℃条件下搅拌加热，使油相和水相分层，然后取上层油相在 40～50℃左右保温过滤，使油相呈透明清亮。

（2）用至少 3 支干净毛细管插入完全熔化的液态脂肪内，吸取约 10mm 试样，立即用冰冷冻至脂肪固化为止。

（3）把毛细管置冰箱内 4～10℃过夜（16h）。

（4）从冰箱中取出毛细管样品，并用橡皮筋将毛细管系在温度计上，毛细管末端要与温度计的水银球底部齐平。

（5）将温度计浸入盛有蒸馏水的 600mL 烧杯中，温度计的水银球要置于液面下约 30mm。

（6）调节水浴温度，在低于试样熔点 8～10℃时应用磁力搅拌器或吹入少量空气等其他方法搅拌水浴，调节升温速度为 1℃/min，至快到熔点前调节升温速度为 0.5℃/min。

（7）继续加热，直至每个毛细管柱的油面都浮升，并观察记录每个毛细管油面浮升的温度，计算其平均值，即为试样的熔点。

六、人造奶油菌落总数的测定

参见模块二，项目一。

七、人造奶油大肠菌群的测定

参见模块二，项目二。

任务二十三　啤酒的检验

实训目标

1. 了解啤酒产品的基本知识。
2. 掌握啤酒的常规检验项目及相关标准。
3. 掌握啤酒的检验方法。

第一节　啤酒基本知识

啤酒产品是包括所有以麦芽（包括特种麦芽）、水为主要原料，加啤酒花（包括酒花制品），经酵母发酵酿制而成的，含有二氧化碳的、起泡的、低酒精度的发酵酒。通常按灭菌方式分为熟啤酒、生啤酒和鲜啤酒等。

一、啤酒产品的加工工艺

1. 熟啤酒生产工艺流程

（1）制麦工序

　　　　　　大麦分选→浸渍→发芽→干燥

（2）糖化工序

　　　　　　　　　　　　　　酒花
　　　　　　　　　　　　　　　↓
　　　　　　原料粉碎→糖化→过滤→煮沸→冷却

（3）发酵工序

　　　　　　酵母→接种→扩大培养→发酵

（4）滤酒工序

　　　　　　　　澄清（过滤）→清酒

（5）包装工序

　　　　洗瓶→灌装→压盖→杀菌→验酒→贴标→装箱→成品→入库（贮存）

2. 生啤酒生产工艺流程

（1）制麦工序

　　　　　　大麦分选→浸渍→发芽→干燥

（2）糖化工序

　　　　　　　　　　　　　　酒花
　　　　　　　　　　　　　　　↓
　　　　　　原料粉碎→糖化→过滤→煮沸→冷却

（3）发酵工序

　　　　　　酵母→接种→扩大培养→发酵

（4）滤酒工序

　　　　　　澄清（过滤）→物理方法除菌→清酒

（5）包装工序

　　　　洗瓶→灌装→压盖→验酒→贴标→装箱→成品→入库（贮存）

3. 鲜啤酒生产工艺流程

鲜啤酒生产工艺除没有杀菌和物理方法除菌外，其他与生、熟啤酒生产工艺相同。

二、啤酒产品容易出现的质量安全问题

（1）原辅料的生长和储运过程中出现污染。比如，大麦在农田期间出现病虫害、在储藏时水

分和温度控制不当等，都会因原料的劣质对人体产生危害并影响啤酒的泡沫和色泽。

（2）食品添加剂的超范围使用和添加量超标。

（3）清洗剂、杀菌剂等在啤酒中存在残留，对人体健康产生危害，影响啤酒的稳定性并缩短产品的保质期。

（4）啤酒生产过程中，对工艺（卫生）要求控制不当，造成某些指标超标，不仅影响啤酒的产品质量，还会对人体产生危害，导致饮用后呕吐、腹泻。

（5）啤酒瓶的质量及啤酒瓶的刷洗过程不符合要求。

三、啤酒生产的关键控制环节

（1）原辅料的控制。

（2）食品添加剂的控制。

（3）清洗剂、杀菌剂的控制。

（4）工艺（卫生）要求的控制。

（5）啤酒瓶的质量控制。

四、啤酒生产企业必备的出厂检验设备

分析天平（0.1mg）、浊度计、色度计、秒表、紫外分光光度计、二氧化碳测定仪、无菌室或超净工作台、灭菌锅、微生物培养箱、生物显微镜、酸度计、恒温水浴锅（控制精度±5℃）。

五、啤酒的检验项目和标准

啤酒产品的相关标准包括：GB 4927《啤酒》；GB 2758《发酵酒卫生标准》；GB 10344《预包装饮料酒标签通则》；GB 4544《啤酒瓶》；备案有效的企业标准。

啤酒产品质量检验项目见表 3-51。

表 3-51 啤酒产品质量检验项目及检验标准

序号	检 验 项 目	发证	监督	出厂	检 验 标 准	备 注
1	色度	√	√	√	GB/T 4928	
2	净含量负偏差	√	√	√	GB/T 4928	
3	外观透明度	√	√	√	GB/T 4928	对非瓶装的鲜啤酒不要求
4	浊度	√	√	√	GB/T 4928	对非瓶装的鲜啤酒不要求
5	泡沫形态	√	√	√	GB/T 4928	
6	泡持性	√	√	√	GB/T 4928	对桶装（鲜、生、熟）的啤酒不要求
7	香气和口味	√	√	√	GB/T 4928	
8	酒精度	√	√	√	GB/T 4928	
9	原麦汁浓度	√	√	√	GB/T 4928	
10	总酸	√	√	√	GB/T 4928	
11	二氧化碳	√	√	√	GB/T 4928	大桶包装的鲜啤酒可不检此项目
12	双乙酰	√	√	√	GB/T 4928	对浓色和黑色啤酒不要求
13	蔗糖转化酶活性	√	√	√	GB/T 4928	仅对生啤酒和鲜啤酒有要求
14	真正发酵度	√	√	√	GB/T 4928	仅对干啤酒有要求
15	菌落总数	√	√	*	GB 4789.2	对生、鲜啤酒不要求
16	大肠菌群	√	√	√	GB 4789.3	适用鲜啤酒
				*	GB 4789.3	适用鲜啤酒以外的啤酒

序号	检 验 项 目	发证	监督	出厂	检 验 标 准	备　注
17	铅	√	√	＊	GB 5009.12	
18	甲醛	√	√	＊	GB/T 5009.49	
19	肠道致病菌（沙门菌、志贺菌、金黄色葡萄球菌）	√		＊	GB 4789.4 GB 4789.5 GB 4789.10	
20	标签	√	√		GB 7718 GB 10344	

注：1. 企业出厂检验项目中有"√"标记的，为常规检验项目。

2. 企业出厂检验项目中有"＊"标记的，企业应当每年检验两次。

第二节　啤酒产品检验项目

一、啤酒的感官评价

（一）外观透明度

将注入酒杯的酒样（或将瓶装酒样）置于明亮处观察，记录酒的透明度，悬浮物及沉淀物情况。

（二）浊度

1. 实验原理

利用富尔马肼（Formazin）标准浊度溶液校正浊度计，直接测定啤酒样品的浊度，以 EBC 浊度单位表示。

2. 仪器及试剂

（1）浊度计：测量范围 0EBC-5EBC，分度值 0.01EBC。

（2）具塞锥形瓶：100mL。

（3）吸管：25mL。

（4）10g/L 硫酸肼溶液　称取硫酸肼 1.000g，加水溶解并定容至 100mL，静置 4h 使其完全溶解。

（5）100g/L 六亚甲基四胺溶液　称取六亚甲基四胺 10.000g，加水溶解并定容至 100mL。

（6）富尔马肼（Formazin）标准浊度储备液　吸取六亚甲基四胺溶液（5）25.0mL 于一个具塞锥形瓶中，边搅拌边用吸管加入硫酸肼溶液（4）25.0mL，摇匀，盖塞，于室温下放置 24h 后使用。此溶液为 1000EBC 单位，在 2 个月内可保持稳定。

（7）富尔马肼标准浊度使用液　分别吸取标准浊度储备液（6）0mL、0.20mL、0.50mL、1.00mL 于四个 1000mL 容量瓶中，加 0 浊度的水稀释至刻度，摇匀。该标准浊度使用液的浊度分别为 0EBC、0.20EBC、0.50EBC、1.00EBC。该溶液应当天配制与使用。

3. 分析步骤

（1）按照仪器使用说明书安装与调试。用标准浊度使用液 [2（7）] 校正浊度计。

（2）取经除气但未经过滤，温度在 20℃±0.1℃ 的试样倒入浊度计的标准杯中，将其放入浊度计中测定，直接读数（该法为第一法，应在试样脱气后 5min 内测定完毕）。或者将整瓶酒放入仪器中，旋转一周，取平均值（该法为第二法，预先在瓶盖上划一个十字，手工旋转四个 90°，读数，取四个读数的平均值报告其结果）。

所得结果表示至两位小数。

4. 允许差

同一试样两次测定值之差，不得超过平均值的 10%。

（三）泡沫形态

用眼观察泡沫的颜色、细腻程度及挂杯情况，做好记录。

（四）泡持性

方法一：仪器法

1. 实验原理

利用泡沫的导电性，使用长短不同的探针电极，自动跟踪记录泡沫衰减所需的时间，即为泡持性。

2. 仪器

（1）啤酒泡持测定仪。

（2）泡持杯：杯内高 120mm，内径 60mm，壁厚 2mm，无色透明玻璃。

（3）气源：液体二氧化碳，钢瓶压力 $p \geqslant 5$MPa，纯度 $\geqslant 99\%$（体积分数）。

（4）恒温水浴：精度 ± 0.5℃。

3. 分析步骤

（1）试样的准备

① 将酒样（整瓶或整听）置于 20℃ ± 0.5℃水浴中恒温 30min。

② 将泡持杯彻底清洗干净，备用。

（2）测定

① 按使用说明书调试仪器至工作状态。

② 将二氧化碳钢瓶的分压调至 0.2MPa。按仪器说明书校正杯高。

③ 开启试样瓶盖，按照仪器说明书将试样置于发泡器上发泡。泡沫出口端与泡持杯底距离 10mm，泡沫满杯时间应为 3～4s。

④ 迅速将盛满泡沫的泡持杯置于泡沫测量仪的探针下，按开始键，仪器自动显示并记录结果。

所得结果以秒计，表示至整数。

4. 允许差

同一试样两次测量值之差，不得超过平均值的 5%。

方法二：秒表法

1. 实验原理

用目视法测定啤酒泡沫消失的速度，以秒表示。

2. 仪器

秒表。泡持杯：杯内高 120mm，内径 60mm，壁厚 2mm，无色透明玻璃。铁架台、铁环。

3. 分析步骤

（1）试样的准备

① 将酒样（整瓶或整听）置于 20℃ ± 0.5℃水浴中恒温 30min。

② 将泡持杯彻底清洗干净，备用。

（2）测定

① 将泡持杯置于铁架台底座上，距杯口 3cm 处固定铁环，开启瓶盖，立即置瓶（或听）口于铁环上，沿杯中心线，以均匀流速将酒样注入杯中，直至泡沫高度与杯口相齐时为止。同时按秒表开始计时。

② 观察泡沫升起情况，记录泡沫的形态（包括色泽及细腻程度）和泡沫挂杯情况。

③ 记录泡沫从满杯至消失（露出 0.05m^2 酒面）的时间。

实验时严禁有空气流通，测定前样品瓶应避免振摇。

所得结果以秒计，表示至整数。

4. 允许差

同一试样两次测量值之差，不得超过平均值的 10%。

5. 香气和口味

(1) 香气　先将注入酒样的评酒杯置于鼻孔下方，嗅闻其香气，摇动酒杯后，再嗅闻有无酒花香气及异杂气味，做好记录。

(2) 口味　饮入适量酒样，根据所评定的酒样应该具备的口感特征进行评定，做好记录。

二、净含量负偏差检验

方法一：重量法

(一) 仪器

电子天平（感量 0.01g）；台秤；恒温水浴（精度 ±0.5℃）。

(二) 分析步骤

1. 瓶装、听（铝易开盖两片罐）装啤酒

(1) 将瓶装、听（铝易开盖两片罐）装啤酒置于 20℃±0.5℃ 水浴中恒温 30min。取出，擦干瓶（或听）外壁的水，用电子天平称量整瓶（或听）酒质量（m_1）。开启瓶盖（或听拉盖），将酒液倒出，用自来水清洗瓶（或听）内至无泡沫止，控干，称量"空瓶＋瓶盖"（或"空听＋拉盖"）质量（m_2）。

(2) 测定酒的相对密度。

2. 桶装啤酒

用台秤称量，其余步骤同上。

(三) 分析结果的表述

酒液（在 20℃/4℃ 时）的密度按下式计算：

$$\rho = 0.9970 \times d_{20}^{20} + 0.0012$$

式中　ρ——酒液的密度，g/mL；

0.9970——20℃ 时蒸馏水与干燥空气密度值之差，g/mL；

d_{20}^{20}——20℃ 时酒液的相对密度；

0.0012——干燥空气在 20℃、101325Pa 时的密度，g/mL。

试样的净含量按下式计算：

$$X = \frac{m_1 - m_2}{\rho}$$

式中　X——试样的净含量（净容量），mL；

　　m_1——整瓶（或整听）酒质量，g；

　　m_2——"空瓶＋瓶盖"（或"空听＋拉盖"）质量，g；

　　ρ——酒液的密度，g/mL。

方法二：容量法

(一) 仪器

量筒；玻璃铅笔（或记号笔）。

(二) 分析步骤

将瓶装酒样置于 20℃±0.5℃ 水浴中恒温 30min。取出，擦干瓶外壁的水，用玻璃铅笔（或记号笔）对准酒的液面划一条细线。将酒液倒出，用自来水冲洗瓶内（注意不要洗掉划线）至无泡沫止，擦干瓶外壁的水，准确装入水至瓶划线处，然后将水倒入量筒，测量水的体积，即为瓶装啤酒的净含量（以 mL 或 L 表示）。

三、色度检验

（一）原理

将除气后的试样注入 EBC 比色计的比色皿中，与标准 EBC 色盘比较，目视读取或自动数字显示出试样的色度，以 EBC 色度单位表示。

（二）仪器及试剂

（1）EBC 比色计（或使用同等分析效果的仪器）　具有 2～27EBC 单位的目视色度盘或自动数据处理与显示装置。

（2）哈同（Hartong）基准溶液　称取重铬酸钾（$K_2Cr_2O_7$）0.100g 和亚硝酰铁氰化钠 $Na_2[Fe(CN)_5NO] \cdot 2H_2O$ 3.500g，用水溶解并定容至 1000mL，储于棕色瓶中，于暗处放置 24h 后使用。

（三）分析步骤

（1）仪器的校正　将哈同溶液注入 40mm 比色皿中，用比色计测定。其标准色度应为 15EBC 单位；若使用 25mm 比色皿，其标准读数为 9.4EBC。仪器应每月校正一次。

（2）将试样注入 25mm 比色皿中，然后放到比色盒中，与标准色盘进行比较，当两者色调一致时直接读数。或使用自动数字显示色度计，自动显示、打印其结果。

（四）分析结果

（1）如使用其他规格的比色皿，则需要换算成 25mm 比色皿的数据，报告其结果。

试样的色度计算：

$$X = \frac{S}{H} \times 25$$

式中　X——试样的色度，EBC；
　　　S——实测色度，EBC；
　　　H——使用比色皿厚度，mm。

（2）测定浓色和黑色啤酒时，需要将酒样稀释至合适的倍数，然后将测定结果乘以稀释倍数。

所得结果表示至整数。

（五）允许差

同一试样两次测定值之差，色度为 2～10EBC 时，不得大于 0.5EBC；色度大于 10EBC 时，稀释样平行测定值之差不得大于 1EBC。

四、酒精度的测定 （密度瓶法）

（一）原理

利用在 20℃时乙醇水溶液与同体积纯水质量之比，求得相对密度（以 d_{20}^{20} 表示）。然后查表得出试样中乙醇含量的百分比，即酒精度，以％（体积分数）或％（质量分数）表示。

（二）仪器

分析天平（感量 0.0001g）；全玻璃蒸馏器（500mL）；高精度恒温水浴（20.0℃±0.1℃）；附温度计密度瓶（25mL 或 50mL）。

（三）分析步骤

1. 容量法

（1）蒸馏　用一洁净、干燥的 100mL 容量瓶，准确量取 100mL 样品（液温 20℃）于 500mL 蒸馏瓶中，用 50mL 水分三次冲洗容量瓶，洗液并入蒸馏瓶中，再加几粒玻璃珠，连接冷凝管，以取样用的原容量瓶作接收器（外加冰浴）。开启冷却水，缓慢加热蒸馏。收集馏出液接近刻度，取下容量瓶，盖塞。于 20℃水浴中保温 30min，补加水至刻度，混匀，备用。

（2）蒸馏水质量的测定

① 将密度瓶洗净并干燥，带温度计和侧孔罩称量。重复干燥和称量，直至恒重（m）。

② 取下温度计，将煮沸冷却至15℃左右的蒸馏水注满恒重的密度瓶，插上温度计，瓶中不得有气泡。将密度瓶浸入20.0℃±0.1℃的恒温水浴中，待内容物温度达20℃，并保持10min不变后，用滤纸吸去侧管溢出的液体，使侧管中的液面与侧管管口齐平，立即盖好侧孔罩，取出密度瓶，用滤纸擦干瓶壁上的水，称量（m_1）。

（3）试样质量的测定　将密度瓶中的水倒出，用试样馏出液反复冲洗密度瓶三次，然后装满，同样方法操作，称量（m_2）。

2. 重量法

（1）蒸馏　称取试样100.0g，精确至0.1g，全部移入500mL已知质量的蒸馏瓶中，加水50mL和数粒玻璃珠，装上蛇形冷凝管（或冷却部分的长度不短于400mm的直形冷凝器）。开启冷却水，用已知质量的100mL容量瓶接收馏出液（外加冰浴），缓缓加热蒸馏（冷凝管出口水温不得超过20℃），收集约95mL馏出液，取下容量瓶，调节液温至20℃，然后补加水，使馏出液质量为100.0g，混匀（注意保存蒸馏后的残液，可供测定真正浓度时使用）。

（2）其余测定步骤同容量法。

（四）结果计算

$$d_{20}^{20} = \frac{m_2 - m}{m_1 - m}$$

式中　d_{20}^{20}——试样馏出液在20℃时的相对密度；

　　　m——密度瓶的质量，g；

　　　m_1——20℃时密度瓶与充满密度瓶蒸馏水的总质量，g；

　　　m_2——20℃时密度瓶与充满密度瓶试样馏出液的总质量，g。

根据试样馏出液的相对密度d_{20}^{20}，查附录八，求得酒精度（体积分数），即为试样的酒精度。所得结果表示至两位小数。

五、原麦汁浓度

（一）原理

以密度瓶法测出啤酒试样的真正浓度和酒精度，按经验公式计算出啤酒试样的原麦汁浓度。或用仪器法直接自动测定、计算、打印出试样的真正浓度及原麦汁浓度。

（二）仪器

分析天平（感量0.0001g）；全玻璃蒸馏器（500mL）；高精度恒温水浴（20.0℃±0.1℃）；附温度计密度瓶（25mL或50mL）。

（三）步骤

（1）酒精度的测定　见本节四。

（2）将在酒精度测定中蒸馏除去酒精后的残液（在已知质量的蒸馏烧瓶中），冷却至20℃，准确补加水使残液至100.0g，混匀。或用已知质量的蒸发皿称取试样100.0g，精确至0.1g，于沸水浴上蒸发，直至原体积的1/2，取下冷却至20℃，加水恢复至原质量，混匀。

（3）测定试样的真正浓度　用密度瓶或密度计测定出残液的相对密度。查附录九，求得100g试样中浸出物的质量（g/100g），即为试样的真正浓度，以Plato度（°P）或％（质量分数）表示。

（四）结果计算

$$X = \frac{(A \times 2.0665 + E) \times 100}{100 + A \times 1.0665}$$

式中　X——试样的原麦汁浓度，°P或％；

　　　A——试样的酒精度，％；

E——试样的真正浓度，°P 或 %。

或查附录九，计算试样的原麦汁浓度：

$$X = 2 \times A + E - b$$

式中　X——试样的原麦汁浓度，°P 或 %；

　　　A——试样的酒精度，%；

　　　E——试样的真正浓度，°P 或 %；

　　　b——校正系数。

所得结果表示至两位小数。

六、啤酒中总酸的测定

（一）原理

酸碱中和原理。用氢氧化钠标准溶液直接滴定啤酒中的总酸，以 pH8.2 为电位滴定终点，根据消耗的氢氧化钠标准溶液的体积计算出啤酒中总酸的含量。

（二）仪器及试剂

自动电位滴定仪（精度 ±0.02，附电磁搅拌器）；恒温水浴锅（精度 ±0.5℃）；碱式滴定管。0.1mol/L 氢氧化钠标准溶液；标准缓冲溶液。

（三）分析步骤

（1）试样的准备　取试样约 60mL 于 100mL 烧杯中，置于 40℃±0.5℃ 水浴中保温 30min 并不时搅拌，取出，冷却至室温。

（2）自动电位滴定仪的校正　按仪器说明书安装调试仪器，并用标准缓冲溶液校正。

（3）测定　吸取试样 50.0mL 于烧杯中，开启电磁搅拌器，用 0.1mol/L 氢氧化钠标准溶液滴定至 pH8.2 为终点，记录消耗的氢氧化钠标准溶液的体积。

（四）结果计算

$$X = 2 \times \frac{c}{0.1} \times V$$

式中　X——试样的总酸含量（即 100mL 试样消耗 0.1mol/L 氢氧化钠标准溶液的体积），

　　　　　mL/100mL；

　　　c——氢氧化钠标准溶液的浓度，mol/L；

　　　V——滴定消耗氢氧化钠标准溶液的体积，mL；

　　　2——换算成 100mL 试样的系数。

所得结果保留至两位小数。

七、二氧化碳的测定

（一）原理

在 0~5℃ 下用碱液固定啤酒中的二氧化碳，加稀酸释放后，用已知量的氢氧化钡吸收，过量的氢氧化钡再用盐酸标准溶液滴定。根据消耗盐酸标准溶液的体积，计算出试样中二氧化碳的含量。

（二）仪器

二氧化碳收集测定仪；酸式滴定管（25mL）；量筒。

（三）试剂和溶液

（1）碳酸钠：国家二级标准物质 GBW（E）060023。

（2）300g/L 氢氧化钠溶液。

（3）10g/L 酚酞指示剂。

（4）0.1mol/L 盐酸标准溶液。

（5）0.055mol/L 氢氧化钡溶液。

① 配制　称取氢氧化钡 19.2g，加无二氧化碳蒸馏水 600～700mL，不断搅拌直至溶解，静置 24h。加入氯化钡 29.2g，搅拌 30min，用无二氧化碳蒸馏水定容至 1000mL。静置沉淀后，过滤于一个密闭的试剂瓶中，贮存备用。

② 标定　吸取上述溶液 25.0mL 于 150mL 锥形瓶中，加酚酞指示剂 2 滴，用 0.1mol/L 盐酸标准溶液滴定至刚好无色为其终点，记录消耗盐酸标准溶液的体积。在密封良好的情况下贮存（试剂瓶顶端装有钠石灰管，并附有 25mL 加液器）。

（6）10%（质量分数）硫酸溶液。

（7）有机硅消泡剂（二甘油聚醚）。

（四）分析步骤

1. 仪器的校正

按仪器使用说明书，用碳酸钠标准物质校正仪器。每季度校正一次（发现异常须及时校正）。

2. 试样的准备

将待测啤酒恒温至 0～5℃。瓶装酒开启瓶盖，迅速加入一定量的 300g/L 氢氧化钠溶液（样品净含量为 640mL 时，加 10mL；355mL 时，加 5mL；2L 时，加 25mL）和消泡剂 2～3 滴，立刻用塞塞紧，摇匀，备用。听装酒可在罐底部打孔，按瓶装酒同样操作。

3. 测定

（1）二氧化碳的分离与收集　吸取试样 [（四）2] 10.0mL 于反应瓶中，在收集瓶中加入 0.055mol/L 氢氧化钡溶液 25.0mL；将收集瓶与仪器的分气管接通。通过反应瓶上分液漏斗向其中加入 10%（质量分数）硫酸溶液 10mL，关闭漏斗活塞，迅速接通连接管，设定分离与收集时间 10min，按下泵开关，仪器开始工作，直至自动停止。

（2）滴定　用少量无二氧化碳蒸馏水冲洗收集瓶的分气管，取下收集瓶，加入酚酞指示剂 2 滴，用 0.1mol/L 盐酸标准溶液滴定至刚好无色，记录消耗盐酸标准溶液的体积。

（3）试样的净含量按本节二中容量法测量。

（4）试样的相对密度，按本节四中容量法测定或用密度计测量。

（五）结果计算

$$X = \frac{(V_1 - V_2)c \times 0.022}{\dfrac{V_3}{V_3 + V_4} \times 10 \times \rho} \times 100\%$$

式中　X——试样的二氧化碳含量（质量分数），%；

$\quad$ V_1——标定氢氧化钡溶液时，消耗的盐酸标准溶液的体积，mL；

$\quad$ V_2——试样消耗盐酸标准溶液的体积，mL；

$\quad$ c——盐酸标准溶液的浓度，mol/L；

$\quad$ 0.022——与 1.00mL 盐酸标准溶液 [c（HCl）= 1.000mol/L] 相当的二氧化碳的质量，g/mmol；

$\quad$ V_3——试样的净含量（总体积），mL；

$\quad$ V_4——测定时吸取试样的体积，mL；

$\quad$ 10——在处理试样时，加入氢氧化钠溶液的体积，mL；

$\quad$ ρ——被测试样的密度（当被测试样的原麦汁浓度为 11°P 或 12°P 时，此值为 1.012，其他浓度的试样须先测其密度），g/mL。

所得结果保留至两位小数。

八、双乙酰的测定

（一）原理

用蒸汽将双乙酰蒸馏出来，与邻苯二胺反应，生成 2,3-二甲基喹喔啉，在波长 335nm 下测其吸光度。由于其他联二酮类都具有相同的反应特性，另外蒸馏过程中部分前驱体要转化成联二酮，因此上述测定结果为总联二酮含量（以双乙酰表示）。

（二）仪器

（1）带有加热套管的双乙酰蒸馏器。

（2）蒸汽发生瓶：2000mL（或3000mL）锥形瓶或平底蒸馏烧瓶。

（3）容量瓶：25mL。

（4）紫外分光光度计：备有20mm玻璃比色皿或10mm石英比色皿。

（三）试剂和溶液

（1）4mol/L盐酸溶液。

（2）10g/L邻苯二胺溶液 称取邻苯二胺0.100g，溶于4mol/L盐酸溶液中，并定容至10mL，摇匀，放于暗处。此溶液须当天配制与使用；若配制出来的溶液呈红色，应重新更换新试剂。

（3）有机硅消泡剂（或甘油聚醚）。

（四）分析步骤

1. 蒸馏

将双乙酰蒸馏器安装好，加热蒸汽发生瓶至沸腾。通蒸汽预热后，置25mL容量瓶于冷凝管出口接受馏出液（外加冰浴），加1～2滴消泡剂于100mL量筒中，再注入未经除气的预先冷至约5℃的酒样100mL，迅速转移至蒸馏器内，并用少量水冲洗带塞漏斗，盖塞。然后用水密封，进行蒸馏，直至馏出液接近25mL（蒸馏需在3min内完成）时取下容量瓶，达到室温后用重蒸水定容，摇匀。

2. 显色与测量

分别吸取馏出液10.0mL于两支干燥的比色管中，并于第一支管中加入邻苯二胺溶液0.50mL，第二支管中不加（作空白）。充分摇匀后，同时置于暗处放置20～30min，然后于第一支管中加4mol/L盐酸溶液2mL，于第二支管中加入4mol/L盐酸溶液2.5mL。混匀后，用20mm玻璃比色皿（或10mm石英比色皿）于波长335nm下，以空白作参比，测定其吸光度（比色测定操作须在20min内完成）。

（五）结果计算

$$X = A_{335} \times 1.2$$

式中 X——试样的双乙酰含量，mg/L；

A_{335}——试样在335nm波长下，用20mm比色皿测得的吸光度；

1.2——吸光度与双乙酰含量的换算系数。

注：如用10mm石英比色皿测吸光度，则换算系数应为2.4。

所得结果表示至两位小数。

九、啤酒中二氧化硫的测定

（一）原理

利用亚硫酸根被四氯汞钠吸收，生成稳定的络合物，再与甲醛和盐酸副玫瑰苯胺作用，并经分子重排，生成紫红色络合物，其最大吸收波长为550nm，通过测定其吸光度以确定二氧化硫的含量。

（二）仪器及试剂

（1）分光光度计。

（2）四氯汞钠吸收液：称取27.2g氯化汞及11.9g氯化钠溶于水稀释至1000mL，放置过夜，过滤后备用。

（3）120g/L氨基磺酸铵溶液。

（4）2g/L甲醛溶液。

（5）106g/L 亚铁氰化钾溶液。

（6）220g/L 乙酸锌溶液。

（7）2μg/mL 二氧化硫标准使用液。

（8）盐酸副玫瑰苯胺溶液　称取 0.1g 盐酸副玫瑰苯胺（$C_{19}H_{18}N_2Cl \cdot 4H_2O$）置于研钵中，加少量水研磨，使其溶解，并稀释至 100mL。取出 20mL 置于 100mL 容量瓶中，边滴加 6mol/L 盐酸边充分摇匀，使溶液由红变黄后，用水定容至 100 mL，混匀备用。

（三）分析步骤

（1）样品处理　吸取 5～10mL 处理后的啤酒样品置于 100mL 容量瓶中，以少量水稀释，加 20mL 四氯汞钠吸收液，摇匀后以水定容，必要时过滤备用。

（2）标准曲线绘制　吸取 0.00mL、0.20mL、0.40mL、0.60mL、0.80mL、1.00mL、1.50mL、2.00mL 二氧化硫标准使用液，分别置于 25mL 比色管中，各加入四氯汞钠吸收液至 10mL，然后各分别加入 1mL 120g/L 氨基磺酸铵溶液、1mL 2g/L 甲醛溶液及 1mL 盐酸副玫瑰苯胺溶液，摇匀，放置 20min。用 1cm 比色皿，以空白调零，于 550nm 处测定吸光度，并绘制标准曲线。

（3）样品测定　吸取 0.5～5.0mL 样品处理液置于 25mL 比色管中按标准曲线绘制操作进行，于 550nm 处测定吸光度，由标准曲线查出样品中二氧化硫的含量。

（四）数据记录及处理

1. 数据记录

（1）标准吸收曲线

SO_2 标准使用液用量/mL	0.00	0.20	0.40	0.60	0.80	1.00	1.50	2.00
SO_2 含量/(μg/25mL)	0.00	0.40	0.80	1.20	1.60	2.00	3.00	4.00
吸光度								

（2）测定结果

测定次数	样品体积/mL	测定用样液体积/mL	吸光度
1			
2			

2. 结果计算

样品中二氧化硫的含量为：

$$X = \frac{m_s}{m \times \dfrac{V}{100} \times 1000}$$

式中　X——二氧化硫的含量，g/kg；

　　　m——样品质量，g；

　　　m_s——测定用样品液中二氧化硫的质量，μg；

　　　V——测定用样品液的体积，mL。

任务二十四　白酒的检验

> **实训目标**
> 1. 掌握白酒制品的基本知识。
> 2. 掌握白酒制品的常规检验项目及相关标准。
> 3. 掌握白酒制品的检验方法。

第一节　白酒制品基本知识

白酒又名烧酒，是以曲类（或糖化酶）、酒母等为糖化发酵剂，利用淀粉原料或糖类原料，经蒸煮、糖化（糖类原料无须糖化剂）、发酵、蒸馏、贮存、勾调而成的蒸馏酒。配制白酒则以白酒或食用酒精为酒基，用香料调制而成。

一、白酒的加工工艺

白酒在酿造过程中，因香型不同，其工艺流程存在着差异，但也存在着一些共同的环节，归纳起来为：

原料处理→配料→蒸煮→糖化发酵→蒸馏→贮存→勾调→灌装→成品

二、白酒容易出现的质量问题

（1）感官质量缺陷，如色泽、香味、口味、风格等与产品标识不符。

（2）酒精度与包装标识不符。

（3）固形物超标。

（4）卫生指标超标，如甲醇、杂醇油超标。

三、白酒生产的关键控制环节

配料；发酵；贮存；勾调。

四、白酒生产企业必备的出厂检验设备

分析天平（0.1mg）、分光光度计、气相色谱仪、恒温干燥箱、恒温水浴锅、比重瓶或酒精计、比色管。

五、白酒的检验项目和标准

白酒产品的相关标准包括：GB 10344《预包装饮料酒标签通则》；GB 2757《蒸馏酒及配制酒卫生标准》；GB 18356《茅台酒（贵州茅台酒）》；GB 19508《原产地域产品　西凤酒》；GB 18624《水井坊》；GB 19327《原产地域产品　古井酒》；GB 19328《原产地域产品　口子窖酒》；GB 19329《原产地域产品　道光廿五贡酒》；GB 17924《原产地域产品通用要求》；GB/T 10781.2《清香型白酒》；GB/T 10781.1《浓香型白酒》；GB/T 10781.3《米香型白酒》；GB/T 11859.2《低度清香型白酒》；GB/T 11859.1《低度浓香型白酒》；GB/T 11859.3《低度米香型白酒》；GB/T 14867《凤香型白酒》；GB/T 16289《豉香型白酒》；QB 1498《液态法白酒》；QB/T 2187《芝麻香型白酒》；QB/T 2305《特香型白酒》；QB/T 2524《浓酱兼香型白酒》；QB 2656《老白干香型白酒》；DB14/T 80《新型白酒》；DB15/T 253《新工艺白酒》；DB13/T 306《新型白酒》；DB22/T 221《吉林烧酒》；DB50/T 15《小曲酒》；DB53/T 092《云南小曲白酒》；DB23/T 308《清香型白酒》；备案有效的企业标准。

白酒产品质量检验项目见表3-52。

表 3-52　白酒产品质量检验项目及检验标准

序号	检验项目	发证	监督	出厂	检　验　标　准	备　　注
1	感官	√	√	√	GB/T 10345	
2	酒精度	√	√	√	GB/T 10345	
3	总酸	√	√	√	GB/T 10345	
4	总酯	√	√	√	GB/T 10345	
5	单体物质	√	√	√	GB/T 10345	
6	固形物	√	√	√	GB/T 10345	
7	甲醇	√	√	√	GB/T 5009.48	
8	杂醇油	√	√	√	GB/T 5009.48	
9	铅	√	√	*	GB/T 5009.48	
10	锰	√	√	*	GB/T 5009.48	
11	氯化物	√	√	*	GB/T 5009.48	以木薯或代用品为原料者
12	净含量	√	√	√	JJF 1070	白酒（原酒）不要求
13	标签	√	√		GB 7718 GB 10344	白酒（原酒）不要求

注：1. 企业出厂检验项目中有"√"标记的，为常规检验项目。

2. 企业出厂检验项目中有"＊"标记的，企业应当每年检验两次。

第二节　白酒检验项目

一、感官检验

（一）原理

感官评定是评酒员通过眼、鼻、口等感觉器官，对酒样的色泽、香气、口味及风格特征进行分析评价。

（1）品酒环境　品酒室要求光线充足、柔和、适宜，温度为 20~25℃，湿度为 60% 左右，恒温恒湿，空气新鲜，无香气及邪杂气味。

（2）评酒员　要求器官灵敏，经过专门训练与考核，符合感官分析要求，熟悉各类酒的感官品评用语，熟悉各类酒的特征。评语要公正、科学、准确。

（3）品酒杯　见图3-17。

（二）操作步骤

（1）调温　将样品放置于 20℃±2℃ 环境中平衡 24h（或在 20℃±2℃ 水浴中保温 1h），采用密码标记后进行评定。

（2）倒酒　将调温后的酒瓶外部擦干，小心开启瓶塞，注意不要让异物落入。然后将酒倒入洁净、干燥的品酒杯中，注入量为品酒杯的 1/2~2/3。其原则为既保证酒的蒸发面积，又有利于集中酒的芳香，使气味足够充分。

（3）色泽　在明亮处（适宜光线但并非直射阳光）用手持杯底或用手握住品酒杯柱，举杯齐眉，观察其色泽、清亮程度、有无沉

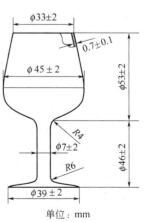

单位：mm

图 3-17　品酒杯

淀及悬浮物，作好详细记录。常用的术语有：无色透明、清亮透明、微黄、黄色、微青色、微浊、混浊、有悬浮物、有纤维状或絮状物、有沉淀等。正常的白酒应为无色透明、浓香、酱香型白酒允许有微黄，无悬浮物、无沉淀。

（4）香气　先轻轻摇动品酒杯，用鼻进行嗅香，记录其香气特征。常用的术语有：醇香、曲香、窖香、酯香、窖香浓郁、溢香、清香纯正、酱香突出、幽雅细腻、留香持久、米香清雅、药香舒适、酯香幽雅、豉香、芝麻香、兼香、固有的香、应有的香、香不足、放香小等。

（5）口味　喝下少量的酒样（约 2mL），让酒样先接触舌尖，再两侧，最后到舌根，品其滋味，记下口味特征。常用的术语有：醇和、醇厚、入口甜、清爽甘洌、爽净、甘润、入口绵、落口甜、各味协调、甜味、有酯香味、回味悠长、后味较净、有余香、尾净、入口冲、后味淡等。

（6）风格　在熟悉各种香型白酒的同时，通过对色泽、香气、口味的综合分析，评定该酒样属于哪种风格。常用的术语有：在某一香型前加"独特、固有、突出、明显、不突出、不明显"等词，对不入格的描述为"偏格、错格"。

二、净含量的测定

（一）仪器

（1）量筒：100～2000mL。

（2）台秤：最大称量 50kg。

（3）电子天平：最大称量 1000g，感量 0.01g。

（二）操作步骤

当单件包装样品净含量小于 2L 时采用容量法，2L 以上可采用称量法。

（1）容量法：在 20℃±2℃环境下，将样品沿容器壁缓慢倒入干燥洁净的量筒中，待酒样液面静止时观察液位的凹液面是否与量筒刻度相平。读取凹液面刻度即为该酒样的体积，并计算其负偏差值。

（2）称量法　直接用台秤称取质量，然后除以该酒样的密度（kg/L），将质量换算成体积，再求出净含量偏差。

（三）误差标准

20℃时 20 瓶的平均净容量允许偏差见表 3-53。

表 3-53　定量包装商品的净含量与其标注的负偏差标准

净含量 Q	负　偏　差	
	Q 的百分比	g 或 mL
5～50mL	9	—
50～100mL	—	4.5
100～200mL	4.5	—
200～300mL	—	9
300～500mL	3	—
500～1000mL	—	15
1～10kg 或 1～10L	1.5	—

三、酒精度的测定

酒精度是白酒产品理化要求的首要检测指标。它是指在 20℃时，100mL 酒中含纯乙醇的体积或 100g 酒样中含有酒精的质量。酒精度可以用体积分数（%）来表示。

方法一：比重瓶法

（一）原理

酒精相对密度是指在 20℃时，酒精质量与同体积纯水质量的比值，通常以 d_{20}^{20} 表示。然后查附录七将酒精相对密度换算成酒精度。适用于任何酒液中酒精度的测定。

（二）仪器

（1）全玻璃蒸馏器：500mL。

（2）超级恒温水浴锅：准确度±0.1℃。

（3）附温度计相对密度瓶：25mL 或 50mL。

（三）操作步骤

（1）样品制备　准确移取 100mL 酒样于 500mL 蒸馏瓶中，加 100mL 水和数粒玻璃珠（或沸石），装上冷凝器，以 100mL 容量瓶为接收器（外加冰浴），开启冷凝水（水温应低于 15℃），然后开启电炉缓慢加热，收集约 95mL 馏出液后取下，盖上瓶塞，放入 20℃水浴中恒温 30min，再定容至刻度，混匀，备用。

（2）称量　将密度瓶洗净，烘干，称量，直至恒重（前后两次称量差小于 0.2mg）。

（3）将煮沸后冷却至 15℃的蒸馏水注满恒重的密度瓶，插上带温度计的瓶塞，立即浸入 20℃±0.1℃的恒温水浴锅，待内容物温度达到 20℃，并保持 20min 不变后，用滤纸快速吸去溢出支管的蒸馏水，立即盖好小帽，将密度瓶取出，擦干后称量。

（4）将水倒出，先用无水乙醇，再用乙醚冲洗密度瓶，吹干（或用烘箱烘干），用制备好的样品溶液冲洗 3～5 次，然后装满。重复上述操作。

（四）结果计算

酒样的相对密度为：

$$d_{20}^{20} = \frac{m_2 - m}{m_1 - m}$$

式中　d_{20}^{20}——酒样的相对密度；

m——密度瓶的质量，g；

m_1——密度瓶和水的质量，g；

m_2——密度瓶和酒样的质量，g。

根据酒样的相对密度 d_{20}^{20}，查附录七，求得酒精度。

（五）精密度

在重复性条件下获得的两次独立测定结果的绝对差值，不应超过平均值的 0.5%，所得结果应表示至一位小数。

方法二：酒精比重计法

（一）原理

用酒精比重计直接读取酒精体积分数示值，按附录十进行温度校正，换算出 20℃时的酒精度。适用于酒精含量较高，且是酒液中主要成分的样品酒精度的测定。

（二）仪器

酒精比重计：分度值为 0.1%（体积分数）。

（三）操作步骤

将比重瓶法中制得的酒样倒入洁净、干燥的 100mL 量筒中，倒入量以放入酒精计后液面稍低于量筒口为宜。静置数分钟，待酒样中气泡消失后，放入洁净、擦干的酒精计和温度计，再轻轻按一下，静止后，平衡约 5min，观察酒精计与酒液弯月面相切处的刻度示值及酒液温度。根据测得的温度和酒精计示值，查附录十，换算成 20℃时酒精度。

（四）准确度

在重复性条件下获得的两次独立测定结果的绝对差值，不应超过平均值的 0.5%，所得结果应表示至一位小数。

四、总酸的测定（指示剂法）

（一）原理

白酒中的有机酸，以酚酞为指示剂，用氢氧化钠溶液进行中和滴定至酚酞由无色变为粉红色，且 30s 内不褪色即为终点。根据消耗碱液的体积来确定总酸的含量。

（二）试剂

0.1mol/L 氢氧化钠标准溶液；酚酞指示剂（10g/L）。

（三）操作步骤

准确移取酒样 50.0mL 于 250mL 锥形瓶中，加入 2 滴酚酞指示剂，用氢氧化钠标准溶液滴定至粉红色即为终点。

（四）结果计算

酒样中总酸含量计算公式为：

$$X = \frac{cV \times 60}{50.0}$$

式中　X——酒样中总酸的浓度（以乙酸计），g/L；

　　　c——氢氧化钠标准溶液的浓度，mol/L；

　　　V——滴定时消耗氢氧化钠标准溶液的体积，mL；

　　　60——乙酸的摩尔质量，g/mol；

　　50.0——移取酒液的体积，mL。

（五）准确度

在重复性条件下获得的两次独立测定结果的绝对差值，不应超过平均值的 2%，所得结果应保留两位小数。

五、固形物的测定

（一）原理

白酒经蒸发、烘干后，将挥发性物质除去，不挥发性物质残留于蒸发皿中，用称量法称量，计算其含量。

（二）仪器

分析天平（感量 0.1mg）；瓷蒸发皿（100mL）；电热干燥箱（准确度±2℃）；干燥器（用变色硅胶作干燥剂）。

（三）操作步骤

准确移取 50.0mL 酒样于已烘干至恒重的 100mL 瓷蒸发皿内，置于蒸馏水沸水浴上，蒸发至干，然后将蒸发皿放入 100~105℃电热干燥箱内烘干 2h，取出，置于干燥器内 30min 后称量，然后再放入 100~105℃电热干燥箱内烘干 1h，取出，置于干燥器内 30min 后称量。反复上述操作，直至恒重。

（四）结果计算

酒样中固形物含量的计算公式为：

$$X = \frac{m_1 - m_0}{50} \times 1000$$

式中　X——酒样中固形物含量，g/L；

　　　m_1——固形物和蒸发皿的质量，g；

m_0——蒸发皿的质量，g；

50——酒的体积，mL。

（五）准确度

在重复性条件下获得的两次独立测定结果的绝对差值，不应超过平均值的 2%，所得结果应保留两位小数。

（六）注意事项

（1）烘干温度对测定结果影响较大，应严格控制温度。

（2）水浴用水最好使用蒸馏水，以免水垢粘在蒸发皿底部，使测定结果偏高。

六、总酯的测定

（一）原理

用碱液中和酒样中的总酸后，准确加入一定过量的碱，使其与酒样中的酯发生皂化反应，过量的碱再用硫酸溶液中和，以此来测定白酒中的总酯量。

（二）试剂

（1）0.1mol/L 氢氧化钠标准滴定溶液。

（2）3.5mol/L 氢氧化钠标准溶液。

（3）0.1mol/L 硫酸标准溶液。

（4）40%（体积分数）乙醇（无酯）溶液　量取95%乙醇溶液600mL于1000mL回流瓶中，加入5mL 3.5mol/L氢氧化钠标准溶液，加热回流皂化1h。然后移入蒸馏瓶中再次蒸馏，再配成40%（体积分数）的乙醇溶液。

（5）酚酞指示剂：10g/L。

（三）仪器

全玻璃蒸馏器（500mL）；全玻璃回流装置（回流瓶250mL、1000mL）；碱式滴定管（25mL或50mL）；酸式滴定管（25mL或50mL）；移液管（25mL、50mL）。

（四）操作步骤

（1）准确移取50mL酒样于250mL回流瓶中，加入2滴酚酞指示剂，用0.1mol/L氢氧化钠标准溶液滴定至刚好呈现粉红色（不可过量）。记录消耗氢氧化钠溶液的体积，作计算总酸含量用。

（2）准确加入0.1mol/L氢氧化钠标准溶液25mL（若样品中总酯含量过高，可加入50mL），摇匀，加入几颗沸石或玻璃珠，装上冷凝管（冷却水温度宜低于15℃），在沸水浴上加热回流30min（以溶液沸腾后冷凝管滴下第一滴冷却水起计时），取下，冷却。

（3）用0.1mol/L硫酸标准溶液进行滴定，使粉红色刚好消失即为终点。记录消耗硫酸溶液的体积。

（4）准确移取50mL 40%乙醇（无酯）溶液，按上述方法做空白试验。

（五）结果计算

酒样中的总酯含量按下式计算：

$$X = \frac{c(V_1 - V_0) \times 88}{50}$$

式中　X——酒样中总酯的浓度（以乙酸乙酯计），g/L；

c——硫酸标准溶液的浓度，mol/L；

V_1——酒样消耗硫酸溶液的体积，mL；

V_0——空白试验消耗硫酸溶液的体积，mL；

88——乙酸乙酯的摩尔质量，g/mol；

50——移取酒样的体积，mL。

（六）精密度

在重复性条件下获得的两次独立测定结果的绝对差值，不应超过平均值的 2%，所得结果应保留两位小数。

七、甲醇的测定（变色酸光度法）

酒中的甲醇来源于酿酒辅料中果胶质的水解和发酵。用薯干、谷糠、待用原辅料发酵的白酒，在高温蒸煮过程中，其中的甲氧基被分解，生成甲醇，蒸酒时被带入成品中。甲醇在贮存过程中会因氧化而减少，但它不会像酒精那样饮后氧化成二氧化碳排出体外，而是在体内蓄积，引起失明等视神经病患。

（一）原理

白酒中所含甲醇在磷酸溶液中被高锰酸钾氧化成甲醛，用偏重亚硫酸钠除去过量的高锰酸钾。在浓硫酸存在下甲醛与变色酸先缩合，随之氧化生成对醌结构的蓝紫色化合物，颜色的深浅与甲醛含量成正比，与标准系列比较定量。

（二）试剂

（1）磷酸（密度约 1.70g/mL）。

（2）硫酸溶液：将约 1.84g/mL 的硫酸配制成质量分数为 90% 的硫酸溶液。

（3）偏重亚硫酸钠溶液：100g/L。

（4）高锰酸钾-磷酸溶液（30g/L）　称取 3g 高锰酸钾加入 15mL 磷酸与 70mL 水的混合液中，溶解后加水至 100mL，储于棕色瓶内。

（5）基准乙醇　用毛细管气相色谱测定甲醇、醛、酯、杂醇油含量均小于 1mg/L。

（6）甲醇标准溶液（10g/L）　称取 1.000g 甲醇置于已加有部分基准乙醇的 100mL 容量瓶中，并以基准乙醇稀释至刻度，混匀。至低温保存。

（7）甲醇标准系列溶液　吸取 0mL、1.00mL、2.00mL、4.00mL、6.00mL、8.00mL、10.00mL 甲醇标准溶液 10g/L，分别注入 100mL 容量瓶中，并以基准乙醇稀释至刻度，混匀。即得甲醇含量分别为 0mg/L、100mg/L、200mg/L、400mg/L、600mg/L、800mg/L、1000mg/L 的标准系列溶液。

（8）变色酸显色剂溶液　称取 0.1g 变色酸（$C_{10}H_6O_8S_2Na_2$）溶于 10mL 水中，边冷却，边加 90mL 90% 硫酸溶液，混匀，移入棕色瓶中。置于冰箱保存，有效期为一周。

（三）仪器

分光光度计；具塞比色管；恒温水浴锅。

（四）操作步骤

（1）准确吸取甲醇标准系列使用溶液各 5.00mL，分别注入 100mL 容量瓶中，加水稀释至刻度，混匀。

（2）吸取（1）中甲醇标准使用溶液各 2.00mL，分别置于 25mL 具塞比色管中，各加 1mL 30g/L 高锰酸钾-磷酸溶液，混匀。放置 15min 后，加 0.60mL 100g/L 偏重亚硫酸钠溶液，使之褪色。在外加冰水冷却的情况下，沿管壁加 10mL 变色酸显色剂溶液，加塞混匀，置于 70℃±1℃ 水浴中加热 20min 后，取出，用水冷却 10min。

（3）立即用 1cm 吸收池，在分光光度计上于波长 570nm 处，以试剂空白作参照，调节零点，测定其吸光度，绘制工作曲线，建立线性回归方程。

（4）准确移取 5.00mL 试样注入 100mL 容量瓶中，加水稀释至刻度，混匀。从中移取 2.00mL，按（2）显色、测定其吸光度。同时做试剂空白。

（五）结果计算

根据（四）（3）建立的线性回归方程，通过计算直接求出样品中甲醇的含量，单位为 mg/L，经换算以 g/100mL 报告结果。

（六）精密度

在重复性条件下获得的两次独立测定结果的绝对差值，若甲醇含量≥0.06g/100mL 时，不得超过 5%；若甲醇含量<0.06g/100mL 时，不得超过 10%。

八、单体物质的测定（气相色谱法测定乙酸乙酯含量）

单体物质是在主发酵阶段形成的特殊香气，不同生产设备和工艺产生的主体香成分不一样。如用泥窖产生浓香型的白酒主体香气成分以己酸乙酯为代表，而发酵缸产生的清香型白酒主体香成分以乙酸乙酯为代表。

（一）原理

样品被气化后，随载气进入色谱柱，利用被测定的各组分在气液两相中具有不同的分配系数，在柱内形成迁移速度的差异而得到分离。分离后的组分先后流出色谱柱，先后进入氢火焰离子化检测器，根据色谱图上各组分峰的保留值与标样相对照进行定性，利用峰高或峰面积，以内标法进行定量分析。

（二）试剂

（1）60%乙醇溶液　用乙醇（色谱纯）加蒸馏水配制。

（2）2%乙酸乙酯溶液　作标样用。移取 2mL 乙酸乙酯（色谱纯），用 60%乙醇溶液定容至 100mL。

（3）2%乙酸正戊酯溶液　使用毛细管时作内标用。移取 2mL 乙酸正戊酯（色谱纯），用 60%乙醇溶液定容至 100mL。

（4）2%乙酸正丁酯溶液　使用填充柱时作内标用。移取 2mL 乙酸正丁酯（色谱纯），用 60%乙醇溶液定容至 100mL。

（三）仪器

（1）气相色谱仪：备有氢火焰离子化检测器。

（2）毛细管柱：LZP-930 白酒分析专用柱（柱长 18m，内径 0.53mm）或 FFAP 毛细管色谱柱（柱长 35～50m，内径 0.25mm，涂层 0.2μm），或其他具有相同分析效果的毛细管色谱柱。

（3）填充柱：柱长不短于 2m。

① 载体：Chromosorb WAW 或白色担体 102（酸洗，硅烷化），80～100 目。

② 固定液：20%DNP（邻苯二甲酸二壬酯）加 7%吐温 80 或 10%PEG（聚乙二醇）1500 或 PEG20000。

（4）微量进样器：1μL，10μL。

（四）操作步骤

1. 色谱参考条件

（1）毛细管柱　载气为高纯氮，流速为 0.5～1.0mL/min，分流比为 37:1，尾吹气约为 20～30mL/min。

氢气流速为 40mL/min；空气流速为 400mL/min。

检测器温度、注样器温度：220℃。

柱温：初始柱温为 60℃，保持 3min 后，以 3.5℃/min 升温至 180℃，继续恒温 10min。

（2）填充柱　载气为高纯氮，流速为 150mL/min。氢气流速为 40mL/min；空气流速为 400mL/min。

检测器温度、注样器温度：150℃。

柱温：90℃，等温。

载气、氢气和空气的流速等色谱条件随仪器而异，应通过试验条件选择最佳操作条件，以内标峰与样品中其他组分峰获得完全分离为准。

2. 校正因子 f 值的测定

准确移取 1.0mL 乙酸乙酯于 100mL 容量瓶中,加入 1.0mL 内标溶液,用 60％乙醇稀释至刻度,混匀。待色谱仪基线稳定后,用微量注射器进样,进样量随仪器灵敏度而定。记录乙酸乙酯和内标色谱峰的保留时间和峰面积,计算出乙酸乙酯的校正因子 f 值。

3. 样品测定

在 10mL 容量瓶中装入待测酒样至刻度,准确加入 0.10mL 内标溶液,混匀,在与 f 值测定相同的条件下进样。根据保留时间确定乙酸乙酯峰的位置,并记录乙酸乙酯峰与内标峰的峰面积,计算出酒样中乙酸乙酯的含量。

(五) 结果计算

校正因子按下式计算:

$$f = \frac{A_1}{A_2} \times \frac{d_2}{d_1}$$

式中　f——乙酸乙酯的相对校正因子;

　　　A_1——标样 f 值测定时内标物的峰面积或峰高;

　　　A_2——标样 f 值测定时乙酸乙酯的峰面积或峰高;

　　　d_1——内标物的相对密度;

　　　d_2——乙酸乙酯的相对密度。

酒样中乙酸乙酯的含量测定按下式计算:

$$X = f \times \frac{A_3}{A_4} \times I \times 10^{-3}$$

式中　X——酒样中乙酸乙酯的浓度,g/L;

　　　f——乙酸乙酯的相对校正因子;

　　　A_3——酒样测定时乙酸乙酯的峰面积或峰高;

　　　A_4——酒样测定时内标物的峰面积或峰高;

　　　I——酒样测定时内标物的浓度,mg/L。

(六) 精密度

在重复性条件下获得的两次独立测定结果的绝对差值,不应超过平均值的 5％,所得结果应保留两位小数。

九、杂醇油的测定

杂醇油是指相对分子质量比甲醇、乙醇更大的高级醇类的总称,如丙醇、异丁醇、异戊醇、正丁醇等。由于它们可以在稀酒精中以油状析出,故得名。

方法一: 气相色谱法

测定同本节八。

方法二: 分光光度法

(一) 原理

本法测定标准以异丁醇、异戊醇表示,这两种物质在硫酸作用下可生成丁烯和戊烯,再与对二甲氨基苯甲醛反应生成橙黄色物质,用分光光度法在 520nm 处测定其吸光度。

(二) 试剂

(1) 5g/L 对二甲氨基苯甲醛-硫酸溶液　称取 0.5g 对二甲氨基苯甲醛,用硫酸溶解至 100mL。

(2) 无杂醇油的乙醇　取 0.1mL 检查不显色,如显色需进行处理。取 300mL 95％乙醇,加入少量高锰酸钾,蒸馏,收集馏出液。在馏出液中加入 0.25g 盐酸间苯二胺,加热回流 2h,收集中间馏出液 100mL。取 0.1mL 测定不显色即可。

(3) 1mg/L 杂醇油储备液　准确称取 0.080g 异戊醇和 0.020 异丁醇于 100mL 容量瓶中,加入 50mL 无杂醇油的乙醇,然后用水稀释至刻度,置低温保存。此溶液每毫升相当于 1mg 杂醇油。

（4）0.10mg/L 杂醇油标准溶液　准确移取 5.0mL 1mg/L 杂醇油储备液于 50mL 容量瓶中，用水稀释至刻度。此溶液每毫升相当于 0.10mg 杂醇油。

（三）仪器

分光光度计；分析天平；全玻璃蒸馏器（500mL）；超级恒温水浴锅（准确度±0.1℃）；比色管（10mL）。

（四）操作步骤

（1）酒样处理　准确移取 100mL 酒样于 500mL 蒸馏瓶中，加 50mL 水和数粒玻璃珠（或沸石），装上冷凝器，以 100mL 容量瓶为接收器（外加冰浴），开启冷凝水（水温应低于 15℃），然后开启电炉缓慢加热，收集 100mL 馏出液后取下。

（2）标准曲线的绘制　准确移取 0.0mL、0.10mL、0.20mL、0.30mL、0.40mL、0.50mL 0.10mg/L 杂醇油标准溶液于 10mL 比色管中，分别加水至 1mL，混合均匀，放入冷水中冷却，沿管壁加 2mL 5g/L 对二甲氨基苯甲醛-硫酸溶液，使其沉至管底。再将各管同时摇匀，放入沸水浴中加热 15min 后取出，立即放入冰浴中冷却，并立即各加 2mL 水，混合均匀，冷却 10min 后用 1cm 比色皿，以试剂空白作参比溶液，于 520nm 处测定吸光度。以杂醇油浓度为横坐标、吸光度为纵坐标绘制标准曲线。

（3）样品测定　准确移取 1.0mL 酒样于 10mL 容量瓶中，加水至刻度，混合均匀。移取 0.30mL 于 10mL 比色管中，按标准曲线的制作步骤，加入各种试剂，测定吸光度，从标准曲线上查出和计算试样中杂醇油含量。

（五）结果计算

酒样中杂醇油含量按下式计算：

$$X = \frac{m \times 10^{-3}}{V_2 \times \dfrac{V_1}{10}} \times 100$$

式中　X——酒样中杂醇油的含量，g/100mL；

　　V_1——测定用酒样的体积，mL；

　　V_2——酒样总体积，mL；

　　m——测定用酒样中杂醇油的质量，mg。

计算结果保留两位有效数字。

（六）精密度

在重复性条件下获得的两次独立测定结果的绝对差值，不应超过平均值的 10%。

任务二十五 黄酒的检验

> **实训目标**
> 1. 掌握黄酒的基本知识。
> 2. 掌握黄酒的常规检验项目及相关标准。
> 3. 掌握黄酒的检验方法。

第一节 黄酒的基本知识

黄酒是指以稻米、黍米、玉米、小米、小麦等为主要原料经蒸煮、加曲、糖化、发酵、压榨、过滤、煎酒、贮存、勾兑而成的酿造酒。

一、黄酒的加工工艺

```
              曲、酒药、酒母、水                    酒坛清洗杀菌
                    ↓                                ↓
原料米→浸米→蒸饭→落缸(罐)→糖化发酵→压榨→调色→煎酒→陈化贮存
          成品黄酒←灌装封口←酒杀菌←过滤←勾兑
                    ↑
              容器清洗消毒
```

二、黄酒容易出现的质量安全问题

（1）成品酸败问题。

（2）成品感官及主要质量指标不合格。

（3）成品中有异物残留。

（4）成品微生物超标及出现混浊等问题。

三、黄酒生产的关键控制环节

（1）发酵过程的时间和温度控制。

（2）容器清洗控制。

（3）成品酒杀菌温度和杀菌时间的控制。

（4）酒的勾兑配方控制。

四、黄酒生产企业必备的出厂检验设备

分析天平（0.1mg）、恒温干燥箱、恒温水浴锅、电炉、计量器具、酒精计（分度值0.2）、酸度计（精度0.02pH）、测酒精用温度计（分度值0.1℃）、灭菌锅、无菌室或超净工作台、微生物培养箱、冰箱。

五、黄酒的检验项目和标准

黄酒产品的相关标准包括：GB 2758《发酵酒卫生标准》；GB 10344《预包装饮料酒标签通则》；GB 17946《绍兴酒（绍兴黄酒）》；GB/T 13662《黄酒》；QB/T 2746《清爽型黄酒》；备案有效的企业标准。

黄酒产品质量检验项目见表3-54。

表 3-54　黄酒产品质量检验项目及检验标准

序号	检验项目	发证	监督	出厂	检验标准	备注
1	感官	√	√	√	GB/T 13662	
2	净含量	√		√	GB/T 13662	
3	总糖	√		√	GB/T 13662	
4	非糖固形物	√	√	√	GB/T 13662	
5	酒精度	√	√	√	GB/T 13662	
6	总酸	√	√	√	GB/T 13662	
7	氨基酸态氮	√	√	√	GB/T 13662	
8	挥发酯	√	√	* √稻米类清爽型黄酒	GB/T 13662	绍兴酒（绍兴黄酒）和稻米类清爽型黄酒检验项目
9	pH	√		√	GB/T 13662	
10	氧化钙	√		√	GB/T 13662	
11	β-苯乙醇	√		*	GB/T 13662	稻米类黄酒检验项目
12	食品添加剂（苯甲酸、山梨酸、糖精钠、甜蜜素等）	√	√	*	GB/T 5009.28 GB/T 5009.29 GB/T 5009.97	其他食品添加剂根据具体情况而定
13	黄曲霉毒素 B_1	√	√	*	GB/T 5009.22	
14	肠道致病菌（沙门菌、志贺菌、金黄色葡萄球菌）	√	√	*	GB 4789.4 GB 4789.5 GB 4789.10	
15	铅	√	√	*	GB 5009.12	
16	菌落总数	√	√	√	GB 4789.2 GB/T 4789.25	
17	大肠菌群	√	√	*	GB 4789.3 GB/T 4789.25	
18	标签	√	√		GB 7718 GB 10344 GB 17946	

注：1. 企业出厂检验项目中有"√"标记的，为常规检验项目。

2. 企业出厂检验项目中有"＊"标记的，企业应当每年检验两次。

第二节　黄酒检验项目

一、净含量的测定
同模块三，任务二十四，第二节，二。

二、感官检验
同模块三，任务二十四，第二节，一。

三、酒精度的测定
同模块三，任务二十四，第二节，三。

四、总糖的测定

方法一：蓝-爱农法

本方法适用于甜酒和半甜酒。

（一）原理

斐林溶液与还原糖共沸，生成氧化亚铜沉淀，以亚甲基蓝为指示液，用试样水解液滴定沸腾状态的斐林溶液。达到终点时，稍微过量的还原糖将亚甲基蓝还原成无色为终点，依据试样水解液的消耗体积，计算总糖含量。

（二）仪器

分析天平（感量0.1mg）；恒温水浴锅；电炉（300～500W）。

（三）试剂

（1）斐林甲液　称取69.28g硫酸铜，加水溶解并定容至1000mL。

（2）斐林乙液　称取酒石酸钾钠346g及氢氧化钠100g，加水溶解并定容至1000mL，摇匀，过滤备用。

（3）葡萄糖标准溶液（2.5g/L）　准确称取2.5000g经98～100℃干燥至恒重的无水葡萄糖，加水溶解后移入1000mL容量瓶中，加入5mL盐酸（防止微生物生长）并定容。

（4）HCl溶液（6mol/L）　移取50mL浓盐酸，稀释至100mL。

（5）NaOH溶液（200g/L）　称取20g氢氧化钠，用水溶解并稀释至100mL。

（6）甲基红指示剂（1g/L）　称取甲基红0.10g，溶于乙醇并稀释至100mL。

（7）亚甲基蓝指示剂（10g/L）　称取亚甲基蓝1.0g，溶于乙醇并稀释至100mL。

（四）操作步骤

（1）碱性酒石酸铜溶液的预滴定　吸取碱性酒石酸铜甲、乙液各5.0mL，置于250mL锥形瓶中，加水30mL，然后放入2粒玻璃珠，控制在2min内加热至沸，趁沸以每2s1滴的速度滴加葡萄糖标准溶液，待试液蓝色即将消失时，加入2滴亚甲基蓝指示剂，继续用葡萄糖标准溶液滴定至溶液蓝色刚好褪去为终点，记录消耗葡萄糖标准溶液的总体积，同时平行操作三份，取其平均值。

（2）碱性酒石酸铜溶液的标定　吸取碱性酒石酸铜甲、乙液各5.0mL，置于250mL锥形瓶中，加水30mL，然后放入2粒玻璃珠，从滴定管滴加比预测体积少1mL的葡萄糖标准溶液，控制在2min内加热至沸，加入2滴亚甲基蓝指示剂，保持沸腾2min，趁沸以每2s1滴的速度滴加葡萄糖标准溶液，直至溶液蓝色刚好褪去为终点，记录消耗葡萄糖标准溶液的总体积。平行操作3份，取其平均值。全部滴定必须在3min内完成。

（3）酒样制备　吸取试样2.00～10.00mL（控制水解液总糖量为1～2g/L）于500mL容量瓶中，加50mL水和5mL 6mol/L盐酸溶液，在68～70℃水浴中加热15min。冷却后加入2滴甲基红指示液，用200g/L氢氧化钠溶液中和至红色消失（接近于中性）。加水定容，摇匀，用滤纸过滤后备用。

（4）样品溶液预滴定及滴定　以酒样代替葡萄糖标准溶液，测定方法同（1）、（2）。

（五）结果计算

（1）碱性酒石酸铜溶液浓度的标定按下式计算：

$$F = \frac{mV}{1000}$$

式中　F——碱性酒石酸铜甲、乙液各5mL相当于葡萄糖的质量，g；

　　　m——称取葡萄糖的质量，g；

　　1000——葡萄糖标准溶液的体积，mL；

　　　V——标定碱性酒石酸铜标准溶液时消耗葡萄糖溶液的体积，mL。

（2）酒样中总糖含量的测定按下式计算：

$$X = \frac{F}{\dfrac{V_1}{500} \times V_2} \times 1000$$

式中　X——酒样中总糖的含量，g/L；

　　F——碱性酒石酸铜甲、乙液各 5mL 相当于葡萄糖的质量，g；

　　V_1——移取酒样的体积，mL；

　　V_2——滴定时消耗酒样稀释液的体积，mL。

计算结果精确至三位有效数字。

（六）精密度

同一试样的两次滴定结果之差，不得超过 0.10mL。

方法二：铁氰化钾滴定法

本方法适用于干黄酒和半干黄酒。

酒样制备：参见方法一（四）（3）。

其余参见模块一，项目八。

五、非糖固形物的测定

（一）原理

试样在 100～105℃加热，其中的水分、乙醇等可挥发性物质被蒸发，剩余的残留物即为总固形物，总固形物减去总糖即为非糖固形物。

（二）仪器

分析天平（感量为 0.1mg）；电热干燥箱（准确控温±1℃）；恒温水浴锅；干燥器（内置变色硅胶）；蒸发皿或称量瓶（直径 50mm、高 30mm）。

（三）操作步骤

先将蒸发皿或高称量瓶（内置小玻璃棒）洗净，烘干至恒重，准确移入 5.00mL 酒样（干、半干黄酒可直接取样，半甜黄酒稀释 1～2 倍后取样，甜黄酒稀释 2～6 倍后取样），置于沸水浴上加热蒸发，不断用玻璃棒搅拌。蒸干后连同玻璃棒一起放入电热干燥箱中于100～105℃烘干，称量，直至恒重（两次称量之差不超过 0.001g）。

（四）结果计算

（1）酒样中总固形物含量按下式计算：

$$X_1 = \frac{(m_1 - m_2)f}{V} \times 1000$$

式中　X_1——酒样中总固形物含量，g/L；

　　m_1——蒸发皿（或称量瓶）、玻璃棒和试样烘干后的质量，g；

　　m_2——蒸发皿（或称量瓶）、玻璃棒烘干后的质量，g；

　　f——酒样稀释倍数；

　　V——移取酒样的体积，mL。

（2）酒样中非糖固形物含量按下式计算：

$$X = X_1 - X_2$$

式中　X——酒样中非糖固形物含量，g/L；

　　X_1——酒样中总固形物含量，g/L；

　　X_2——酒样中总糖含量，g/L。

计算结果保留三位有效数字。

（五）精密度

同一试样的两次测定结果之差，不超过 0.5g/L。

六、氨基酸态氮的测定

参见模块一，项目七。

七、总酸的测定（电位滴定法）

（一）原理

黄酒中的酸，以酚酞为指示剂，采用氢氧化钠进行中和滴定，当接近滴定终点时，利用 pH 值变化指示终点。

（二）试剂

0.1mol/L 氢氧化钠标准溶液；酚酞指示剂（10g/L）。

（三）仪器

自动电位滴定仪或酸度计；磁力搅拌器；分析天平（感量 0.1mg）。

（四）操作步骤

（1）仪器校正。

（2）滴定　准确移取 10.0mL 溶液于 150mL 烧杯中，加入无二氧化碳的水 50mL。将搅拌磁子放入烧杯中，然后将烧杯置于磁力搅拌器上，开启搅拌，用 0.1mol/L 氢氧化钠标准溶液进行滴定。刚开始时，滴定速度可较快，当滴定至 pH＝7.0 时，放慢滴定速度，直至 pH 8.20 即为终点，记录消耗的氢氧化钠的体积。同时做空白实验。

（五）结果计算

酒样中总酸含量按下式计算：

$$X = \frac{(V_1 - V_0)c \times 0.090}{10.0} \times 1000$$

式中　X——酒样中总酸的含量，g/L；

　　　V_1——测定酒样时所消耗的氢氧化钠的体积，mL；

　　　V_0——空白实验中所消耗的氢氧化钠的体积，mL；

　　　c——氢氧化钠标准溶液的浓度，mol/L；

　0.090——1.00mL 0.1mol/L 氢氧化钠溶液相当于乳酸的质量，g/mmol。

计算结果精确至两位有效数字。

（六）精密度

同一试样两次滴定结果之差，不得超过 0.05mL。

八、pH 值的测定

（一）原理

将玻璃电极作为指示电极，甘汞电极作为参比电极，放入试样中构成电化学原电池，其电动势的大小与溶液的 pH 值有关。因此，可通过电位测定仪测定其电动势，再换算成 pH 值，在 pH 计上直接显示待测溶液的 pH 值。

（二）试剂

（1）0.05mol/L 邻苯二甲酸氢钾标准缓冲溶液（pH＝4.00）　称取于 110℃干燥 1h 的邻苯二甲酸氢钾 10.21g，用无二氧化碳的蒸馏水溶解并定容至 1L。

（2）0.01mol/L 四硼酸钠标准缓冲溶液（pH＝9.18）　称取四硼酸钠 3.81g，用无二氧化碳的蒸馏水溶解并定容至 1L。

（三）仪器

pHS-3F 型酸度计；复合电极。

（四）操作步骤

（1）酸度计的安装及校正　按照仪器说明书的要求进行安装，拉下 pH 复合电极前段的电极套并移下 pH 复合电极杆上黑色套管，使外参比溶液加液孔露出与大气相通。用上述两种标准缓冲溶液校正酸度计。

（2）样品的测定　将电极从标准缓冲溶液中取出，先用蒸馏水清洗干净，再用滤纸吸干，然后将电极放入试样溶液中，小心摇动，待读数稳定 1min 后直接读取试样溶液的 pH 值。

（五）精密度

在重复性条件下获得的两次独立测定结果的绝对差值，不应超过 0.05pH。

（六）注意事项

（1）电极避免长期浸在蒸馏水，蛋白质溶液和酸性氟化物溶液中；避免与有机硅油接触；电极经长期使用后，如发现斜率略有降低，则可把电极下端浸泡在 4% HF（氢氟酸）中 3~5s，用蒸馏水洗净，然后在 0.1mol/L 盐酸溶液中浸泡，使之复新。

（2）电极在测量前必须用已知 pH 值的标准缓冲溶液进行定位校准，其值愈接近被测值愈好。

（3）取下电极套后，应避免电极的敏感玻璃泡与硬物接触，因为任何破损或擦毛都使电极失效。

（4）测量后，及时将电极保护套套上，电极套内应放少量外参比补充液以保持电极球泡的湿润。

（5）复合电极的外参比补充液为 3mol/L 氯化钾溶液，补充液可以从电极上端小孔加入，不使用时，拉上橡皮套，防止补充液干涸。

九、氧化钙含量的测定（高锰酸钾法）

（一）原理

酒样中的钙离子与草酸铵反应生成草酸钙沉淀，用硫酸溶解草酸钙，再用高锰酸钾标准溶液滴定，当草酸完全被氧化后，过量的高锰酸钾使溶液呈现微红色。

（二）实验仪器

电炉（300~500W）；恒温水浴锅；酸式滴定管（50mL）。

（三）实验试剂

（1）0.01mol/L 高锰酸钾标准溶液

① 配制　称取 1.7g 高锰酸钾溶于 1000mL 水中，缓缓煮沸 20~30min，冷却后于暗处密闭保存数日，用垂熔漏斗过滤，保存于棕色瓶中。

② 标定　精确称取 150~200℃ 干燥 1~2h 的基准草酸钠约 0.2g，溶于 50mL 水中，加 8mL 硫酸，用配制的高锰酸钾溶液滴定，接近终点时加热至 70℃，继续滴至溶液呈粉红色 30s 不褪色为止。同时做空白试验。

③ 计算

$$c\left(\frac{1}{5}KMnO_4\right)=\frac{m\times1000}{(V-V_0)\times67}$$

式中　c——高锰酸钾标准溶液的浓度，mol/L；

　　　m——草酸钠的质量，g；

　　　V——标定时消耗高锰酸钾溶液的体积，mL；

　　　V_0——空白消耗高锰酸钾溶液的体积，mL；

　　　67——1/2 草酸钠分子的摩尔质量，g/mol。

（2）1+10 氢氧化铵溶液：1 体积氢氧化铵+10 体积水。

（3）饱和草酸铵溶液。

（4）浓盐酸。

（5）1g/L甲基橙指示剂：称取0.10g甲基橙，用水溶解并稀释至100mL。

（6）1+3硫酸：1体积硫酸+3体积水。

（四）操作步骤

（1）准确移取酒样25.0mL于400mL烧杯中，加50mL蒸馏水稀释，再依次加入3滴1g/L的甲基橙指示剂、2mL浓盐酸、30mL饱和草酸铵溶液，加热煮沸，搅拌，缓慢加入（1+10）氢氧化铵溶液直至试样变为黄色。

（2）将烧杯置于40℃恒温水浴中2～3h，过滤后用500mL（1+10）氢氧化铵溶液洗涤沉淀，直至无氯离子（硝酸酸化后，用硝酸银检验）。将滤纸及沉淀小心取出，放入烧杯中，加入100mL沸水和25mL（1+3）硫酸溶液，加热控温在60～80℃直至沉淀完全溶解。

（3）用0.01mol/L高锰酸钾标准溶液进行滴定，直至出现微红色且30s不褪色即为终点。同时做空白实验。

（五）结果计算

酒样中氧化钙的含量按下式计算：

$$X = \frac{(V_1 - V_0)c \times 0.028}{V} \times 1000$$

式中　X——酒样中氧化钙的含量，g/L；

　　　c——高锰酸钾标准溶液的浓度，mol/L；

　0.028——1.00mL 0.01mol/L高锰酸钾标准溶液相当于氧化钙的质量，g/mmol；

　　　V_1——测定酒样时所消耗的高锰酸钾标准溶液的体积，mL；

　　　V_0——空白实验中所消耗的高锰酸钾标准溶液的体积，mL；

　　　V——移取酒样的体积，mL。

结算结果精确至两位有效数字。

（六）精密度

同一试样两次测定结果之差，不得超过算术平均值的5%。

十、菌落总数的测定

参见模块二，项目一。

任务二十六　葡萄酒的检验

> **实训目标**
> 1. 了解葡萄酒的基本知识。
> 2. 掌握葡萄酒的常规检验项目及相关标准。
> 3. 掌握葡萄酒的检验方法。

第一节　葡萄酒基本知识

葡萄酒是以新鲜葡萄或葡萄汁为原料，经全部或部分发酵酿制而成的，酒精度等于或大于7%（体积分数）的发酵酒。

一、葡萄酒的加工工艺

目前国内葡萄酒生产企业可分为三种类型：一是有葡萄酒的全部生产加工能力，既生产原酒，又进行加工灌装；二是只生产原酒，其最终产品是原酒；三是以原酒为原料，只进行加工灌装。

1. 葡萄酒的基本生产流程

　　　原料→破碎(压榨)→发酵→分离→贮存→澄清处理→调配→除菌→灌装→成品

2. 原酒加工的基本生产流程

　　　原料→破碎(压榨)→发酵→分离→贮存(澄清处理)→原酒

3. 加工灌装的基本生产流程

　　　原酒→澄清处理→调配→除菌→灌装→成品

二、葡萄酒容易出现的质量安全问题

（1）超范围使用食品添加剂。

（2）以调配酒冒充发酵酒。

（3）标签标注内容与实际严重不符。

（4）微生物超标。

三、葡萄酒生产的关键控制环节

（1）原材料的质量控制。

（2）发酵与贮存过程的控制。

（3）稳定性处理。

（4）调配。

四、葡萄酒生产企业必备的出厂检验设备

葡萄酒加工灌装企业：分析天平（0.1mg）、干燥箱、微生物培养箱、消毒锅、电冰箱、恒温水浴锅、生物显微镜、压力测定装置（适用于起泡酒）、无菌室或超净工作台。

原酒加工企业：分析天平（0.1mg）、干燥箱、电冰箱、恒温水浴锅。

五、葡萄酒的检验项目和标准

葡萄酒产品的相关标准包括：GB 10344《预包装饮料酒标签通则》；GB 2758《发酵酒卫生标准》；GB/T 15037《葡萄酒》；QB/T 1982《山葡萄酒》；QB/T 1983《山楂酒》；QB/T 2027《猕猴

桃酒》。

葡萄酒质量的检验项目见表 3-55。

表 3-55 葡萄酒质量检验项目及检验标准

序号	项目名称	发证	监督	出厂	检验标准	备注
1	感官	√	√	√	GB/T 15038	
2	酒精度	√	√	√	GB/T 15038	
3	总糖	√	√	√	GB/T 15038	
4	滴定酸	√	√	√	GB/T 15038	
5	挥发酸	√	√	√	GB/T 15038	
6	游离二氧化硫	√	√	√	GB/T 15038	
7	总二氧化硫	√	√	√	GB/T 15038	
8	干浸出物	√	√	√	GB/T 15038	
9	铁	√	√	*	GB/T 15038	
10	二氧化碳	√	√	√	GB/T 15038	仅对起泡酒
11	细菌总数	√	√	*	GB 4789.2	
12	大肠菌群	√	√	*	GB 4789.3	
13	铅	√	√	*	GB 5009.12	
14	肠道致病菌(沙门菌、志贺菌、金黄色葡萄球菌)	√	√	*	GB 4789.4 GB 4789.5 GB 4789.10	
15	净含量	√		√	JJF 1070	
16	苯甲酸、山梨酸、着色剂、甜味剂等添加剂	√	√	*	根据具体情况确定	根据具体情况确定
17	标签	√	√		GB 7718 GB 10344	

注：1. 企业出厂检验项目中有"√"标记的，为常规检验项目。

2. 企业出厂检验项目中有"*"标记的，企业应当每年检验两次。

第二节 葡萄酒检验项目

一、葡萄酒的感官分析

(一)原理

感官分析系指评价员通过用口、眼、鼻等感觉器官检查产品的感官特性，即对葡萄酒产品的色泽、香气、滋味及典型性等感官特性进行检查与分析评定。

(二)品酒

1. 调温

调节去除标贴后的酒的温度，使其达到：起泡、加气起泡葡萄酒 9～10℃；白葡萄酒（普通）10～11℃；桃红葡萄酒 12～14℃；白葡萄酒（优质）13～15℃；红葡萄酒（干、半干、半甜）16～18℃；加香葡萄酒、甜红葡萄酒、甜果酒 18～20℃。

2. 顺序和编号

在一次品尝检查有多种类型样品时，其品尝顺序为：先白后红，先干后甜，先淡后浓，先新后老，先低度后高度。按顺序给样品编号，并在酒杯下部注明同样编号。

3. 倒酒

将调温后的酒瓶外部擦干净，小心开启瓶塞（盖），不使任何异物落入。将酒倒入洁净、干燥的品尝杯中，一般酒在杯中的高度为 $1/4 \sim 1/3$，起泡和加气起泡葡萄酒的高度为 $1/2$。

（三）感官检查与评定

1. 外观

在适宜光线（非直射阳光）下，以手持杯底或用手握住玻璃杯柱，举杯齐眉，用眼观察杯中酒的色泽、透明度与澄清程度，有无沉淀及悬浮物；起泡和加气起泡葡萄酒要观察起泡情况，作好详细记录。

2. 香气

先在静止状态下多次用鼻嗅香，然后将酒杯捧握手掌之中，使酒微微加温，并摇动酒杯，使杯中酒样分布于杯壁上。慢慢地将酒杯置于鼻孔下方，嗅闻其挥发香气，分辨果香、酒香或有否其他异香，写出评语。

3. 滋味

喝入少量样品于口中，尽量均匀分布于味觉区，仔细品尝，有了明确印象后咽下，再体会口感后味，记录口感特征。

4. 典型性

根据外观、香气、滋味的特点综合分析，评定其类型、风格及典型性的强弱程度，写出结论意见（或评分）。

二、葡萄酒总糖的检验

方法一：直接滴定法

试样制备：

（1）测总糖用试样　准确吸取一定量的样品 100mL 容量瓶中，使之所含总糖量为 $0.2 \sim 0.4$ g，加 5mL 盐酸溶液（1+1），加水至 20mL，摇匀。于 $68℃ \pm 1℃$ 水浴上水解 15min，取出，冷却。用 200g/L 氢氧化钠溶液中和至中性，调温至 20℃，加水定容至刻度。

（2）测还原糖用试样　准确吸取一定量的样品于 100mL 容量瓶中，使之所含还原糖量为 $0.2 \sim 0.4$ g，加水定容至刻度。

其余参见模块一，项目八。

方法二：间接碘量法

（一）原理

被测样品与过量的斐林溶液共沸，其中所含的还原糖将二价铜离子还原成氧化亚铜。剩余的二价铜离子在酸性条件下与碘离子反应生成定量的碘。以硫代硫酸钠标准溶液滴定生成的碘，从而计算出样品中总糖或还原糖的含量。

（二）试剂和材料

（1）硫酸溶液（1+5）。

（2）碘化钾溶液（200g/L）。

（3）盐酸溶液（1+1）。

（4）氢氧化钠溶液（200g/L）。

（5）斐林溶液Ⅰ：称取 34.639g 硫酸铜（$CuSO_4 \cdot 5H_2O$），加适量水溶解，加入 0.5mL 硫酸，再加水稀释至 500mL，用精制石棉过滤。

（6）斐林溶液Ⅱ：称取 173g 酒石酸钾钠及 50g 氢氧化钠，加适量水溶解并稀释到 500mL，用精制石棉过滤，储于橡皮塞玻璃瓶中。

（7）硫代硫酸钠标准滴定溶液 $[c(Na_2S_2O_3) = 0.1mol/L]$。

（8）淀粉指示剂（10g/L）。

（三）试样的制备

（1）测总糖用试样 准确吸取一定量的样品（V_1）于 100mL 容量瓶中，使之所含总糖量为 0.2～0.4g，加 5mL 盐酸溶液（1+1），加水至 20mL，摇匀。于 68℃±1℃ 水浴上水解 15min，取出，冷却。用 200g/L 氢氧化钠溶液中和至中性，调温至 20℃，加水定容至刻度（V_2）。

（2）测还原糖用试样 准确吸取一定量的样品（V_1）于 100mL 容量瓶中，使之所含还原糖量为 0.2～0.4g，加水定容至刻度。

（四）分析步骤

在 250mL 标准磨口锥形瓶中，准确加入斐林溶液Ⅰ、Ⅱ各 5.00mL、水 50.00mL、试样 10.00mL，摇匀，放两粒玻璃珠，装上标准磨口回流冷凝器，在 800W 加热器上，于 2min 之内将溶液加热至沸。从溶液完全开始沸腾时计时，准确保持沸腾 2min，立即取下，在冷水浴中冷却。待溶液完全冷却后，边摇边加入 5mL 碘化钾溶液和 5mL 硫酸溶液，立即用硫代硫酸钠标准溶液进行滴定，接近终点（溶液呈淡黄色）时加入 1mL 淀粉指示剂继续滴定至乳白色即为终点。记下硫代硫酸钠标准溶液消耗的体积（V_1）。以水代替试样做空白试验，得出 V_0。

（五）结果计算

$$X = \frac{c(V_0 - V_1) \times 63.55 \times f}{\frac{V_2}{V_3} V_4}$$

式中 X——总糖或还原糖的含量（以葡萄糖计），g/L；

c——硫代硫酸钠标准溶液的浓度，mol/L；

V_0——空白试验消耗硫代硫酸钠标准溶液的体积，mL；

V_1——试样滴定时消耗硫代硫酸钠标准溶液的体积，mL；

V_2——吸取的试样体积，mL；

V_3——样品稀释或水解定容的体积，mL；

V_4——测量时吸取的试样的体积，mL；

f——铜、糖之间氧化还原比值［以与 $c \times (V_0 - V_1) \times 63.55$ 值最接近的数，查表 3-56、表 3-57 而得］；

63.55——铜的摩尔质量，g/mol。

所得结果应表示至小数点后一位。

<table>
<tr><td colspan="2" align="center">表 3-56 测总糖用表</td><td colspan="2" align="center">表 3-57 测还原糖用表</td></tr>
<tr><td align="center">$c(V_0-V_1) \times 63.55$</td><td align="center">f</td><td align="center">$c(V_0-V_1) \times 63.55$</td><td align="center">f</td></tr>
<tr><td align="center">8.80</td><td align="center">0.525</td><td align="center">9.00</td><td align="center">0.520</td></tr>
<tr><td align="center">18.50</td><td align="center">0.535</td><td align="center">19.50</td><td align="center">0.526</td></tr>
<tr><td align="center">27.00</td><td align="center">0.545</td><td align="center">28.50</td><td align="center">0.530</td></tr>
<tr><td align="center">36.00</td><td align="center">0.550</td><td align="center">37.00</td><td align="center">0.535</td></tr>
<tr><td align="center">44.00</td><td align="center">0.555</td><td align="center">46.50</td><td align="center">0.540</td></tr>
<tr><td align="center">53.00</td><td align="center">0.559</td><td align="center">55.00</td><td align="center">0.545</td></tr>
<tr><td align="center">61.00</td><td align="center">0.563</td><td align="center">63.00</td><td align="center">0.550</td></tr>
<tr><td align="center">69.00</td><td align="center">0.568</td><td align="center">71.00</td><td align="center">0.557</td></tr>
<tr><td align="center">77.00</td><td align="center">0.576</td><td align="center">78.00</td><td align="center">0.565</td></tr>
<tr><td align="center">84.00</td><td align="center">0.585</td><td align="center">85.00</td><td align="center">0.575</td></tr>
</table>

（六）精密度

在重复性条件下获得的两次独立测定结果的绝对差值不得超过算术平均值的 2%。

三、挥发酸的测定

（一）实验原理

以蒸馏的方式蒸出样品中的低沸点酸类（即挥发酸），用碱标准溶液进行滴定，再测定游离二氧化硫和结合二氧化硫，通过计算与修正，得出样品中挥发酸的含量。

（二）试剂与溶液

（1）酒石酸溶液：20％。

（2）氢氧化钠标准溶液：$c(\text{NaOH}) = 0.05\text{mol/L}$。

（3）酚酞指示剂：10g/L。

（4）盐酸溶液：将浓盐酸用蒸馏水稀释4倍。

（5）碘标准溶液：$c(1/2\text{I}_2) = 0.005\text{mol/L}$。

（6）碘化钾晶体。

（7）淀粉指示剂：5g/L。

（8）硼酸钠饱和溶液：称取5g硼酸钠（$\text{Na}_2\text{B}_4\text{O}_7 \cdot 10\text{H}_2\text{O}$）溶于100mL热水中，冷却备用。

（三）分析步骤

（1）实测挥发酸　安装好蒸馏装置。吸取适量20℃样品（V）和酒石酸溶液在该装置上进行蒸馏，收集100mL馏出物。将馏出物加热至沸，加入2滴酚酞指示剂，用氢氧化钠标准溶液滴定至粉红色，30s内不变色即为终点，记下耗用的氢氧化钠标准滴定溶液的体积（V_1）。

（2）测定游离二氧化硫　于上述溶液中加入1滴盐酸溶液酸化，加2mL淀粉指示剂和几粒碘化钾晶体，混匀后用0.005mol/L碘标准溶液滴定，得出碘溶液消耗的体积（V_2）。

（3）测定结合二氧化硫　在上述溶液中加入饱和硼酸钠溶液，至溶液呈粉红色，继续用0.005mol/L碘标准溶液滴定，至溶液呈蓝色，得到碘溶液消耗的体积（V_3）。

（四）结果计算

$$X_1 = \frac{cV_1 \times 60.0}{V}$$

式中　X_1——样品中实测挥发酸的含量（以乙酸计），g/L；

$\quad c$——氢氧化钠标准溶液浓度，mol/L；

$\quad 60.0$——与1.00mL氢氧化钠标准溶液 $[c(\text{NaOH}) = 1.000\text{mol/L}]$ 相当的乙酸的质量，g/mol；

$\quad V_1$——消耗氢氧化钠标准滴定溶液的体积，mL；

$\quad V$——取样体积，mL。

若挥发酸含量接近或超过理化指标时，则需进行修正。修正时，按下式换算：

$$X = X_1 - \frac{c_2 V_2 \times 32 \times 1.875}{V} - \frac{c_2 V_3 \times 32 \times 0.9375}{V}$$

式中　X——样品中真实挥发酸（以乙酸计）含量，g/L；

$\quad X_1$——实测挥发酸含量，g/L；

$\quad c_2$——碘标准溶液的浓度，mol/L；

$\quad V$——取样体积，mL；

$\quad V_2$——测定游离二氧化硫消耗碘标准溶液的体积，mL；

$\quad V_3$——测定结合二氧化硫消耗碘标准溶液的体积，mL；

$\quad 32$——与1.00mL碘标准溶液 $[c(1/2\text{I}_2) = 1.000\text{mol/L}]$ 相当的二氧化硫的质量，mg/mmol；

$\quad 1.875$——1g游离二氧化硫相当于乙酸的质量，g/g；

$\quad 0.9375$——1g结合二氧化硫相当于乙酸的质量，g/g。

所得结果应表示至小数点后一位。

（五）精密度

在重复性条件下获得的两次独立测定结果的绝对差值不得超过算术平均值的5％。

四、游离二氧化硫的测定

方法一：氧化法

（一）原理

在低温条件下，样品中的游离二氧化硫与过氧化氢过量反应生成硫酸，再用碱标准溶液滴定生成的硫酸，由此可得到样品中游离二氧化硫的含量。

（二）仪器及试剂

（1）二氧化硫测定装置：见图3-18。

（2）真空泵或抽气管（玻璃射水泵）。

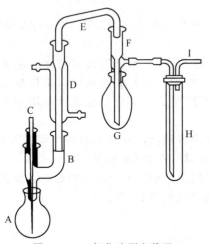

图3-18 二氧化硫测定装置

A—短颈球瓶；B—三通连接管；C—通气管；
D—直形冷凝管；E—弯管；F—真空接引管；
G—梨形瓶；H—气体洗涤器；I—直角弯管
（接真空泵或抽气管）

（3）过氧化氢溶液0.3%：吸取1mL 30%过氧化氢（开启后存于冰箱），用水稀释至100mL，每天新配。

（4）磷酸溶液25%：量取295mL 85%磷酸，用水稀释至1000mL。

（5）氢氧化钠标准溶液：$c(NaOH)=0.01mol/L$。

（6）甲基红-亚甲基蓝混合指示剂。

（三）分析步骤

（1）按图3-18所示，将二氧化硫测定装置连接妥当，I管与真空泵（或抽气管）相接，D管通入冷却水。取下梨形瓶（G）和气体洗涤器（H），在G瓶中加入20mL过氧化氢溶液、H中加入5mL过氧化氢溶液，各加3滴混合指示剂后，溶液立即变为紫色。滴入氢氧化钠标准溶液，使其颜色恰好变为橄榄绿色，然后重新安装妥当，将A瓶浸入冰浴中。

（2）吸取20.00mL 20℃样品，从C管上口加入A瓶；随后吸取10mL磷酸溶液，亦从C管上口加入A瓶。

（3）开启真空泵（或抽气管），使抽入空气流量1000～1500mL/min，抽气10min。取下G瓶，用氢氧化钠标准溶液滴定至重现橄榄绿即为终点，记下消耗的氢氧化钠标准溶液的体积。以水代替样品做空白试验，操作同上。一般情况下，H中溶液不应变色，如果溶液变为紫色，也需用氢氧化钠标准溶液滴定至橄榄绿色，并将所消耗的氢氧化钠标准溶液的体积与G瓶消耗的氢氧化钠标准溶液的体积相加。

（四）结果计算

$$X=\frac{c(V-V_0)\times32}{20}\times1000$$

式中 X——样品中游离二氧化硫的含量，mg/L；

$\quad c$——氢氧化钠标准溶液的浓度，mol/L；

$\quad V$——测定样品时消耗的氢氧化钠标准溶液的体积，mL；

$\quad V_0$——空白试验消耗的氢氧化钠标准溶液的体积，mL；

$\quad 32$——与1.00mL氢氧化钠标准溶液 $[c(NaOH)=1.00mol/L]$ 相当的二氧化硫的质量，mg/mmol。

所得结果表示至整数。

（五）精密度

在重复性条件下获得的两次独立测定结果的绝对差值不得超过算术平均值的10%。

方法二：直接碘量法

（一）原理

利用碘可以与二氧化硫发生氧化还原反应的性质，用碘标准溶液作滴定剂，淀粉作指示剂，测定样品中二氧化硫的含量。

（二）仪器及试剂

碘量瓶（250mL）；棕色滴定管；硫酸溶液（1＋3）；碘标准滴定溶液 $[c(1/2I_2)=0.02$ mol/L]；淀粉指示剂（10g/L）。

（三）分析步骤

吸取 50.00mL 20℃样品于 250mL 碘量瓶中，加入少量碎冰块，再加入 1mL 淀粉指示剂、10mL 硫酸溶液，用碘标准溶液迅速滴定至淡蓝色，保持 30s 不变即为终点，记下消耗的碘标准溶液的体积（V）。

以水代替样品，做空白试验，操作同上。

（四）结果计算

$$X = \frac{c(V-V_0)\times 32}{50}\times 1000$$

式中　X——样品中游离二氧化硫的含量，mg/L；

　　　c——碘标准溶液的物质的量浓度，mol/L；

　　　V——消耗的碘标准滴定溶液的体积，mL；

　　　V_0——空白试验消耗的碘标准滴定溶液的体积，mL。

所得结果应表示至整数。

（五）精密度

在重复性条件下获得的两次独立测定结果的绝对差值不得超过算术平均值的 10％。

五、葡萄酒干浸出物的测定

（一）原理

用密度瓶法测定样品或蒸出酒精后的样品的密度，然后用其密度值查附录九，求得总浸出物的含量。再从中减去总糖的含量，即得干浸出物的含量。

（二）仪器

瓷蒸发皿（200mL）；高精度恒温水浴（20.0℃±0.1℃）；附温度计密度瓶（25mL 或 50mL）。

（三）分析步骤

（1）试样的制备　用 100mL 容量瓶量取 100mL 样品（20℃），倒入 200mL 瓷蒸发皿中，于水浴上蒸发至约为原体积的 1/3 取下，冷却后，将残液小心地移入原容量瓶中，用水多次荡洗蒸发皿，洗液并入容量瓶中，于 20℃定容至刻度。

（2）取制备好的试样，按任务二十三、第二节、四操作，计算出脱醇样品 20℃时的密度 ρ_1。以 $\rho_1\times 1.0018$ 的值，查附录九，得出总浸出物含量（g/L）。再从中减去总糖的含量，即得干浸出物的含量。

（四）精密度

在重复性条件下获得的两次独立测定结果的绝对差值不得超过算术平均值的 2％。

六、葡萄酒中铁含量的测定

（一）原理

样品经处理后，试样中的三价铁在酸性条件下被盐酸羟胺还原成二价铁，与邻菲啰啉作用生成红色螯合物，其颜色的深度与铁含量成正比，用分光光度法进行铁的测定。

（二）仪器及试剂

分光光度计。

邻菲啰啉溶液（2.5g/L）；氨水（1＋1）；过氧化氢溶液 30％；乙酸-乙酸钠溶液（pH≈

4.8)；盐酸羟胺溶液（200g/L）；浓硫酸；铁标准使用液（10mg/L）。

（三）分析步骤

（1）试样的制备　准确吸取 1.00mL 样品（V）于 10mL 凯氏烧瓶中，置电炉上缓缓蒸发至近干，取下稍冷后，加 1mL 浓硫酸（根据含糖量增减），于通风橱内加热消化。取出，沿瓶壁缓慢加入 0.5～1mL 过氧化氢，继续置电炉上消化至无色透明。如仍有色，继续滴加过氧化氢溶液，直至消化液无色透明。同时做空白试验。

（2）标准曲线的绘制　吸取铁标准使用液 0.00mL、0.20mL、0.40mL、0.80mL、1.00mL、1.40mL 分别于 6 支 50mL 比色管中加水 5mL，摇匀，加 0.5mL 盐酸羟胺溶液、1mL 邻菲啰啉溶液、5mL 乙酸-乙酸钠溶液（调 pH 至 3～5），然后补加水至刻度，摇匀，放置 30min。在分光光度计上于 480nm 波长处，用 1cm 比色皿测定吸光度，以测得的吸光度为纵坐标、铁含量为横坐标，绘制标准曲线。

（3）试样测定　准确吸取试样消化液 5～10mL 及试剂空白消化液分别于 50mL 比色管中，补加水 5mL，然后按标准工作曲线的绘制同样操作，分别测其吸光度，从标准工作曲线上查出铁的含量。

（四）数据记录及处理

1. 标准曲线

铁标准使用液用量/mL	0.00	0.20	0.40	0.80	1.00	1.40
铁含量/μg						
吸光度						

2. 结果计算

$$Fe\ 含量(mg/L) = \frac{(m_{样品} - m_{空白}) \times 1000}{V_{样品}}$$

式中　$m_{样品}$——从标准曲线上查出样品显色液中铁的质量，mg；

$m_{空白}$——从标准曲线上查出空白溶液中铁的质量，mg；

$V_{样品}$——试样溶液的体积，mL。

所得结果应表示至一位小数。

（五）精密度

在重复性条件下获得的两次独立测定结果的绝对差值不得超过算术平均值的 10%。

任务二十七　茶叶的检验

实训目标

1. 掌握茶叶的基本知识。
2. 掌握茶叶的常规检验项目及相关标准。
3. 掌握茶叶的检验方法。

第一节　茶叶的基本知识

茶叶是指以茶树鲜叶为原料加工制作的茶叶产品。根据不同的加工工艺分为绿茶、红茶、乌龙茶、黄茶、白茶、黑茶六大茶类，通过再加工可制成花茶、袋泡茶、紧压茶三类产品。

一、茶叶的加工工艺

1. 绿茶

鲜叶→杀青→揉捻→干燥→绿茶

2. 红茶

鲜叶→萎凋→揉捻（或揉切）→发酵→干燥→红茶

3. 乌龙茶

鲜叶→萎凋→做青→杀青→揉捻→干燥→乌龙茶

4. 黄茶

鲜叶→杀青→揉捻→闷黄→干燥→黄茶

5. 白茶

鲜叶→萎凋→干燥→白茶

6. 黑茶

鲜叶→杀青→揉捻→渥堆→干燥→黑茶

7. 花茶

茶叶→制坯→窨花→复火→提花→花茶

8. 袋泡茶

茶叶→拼切匀堆→包装→袋泡茶

9. 紧压茶

茶叶→筛切拼堆→（渥堆）→蒸压成型→干燥→紧压茶

二、茶叶容易出现的质量安全问题

（1）鲜叶、鲜花等原料因被有害有毒物质污染，造成茶叶产品农药残留量及重金属含量超标。

（2）茶叶加工过程中，各工序的工艺参数控制不当，影响茶叶卫生质量和茶叶品质。

（3）茶叶在加工、运输、贮藏过程中，易受设备、用具、场所和人员行为的污染，影响茶叶的品质和卫生质量。

三、茶叶生产的关键控制环节

（1）原料的验收和处理。

（2）生产工艺。

（3）产品仓储。

四、茶叶生产企业必备的出厂检验设备

干评台、湿评台、评茶盘、审评杯碗、汤匙、叶底盘、称茶器、计时器、分析天平（0.1mg）、鼓风电热恒温干燥箱、干燥器、水分测定仪、碎末茶测定仪。

五、茶叶的检验项目和标准

茶叶产品的相关标准包括：GB 2762《食品中污染物限量》；GB 2763《食品中农药最大残留限量》；GB 9670《茶叶卫生标准》；GB/T 9833.1《紧压茶 花砖茶》；GB/T 9833.2《紧压茶 黑砖茶》；GB/T 9833.3《紧压茶 茯砖茶》；GB/T 9833.4《紧压茶 康砖茶》；GB/T 9833.5《紧压茶 沱茶》；GB/T 9833.6《紧压茶 紧茶》；GB/T 9833.7《紧压茶 金尖茶》；GB/T 9833.8《紧压茶 米砖茶》；GB/T 9833.9《紧压茶 青砖茶》；GB/T 13738.1《第一套红碎茶》；GB/T 13738.2《第二套红碎茶》；GB/T 13738.4《第四套红碎茶》；GB/T 14456《绿茶》；GB 18650《原产地域产品 龙井茶》；GB 18665《蒙山茶》；GB 18745《武夷岩茶》；GB 18957《原产地域产品 洞庭（山）碧螺春茶》；GB 19460《原产地域产品 黄山毛峰茶》；GB 19598《原产地域产品 安溪铁观音》；GB 19691《原产地域产品 狗牯脑茶》；GB 19698《原产地域产品 太平猴魁茶》；GB 19965《砖茶氟含量》；SB/T 10167《祁门功夫红茶》；相关地方标准；备案有效的企业标准。

茶叶产品检验项目见表3-58。

表 3-58 茶叶产品质量检验项目及检验标准

序号	检验项目	发证	监督	出厂	检验标准	备　注
1	标签	√	√		GB 7718	
2	净含量	√	√	√	JJF 1070	
3	感官品质	√	√	√	NY/T 787	
4	水分	√	√	√	GB/T 8304	
5	总灰分	√	√	*	GB/T 8306	
6	水溶性灰分	√		*	GB/T 8307	执行标准无此项要求或为参考指标的不检验
7	酸不溶性灰分	√		*	GB/T 8308	执行标准无此项要求或为参考指标的不检验
8	水溶性灰分碱度（以KOH计）	√		*	GB/T 8309	执行标准无此项要求或为参考指标的不检验
9	水浸出物	√		*	GB/T 8305	执行标准无此项要求或为参考指标的不检验
10	粗纤维	√		*	GB/T 8310	执行标准无此项要求或为参考指标的不检验
11	粉末、碎茶	√		√	GB/T 8311	执行标准无此项要求的不检验
12	茶梗	√	√	√	GB/T 9833.1	执行标准无此项要求的不检验
13	非茶类夹杂物	√	√	√	GB/T 9833.1	执行标准无此项要求的不检验
14	铅	√	√	*	GB/T 5009.57	
15	铜	√	√	*	GB/T 5009.57	
16	六六六总量	√	√	*	GB/T 5009.57	
17	滴滴涕总量	√	√	*	GB/T 5009.57	
18	执行标准规定的其他项目	√	√	*		

注：1. 企业出厂检验项目中有"√"标记的，为常规检验项目。

2. 企业出厂检验项目中有"＊"标记的，企业应当每年检验两次。

第二节　茶叶检验项目

一、茶叶净含量检验

除去产品包装，用感量 1g 的秤称量质量，与产品标示值对照进行测定。

二、感官品质检验

（一）原理

利用人的感觉器官的分辨能力（视觉、嗅觉、味觉、触觉）评定茶叶质量的优劣。

（二）环境和用具

1. 环境

（1）采光　光线柔和明亮，光度一致。审评室要求采用来自北面的自然光或标准合成光源。

（2）室温　20～25℃。

（3）室内环境　清洁、干燥，室内安静，无噪声污染。

（4）室内大气　空气新鲜流通，不能有异味。

（5）干、湿评台　高度适合需要，不反光。

2. 评审用具

（1）评茶杯　瓷质，厚度、大小和色泽均一致。杯高 65mm，外径 66mm，内径 62mm，容量 150mL。盖上有一小孔，与杯柄相对的杯口上，有一月形的小缺口。

（2）评茶碗　瓷质，厚度、大小和色泽均一致。碗高 55mm，上口外径 95mm，内径 92mm，容量 150mL。

（3）评茶盘　胶合板或木质的方形盘，白色，无异味。长、宽各 230mm，边高 30mm，盘的一角有缺口。

（4）叶底盘　黑色方形小木盘，边长 100mm，边高 15mm。

（5）网匙　铜丝网制，底圆形。

（6）吐茶桶。

（7）天平：感量 0.1g。

（8）计时钟或沙时计。

（9）茶匙。

（10）电水壶。

（三）评审方法

（1）外形评审　用分样器或四分法从待检样品中取试样 110～140g，置于评茶盘中，用回旋筛转法，使茶叶按粗细、长短、大小、整碎顺序分层，评审茶叶的形状、色泽、整碎、净度。

（2）内质评审　称取评茶盘中混合均匀的试样 3g，置于评茶杯中，注满沸水，加盖，浸泡 5min 后将茶汤沥入评茶碗中。依次评审其汤色、香气、滋味，最后将茶杯中的茶渣移入叶底盘中，检查其叶底。

（四）评分

对照标准样，对茶坯外形和内质各项因子进行评分。

三、茶叶中水分的测定

参见模块一，项目一。

四、茶叶中粉末、碎茶的测定

（一）原理

粉末和碎茶是通过规定孔径筛的筛下物。按一定的操作规程，用规定的孔径筛，筛分出各种茶叶试样中的粉末和碎茶。

(二) 仪器

(1) 分样筛和分样板。

(2) 电动筛分机。

① 转速为 200r/min, 回旋幅度 25mm (用于毛茶)。

② 转速 200r/min, 回旋幅度 60mm (用于精制茶)。

(3) 检验筛 铜丝编织的方孔标准筛, 具筛底和筛盖。

① 毛茶粉末茶筛: 筛子直径 280mm; 孔径为 1.25mm、1.12mm。

② 精制茶粉末碎茶筛: 筛子直径 200mm。

a. 粉末筛 孔径 630μm (用于条、圆形及粗形茶); 孔径 450μm (用于碎形茶); 孔径 230μm (用于片形茶); 孔径 180μm (用于末形茶)。

b. 碎茶筛 孔径 1.25mm (用于条、圆形茶); 孔径 1.60mm (用于粗形茶)

(4) 分析天平: 感量 0.1mg。

(三) 操作步骤

1. 毛茶

将试样充分搅拌均匀并缩分后, 称取 100g (准确至 0.1g) 倒入孔径为 1.25mm 的筛网上, 下套孔径 1.12mm 筛, 盖上筛盖, 套好筛底, 按下启动按钮, 以 150r/min 进行筛动。自动停机后, 取孔径 1.12mm 筛的筛下物, 称量 (准确至 0.01g), 即为碎茶含量。

2. 精制茶

(1) 条、圆形茶 将试样充分搅拌均匀并缩分后, 称取 100g (准确至 0.1g) 倒入规定的碎茶筛和粉末筛的检验套筛内, 盖上筛盖, 按下启动按钮, 以 100r/min 进行筛动。将粉末筛的筛下物称量 (准确至 0.01g), 即为粉末含量。移去碎茶筛的筛上物, 再将粉末筛筛面上的碎茶重新倒入下接筛底的碎茶筛内, 盖上筛盖, 放在电动筛分机上, 以 50r/min 进行筛动。将筛下物称量 (准确至 0.01g), 即为碎茶含量。

(2) 粗形茶 将待测试样充分搅拌均匀并缩分后, 称取 100g (准确至 0.1g) 倒入规定的碎茶筛和粉末筛的检验套内, 盖上筛盖, 按下启动按钮, 以 100r/min 进行筛动。将粉末筛的筛下物称量 (准确至 0.01g), 即为粉末含量。再将粉末筛面上的碎茶称量 (准确至 0.01g), 即为碎茶含量。

(3) 碎、片、末形茶 将试样充分搅拌均匀并缩分后, 称取 100g (准确至 0.1g) 倒入规定的粉末筛内, 以 100r/min 进行筛动。将筛下物称量 (准确至 0.01g), 即为粉末含量。

(四) 结果计算

茶叶粉末含量按下式计算:

$$\omega(碎末茶) = \frac{m_1}{m} \times 100\%$$

茶叶碎茶含量按下式计算:

$$\omega(碎茶) = \frac{m_2}{m} \times 100\%$$

式中 m_1 ——筛下粉末质量, g;

m_2 ——筛下碎茶质量, g;

m ——试样质量, g。

(五) 精密度

当测定值在 3% 时, 同一样品的两次测定值之差, 不得超过 0.2%; 当测定结果在 3%～5% 时, 同一样品的两次测定值之差, 不得超过 0.3%; 当测定结果在 5% 以上时, 同一样品的两次测定值之差，不得超过 0.5%。

五、茶叶中茶梗的测定

茶梗指木质化的茶树麻梗、红梗，不包括节间嫩茎。

（一）仪器

恒温烘箱；天平（感量 0.1g）。

（二）操作步骤

将砖茶分成四等分，取其中对角两块为试样。试样用蒸汽蒸散，将茶梗从试样中分离出来，在 100～105℃ 的烘箱内烘干后分别称其质量。

（三）结果计算

茶梗含量按下式计算：

$$X = \frac{m_1}{m_1 + m_2} \times 100\%$$

式中　X——茶梗含量，%；

m_1——烘干后茶梗的质量，g；

m_2——除茶梗外的试样烘干后的质量，g。

六、茶叶中非茶类夹杂物的测定

非茶类夹杂物主要指磁性杂质、泥沙、有机质等。

（一）仪器

木锤；分样器；磁铁；玻璃板；天平（0.1g）。

（二）操作步骤

先将砖茶分为四等份，取其中对角两块，用木锤敲碎，再用分样器分成两等份，取其中一份为试样，准确称量其质量。拣出非茶类夹杂物，再将试样平铺在玻璃板上，用 12～13kg 吸力的磁铁在茶层内纵横交叉滑动数次，吸取磁性杂质，把每次吸取的磁性杂质收集在同一张清洁白纸上，直至磁性杂质全部吸出。

（三）结果计算

非茶类夹杂物的含量按下式计算：

$$X = \frac{m_1}{m_0} \times 100\%$$

式中　X——非茶类夹杂物含量，%；

m_0——茶叶试样总质量，g；

m_1——非茶类夹杂物总质量，g。

七、茶叶中茶多酚的测定

（一）原理

茶叶中的多酚类物质能与亚铁离子形成紫蓝色络合物，可以用分光光度法测定其含量。

（二）试剂

（1）酒石酸亚铁溶液　称取 1g（准确至 0.1mg）硫酸亚铁、5g（准确至 0.1mg）酒石酸钾钠，用蒸馏水溶解并定容至 1L。溶液低温、避光保存，有效期为 1 个月。

（2）pH=7.5 磷酸盐缓冲溶液　称取 23.377g 磷酸氢二钠，加水溶解后定容至 1L；称取 9.078g 磷酸二氢钾，加水溶解后定容至 1L。移取 85mL 磷酸氢二钠溶液和 15mL 磷酸二氢钾溶液，混合均匀即可。

（三）仪器

分析天平（感量 0.1mg）；分光光度计；比色皿；样品容器；电热恒温干燥箱；干燥器（内

置干燥剂）；磨碎机。

（四）操作步骤

1. 取样

用四分法或分样器将样品逐步缩分至 500g，作为平均样品，装于茶桶中，供检验用。

2. 样品制备

（1）紧压茶之外的各类茶　先用磨碎机将少量样品磨碎，弃去，再磨碎其余部分。如果水分含量太高，不能将样品磨碎到所规定的细度，必须将样品预先干燥（温度以不超过 100℃为宜）。待样品冷却后，再进行磨碎。将磨碎样品放入预先干燥的样品容器中，立即密封。

（2）紧压茶　在不同形状的紧压茶表面，分别取不少于 5 处的采样点，用台钻或电钻钻洞取样，混匀。然后按上述方法进行样品制备。

3. 试液制备

称取 3g（准确至 0.001g）样品于 500mL 锥形瓶中，加入热蒸馏水 450mL，立即移入沸水浴中浸提，每隔 10min 摇动一次，保持 45min 后立即趁热减压过滤。滤液移入 500mL 容量瓶中，残渣用少量热蒸馏水洗涤 2～3 次，将所有滤液都转入至容量瓶中。冷却后，稀释至刻度。

4. 测定

准确移取试液 1mL 于 25mL 容量瓶中，加入 4mL 蒸馏水和 5mL 酒石酸亚铁溶液，充分混匀，再加入 pH 7.5 的缓冲溶液至刻度。用 1cm 比色皿在 540nm 处，以试剂空白作为参比溶液，测定吸光度。

（五）结果计算

茶叶中茶多酚的含量（以干态质量分数表示）按下式计算：

$$X = \frac{A \times 1.957 \times 2}{1000} \times \frac{V_1}{V_2 \omega m} \times 100\%$$

式中　X——茶叶中茶多酚的质量分数，%；

　　　A——样品的吸光度；

　　　V_1——样品试液的总体积，mL；

　　　V_2——样品试液测定时的用量，mL；

　　　ω——样品干态质量分数，%；

　　　m——样品质量，g；

　1.957——使用 1cm 比色皿，当 $A=0.50$ 时，每毫升茶汤中含有茶多酚相当于 1.957mg。

（六）精密度

在重复性条件下获得的两次独立测定结果的绝对差值，每 100g 样品不得超过 0.5g。

八、茶叶中咖啡碱的测定

（一）原理

茶叶中的咖啡因易溶于水，除去干扰物质后，在 274nm 处测定含量。

（二）试剂

（1）500g/L 碱性乙酸铅溶液：称取 50g 碱性乙酸铅，加水 100mL，静置过夜。

（2）0.01mol/L HCl：移取 0.9mL 盐酸，用水稀释至 1L。

（3）9mol/L H_2SO_4：移取硫酸 250mL，用水稀释至 1L。

（4）1000mg/L 咖啡碱储备液：准确称取 100mg 咖啡碱（纯度不低于 99%），用少量蒸馏水溶解，转移至 100mL 容量瓶中，稀释定容。

（5）50mg/L 咖啡碱标准溶液：准确移取 5mL 储备液于 100mL 容量瓶中，稀释定容。

（三）仪器

分析天平（感量 0.1mg）；紫外分光光度计；恒温水浴锅。

（四）操作步骤

1. 取样

同本节七（四）1。

2. 样品制备

同本节七（四）2。

3. 样品试液的制备

同本节七（四）3。

4. 咖啡碱标准曲线的绘制

分别准确移取 0mL、5mL、10mL、15mL、20mL、25mL、30mL 咖啡碱标准溶液于 100mL 容量瓶中，各加入 4.0mL 0.01mol/L 盐酸溶液，用蒸馏水稀释至刻度，混匀。用 1cm 石英比色皿，在紫外分光光度计上选择狭缝 0.1～0.18mm，在 274nm 处，以试剂空白溶液作参比溶液，测定吸光度。以咖啡碱浓度为横坐标、测得的吸光度为纵坐标绘制标准曲线。

5. 样品测定

用移液管准确移取 20mL 试液于 250mL 容量瓶中，加入 10mL 0.01mol/L HCl 和 2mL 500g/L 碱性乙酸铅溶液，用水准确稀释至刻度，充分混匀，静置澄清过滤。准确吸取滤液 50mL 于 100mL 容量瓶中，加入 0.2mL 9mol/L H_2SO_4，加水稀释至刻度，混匀，静置澄清过滤。用 1cm 比色皿，在 274nm 处，以试剂空白溶液作参比溶液，测定吸光度。

（五）结果计算

茶叶中咖啡碱含量（以干态质量分数表示）按下式计算：

$$X = \frac{\frac{c}{1000} \times V \times \frac{250}{25} \times \frac{100}{50}}{\omega m} \times 100\%$$

式中　X——茶叶中咖啡碱的质量分数，%；

c——咖啡碱含量，mg/mL；

V——样品试液的总体积，mL；

m——样品质量，g；

ω——样品干态质量分数，%。

测定结果取一位小数。

（六）精密度

在重复性条件下获得的两次独立测定结果的绝对差值，每 100g 样品不得超过 0.2g。

九、茶叶中游离氨基酸总量的测定

茶叶水浸出物中具有 α-氨基的有机酸且呈游离状态存在者，均称茶叶游离氨基酸。

（一）原理

氨基酸在 pH 8.0 时与茚三酮共热，生产紫色络合物，在 570nm 处测定其含量。

（二）试剂

（1）pH＝8.0 磷酸盐缓冲溶液　称取 23.377g 磷酸氢二钠，加水溶解后定容至 1L；称取 9.078g 磷酸二氢钾，加水溶解后定容至 1L。移取 95mL 磷酸氢二钠溶液和 5mL 磷酸二氢钾溶液，混合均匀即可。

（2）20g/L 茚三酮溶液　称取 2g 水合茚三酮（纯度不低于 99%），加 50mL 水和 80mg 氯化亚锡，搅拌均匀。分次加少量水溶解，放在暗处，静置一昼夜，过滤后加水定容至 100mL。

（3）1000mg/L 茶氨酸或谷氨酸标准储备液　称取 100mg 茶氨酸或谷氨酸（纯度不低于 99%）溶于水中，转移至 100mL 容量瓶中，稀释定容。

（4）100mg/L 茶氨酸或谷氨酸标准溶液　准确吸取 5mL 储备液于 50mL 容量瓶中，稀释定容。

（三）仪器

分析天平（感量 0.1mg）；分光光度计。

（四）操作步骤

1. 取样

同本节七（四）1。

2. 样品制备

同本节七（四）2。

3. 样品试液的制备

同本节七（四）3。

4. 氨基酸标准曲线的绘制

分别准确移取 0.0mL、1.0mL、1.5mL、2.0mL、2.5mL、3.0mL 100mg/L 氨基酸标准溶液于 25mL 容量瓶中，各加二次蒸馏水 4mL、20g/L 茚三酮溶液 0.5mL 和 pH 8.0 缓冲液 2mL，在沸水浴中加热 15min，冷却后加水定容至 25mL。放置 10min 后，用 5mm 比色皿在 570nm 处，以试剂空白溶液作参比溶液，测定吸光度。以茶氨酸或谷氨酸浓度为横坐标、测得的吸光度为纵坐标绘制标准曲线。

5. 样品测定

准确移取试液 1mL 于 25mL 容量瓶中，加入 0.5mL pH 8.0 的缓冲溶液和 0.5mL 20g/L 茚三酮溶液，在沸水浴中加热 15min，冷却后加水定容至 25mL。放置 10min 后，用 5mm 比色皿在 570nm 处，以试剂空白溶液作参比溶液，测定吸光度。

（五）结果计算

茶叶中游离氨基酸含量（以干态质量分数表示）按下式计算：

$$X = \frac{\frac{c}{1000} \times \frac{V_1}{V_2}}{m\ \omega} \times 100\%$$

式中 X——茶叶中咖啡碱的质量分数，%；

c——咖啡碱质量，mg；

V_1——样品试液的总体积，mL；

V_2——样品测定时体积，mL；

m——样品质量，g；

ω——样品干态质量分数，%。

（六）精密度

在重复性条件下获得的两次独立测定结果的绝对差值，每 100g 样品不得超过 0.1g。

十、茶叶中水溶性灰分碱度的测定

水溶性灰分碱度是指中和水溶性灰分浸出液所需要酸的量，或相当于该酸量的碱量。

（一）原理

用热水浸出灰分，以甲基橙为指示剂，用盐酸标准溶液中和其中的碱性物质，滴定至黄色变为红色即为终点。

（二）试剂

（1）0.1mol/L 盐酸标准溶液。

（2）0.5g/L 甲基橙指示剂：称取 0.5g 甲基橙，用热蒸馏水溶解后配成 1L 溶液。

（三）仪器

马弗炉；坩埚（瓷质，容量 30mL）；坩埚钳；分析天平（分度值 0.1mg）；磨碎机；干燥器

（内置干燥剂）；电炉。

（四）操作步骤

1. 取样

同本节七（四）1。

2. 样品制备

同本节七（四）2。

3. 水溶性灰分溶液的制备

将洁净的坩埚置于 500～550℃马弗炉中灼烧 1h，待炉温降至 200℃左右时，将坩埚取出置于干燥器内冷却至室温，称量，反复灼烧至恒重。称取混匀的磨碎样品 2g（准确至 0.1mg）置于坩埚内，在电炉上加热使试样充分炭化至无烟。将坩埚移入 500～550℃马弗炉中灼烧至无炭粒（2h 以上）。待炉温降至 200℃左右时，将坩埚置于干燥器内冷却至室温，称量。再移入马弗炉中于 500～550℃灼烧 1h，取出，冷却，称量。再移入马弗炉中灼烧 30min，取出，冷却，称量。如此重复 30min 的操作，直至恒重。加入 20mL 热水于所得灰分中，过滤，用少量热水洗涤残渣，将洗涤液并入滤液中。

4. 水溶性灰分碱度的测定

滤液冷却后，加入两滴甲基橙指示剂，用 0.1mol/L 盐酸标准溶液进行滴定至黄色变为红色即为终点。

（五）结果计算

水溶性灰分碱度以氢氧化钾的质量分数表示，其计算公式如下：

$$\omega(\text{KOH}) = \frac{56 \times cV}{1000 \times m\,\omega_1} \times 100$$

式中　V——滴定时消耗盐酸标准溶液的体积，mL；

　　　m——样品质量，g；

　　　c——盐酸标准溶液浓度，mol/L；

　　　ω_1——样品干物质的质量分数，%；

　　　56——氢氧化钾的摩尔质量，g/mol。

取两次测定的算术平均值作为结果，保留小数点后一位。

（六）精密度

同一样品的两次测定值之差，每 100g 试样不得超过 0.2g。

任务二十八　桶装饮用水检验

实训目标
1. 掌握桶装饮用水的基本知识。
2. 掌握桶装饮用水的常规检验项目及相关标准。
3. 掌握桶装饮用水的检验方法。

第一节　瓶（桶）装饮用水基本知识

瓶（桶）装饮用水是指密封于塑料瓶（桶）、玻璃瓶或其他容器中不含任何添加剂可直接饮用的水。瓶（桶）装饮用水产品包括饮用天然矿泉水、瓶（桶）装饮用水以及瓶（桶）装饮用纯净水。

一、瓶（桶）装饮用水的加工工艺

1. 饮用天然矿泉水及瓶（桶）装饮用水的生产工艺

水源水→粗滤→精滤→杀菌→灌装封盖→灯检→成品

瓶（桶）及其盖的清洗消毒

2. 饮用纯净水的生产工艺

成品←灯检

水源水→粗滤→精滤→去离子化（离子交换、反渗透、蒸馏）→杀菌→灌装封盖

瓶（桶）及其盖的清洗消毒

二、瓶（桶）装饮用水容易出现的质量安全问题

(1) 水源、设备、环境等环节的管理控制不到位。
(2) 原辅材料、包装材料等环节的管理控制不到位。
(3) 人员等环节的管理控制不到位。

三、瓶（桶）装饮用水生产的关键控制环节

(1) 水源、管道及设备等的维护及清洗消毒。
(2) 瓶（桶）及其盖的清洗消毒及质量控制。
(3) 杀菌设施的控制和杀菌效果的监测。
(4) 纯净水去离子净化设备控制和净化程度的监测。
(5) 瓶（桶）及盖清洗消毒车间、灌装车间环境卫生和洁净度的控制。
(6) 消毒剂选择的使用。
(7) 操作人员的卫生管理。

四、瓶（桶）装饮用水生产企业必备的出厂检验设备

无菌室或超净工作台、杀菌锅、微生物培养箱、生物显微镜、浊度仪、计量容器、酸度计（适用瓶装饮用纯净水）、电导率仪（适用瓶装饮用纯净水）、分析天平（0.1mg）。

五、瓶（桶）装饮用水的检验项目和标准

瓶（桶）装饮用水的相关标准包括：GB 8537《饮用天然矿泉水》；GB 17323《瓶装饮用纯

净水》；GB 17324《瓶（桶）装饮用纯净水卫生标准》；GB 19298《瓶（桶）装饮用水卫生标准》；地方标准及备案有效的企业标准。

瓶（桶）装饮用水检验项目见表 3-59～表 3-61。

表 3-59 饮用天然矿泉水产品质量检验项目及检验标准

序号	检验项目	发证	监督	出厂	检验标准	备 注
1	色度	√	√	√	GB/T 8538	
2	混浊度	√	√	√	GB/T 8538	
3	嗅和味	√	√	√	GB/T 8538	
4	肉眼可见物	√	√	√	GB/T 8538	
5	净含量	√	√	√	GB/T 8538	
6	锂	√	√	*	GB/T 8538	
7	锶	√	√	*	GB/T 8538	
8	锌	√	√	*	GB/T 8538	
9	溴化物	√	√	*	GB/T 8538	
10	碘化物	√	√	*	GB/T 8538	
11	偏硅酸	√	√	*	GB/T 8538	
12	硒	√	√	*	GB/T 8538	
13	溶解性总固体	√	√	*	GB/T 8538	
14	铜	√		*	GB/T 8538	
15	钡	√	√	*	GB/T 8538	
16	镉	√	√	*	GB/T 8538	
17	铬（Cr^{6+}）	√	√	*	GB/T 8538	
18	铅	√	√	*	GB/T 8538	
19	汞	√	√	*	GB/T 8538	
20	银	√		*	GB/T 8538	
21	硼	√		*	GB/T 8538	
22	砷	√	√	*	GB/T 8538	
23	氟化物	√	√	*	GB/T 8538	
24	耗氧量	√	√	*	GB/T 8538	
25	硝酸盐	√	√	*	GB/T 8538	
26	挥发性酚	√	√	*	GB/T 8538	
27	氰化物	√	√	*	GB/T 8538	
28	亚硝酸盐	√	√	*	GB/T 8538	
29	菌落总数	√	√	√	GB/T 8538	
30	大肠菌群	√	√	√	GB/T 8538	
31	标签	√	√		GB 7718 GB 8537	

注：1. 企业出厂检验项目中有"√"标记的，为常规检验项目。

2. 企业出厂检验项目中有"＊"标记的，企业应当每年检验两次。

表 3-60 瓶（桶）装饮用纯净水产品质量检验项目及检验标准

序号	检验项目	发证	监督	出厂	检验标准	备注
1	色度	√	√	√	GB/T 8538	
2	混浊度	√	√	√	GB/T 8538	
3	嗅和味	√	√	√	GB/T 8538	
4	肉眼可见物	√	√	√	GB/T 8538	
5	净含量	√	√	√	GB 17323	
6	pH 值	√	√	√	GB/T 8538	
7	电导率	√	√	√	GB 17323	
8	高锰酸钾消耗量	√	√	*	GB 17323	
9	氯化物	√	√	*	GB/T 8538	
10	铅	√	√	*	GB/T 8538	
11	总砷	√	√	*	GB/T 8538	
12	铜	√	√	*	GB/T 8538	
13	★氰化物	√	√	*	GB/T 8538	
14	★挥发性酚	√	√	*	GB/T 8538	
15	游离氯	√	√	*	GB/T 5750	
16	三氯甲烷	√	√	*	GB/T 5750	
17	四氯化碳	√	√	*	GB/T 5750	
18	亚硝酸盐	√	√	*	GB/T 8538	
19	菌落总数	√	√	√	GB/T 4789.21	
20	大肠菌群	√	√	√	GB/T 4789.21	
21	致病菌	√	√	*	GB/T 4789.21	
22	霉菌、酵母菌	√	√	*	GB/T 4789.21	
23	标签	√	√		GB 7718 GB 17323	

注：1. 企业出厂检验项目中有"√"标记的，为常规检验项目。

2. 企业出厂检验项目中有"*"标记的，企业应当每年检验两次。

3. 企业出厂检验项目中带有"★"标记的，为蒸馏水法生产的瓶（桶）装饮用纯净水（蒸馏水）测定项目。

表 3-61 其他饮用水产品质量检验项目及检验标准

序号	检验项目	发证	监督	出厂	检验标准	备注
1	色度	√	√	√	GB/T 8538	
2	混浊度	√	√	√	GB/T 8538	
3	嗅和味	√	√	√	GB/T 8538	
4	肉眼可见物	√	√	√	GB/T 8538	
5	净含量	√	√	√	GB 17323	
6	铜	√	√	*	GB/T 8538	
7	总砷	√	√	*	GB/T 8538	
8	镉	√	√	*	GB/T 8538	
9	铅	√	√	*	GB/T 8538	

序号	检验项目	发证	监督	出厂	检验标准	备注
10	余氯	√	√	*	GB/T 5750 GB/T 8538	
11	三氯甲烷	√	√	*	GB/T 5750	
12	耗氧量	√	√	*	GB/T 8538	
13	挥发性酚	√	√	*	GB/T 8538	
14	亚硝酸盐	√	√	*	GB/T 8538	
15	菌落总数	√	√		GB/T 5750	
16	大肠菌群	√	√	√	GB/T 5750 GB/T 8538	
17	霉菌	√	√	*	GB/T 4789.21	
18	酵母	√	√	*	GB/T 4789.21	
19	致病菌	√	√	*	GB/T 4789.21	
20	标签	√	√		GB 7718 GB 17323	

注：1. 企业出厂检验项目中有"√"标记的，为常规检验项目。

2. 企业出厂检验项目中有"＊"标记的，企业应当每年检验两次。

3. 企业出厂检验项目中带有"★"标记的，为蒸馏水法生产的瓶（桶）装饮用纯净水（蒸馏水）测定项目。

第二节　瓶（桶）装饮用水检验项目

一、色度的测定

色度是指含在水中的溶解性物质或胶状物质所呈现的类黄色至黄褐色的程度。溶液状态的物质所产生的颜色为"真色"，由悬浮物质产生的颜色为"假色"。

（一）原理

用氯铂酸钾和氯化钴配成与天然水色调相同的标准比色系列，用于水样目视比色测定。

（二）试剂

铂-钴标准溶液：称取 1.246g 氯铂酸钾和 1.000g 氯化钴，溶于 100mL 水中，再加入 100mL 浓盐酸，转移至 1000mL 容量瓶中，定容。此标准溶液的色度为 500 度。

（三）仪器

离心机；成套高型具塞比色管（50mL）。

（四）操作步骤

（1）标准色列制备　分别加入 0mL、0.50mL、1.00mL、1.50mL、2.00mL、2.50mL、3.00mL、3.50mL、4.00mL、4.50mL、5.00mL 铂-钴标准溶液于 50mL 比色管中，稀释至刻度，即配制成 0 度、5 度、10 度、15 度、20 度、25 度、30 度、35 度、40 度、45 度、50 度的标准色列。

（2）比色　移取 50mL 透明水样（即使微弱混浊也需先用离心机使之清澈）于比色管中（如水样色度过高，可取少量水样，用蒸馏水稀释后比色，将结果乘以稀释倍数），将水样与铂-钴标准色列作比较，如水样与标准色列的色调不一致，即为异色，可用文字描述。

（五）结果计算

$$X = \frac{500V_0}{V}$$

式中　X——水样的色度；

　　　V_0——相当于铂-钴标准溶液用量，mL；

　　　V——移取水样的体积，mL。

二、混浊度的测定

水的混浊度是由泥土、砂质、微细的有机物和无机物、可溶的有色的有机物以及浮游生物和其他微生物等悬浮物质造成的。它是反映饮用水的物理性状的一项重要指标。

(一) 原理

适当温度下，硫酸肼与六亚甲基四胺聚合生成一种白色的高分子聚合物，可作为混浊度标准。

(二) 试剂

(1) 硫酸肼溶液　称取 1.0000g 硫酸肼，溶于水中，并定容至 100mL。

(2) 10％六亚甲基四胺　称取 10.00g 六亚甲基四胺，溶于水中，并定容至 100mL。

(3) 混浊度标准溶液　将 5.0mL 硫酸肼溶液与 5.0mL 六亚甲基四胺溶液在 100mL 容量瓶中混匀，于 25℃±3℃放置 24h，并定容至 100mL，成为 400 度的混浊度标准溶液。

(三) 仪器

分光光度计；比色管（50mL）。

(四) 操作步骤

(1) 绘制标准曲线　分别移取混浊度标准溶液 0mL、0.50mL、1.25mL、2.50mL、5.00mL、10.00mL、12.50mL，置于 50mL 比色管中，稀释至刻度，摇匀后即得混浊度为 0 度、4 度、10 度、20 度、40 度、80 度、100 度的标准系列。使用 3cm 的比色皿，以蒸馏水作参比溶液，于 680nm 处测定吸光度。以混浊度为横坐标、吸光度为纵坐标，绘制标准曲线。

(2) 样品测定　将水样混合均匀，使用 3cm 的比色皿，以蒸馏水作参比溶液，于 680nm 处测定其吸光度。当水样的混浊度超过 100 度时，可用蒸馏水稀释后测定。

(五) 结果表示

水样的混浊度可在标准曲线上查出。如水样经过稀释，则需乘以稀释倍数。

三、嗅、味、肉眼可见物、净含量的测定

(1) 肉眼可见物判定　移取 100mL 水样于 250mL 锥形瓶中，直接观察是否有可见物。

(2) 嗅觉判定　将刚才的水样振摇后从瓶口嗅水的味道，用适当的词句描述。

(3) 味觉判定　取少量水放入口中，不要咽下去，品尝水的味道。

(4) 净含量测定　液体样品一般采用容量法（2L 以上可采用称量法）。在 20℃±2℃条件下，将样品沿容器壁缓缓注入量筒内，读取体积，计算其负偏差值。

四、pH 值的测定

(一) 原理

将玻璃电极作为指示电极、甘汞电极作为参比电极，放入试样中构成电化学原电池，其电动势的大小与溶液的 pH 值有关。因此，可通过电位测定仪测定其电动势，再换算成 pH 值，在 pH 计上直接显示待测溶液的 pH 值。

(二) 试剂

(1) 0.05mol/L 邻苯二甲酸氢钾标准缓冲溶液（pH＝4.00）　称取于 110℃ 干燥 1h 的邻苯二甲酸氢钾 10.21g，用无二氧化碳的蒸馏水溶解并定容至 1L。

(2) 0.01mol/L 四硼酸钠标准缓冲溶液（pH＝9.18）　称取四硼酸钠 3.81g，用无二氧化碳的蒸馏水溶解并定容至 1L。

（三）仪器

pHS-3F 型酸度计；复合电极；电磁搅拌器。

（四）操作步骤

（1）酸度计的安装及校正 按照仪器说明书的要求安装和校正酸度计。

（2）样品的测定 将电极从 pH 标准缓冲溶液取出，蒸馏水清洗干净，用滤纸吸干电极下部的水，然后将电极放入试样溶液中，开动搅拌器搅拌 1~2min，待读数稳定后直接读取试样溶液的 pH 值。

（五）精密度

在重复性条件下获得的两次独立测定结果的绝对差值，不应超过 0.1。

五、电导率的测定

（一）原理

溶液中的电解质物质的多少与电导率成正比。

（二）仪器

DDS-307 电导率仪。

（三）操作步骤

（1）仪器安装和校准 开机预热 30min 后，进行校准。将"选择"开关指向"检查"，"常数"补偿调节旋钮指向"1"刻度线，"温度"补偿调节旋钮指向"25"刻度线，调节"校准"调节旋钮，使仪器显示 100.0μS/cm。选用合适的电导电极，并对其进行设置。调节"温度"补偿调节旋钮，使其指向待测溶液的实际温度值。

（2）水样的测定 将溶液移入 100mL 烧杯内（倒入前需用水样将烧杯及电极冲洗 3 次），将电导电极插入烧杯内，记录电导率。

（四）精密度

在重复性条件下获得的两次独立测定结果的绝对差值，不应超过平均值的 2%，所得结果应保留两位小数。

（五）注意事项

测量前，电导电极应用蒸馏水冲洗三次，然后用待测溶液冲洗三次后再放入待测溶液中进行测量。

六、菌落总数的测定

参见模块二，项目一。

七、大肠菌群的测定

参见模块二，项目二。

附　　录

附录一　国家职业标准针对食品检验工的知识及技能要求

职业功能	工作内容	初级工要求		中级工要求		高级工要求	
		技能要求	相关知识	技能要求	相关知识	技能要求	相关知识
一、检验的前期准备及仪器维护	样品的制备	抽样、称(取)样、制备样品	抽样				
	常用玻璃器皿及仪器的使用	能使用烧杯、天平等,并能够排除一般故障	常用工具、玻璃器皿和常用辅助设备的种类、名称、规格、用法及维护保养知识	1. 能正确使用容量瓶、滴定管 2. 能安装调试一般的常用仪器设备,并能解决一般故障	食品检验一般常用仪器设备的性能、工作原理、结构及使用知识	能使用各种食品检验用的玻璃器皿	玻璃器皿的使用常识
	溶液的配制	能配制百分浓度溶液	常用药品、试剂的初步知识;分析天平的使用知识	能配制物质的量浓度的溶液	1. 滴定管的使用知识 2. 溶液中物质浓度的概念	能进行标准溶液的配制	标准溶液配制方法
	培养液的配制			能正确使用天平、高压灭菌装置	培养基的基础知识		
	无菌操作			能正确配制各种消毒剂、杀菌方法	消毒、杀菌的基础知识		
二、检验(按所承担的食品检验类别,选择表中所列十项中的一项)	粮油及制品检验	油脂密度、油脂折射率、水分、灰分、白度、黏度、杂质、含沙量、磁性金属物、面筋、矿物油、碎米、黄粒米、不完善粒、感官、净含量、标签	折射仪和比重瓶的使用及注意事项;重量法的知识	酸度、过氧化值、粗纤维、粗蛋白、细度、斑点、色泽、羰基价、淀粉、碘价、皂化价、不皂化物、熔点	1. 容量法的知识 2. 微生物的基本知识 3. 可见光分光光度仪的使用知识	磷化物、氰化物、汞、铅、砷、镍、磷、过氧化苯甲酰	原子吸收分光光度计的使用
	糕点、糖果检验	水分、比容、酸度、碱度、细度、感官、净含量、标签	真空干燥箱的使用及注意事项,重量法的知识及注意事项	脂肪、蛋白质、总糖、酸价、过氧化值、细菌总数、大肠菌群、霉菌、蔗糖、食用合成色素	1. 容量法的知识 2. 微生物的基本知识 3. 可见光分光光度仪的使用知识	铅、砷、铜、锌、致病菌、丙酸钙	细菌鉴定的原子吸收分光光度计的使用
	乳及乳制品检验	水分、溶解度、灰分、酸度、杂质、感官、净含量、标签	离心机和真空干燥箱的使用及注意事项;重量法的知识	脂肪、蛋白质、乳糖、蔗糖、细菌总数、大肠菌群、脲酶、亚硝酸盐、硝酸盐、膳食纤维、非脂乳固体、霉菌、酵母菌、乳酸菌	1. 容量法的知识 2. 微生物的基本知识 3. 可见光分光光度计的使用知识	铅、砷、铜、锌、铁、锰、锡、汞、钾、钠、钙、镁、磷、致病菌、商业无菌	细菌鉴定的原子吸收分光光度计的使用

续表

职业功能	工作内容	初级工要求		中级工要求		高级工要求	
		技能要求	相关知识	技能要求	相关知识	技能要求	相关知识
二、检验 (按所承担的 食品检验类 别,选择表中 所列十项中 的一项)	白酒、果 酒、黄酒检验	酒精度、pH、 固形物、感官、 净含量、标签	酒精计和 pH计的使用 及注意事项、 重量法的知 识	总酸、还原 糖、细菌总数、 大肠菌群、氨基 酸态氮、滴定 酸、挥发酸、二 氧化硫、干浸出 物、总酯		氰化物、 铅、铁、锰、氧 化钙	原子吸收分 光光度计的使 用
	啤酒检验	总酸、浊度、 色度、泡沫、二 氧化碳、感官、 净含量、标签	浊度仪、色度 仪和pH计的 使用及注意事 项;重量法的 知识	酒精度、细菌 总数、大肠菌 群、原麦芽汁浓 度、双乙酰、总 酸、二氧化硫	1. 比重瓶的 使用知识; 2. 容量法的 知识; 3. 微生物的 基本知识; 4. 可见分光 光度仪的使用 知识	重金属、苦 味质、铅	细菌鉴定的 原理;原子吸 收分光光度计 的使用
	饮料检验	pH、水分、总 固形物、灰分、 可溶性固形物、 二氧化碳、感 官、净含量、 标签	pH计的使 用及注意事项; 重量法的知识	总酸、蛋白 质、脂肪、细菌 总数、大肠菌 数、霉菌、酵母 菌、乳酸菌、总 糖、人工合成 色素	1. 容量法的 知识; 2. 微生物的 基本知识; 3. 可见分光 光度计的使用 知识	铅、钠、钾、 钙、镁、锌、 砷、锡、铜、致 病菌、商业无 菌、维生素 C、果汁含 量、茶多酚、 咖啡因	细菌鉴定的 原理;原子吸 收分光光度计 的使用
	罐头食品 检验	总干物质、 pH、果胶质、圆 形物、可溶性固 形物、感官、净 含量、标签	pH计的使 用及注意事项; 重量法的知识	脂肪、蛋白 质、总糖、亚硝 酸盐、复合磷酸 盐、组胺、氯 化钠	1. 容量法的 知识; 2. 可见分光 光度计的使用 知识	铅、砷、锡、 铜、汞、致病 菌、商业无菌	细菌鉴定的 原理;原子吸 收分光光度计 的使用
	肉、蛋及其 制品检验	pH、水分、灰 分、感官、净含 量、标签	pH计的使 用及注意事项; 重量法的知识	挥发性盐基 氮、脂肪、酸价、 过氧化值、细菌 总数、大肠菌数、 亚硝酸盐、人工 合成色素、蛋白 质、胆固醇、淀 粉、三甲胺氮、组 胺、复合磷酸盐、 氯化钠	1. 容量法的 知识; 2. 微生物的 基本知识; 3. 可见分光 光度计的使用 知识	铅、汞、锌、 铜、钙、致病 菌	细菌鉴定的 原理;原子吸 收分光光度计 的使用
	调味品、酱 腌制品检验	pH、水分、无 盐固形物、灰 分、白度、粒度、 水不溶物、水溶 性杂质、感官、 净含量、标签	白度仪和 pH计的使用 及注意事项;重 量法的知识	氨基氮、食 盐、细菌总数、 大肠菌数、霉 菌、亚硝酸盐、 总酸、铵盐、亚 铁氰化钾、醋 酸、不挥发酸、 谷氨酸钠、硫酸 盐、透光率	1. 容量法的 知识; 2. 微生物的 基本知识; 3. 可见分光 光度计的使用 知识	铅、砷、锌、 致病菌	细菌鉴定的 原理;原子吸 收分光光度计 的使用
	茶叶检验	茶叶粉末和碎 茶的含量、水分、 水浸出物、水溶 性灰分、水不溶 性灰分、感官、净 含量、标签	重量法的知 识	水溶性灰分、 碱度、粗纤维、 氟、霉菌、酵 母菌	1. 容量法的 知识; 2. 微生物的 基本知识	茶多酚、咖 啡碱、游离氨 基酸总量、 铅、铜	原子吸收分 光光度计的使 用
三、检验结 果分析	检验报告 编制	能正确记录 原始数据;能正 确使用计算工 具报出检验 结果	数据处理一 般知识	能正确计算 与处理实验 数据	误差一般知 识和数据处理 常用方法	编制检验 报告	误差和数据 处理的基本 知识

附录二 元素相对原子质量表

原子序数	元素名称	元素符号	相对原子质量	原子序数	元素名称	元素符号	相对原子质量
1	氢	H	1.00794(7)	29	铜	Cu	63.546(3)
2	氦	He	4.002602(2)	30	锌	Zn	65.39(2)
3	锂	Li	6.941(2)	31	镓	Ga	69.723(1)
4	铍	Be	9.012182(3)	32	锗	Ge	72.61(2)
5	硼	B	10.811(7)	33	砷	As	74.92160(2)
6	碳	C	12.0107(8)	34	硒	Se	78.96(3)
7	氮	N	14.00674(7)	35	溴	Br	79.904(1)
8	氧	O	15.9994(3)	36	氪	Kr	83.80(1)
9	氟	F	18.9984032(5)	37	铷	Rb	85.4678(3)
10	氖	Ne	20.1797(6)	38	锶	Sr	87.62(1)
11	钠	Na	22.989770(2)	39	钇	Y	88.90585(2)
12	镁	Mg	24.3050(6)	40	锆	Zr	91.224(2)
13	铝	Al	26.981538(2)	41	铌	Nb	92.90638(2)
14	硅	Si	28.0855(3)	42	钼	Mo	95.94(1)
15	磷	P	30.973761(2)	43	锝*人	Tc	—98
16	硫	S	32.066(6)	44	钌	Ru	101.07(2)
17	氯	Cl	35.4527(9)	45	铑	Rh	102.90550(2)
18	氩	Ar	39.948(1)	46	钯	Pd	106.42(1)
19	钾	K	39.0983(1)	47	银	Ag	107.8682(2)
20	钙	Ca	40.078(4)	48	镉	Cd	112.411(8)
21	钪	Sc	44.955910(8)	49	铟	In	114.818(3)
22	钛	Ti	47.867(1)	50	锡	Sn	118.710(7)
23	钒	V	50.9415(1)	51	锑	Sb	121.760(1)
24	铬	Cr	51.9961(6)	52	碲	Te	127.60(3)
25	锰	Mn	54.938049(9)	53	碘	I	126.90447(3)
26	铁	Fe	55.845(2)	54	氙	Xe	131.29(2)
27	钴	Co	58.933200(9)	55	铯	Cs	132.90545(2)
28	镍	Ni	58.6934(2)	56	钡	Ba	137.327(7)

原子序数	元素名称	元素符号	相对原子质量	原子序数	元素名称	元素符号	相对原子质量
57	镧	La	138.9055(2)	87	钫*人	Fr	223
58	铈	Ce	140.116(1)	88	镭*	Ra	226
59	镨	Pr	140.90765(2)	89	锕*人	Ac	227
60	钕	Nd	144.24(3)	90	钍*	Th	232.0381(1)
61	钷*人	Pm	−145	91	镤*	Pa	231.03588(2)
62	钐	Sm	150.36(3)	92	铀*	U	238.0289(1)
63	铕	Eu	151.964(1)	93	镎*	Np	237
64	钆	Gd	157.25(3)	94	钚*	Pu	244
65	铽	Tb	158.92534(2)	95	镅*人	Am	243
66	镝	Dy	162.50(3)	96	锔*人	Cm	247
67	钬	Ho	164.93032(2)	97	锫*人	Bk	247
68	铒	Er	167.26(3)	98	锎*人	Cf	251
69	铥	Tm	168.93421(2)	99	锿*人	Es	252
70	镱	Yb	173.04(3)	100	镄*人	Fm	257
71	镥	Lu	174.967(1)	101	钔*人	Md	258
72	铪	Hg	178.49(2)	102	锘*人	No	259
73	钽	Ta	180.9479(1)	103	铹*人	Lr	260
74	钨	W	183.84(1)	104	𬬻*人	Rf	261
75	铼	Re	186.207(1)	105	𬭊*人	Db	262
76	锇	Os	190.23(3)	106	𬭳*人	Sg	263
77	铱	Ir	192.217(3)	107	𬭛*人	Bh	264
78	铂	Pt	195.078(2)	108	𬭶*人	Hs	265
79	金	Au	196.96655(2)	109	鿏*人	Mt	268
80	汞	Hg	200.59(2)	110	𫟼*人	Ds	269
81	铊	Tl	204.3833(2)	111	𬬭*人	Rg	272
82	铅	Pb	207.2(1)	112	鿔*人	Uub	277
83	铋	Bi	208.98038(2)	113	*人	Uut	278
84	钋*	Po	210	114	*人	Uug	289
85	砹*	At	210	115	*人	Uup	288
86	氡*	Rn	222	116	*人	Uuh	289

注：* 表示为放射性元素。

人 表示为人造元素。

附录三　常用指示剂的配制

(1) 1％酚酞：溶解酚酞 1.0g 于 100mL 95％乙醇中。

(2) 0.1％甲基橙：溶解甲基橙 0.1g 于 100mL 水中。

(3) 0.1％甲基红：溶解甲基红 0.1g 于 100mL 95％乙醇中。

(4) 0.1％溴甲酚绿：溶解溴甲酚绿粉末 0.1g 于 100mL 95％乙醇中。

(5) 0.05％溴甲酚紫：溶解溴甲酚紫粉末 0.05g 于 100mL 95％乙醇中。

(6) 0.1％溴百里酚蓝：溶解溴百里酚蓝粉末 0.1g 于 100mL 95％乙醇中。

(7) 甲基红-溴甲酚绿指示剂：1 份 0.1％甲基红与 5 份 0.1％溴甲酚绿混合。

(8) 1％美蓝：溶解美蓝粉末 1g 于 100mL 水中。

(9) 0.1％酚红：溶解酚红粉末 0.1g 于 100mL 95％乙醇中。

(10) 0.1％百里酚蓝：溶解百里酚蓝粉末 0.1g 于 100mL 95％乙醇中。

(11) 1％淀粉：溶解 1g 可溶性淀粉于 100mL 水中，煮沸，现用现配。

附录四　常用标准溶液的配制和标定方法

编号	标准溶液	配制方法	标 定 方 法	贮藏
1	氢氧化钠滴定液（1mol/L、0.5mol/L 或 0.1mol/L）	取氢氧化钠适量，加水振摇使溶解成饱和溶液，冷却后，置聚乙烯塑料瓶中，静置数日，澄清后备用。氢氧化钠滴定液（1mol/L）：取澄清的氢氧化钠饱和溶液56mL，加新沸过的冷水使成1000mL，摇匀。氢氧化钠滴定液（0.5mol/L）：取澄清的氢氧化钠饱和溶液28mL，加新沸过的冷水使成1000mL，摇匀。氢氧化钠滴定液（0.1mol/L）：取澄清的氢氧化钠饱和溶液5.6mL，加新沸过的冷水使成1000mL，摇匀	氢氧化钠滴定液（1mol/L）：取在 105℃ 干燥至恒重的基准邻苯二甲酸氢钾约 6g，精密称量，加新沸过的冷水 50mL，振摇，使其尽量溶解；加酚酞指示液 2 滴，用本液滴定；在接近终点时，应使邻苯二甲酸氢钾完全溶解，滴定至溶液显粉红色。每 1mL 的氢氧化钠滴定液（1mol/L）相当于 204.2mg 的邻苯二甲酸氢钾。根据本液的消耗量与邻苯二甲酸氢钾的取用量，算出本液的浓度，即得。氢氧化钠滴定液（0.5mol/L）：取在 105℃ 干燥至恒重的基准邻苯二甲酸氢钾约 3g，照上法标定。每 1mL 的氢氧化钠滴定液（0.5mol/L）相当于 102.1mg 的邻苯二甲酸氢钾。氢氧化钠滴定液（0.1mol/L）：取在 105℃ 干燥至恒重的基准邻苯二甲酸氢钾约 0.6g，照上法标定。每 1mL 的氢氧化钠滴定液（0.1mol/L）相当于 20.42mg 的邻苯二甲酸氢钾。如需用氢氧化钠滴定液（0.05mol/L、0.02mol/L 或 0.01mol/L）时，可取氢氧化钠滴定液（0.1mol/L）加新沸过的冷水稀释制成。必要时，可用盐酸滴定液（0.05mol/L、0.02mol/L 或 0.01mol/L）标定浓度	置聚乙烯塑料瓶中，密封保存；塞中有 2 孔，孔内各插入玻璃管 1 支，1 管与钠石灰管相连，1 管供吸出本液使用
2	盐酸滴定液（1mol/L 或 0.1mol/L）	盐酸滴定液（1mol/L）：取盐酸90mL，加水适量使成1000mL，摇匀。盐酸滴定液（0.1mol/L）：照上法配制，但盐酸的取用量分别为9.0mL	盐酸滴定液（1mol/L）：取在 270～300℃ 干燥至恒重的基准无水碳酸钠约 1.5g，精密称定，加水 50mL 使溶解，加甲基红-溴甲酚绿混合指示液 10 滴，用本液滴定至溶液由绿色转变为紫红色时，煮沸 2min，冷却至室温，继续滴定至溶液由绿色变为暗紫色。每 1mL 的盐酸滴定液（1mol/L）相当于 53.00mg 的无水碳酸钠。根据本液的消耗量与无水碳酸钠的取用量，算出本液的浓度，即得。盐酸滴定液（0.1mol/L）：照上法标定，但基准无水碳酸钠的取用量改为约 0.15g。每 1mL 的盐酸滴定液（0.1mol/L）相当于 5.30mg 的无水碳酸钠。如需用盐酸滴定液（0.05mol/L、0.02mol/L 或 0.01mol/L）时，可取盐酸滴定液（1mol/L 或 0.1mol/L）加水稀释制成。必要时标定浓度	
3	硫酸滴定液（0.5mol/L、0.25mol/L、0.1mol/L 或 0.05mol/L）	硫酸滴定液（0.5mol/L）：取硫酸30mL，缓缓注入适量水中，冷却至室温，加水稀释至1000mL，摇匀。硫酸滴定液（0.25mol/L、0.1mol/L 或 0.05mol/L）：照上法配制，但硫酸的取用量分别为15mL、6.0mL 或 3.0mL	照盐酸滴定液（1mol/L、0.5mol/L、0.2mol/L 或 0.1mol/L）项下的方法标定，即得。如需用硫酸滴定液（0.01mol/L）时，可取硫酸滴定液（0.5mol/L、0.1mol/L 或 0.05mol/L）加水稀释制成，必要时标定浓度	

编号	标准溶液	配制方法	标 定 方 法	贮藏
4	草酸滴定液（0.05 mol/L）	取草酸6.4g,加水适量使溶解成1000mL,摇匀	精密量取本液25mL,加水200mL与硫酸10mL,用高锰酸钾滴定液（0.02mol/L）滴定,至近终点时,加热至65℃,继续滴定至溶液显微红色,并保持30s不退;当滴定终了时,溶液温度应不低于55℃。根据高锰酸钾滴定液（0.02mol/L）的消耗量,算出本液的浓度,即得	置玻璃塞的棕色玻璃瓶中,密闭保存
5	重铬酸钾滴定液（0.01667mol/L）	取基准重铬酸钾,在120℃干燥至恒重后,称取4.903g,置1000mL量瓶中,加水适量使溶解并稀释至刻度,摇匀,即得		
6	高锰酸钾滴定液（0.02mol/L）	取高锰酸钾3.2g,加水1000mL,煮沸15min,密塞,静置2日以上,用垂熔玻璃滤器滤过,摇匀	取在105℃干燥至恒重的基准草酸钠约0.2g,精密称定,加新沸过的冷水250mL与硫酸10mL,搅拌使溶解,自滴定管中迅速加入本液25mL,待褪色后,加热至65℃,继续滴定至溶液微红色并保持30s不退;当滴定终了时,溶液温度应不低于55℃,每1mL的高锰酸钾滴定液（0.02mol/L）相当于6.70mg的草酸钠。根据本液的消耗量与草酸钠的取用量,算出本液的浓度,即得	置带玻璃塞的棕色玻璃瓶中,密闭保存
7	硫代硫酸钠滴定液（0.1mol/L）	取硫代硫酸钠26g与无水碳酸钠0.20g,加新沸过的冷水适量使溶解成1000mL,摇匀,放置1个月后滤过	取在120℃干燥至恒重的基准重铬酸钾0.15g,精密称定,置碘瓶中,加水50mL使溶解,加碘化钾2.0g,轻轻振摇使溶解,加稀硫酸40mL,摇匀,密塞;在暗处放置10min后,加水250mL稀释,用本液滴定至近终点时,加淀粉指示液3mL,继续滴定至蓝色消失而显亮绿色,并将滴定的结果用空白试验校正。每1mL的硫代硫酸钠滴定液（0.1mol/L）相当于4.903mg的重铬酸钾。根据本液的消耗量与重铬酸钾的取用量,算出本液的浓度,即得。室温在25℃以上时,应将反应液及稀释用水降温至约20℃	
8	碘滴定液（0.1mol/L）	取碘13.0g,加碘化钾36g与水50mL溶解后,加盐酸3滴与水适量使成1000mL,摇匀,用垂熔玻璃滤器滤过	取在105℃干燥至恒重的基准三氧化二砷约0.15g,精密称定,加氢氧化钠滴定液（1mol/L）10mL,微热使溶解,加水20mL与甲基橙指示液1滴,加硫酸滴定液（0.5mol/L）适量使黄色转变为粉红色,再加碳酸氢钠2g、水50mL与淀粉指示液2mL,用本液滴定至溶液显浅蓝紫色。每1mL碘滴定液（0.1mol/L）相当于4.946mg的三氧化二砷。根据本液的消耗量与三氧化二砷的取用量,算出本液的浓度,即得	置玻璃塞的棕色玻瓶中,密闭,在阴凉处保存

附录五 大肠菌群最可能数（MPN）检索表

阳性管数			MPN	95%可信限		阳性管数			MPN	95%可信限	
0.10	0.01	0.001		下限	上限	0.10	0.01	0.001		下限	上限
0	0	0	<3.0	—	9.5	2	2	0	21	4.5	42
0	0	1	3.0	0.15	9.6	2	2	1	28	8.7	94
0	1	0	3.0	0.15	11	2	2	2	35	8.7	94
0	1	1	6.1	1.2	18	2	3	0	29	8.7	94
0	2	0	6.2	1.2	18	2	3	1	36	8.7	94
0	3	0	9.4	3.6	38	3	0	0	23	4.6	94
1	0	0	3.6	0.17	18	3	0	1	38	8.7	110
1	0	1	7.2	1.3	18	3	0	2	64	17	180
1	0	2	11	3.6	38	3	1	0	43	9	180
1	1	0	7.4	1.3	20	3	1	1	75	17	200
1	1	1	11	3.6	38	3	1	2	120	37	420
1	2	0	11	3.6	42	3	1	3	160	40	420
1	2	1	15	4.5	42	3	2	0	93	18	420
1	3	0	16	4.5	42	3	2	1	150	37	420
2	0	0	9.2	1.4	38	3	2	2	210	40	430
2	0	1	14	3.6	42	3	2	3	290	90	1000
2	0	2	20	4.5	42	3	3	0	240	42	1000
2	1	0	15	3.7	42	3	3	1	460	90	2000
2	1	1	20	4.5	42	3	3	2	1100	180	4100
2	1	2	27	8.7	94	3	3	3	>1100	420	—

注：1. 本表采用 3 个稀释度 [0.1g（mL）、0.01g（mL）和 0.001g（mL）]，每个稀释度接种 3 管。

2. 表内所列检样量如改用 1g（mL）、0.1g（mL）和 0.01g（mL）时，则表内数字应相应降低 10 倍；如改用 0.01g（mL）、0.001g（mL）、0.0001g（mL）时，则表内数字应相应增高 10 倍，其余类推。

附录六 与氧化亚铜质量相当的葡萄糖、果糖、乳糖、转化糖的质量表

单位：mg

氧化亚铜	葡萄糖	果糖	乳糖（含水）	转化糖	氧化亚铜	葡萄糖	果糖	乳糖（含水）	转化糖
11.3	4.6	5.1	7.7	5.2	51.8	22.1	24.4	35.2	23.5
12.4	5.1	5.6	8.5	5.7	52.9	22.6	24.9	36	24
13.5	5.6	6.1	9.3	6.2	54	23.1	25.4	36.8	24.5
14.6	6	6.7	10	6.7	55.2	23.6	26	37.5	25
15.8	6.5	7.2	10.8	7.2	56.3	24.1	26.5	38.3	25.5
16.9	7	7.7	11.5	7.7	57.4	24.6	27.1	39.1	26
18	7.5	8.3	12.3	8.2	58.5	25.1	27.6	39.8	26.5
19.1	8	8.8	13.1	8.7	59.7	25.6	28.2	40.6	27
20.3	8.5	9.3	13.8	9.2	60.8	26.1	28.7	41.4	27.6
21.4	8.9	9.9	14.6	9.7	61.9	26.5	29.2	42.1	28.1
22.5	9.4	10.4	15.4	10.2	63	27	29.8	42.9	28.6
23.6	9.9	10.9	16.1	10.7	64.2	27.5	30.3	43.7	29.1
24.8	10.4	11.5	16.9	11.2	65.3	28	30.9	44.4	29.6
25.9	10.9	12	17.7	11.7	66.4	28.5	31.4	45.2	30.1
27	11.4	12.5	18.4	12.3	67.6	29	31.9	46	30.6
28.1	11.9	13.1	19.2	12.8	68.7	29.5	32.5	46.7	31.2
29.3	12.3	13.6	19.9	13.3	69.8	30	33	47.5	31.7
30.4	12.8	14.2	20.7	13.8	70.9	30.5	33.6	48.3	32.2
31.5	13.3	14.7	21.5	14.3	72.1	31	34.1	49	32.7
32.6	13.8	15.2	22.2	14.8	73.2	31.5	34.7	49.8	33.2
33.8	14.3	15.8	23	15.3	74.3	32	35.2	50.6	33.7
34.9	14.8	16.3	23.8	15.8	75.4	32.5	35.8	51.3	34.3
36	15.3	16.8	24.5	16.3	78.8	34	37.4	53.6	35.8
37.2	15.7	17.4	25.3	16.8	79.9	34.5	37.9	54.4	36.3
38.3	16.2	17.9	26.1	17.3	81.1	35	38.5	55.2	36.8
39.4	16.7	18.4	26.8	17.8	82.2	35.5	39	55.9	37.4
40.5	17.2	19	27.6	18.3	83.3	36	39.6	56.7	37.9
41.7	17.7	19.5	28.4	18.9	84.4	36.5	40.1	57.5	38.4
42.8	18.2	20.1	29.1	19.4	85.6	37	40.7	58.2	38.9
43.9	18.7	20.6	29.9	19.9	86.7	37.5	41.2	59	39.4
45	19.2	21.1	30.6	20.4	87.8	38	41.7	59.8	40
46.2	19.7	21.7	31.4	20.9	88.9	38.5	42.3	60.5	40.5
47.3	20.1	22.2	32.2	21.4	90.1	39	42.8	61.3	41
48.4	20.6	22.8	32.9	21.9	91.2	39.5	43.4	62.1	41.5
49.5	21.1	23.3	33.7	22.4	92.3	40	43.9	62.8	42
50.7	21.6	23.8	34.5	22.9	93.4	40.5	44.5	63.6	42.6

氧化亚铜	葡萄糖	果糖	乳糖（含水）	转化糖	氧化亚铜	葡萄糖	果糖	乳糖（含水）	转化糖
94.6	41	45	64.4	43.1	137.4	60.2	66	93.6	63.1
95.7	41.5	45.6	65.1	43.6	138.5	60.7	66.5	94.4	63.6
96.8	42	46.1	65.9	44.1	139.6	61.3	67.1	95.2	64.2
97.9	42.5	46.7	66.7	44.7	140.7	61.8	67.7	95.9	64.7
99.1	43	47.2	67.4	45.2	141.9	62.3	68.2	96.7	65.2
100.2	43.5	47.8	68.2	45.7	143	62.8	68.8	97.5	65.8
101.3	44	48.3	69	46.2	146.4	64.3	70.4	99.8	67.4
102.5	44.5	48.9	69.7	46.7	147.5	64.9	71	100.6	67.9
103.6	45	49.4	70.5	47.3	148.6	65.4	71.6	101.3	68.4
104.7	45.5	50	71.3	47.8	149.7	65.9	72.1	102.1	69
105.8	46	50.5	72.1	48.3	150.9	66.4	72.7	102.9	69.5
107	46.5	51.1	72.8	48.8	152	66.9	73.2	103.6	70
108.1	47	51.6	73.6	49.4	153.1	67.4	73.8	104.4	70.6
109.2	47.5	52.2	74.4	49.9	154.2	68	74.3	105.2	71.1
110.3	48	52.7	75.1	50.4	155.4	68.5	74.9	106	71.6
111.5	48.5	53.3	75.9	50.9	156.5	69	75.5	106.7	72.2
112.6	49	53.8	76.7	51.5	157.6	69.5	76	107.5	72.7
113.7	49.5	54.4	77.4	52	158.7	70	76.6	108.3	73.2
114.8	50	54.9	78.2	52.5	159.9	70.5	77.1	109	73.8
116	50.6	55.5	79	53	161	71.1	77.7	109.8	74.3
117.1	51.1	56	79.7	53.6	162.1	71.6	78.3	110.6	74.9
118.2	51.6	56.6	80.5	54.1	163.2	72.1	78.8	111.4	75.4
119.3	52.1	57.1	81.3	54.6	164.4	72.6	79.4	112.1	75.9
120.5	52.6	57.7	82.1	55.2	165.5	73.1	80	112.9	76.5
121.6	53.1	58.2	82.8	55.7	166.6	73.7	80.5	113.7	77
122.7	53.6	58.8	83.6	56.2	167.8	74.2	81.1	114.4	77.6
123.8	54.1	59.3	84.4	56.7	168.9	74.7	81.6	115.2	78.1
125	54.6	59.9	85.1	57.3	170	75.2	82.2	116	78.6
126.1	55.1	60.4	85.9	57.8	171.1	75.7	82.8	116.8	79.2
127.2	55.6	61	86.7	58.3	172.3	76.3	83.3	117.5	79.7
128.3	56.1	61.6	87.4	58.9	173.4	76.8	83.9	118.3	80.3
129.5	56.7	62.1	88.2	59.4	174.5	77.3	84.4	119.1	80.8
130.6	57.2	62.7	89	59.9	175.6	77.8	85	119.9	81.3
131.7	57.7	63.2	89.8	60.4	176.8	78.3	85.6	120.6	81.9
132.8	58.2	63.8	90.5	61	177.9	78.9	86.1	121.4	82.4
134	58.7	64.3	91.3	61.5	179	79.4	86.7	122.2	83
135.1	59.2	64.9	92.1	62	180.1	79.9	87.3	122.9	83.5
136.2	59.7	65.4	92.8	62.6	181.3	80.4	87.8	123.7	84

氧化亚铜	葡萄糖	果糖	乳糖(含水)	转化糖	氧化亚铜	葡萄糖	果糖	乳糖(含水)	转化糖
182.4	81	88.4	124.5	84.6	225.2	101.1	110	153.9	105.4
183.5	81.5	89	125.3	85.1	226.3	101.6	110.6	154.7	106
184.5	82	89.5	126	85.7	227.4	102.2	111.1	155.5	106.5
185.8	82.5	90.1	126.8	86.2	228.5	102.7	111.7	156.3	107.1
186.9	83.1	90.6	127.6	86.8	229.7	103.2	112.3	157	107.6
188	83.6	91.2	128.4	87.3	230.8	103.8	112.9	157.8	108.2
189.1	84.1	91.8	129.1	87.8	231.9	104.3	113.4	158	108.7
190.3	84.6	92.3	129.9	88.4	233.1	104.8	114	159.4	109.3
191.4	85.2	92.9	130.7	88.9	234.2	105.4	114.6	160.2	109.8
192.5	85.7	93.5	131.5	89.5	235.3	105.9	115.2	160.9	110.4
193.6	86.2	94	132.2	90	236.4	106.5	115.7	161.7	110.9
194.8	86.7	94.6	133	90.6	237.6	107	116.3	162.5	111.5
195.9	87.3	95.2	133.8	91.1	238.7	107.5	116.9	163.3	112.1
197	87.8	95.7	134.6	91.7	239.8	108.1	117.5	164	112.6
198.1	88.3	96.3	135.3	92.2	240.9	108.6	118	164.8	113.2
199.3	88.9	96.9	136.1	92.8	242.1	109.2	118.6	165.6	113.7
200.4	89.4	97.4	136.9	93.3	243.1	109.7	119.2	166.4	114.3
201.5	89.9	98	137.7	93.8	244.3	110.2	119.8	167.1	114.9
202.7	90.4	98.6	138.4	94.4	245.4	110.8	120.3	167.9	115.4
203.8	91	99.2	139.2	94.9	246.6	111.3	120.9	168.7	116
204.9	91.5	99.7	140	95.5	247.7	111.9	121.5	169.5	116.5
206	92	100.3	140.8	96	248.8	112.4	122.1	170.3	117.1
207.2	92.6	100.9	141.5	96.6	249.9	112.9	122.6	171	117.6
208.3	93.1	101.4	142.3	97.1	251.1	113.5	123.2	171.8	118.2
209.4	93.6	102	143.1	97.7	252.2	114	123.8	172.6	118.8
210.5	94.2	102.6	143.9	98.2	253.3	114.6	124.4	173.4	119.3
211.7	94.7	103.1	144.6	98.8	254.4	115.1	125	174.2	119.9
212.8	95.2	103.7	145.4	99.3	255.6	115.7	125.5	174.9	120.4
213.9	95.7	104.3	146.2	99.9	256.7	116.2	126.1	175.7	121
215	96.3	104.8	147	100.4	257.8	116.7	126.7	176.5	121.6
216.2	96.8	105.4	147.7	101	258.9	117.3	127.3	177.3	122.1
217.3	97.3	106	148.5	101.5	260.1	117.8	127.9	178.1	122.7
218.4	97.9	106.6	149.3	102.1	261.2	118.4	128.4	178.8	123.3
219.5	98.4	107.1	150.1	102.6	262.3	118.9	129	179.6	123.8
220.7	98.9	107.7	150.8	103.2	263.4	119.5	129.6	180.4	124.4
221.8	99.5	108.3	151.6	103.7	264.6	120	130.2	181.2	124.9
222.9	100	108.8	152.4	104.3	265.7	120.6	130.8	181.9	125.5
224	100.5	109.4	153.2	104.8	266.8	121.1	131.3	182.7	126.1

氧化亚铜	葡萄糖	果糖	乳糖(含水)	转化糖	氧化亚铜	葡萄糖	果糖	乳糖(含水)	转化糖
268	121.7	131.9	183.5	126.6	310.7	142.7	154.2	213.2	148.3
269.1	122.2	132.5	184.3	127.2	311.9	143.2	154.8	214	148.9
270.2	122.7	133.1	185.1	127.8	313	143.8	155.4	214.7	149.4
271.3	123.3	133.7	185.8	128.3	314.1	144.4	156	215.5	150
272.5	123.8	134.2	186.6	128.9	315.2	144.9	156.5	216.3	150.6
273.6	124.4	134.8	187.4	129.5	316.4	145.5	157.1	217.1	151.2
274.7	124.9	135.4	188.2	130	317.5	146	157.7	217.9	151.8
275.8	125.5	136	189	130.6	318.6	146.6	158.3	218.7	152.3
277	126	136.6	189.7	131.2	319.7	147.2	158.9	219.4	152.9
278.1	126.6	137.2	190.5	131.7	320.9	147.7	159.5	220.2	153.5
279.2	127.1	137.7	191.3	132.3	322	148.3	160.1	221	154.1
280.3	127.7	138.3	192.1	132.9	323.1	148.8	160.7	221.8	154.6
281.5	128.2	138.9	192.9	133.4	324.2	149.4	161.3	222.6	155.2
282.6	128.8	139.5	193.6	134	325.4	150	161.9	223.3	155.8
283.7	129.3	140.1	194.4	134.6	326.5	150.5	162.5	224.1	156.4
284.8	129.9	140.7	195.2	135.1	327.6	151.1	163.1	224.9	157
286	130.4	141.3	196	135.7	328.7	151.7	163.7	225.7	157.5
287.1	131	141.8	196.8	136.3	329.9	152.2	164.3	226.5	158.1
288.2	131.6	142.4	197.5	136.8	331	152.8	164.9	227.3	158.7
289.3	132.1	143	198.3	137.4	332.1	153.4	165.4	228	159.3
290.5	132.7	143.6	199.1	138	333.3	153.9	166	228.8	159.9
291.6	133.2	144.2	199.9	138.6	334.4	154.5	166.6	229.6	160.5
292.7	133.8	144.8	200.7	139.1	335.5	155.1	167.2	230.4	161
293.8	134.3	145.4	201.4	139.7	336.6	155.6	167.8	231.2	161.6
295	134.9	145.9	202.2	140.3	337.8	156.2	168.4	232	162.2
296.1	135.4	146.5	203	140.8	338.9	156.8	169	232.7	162.8
297.2	136	147.1	203.8	141.4	340	157.3	169.6	233.5	163.4
298.3	136.5	147.7	204.6	142	341.1	157.9	170.2	234.3	164
299.5	137.1	148.3	205.3	142.6	342.3	158.5	170.8	235.1	164.5
300.6	137.7	148.9	206.1	143.1	343.4	159	171.4	235.9	165.1
301.7	138.2	149.5	206.9	143.7	344.5	159.6	172	236.7	165.7
302.9	138.8	150.1	207.7	144.3	345.6	160.2	172.6	237.4	166.3
304	139.3	150.6	208.5	144.8	346.8	160.7	173.2	238.2	166.9
305.1	139.9	151.2	209.2	145.4	347.9	161.3	173.8	239	167.5
306.2	140.4	151.8	210	146	349	161.9	174.4	239.8	168
307.4	141	152.4	210.8	146.6	350.1	162.5	175	240.6	168.6
308.5	141.6	153	211.6	147.1	351.3	163	175.6	241.4	169.2
309.6	142.1	153.6	212.4	147.7	352.4	163.6	176.2	242.2	169.8

氧化亚铜	葡萄糖	果糖	乳糖(含水)	转化糖	氧化亚铜	葡萄糖	果糖	乳糖(含水)	转化糖
353.5	164.2	176.8	243	170.4	398.5	187.3	201	274.4	194.2
354.6	164.7	177.4	243.7	171	399.7	187.9	201.6	275.2	194.8
355.8	165.3	178	244.5	171.6	400.8	188.5	202.2	276	195.4
356.9	165.9	178.6	245.3	172.2	401.9	189.1	202.8	276.8	196
358	166.5	179.2	246.1	172.8	403.1	189.7	203.4	277.6	196.6
359.1	167	179.8	246.9	173.3	404.2	190.3	204	278.4	197.2
360.3	167.6	180.4	247.7	173.9	405.3	190.9	204.7	279.2	197.8
361.4	168.2	181	248.5	174.5	406.4	191.5	205.3	280	198.4
362.5	168.8	181.6	249.2	175.1	407.6	192	205.9	280.8	199
363.6	169.3	182.2	250	175.7	408.7	192.6	206.5	281.6	199.6
364.8	169.9	182.8	250.8	176.3	409.8	193.2	207.1	282.4	200.2
365.9	170.5	183.4	251.6	176.9	410.9	193.8	207.7	283.2	200.8
367	171.1	184	252.4	177.5	412.1	194.4	208.3	284	201.4
368.2	171.6	184.6	253.2	178.1	413.2	195	209	284.8	202
369.3	172.2	185.2	253.9	178.7	414.3	195.6	209.6	285.6	202.6
370.4	172.8	185.8	254.7	179.2	415.4	196.2	210.2	286.3	203.2
371.5	173.4	186.4	255.5	179.8	416.6	196.8	210.8	287.1	203.8
372.7	173.9	187	256.3	180.4	417.7	197.4	211.4	287.9	204.4
373.8	174.5	187.6	257.1	181	418.8	198	212	288.7	205
374.9	175.1	188.2	257.9	181.6	419.9	198.5	212.6	289.5	205.7
376	175.7	188.8	258.7	182.2	421.1	199.1	213.3	290.3	206.3
377.2	176.3	189.4	259.4	182.8	422.2	199.7	213.9	291.1	206.9
378.3	176.8	190.1	260.2	183.4	423.3	200.3	214.5	291.9	207.5
379.4	177.4	190.7	261	184	424.4	200.9	215.1	292.7	208.1
380.5	178	191.3	261.8	184.6	425.6	201.5	215.7	293.5	208.7
381.7	178.6	191.9	262.6	185.2	426.7	202.1	216.3	294.3	209.3
382.8	179.2	192.5	263.4	185.8	427.8	202.7	217	295	209.9
383.9	179.7	193.1	264.2	186.4	428.9	203.3	217.6	295.8	210.5
385	180.3	193.7	265	187	430.1	203.9	218.2	296.6	211.1
386.2	180.9	194.3	265.8	187.6	431.2	204.5	218.8	297.4	211.8
387.3	181.5	194.9	266.6	188.2	432.3	205.1	219.5	298.2	212.4
388.4	182.1	195.5	267.4	188.8	433.5	205.1	220.1	299	213
389.5	182.7	196.1	268.1	189.4	434.6	206.3	220.7	299.8	213.6
390.7	183.2	196.7	268.9	190	435.7	206.9	221.3	300.6	214.2
391.8	183.8	197.3	269.7	190.6	436.8	207.5	221.9	301.4	214.8
392.9	184.4	197.9	270.5	191.2	438	208.1	222.6	302.2	215.4
394	185	198.5	271.3	191.8	439.1	208.7	232.2	303	216
395.2	185.6	199.2	272.1	192.4	440.2	209.3	223.8	303.8	216.7
396.3	186.2	199.8	272.9	193	441.3	209.9	224.4	304.6	217.3
397.4	186.8	200.4	273.7	193.6	442.5	210.5	225.1	305.4	217.9

续表

氧化亚铜	葡萄糖	果糖	乳糖(含水)	转化糖	氧化亚铜	葡萄糖	果糖	乳糖(含水)	转化糖
443.6	211.1	225.7	306.2	218.5	467.2	223.9	239	323.2	231.7
444.7	211.7	226.3	307	219.1	468.4	224.5	239.7	324	232.3
445.8	212.3	226.9	307.8	219.9	469.5	225.1	240.3	324.9	232.9
447	212.9	227.6	308.6	220.4	470.6	225.7	241	325.7	233.6
448.1	213.5	228.2	309.4	221	471.7	226.3	241.6	326.5	234.2
449.2	214.1	228.8	310.2	221.6	472.9	227	242.2	327.4	234.8
450.3	214.7	229.4	311	222.2	474	227.6	242.9	328.2	235.5
451.5	215.3	230.1	311.8	222.9	475.1	228.2	243.6	329.1	236.1
452.6	215.9	230.7	312.6	223.5	476.2	228.8	244.3	329.9	236.8
453.7	216.5	231.3	313.4	224.1	477.4	229.5	244.9	330.1	237.5
454.8	217.1	232	314.2	224.7	478.5	230.1	245.6	331.7	238.1
456	217.8	232.6	315	225.4	479.6	230.7	246.3	332.6	238.8
457.1	218.4	233.2	315.9	226	480.7	231.4	247	333.5	239.5
458.2	219	233.9	316.7	226.6	481.9	232	247.8	334.4	240.2
459.3	219.6	234.5	317.5	227.2	483	232.7	248.5	335.3	240.8
460.5	220.1	235.1	318.3	227.9	484.1	233.3	249.2	336.3	241.5
461.6	220.8	235.8	319.1	228.5	485.2	234	250	337.3	242.3
462.7	221.4	236.4	319.9	229.1	486.4	234.7	250.8	338.3	243
463.8	222	237.1	320.7	229.7	487.5	235.3	251.6	339.4	243.8
465	222.6	237.7	321.6	230.4	488.6	236.1	252.7	340.7	244.7
466.1	223.3	238.4	322.4	231	489.7	236.9	253.7	342	245.8

附录七 不同温度下酒精溶液相对密度与酒精度对照表

单位：%（体积分数）

相对密度	温度/℃					相对密度	温度/℃				
	15.56/15.56	20/20	25/25	30/30	35/35		15.56/15.56	20/20	25/25	30/30	35/35
0.9580	35.75	34.41	33.08	31.91	30.86	0.9535	38.84	37.49	36.12	34.90	33.78
0.9579	35.82	34.48	33.15	31.98	30.93	0.9534	38.91	37.56	36.18	34.96	33.85
0.9578	35.89	34.56	33.22	32.05	31.00	0.9533	38.97	37.62	36.25	35.03	33.91
0.9577	35.96	34.63	33.29	32.11	31.07	0.9532	39.04	37.69	36.31	35.09	33.97
0.9576	36.04	34.70	33.36	32.18	31.13	0.9531	39.10	37.75	36.38	35.15	34.04
0.9575	36.11	34.77	33.43	32.25	31.20	0.9530	39.17	37.82	36.44	35.22	34.10
0.9574	36.18	34.84	33.50	32.32	31.26	0.9529	39.23	37.88	36.51	35.28	34.16
0.9573	36.25	34.91	33.57	32.38	31.33	0.9528	39.30	37.95	36.57	35.34	34.22
0.9572	36.32	34.98	33.64	32.45	31.39	0.9527	39.36	38.01	36.64	35.41	34.29
0.9571	36.39	35.05	33.71	32.52	31.46	0.9526	39.43	38.07	36.70	35.47	34.35
0.9570	36.46	35.12	33.78	32.58	31.53	0.9525	39.49	38.14	36.77	35.53	34.41
0.9569	36.53	35.19	33.85	32.65	31.59	0.9524	39.56	38.20	36.83	35.59	34.47
0.9568	36.60	35.26	33.92	32.72	31.66	0.9523	39.62	38.27	36.90	35.66	34.53
0.9567	36.67	35.33	33.99	32.79	31.72	0.9522	39.69	38.33	36.96	35.72	34.60
0.9566	36.74	35.40	34.05	32.85	31.79	0.9521	39.75	38.39	37.02	35.78	34.66
0.9565	36.81	35.47	34.12	32.92	31.86	0.9520	39.82	38.46	37.09	35.85	34.72
0.9564	36.88	35.54	34.19	32.99	31.92	0.9519	39.88	38.52	37.15	35.91	34.78
0.9563	36.95	35.61	34.26	33.05	31.99	0.9518	39.95	38.59	37.21	35.97	34.84
0.9562	37.02	35.68	34.32	33.12	32.05	0.9517	40.01	38.65	37.28	36.04	34.91
0.9561	37.09	35.75	34.39	33.19	32.12	0.9516	40.08	38.72	37.30	36.10	34.97
0.9560	37.16	35.82	34.46	33.25	32.18	0.9515	40.14	38.78	37.40	36.16	35.04
0.9559	37.22	35.88	34.53	33.32	32.25	0.9514	40.20	38.84	37.46	36.22	35.10
0.9558	37.29	35.95	34.59	33.32	32.31	0.9513	40.27	38.91	37.52	36.28	35.16
0.9557	37.36	36.02	34.66	33.25	32.37	0.9512	40.33	38.97	37.59	36.35	35.22
0.9556	37.43	36.09	34.73	34.52	32.44	0.9511	40.39	39.04	37.65	36.41	35.28
0.9555	37.50	36.15	34.80	33.59	32.50	0.9510	40.46	39.10	37.71	36.47	35.34
0.9554	37.56	36.22	34.86	33.65	32.57	0.9509	40.52	39.16	37.78	36.53	35.40
0.9553	37.63	36.29	34.93	33.72	32.63	0.9508	40.58	3.23	37.84	36.59	35.46
0.9552	37.70	36.36	35.00	33.79	32.70	0.9507	40.65	39.29	37.90	36.65	35.52
0.9551	37.77	36.42	35.07	33.85	32.76	0.9506	40.71	39.35	37.96	36.72	35.58
0.9550	37.84	36.49	35.13	33.92	32.83	0.9505	40.77	39.41	38.02	36.78	35.64
0.9549	37.90	36.56	35.20	33.99	32.89	0.9504	40.84	39.48	38.09	36.84	35.71
0.9548	37.97	36.63	35.26	34.05	32.95	0.9503	40.90	39.54	38.15	36.90	35.77
0.9547	38.04	36.69	35.33	34.12	33.02	0.9502	40.96	39.60	38.21	36.96	35.83
0.9546	38.10	36.76	35.39	34.18	33.08	0.9501	41.02	39.67	38.27	37.02	35.89
0.9545	38.17	36.83	35.46	34.25	33.15	0.9500	41.09	39.73	38.33	37.09	35.95
0.9544	38.24	36.89	35.53	34.31	33.21	0.9499	41.15	39.79	38.40	37.15	36.01
0.9543	38.31	36.96	35.59	34.38	33.27	0.9498	41.21	39.85	38.46	37.21	36.07
0.9542	38.37	37.03	35.66	34.44	33.34	0.9497	41.27	39.91	38.52	37.27	36.13
0.9541	38.44	37.09	35.72	34.51	33.40	0.9496	41.33	39.98	38.58	37.33	36.19
0.9540	38.51	37.16	35.79	34.57	33.46	0.9495	41.40	40.04	38.64	37.39	36.25
0.9539	38.57	37.23	35.86	34.64	33.53	0.9494	41.46	41.10	38.70	37.45	36.31
0.9538	38.64	37.29	35.92	37.70	33.59	0.9493	41.52	40.16	38.77	37.51	36.37
0.9537	38.71	37.36	35.99	34.77	33.66	0.9492	41.58	40.22	38.83	37.57	36.43
0.9536	38.77	37.42	36.05	34.83	33.72	0.9491	41.64	40.29	38.89	37.63	36.49

相对密度	温度/℃					相对密度	温度/℃				
	15.56/15.56	20/20	25/25	30/30	35/35		15.56/15.56	20/20	25/25	30/30	35/35
0.9490	41.70	40.35	38.95	37.70	36.55	0.9445	44.39	43.04	41.63	40.35	39.19
0.9489	41.77	40.41	39.01	37.76	36.61	0.9444	44.45	43.09	41.69	40.41	39.24
0.9488	41.83	40.47	39.07	37.82	36.67	0.9443	44.50	43.15	41.75	40.47	39.30
0.9487	41.89	40.53	39.13	37.88	36.73	0.9442	44.56	43.21	41.80	40.53	39.36
0.9486	41.95	40.59	39.20	37.94	36.79	0.9441	44.62	43.28	41.86	40.58	39.41
0.9485	42.01	40.65	39.26	38.00	36.85	0.9440	44.68	43.33	41.92	60.64	39.47
0.9484	42.07	40.71	39.32	38.06	36.91	0.9439	44.73	43.39	41.98	60.70	39.53
0.9483	42.13	40.78	39.38	38.12	36.97	0.9438	44.79	43.44	42.03	60.75	39.64
0.9482	42.19	40.84	39.44	38.18	37.03	0.9437	44.85	43.50	42.09	60.81	39.70
0.9481	42.25	40.90	39.50	38.24	37.09	0.9436	44.91	43.56	42.15	60.87	39.76
0.9480	42.31	40.96	39.56	38.30	37.15	0.9435	44.97	43.62	42.21	60.93	39.81
0.9479	42.37	41.02	39.62	38.36	37.21	0.9434	45.02	43.67	42.26	60.98	39.87
0.9478	42.43	41.08	39.68	38.42	37.26	0.9433	45.08	43.73	42.32	41.04	39.93
0.9477	42.49	41.14	39.74	38.48	37.32	0.9432	45.14	43.78	43.38	41.10	39.98
0.9476	42.55	11.20	39.80	38.54	37.38	0.9431	45.19	43.85	42.43	41.15	40.04
0.9475	42.61	41.26	39.87	38.60	37.44	0.9430	45.25	43.90	42.49	41.21	40.09
0.9474	42.67	41.32	39.93	38.66	37.50	0.9429	45.31	43.96	42.55	41.27	40.15
0.9473	42.73	41.38	39.99	38.72	37.56	0.9428	45.36	44.02	42.61	41.32	40.21
0.9472	42.80	41.44	40.05	38.78	37.62	0.9427	45.42	44.07	42.66	41.38	40.26
0.9471	42.86	41.50	40.11	38.84	37.68	0.9426	45.48	44.13	42.72	41.44	40.32
0.9470	42.92	11.56	40.17	38.90	37.71	0.9425	45.53	44.18	42.78	41.49	40.37
0.9469	42.98	41.62	40.22	38.96	37.79	0.9424	45.59	44.24	42.83	41.55	40.45
0.9468	43.04	41.68	40.28	39.02	37.85	0.9423	45.64	44.30	42.89	41.60	40.43
0.9467	43.09	41.74	40.34	39.08	37.91	0.9422	45.70	44.35	42.95	41.66	40.48
0.9466	43.15	41.80	40.40	39.13	37.97	0.9421	45.76	44.41	43.01	41.72	40.54
0.9465	43.21	41.86	40.46	39.19	38.03	0.9420	45.81	44.46	43.06	41.77	40.59
0.9464	43.27	41.92	40.52	38.25	38.09	0.9419	45.87	44.52	43.12	41.83	40.65
0.9463	43.33	41.98	40.58	39.31	38.15	0.9418	45.93	44.58	43.17	41.89	40.71
0.9462	43.39	42.04	40.64	39.37	38.20	0.9417	45.98	44.63	43.23	41.94	40.76
0.9461	43.45	42.09	40.70	39.43	38.26	0.9416	46.04	44.69	43.29	42.00	40.82
0.9460	43.51	42.15	40.76	39.49	38.32	0.9415	46.09	44.74	43.34	42.06	40.87
0.9459	43.57	42.21	40.82	39.54	38.38	0.9414	46.15	44.80	43.40	42.11	40.93
0.9458	43.63	42.27	40.88	39.60	38.44	0.9413	46.20	44.86	43.46	42.17	40.98
0.9457	43.69	42.33	40.93	39.66	38.49	0.9412	46.26	44.91	43.51	42.22	11.04
0.9456	43.75	42.39	40.99	39.72	38.55	0.9411	46.31	44.97	43.57	42.28	41.09
0.9455	43.80	42.45	41.05	39.78	38.61	0.9410	46.37	45.03	43.62	42.33	41.15
0.9454	43.86	42.51	41.11	38.84	38.67	0.9409	46.43	45.08	43.68	42.39	41.20
0.9453	43.92	42.57	41.17	39.89	38.73	0.9408	46.48	45.14	43.74	42.44	41.26
0.9452	43.98	42.63	41.23	39.95	38.78	0.9407	46.54	45.19	43.79	42.50	41.31
0.9451	44.04	42.69	41.28	40.01	38.84	0.9406	46.59	45.25	43.85	42.56	41.37
0.9450	44.10	42.74	41.34	40.07	38.90	0.9405	46.65	45.30	43.90	42.61	41.62
0.9449	44.16	42.80	41.40	40.13	38.96	0.9404	46.70	45.36	43.96	42.67	41.48
0.9448	44.21	42.86	41.46	40918	39.02	0.9403	46.76	45.42	44.02	42.72	41.53
0.9447	44.27	42.92	41.51	40.24	39.07	0.9402	46.81	45.47	44.07	42.78	41.59
0.9446	44.33	42.98	41.57	40.30	39.13	0.9401	46.87	45.53	44.13	42.83	41.64

相对密度	温度/℃					相对密度	温度/℃				
	15.56/15.56	20/20	25/25	30/30	35/35		15.56/15.56	20/20	25/25	30/30	35/35
0.9400	46.92	45.58	44.18	42.89	41.70	0.9355	49.32	48.00	46.61	45.32	44.13
0.9399	46.98	45.64	44.23	42.94	41.75	0.9354	49.37	48.05	46.66	45.37	44.18
0.9398	47.03	45.69	44.29	43.00	41.81	0.9353	49.42	48.10	46.71	45.43	44.23
0.9397	47.09	45.74	44.34	43.05	41.86	0.9352	49.47	48.15	46.77	45.48	44.28
0.9396	47.14	45.80	44.40	43.11	41.92	0.9351	49.52	48.21	46.82	45.53	44.34
0.9395	47.19	45.85	44.45	43.16	41.97	0.9350	49.58	48.26	46.87	45.58	44.39
0.9394	47.25	45.91	44.51	43.22	42.03	0.9349	49.63	48.31	46.93	45.64	44.44
0.9393	47.30	45.96	44.56	43.27	42.08	0.9348	49.68	48.36	46.98	45.69	44.49
0.9392	47.35	46.01	44.62	43.33	42.14	0.9347	49.73	48.41	47.03	45.74	44.54
0.9391	47.41	46.07	44.67	43.38	42.19	0.9346	49.78	48.47	47.08	45.79	44.60
0.9390	47.46	46.12	44.73	43.44	42.24	0.9345	49.83	48.52	47.14	45.85	44.65
0.9389	47.52	46.18	44.78	43.49	42.30	0.9344	49.89	48.57	47.19	45.90	44.70
0.9388	47.57	46.23	44.84	43.55	42.35	0.9343	49.94	48.62	47.4	45.95	44.75
0.9387	47.62	46.29	44.89	43.60	42.41	0.9342	49.99	48.68	47.29	46.01	44.81
0.9386	47.68	46.34	44.95	43.66	42.46	0.9341	50.04	48.73	47.34	46.06	44.86
0.9385	47.73	46.39	45.00	43.71	42.52	0.9340	50.09	48.78	47.40	46.11	44.91
0.9384	47.78	46.45	45.05	43.77	42.57	0.9339	50.14	48.83	47.45	46.16	44.96
0.9383	47.84	46.50	45.11	43.82	42.63	0.9338	50.19	48.88	47.50	46.21	45.02
0.9382	47.89	46.56	45.16	43.87	42.68	0.9337	50.25	48.94	47.55	46.27	45.07
0.9381	47.95	46.61	45.22	43.93	42.73	0.9336	50.30	48.99	47.60	46.32	45.12
0.9380	48.00	46.67	45.27	43.98	42.79	0.9335	50.35	49.04	47.66	46.37	45.17
0.9379	48.05	46.72	45.32	44.04	42.81	0.9334	50.40	49.09	47.71	46.42	45.22
0.9378	48.11	46.77	45.38	44.09	42.80	0.9333	50.45	49.14	47.76	46.47	45.27
0.9377	48.16	46.83	45.43	44.13	42.95	0.9332	50.50	49.19	47.81	46.53	45.33
0.9376	48.21	46.88	45.48	44.20	43.01	0.9331	50.55	49.25	47.86	46.58	45.38
0.9375	48.26	46.94	45.54	44.25	43.06	0.9330	50.60	49.30	47.92	46.63	45.43
0.9374	48.32	46.99	45.59	44.31	43.11	0.9329	50.65	49.35	47.97	46.68	45.48
0.9373	48.37	47.04	45.65	44.36	43.17	0.9328	50.70	49.40	48.02	46.73	45.53
0.9372	48.42	47.10	45.70	44.41	43.22	0.9327	50.75	49.45	48.07	46.79	45.59
0.9371	48.48	47.15	45.75	44.47	43.27	0.9326	50.81	49.50	48.12	46.84	45.64
0.9370	48.53	47.20	45.81	44.52	43.33	0.9325	50.86	49.55	48.17	46.89	45.69
0.9369	48.58	47.26	45.86	44.58	43.38	0.9324	50.91	49.60	48.22	46.94	45.74
0.9368	48.63	47.31	45.91	44.63	43.43	0.9323	50.96	49.65	48.28	46.99	45.79
0.9367	48.69	47.36	45.97	44.68	43.49	0.9322	51.01	49.70	48.33	47.05	45.84
0.9366	48.74	47.42	46.02	44.74	43.54	0.9321	51.06	49.75	48.38	47.10	45.90
0.9365	48.79	47.47	46.07	44.79	43.59	0.9320	51.11	49.80	48.43	47.15	45.95
0.9364	48.85	47.52	46.13	44.84	43.65	0.9319	51.16	49.85	48.48	47.20	46.00
0.9363	48.90	47.58	46.18	44.90	43.70	0.9318	51.21	49.90	48.53	47.25	46.05
0.9362	48.95	47.63	46.23	44.95	43.75	0.9317	51.26	49.95	48.58	47.30	46.10
0.9361	49.01	47.68	46.29	45.01	43.81	0.9316	51.31	50.00	48.63	47.35	46.15
0.9360	49.06	47.73	46.34	45.06	43.86	0.9315	51.36	50.05	48.68	47.40	46.20
0.9359	49.11	47.79	46.39	45.11	43.91	0.9314	51.41	50.10	48.73	47.45	46.26
0.9358	49.16	47.84	46.45	45.16	43.97	0.9313	51.46	50.16	48.79	47.50	46.31
0.9357	49.21	47.89	46.50	45.22	44.02	0.9312	51.51	50.21	48.84	47.55	46.36
0.9356	49.26	47.94	46.55	45.27	44.07	0.9311	51.56	50.26	48.89	47.60	46.41

相对密度	温度/℃					相对密度	温度/℃				
	15.56/15.56	20/20	25/25	30/30	35/35		15.56/15.56	20/20	25/25	30/30	35/35
0.9310	51.61	50.31	48.94	47.65	46.46	0.9265	53.84	52.54	51.08	49.91	48.71
0.9309	51.66	50.36	48.99	47.71	46.51	0.9264	53.89	52.59	51.23	49.96	48.76
0.9308	51.71	50.41	49.04	47.76	46.56	0.9263	53.94	52.64	51.27	50.00	48.81
0.9307	51.76	50.46	49.09	47.81	46.61	0.9262	53.99	52.69	51.32	50.05	48.86
0.9306	51.81	50.51	49.14	47.86	46.66	0.9261	54.03	52.74	51.37	50.10	48.91
0.9305	51.86	50.56	49.19	47.91	46.71	0.9260	54.08	52.79	51.42	50.15	48.96
0.9304	51.91	50.61	49.24	47.96	46.77	0.9259	54.13	52.84	51.47	50.20	49.01
0.9303	51.96	50.66	49.29	48.01	46.82	0.9258	54.18	52.89	51.52	50.25	49.06
0.9302	52.01	50.71	49.34	48.06	46.87	0.9257	54.23	52.93	51.57	50.30	49.11
0.9301	52.06	50.76	49.39	48.11	46.92	0.9256	54.28	52.98	51.62	50.35	49.15
0.9330	52.11	50.81	49.44	48.46	46.97	0.9255	54.32	53.03	51.67	50.40	49.20
0.9299	52.16	50.86	49.49	48.21	47.02	0.9254	54.37	53.08	51.72	50.44	49.25
0.9298	52.21	50.91	49.54	48.26	47.07	0.9253	54.42	53.13	51.76	50.49	49.30
0.9297	52.26	50.96	49.59	48.31	47.12	0.9252	54.47	53.18	51.81	50.54	49.35
0.9296	52.31	51.01	49.64	48.36	47.17	0.9251	54.52	53.22	51.86	50.59	49.40
0.9295	52.36	51.06	49.69	48.41	47.22	0.9250	54.57	53.27	51.91	50.64	49.44
0.9294	52.41	51.11	49.74	48.46	47.27	0.9249	54.61	53.32	51.96	50.69	49.49
0.9293	52.46	51.16	49.79	48.51	47.32	0.9248	54.66	53.37	52.01	50.74	49.54
0.9292	52.51	51.21	49.84	48.56	47.37	0.9247	54.71	53.42	52.06	50.79	49.59
0.9291	52.56	51.26	49.89	48.61	47.42	0.9246	54.76	53.47	52.11	50.83	49.64
0.9290	52.61	51.31	49.94	48.66	47.47	0.9245	54.81	53.52	52.16	50.88	49.69
0.9289	52.66	51.36	49.99	48.71	47.52	0.9244	54.86	53.56	52.20	50.93	49.73
0.9288	52.71	51.41	50.04	48.76	47.57	0.9243	54.90	53.61	52.25	50.98	49.78
0.9287	52.76	51.46	50.09	48.81	47.62	0.9242	54.95	53.66	52.30	51.03	49.83
0.9286	52.81	51.50	50.14	48.86	47.67	0.9241	55.00	53.71	52.35	51.08	49.88
0.9285	52.86	51.55	50.14	48.91	47.72	0.9240	55.05	53.76	52.40	51.13	49.93
0.9284	52.91	51.60	50.24	48.96	47.77	0.9239	55.10	53.81	52.45	51.17	49.98
0.9283	52.96	51.65	50.29	49.01	47.82	0.9238	55.14	53.85	52.50	51.22	50.02
0.9282	53.00	51.70	50.34	49.06	47.87	0.9237	55.19	53.90	52.54	51.27	50.07
0.9281	53.05	51.75	50.39	49.11	47.92	0.9236	55.24	53.95	52.59	51.32	50.12
0.9280	53.10	51.80	50.44	49.16	47.97	0.9235	55.29	54.00	52.64	51.37	50.17
0.9279	53.15	51.85	50.49	49.21	48.02	0.9234	55.33	54.05	52.69	51.42	50.22
0.9278	53.20	51.90	50.54	49.26	48.07	0.9233	55.38	54.09	52.74	51.46	50.27
0.9277	53.25	51.95	50.59	49.31	48.12	0.9232	55.43	54.14	52.79	51.51	50.31
0.9276	53.30	52.00	50.64	49.36	48.17	0.9231	55.48	54.19	52.83	51.56	50.36
0.9275	53.35	52.05	50.68	49.41	48.22	0.9230	55.52	54.24	52.88	51.61	50.41
0.9274	53.40	52.10	50.73	49.46	48.27	0.9229	55.57	54.29	52.93	51.66	50.46
0.9273	53.45	52.15	50.78	49.51	48.32	0.9228	55.62	54.33	52.98	51.71	50.51
0.9272	53.50	52.20	50.83	49.56	48.37	0.9227	55.67	54.38	53.03	51.75	50.56
0.9271	53.54	52.25	50.88	49.61	48.42	0.9226	55.71	54.43	53.08	51.80	50.60
0.9270	53.59	52.29	50.93	49.66	48.47	0.9225	55.76	54.48	53.12	51.85	50.65
0.9269	53.64	52.34	50.98	49.71	48.52	0.9224	55.81	54.53	53.17	51.90	50.70
0.9268	53.69	52.39	51.03	49.76	48.57	0.9223	55.86	54.57	53.22	51.95	50.75
0.9267	53.74	52.44	51.08	49.81	48.62	0.9222	55.90	54.62	53.27	52.00	50.80
0.9266	53.79	52.49	51.13	48.86	48.67	0.9221	55.95	54.67	53.31	52.04	50.85

相对密度	温度/℃					相对密度	温度/℃				
	15.56/15.56	20/20	25/25	30/30	35/35		15.56/15.56	20/20	25/25	30/30	35/35
0.9220	56.00	54.72	53.36	52.09	50.89	0.9175	58.11	56.84	55.49	54.21	53.02
0.9219	56.05	54.77	53.41	52.14	50.94	0.9174	58.16	56.88	55.53	54.26	56.07
0.9218	56.09	54.81	53.46	52.19	50.99	0.9173	58.20	56.93	55.58	54.31	53.12
0.9217	56.14	54.86	53.50	52.23	51.04	0.9172	58.25	56.97	55.63	54.36	53.16
0.9216	56.19	54.91	53.55	52.28	51.09	0.9171	58.29	57.02	55.57	54.40	53.21
0.9215	56.24	54.96	53.60	52.33	51.13	0.9170	58.34	57.07	55.72	54.45	53.26
0.9214	56.28	55.00	53.65	52.38	51.18	0.9169	58.38	57.11	55.77	54.50	53.30
0.9213	56.33	55.05	53.70	52.43	51.23	0.9168	58.43	57.16	55.81	54.54	53.35
0.9212	56.38	55.10	53.74	52.47	51.27	0.9167	58.47	57.21	55.96	54.59	53.40
0.9211	56.43	55.15	53.79	52.52	51.32	0.9166	58.52	57.25	55.91	54.64	53.44
0.9210	56.47	55.19	53.84	52.57	51.37	0.9165	58.57	57.30	55.95	54.68	53.49
0.9209	56.52	55.24	53.89	52.62	51.42	0.9164	58.51	57.35	54.00	54.73	53.53
0.9208	56.57	55.29	53.93	52.67	51.44	0.9163	56.66	57.39	54.05	54.78	53.58
0.9207	56.62	55.34	53.98	52.71	51.51	0.9162	58.70	57.44	56.09	54.82	53.63
0.9206	56.66	55.38	54.03	52.76	51.56	0.9161	58.75	57.48	56.14	54.87	53.67
0.9205	56.71	55.43	54.08	52.81	51.61	0.9160	58.79	57.53	56.18	54.92	53.72
0.9204	56.76	55.48	54.12	52.86	51.65	0.9159	58.84	57.58	56.23	54.96	53.77
0.9203	56.81	55.53	54.17	52.90	51.70	0.9158	58.89	57.62	56.28	55.01	53.81
0.9202	56.85	55.57	54.22	52.95	51.75	0.9157	58.93	57.67	54.32	55.06	53.86
0.9201	56.90	55.62	54.26	53.00	51.80	0.9156	58.98	57.71	56.37	55.10	53.91
0.9200	56.95	55.67	54.31	53.05	51.84	0.9155	59.02	57.76	56.41	55.15	53.95
0.9199	57.00	55.71	54.36	53.09	51.80	0.9154	59.07	57.81	56.46	55.19	54.00
0.9198	57.04	55.76	54.41	53.14	51.94	0.9153	59.11	57.85	56.51	55.24	54.05
0.9197	57.09	55.81	54.45	53.19	51.99	0.9152	59.16	57.90	56.55	55.29	54.09
0.9196	57.13	55.86	54.50	53.22	52.03	0.9151	59.20	57.94	56.60	55.33	54.14
0.9195	57.18	55.90	54.55	53.28	52.08	0.9150	59.25	57.99	56.65	55.38	54.18
0.9194	57.23	55.95	54.59	53.33	52.13	0.9149	59.29	58.03	56.69	55.42	54.23
0.9193	57.27	56.00	54.64	53.37	52.17	0.9148	59.34	58.08	56.74	55.47	54.28
0.9192	57.32	56.04	54.69	53.42	52.22	0.9147	59.38	58.13	56.78	55.52	54.32
0.9191	57.37	56.09	54.71	53.47	52.27	0.9146	59.43	58.17	56.83	55.56	54.37
0.9190	57.41	56.14	54.78	53.51	52.32	0.9145	59.47	58.22	56.88	55.61	54.41
0.9189	57.46	56.18	54.83	53.56	52.36	0.9144	59.52	58.26	56.92	55.65	54.46
0.9288	57.51	56.23	54.88	53.61	52.41	0.9143	59.56	58.31	56.97	55.70	54.51
0.9187	57.55	56.28	54.92	53.65	52.44	0.9142	59.61	58.35	57.01	55.75	54.55
0.9186	57.60	56.32	54.97	53.70	52.50	0.9141	59.65	58.40	57.06	55.79	54.60
0.9185	57.65	56.37	55.02	53.75	52.55	0.9140	59.70	58.44	57.10	55.84	54.65
0.9184	57.69	56.42	55.07	53.79	52.60	0.9139	59.74	58.49	57.15	55.88	54.69
0.9183	57.74	56.46	55.11	53.84	52.65	0.9138	59.79	58.53	57.20	55.93	54.74
0.9182	57.79	56.51	55.16	53.89	52.69	0.9137	58.83	58.58	57.24	55.98	54.78
0.9181	57.83	56.56	55.21	53.93	52.74	0.9136	59.88	58.62	57.29	56.02	54.83
0.9180	57.88	56.60	55.25	53.98	52.79	0.9135	59.92	58.67	57.23	56.07	54.88
0.9179	57.93	56.65	55.30	54.03	52.83	0.9134	59.97	58.71	57.38	56.11	54.92
0.9178	57.97	56.70	55.35	54.07	52.88	0.9133	60.01	58.76	57.42	56.16	54.97
0.9177	58.02	56.74	55.39	54.12	52.93	0.9132	60.06	58.80	57.47	56.21	55.01
0.9176	58.04	56.79	55.44	54.17	52.98	0.9131	60.10	58.85	57.51	56.25	55.06

续表

相对密度	温度/℃					相对密度	温度/℃				
	15.56/15.56	20/20	25/25	30/30	35/35		15.56/15.56	20/20	25/25	30/30	35/35
0.9130	60.15	58.89	57.56	56.30	55.11	0.9085	62.14	60.90	59.58	58.33	57.15
0.9129	60.19	58.94	57.60	56.34	55.15	0.9084	62.18	60.94	59.63	58.38	57.19
0.9128	60.24	58.98	57.65	56.39	55.20	0.9083	62.23	60.99	59.67	58.42	57.24
0.9127	60.28	59.03	57.70	56.44	55.24	0.9082	62.27	61.03	59.71	58.46	57.28
0.9126	60.33	59.07	57.74	56.48	55.29	0.9081	62.31	61.08	59.76	58.51	57.33
0.9125	60.37	59.12	57.79	56.53	55.33	0.9080	62.36	61.12	59.80	58.55	57.37
0.9124	60.42	59.16	57.83	56.57	55.38	0.9079	62.40	61.17	59.85	58.60	57.42
0.9123	60.46	59.21	57.88	56.62	55.42	0.9078	62.45	61.21	59.89	58.64	57.46
0.9122	60.50	59.25	57.92	56.67	55.47	0.9077	62.49	61.25	59.94	58.69	57.50
0.9121	60.55	59.30	57.97	56.71	55.52	0.9076	62.53	61.30	59.98	58.73	57.55
0.9120	60.59	59.34	58.01	56.76	55.56	0.9075	62.58	61.34	60.03	58.77	57.59
0.9119	60.64	59.39	58.06	56.80	55.61	0.9074	62.62	61.39	60.07	58.82	57.64
0.9118	60.68	59.43	58.10	56.85	55.65	0.9073	62.66	61.43	60.11	58.86	57.68
0.9117	60.73	59.48	58.15	56.89	55.70	0.9072	62.71	61.47	60.16	58.91	57.73
0.9116	60.77	59.52	58.19	56.94	55.74	0.9071	62.75	61.52	60.20	58.95	57.77
0.9115	60.82	59.57	58.24	56.99	55.79	0.9070	62.79	61.56	60.25	59.00	57.81
0.9114	60.86	59.61	58.28	57.03	55.84	0.9069	62.84	61.60	60.29	59.04	57.86
0.9113	60.91	59.66	58.33	57.08	55.88	0.9068	62.88	61.65	60.33	59.08	57.90
0.9112	60.95	59.70	58.37	57.12	55.93	0.9067	62.93	61.69	60.38	59.13	57.95
0.9111	61.00	59.75	58.42	57.17	55.97	0.9066	62.97	61.74	60.42	59.17	57.99
0.9110	61.04	59.79	58.46	57.21	56.02	0.9065	63.01	61.78	60.46	59.21	58.04
0.9109	61.08	59.84	58.51	57.26	56.06	0.9064	63.06	61.82	60.51	59.26	58.08
0.9108	61.13	59.88	58.55	57.30	56.11	0.9063	63.10	61.87	60.55	59.30	58.12
0.9107	61.17	59.92	58.60	57.35	56.15	0.9062	63.14	61.91	60.60	59.35	58.17
0.9106	61.22	59.97	58.64	57.39	56.50	0.9061	63.19	61.96	60.64	59.39	58.21
0.9105	61.26	60.01	58.69	57.44	56.25	0.9060	63.23	62.00	60.68	59.43	58.26
0.9104	61.30	60.06	58.73	57.48	56.29	0.9059	63.27	62.04	60.73	59.48	58.30
0.9103	61.35	60.10	58.78	57.53	56.34	0.9058	63.32	62.09	60.77	59.52	58.34
0.9102	61.39	60.15	58.82	57.57	56.38	0.9057	63.36	62.13	60.82	59.57	58.39
0.9101	61.44	60.19	58.87	57.62	56.43	0.9056	63.40	62.17	60.86	59.61	58.43
0.9100	61.48	60.24	58.91	57.66	56.47	0.9055	63.45	62.22	60.90	59.65	58.48
0.9099	61.52	60.28	58.96	57.71	56.52	0.9054	63.49	62.26	60.95	59.70	58.52
0.9098	61.57	60.33	59.00	57.75	56.56	0.9053	63.53	62.30	60.99	59.74	58.56
0.9097	61.61	60.37	59.04	57.80	56.61	0.9052	63.58	62.35	61.03	59.79	58.61
0.9096	61.66	60.41	59.09	57.84	56.65	0.9051	63.62	62.39	61.08	59.83	58.65
0.9095	61.70	60.46	59.13	57.89	56.70	0.9050	63.66	62.43	61.12	59.87	58.70
0.9094	61.74	60.50	59.18	57.93	56.75	0.9049	63.71	62.48	61.16	59.92	58.74
0.9093	61.79	60.55	59.22	57.98	56.79	0.9048	63.75	62.52	61.21	59.96	58.78
0.9092	61.83	60.59	59.27	58.02	56.84	0.9047	63.79	62.56	61.25	60.00	58.83
0.9091	61.88	60.64	59.31	58.07	56.88	0.9046	63.84	62.60	61.29	60.05	58.87
0.9090	61.92	60.68	59.36	58.11	56.93	0.9045	63.88	62.65	61.34	60.09	58.92
0.9089	61.96	60.72	59.40	58.15	56.97	0.9044	63.92	62.69	61.38	60.14	58.96
0.9088	62.01	60.77	59.45	58.20	57.02	0.9043	63.97	62.73	61.42	60.18	59.00
0.9087	62.05	60.81	59.49	58.24	57.06	0.9042	64.01	62.78	61.47	60.22	59.05
0.9086	62.10	60.86	59.53	58.29	57.11	0.9041	64.05	62.82	61.51	60.27	59.09

附录八 酒精水溶液密度与酒精度（乙醇含量）对照表（20℃）

密度/(g/L)	酒精度(质量分数)/%	密度/(g/L)	酒精度(质量分数)/%	密度/(g/L)	酒精度(质量分数)/%	密度/(g/L)	酒精度(质量分数)/%
991.09	4.97	990.33	5.55	989.57	6.12	988.83	6.69
991.07	4.99	990.31	5.56	989.56	6.13	988.81	6.70
991.06	5.00	990.29	5.57	989.54	6.14	988.80	6.72
991.04	5.01	990.28	5.58	989.52	6.16	988.78	6.73
991.02	5.02	990.26	5.60	989.51	6.17	988.76	6.74
991.01	5.04	990.24	5.61	989.49	6.18	988.75	6.75
990.99	5.05	990.23	5.62	989.47	6.19	988.73	6.77
990.97	5.06	990.21	5.63	989.46	6.21	988.72	6.78
990.96	5.07	990.19	5.63	989.44	6.22	988.70	6.79
990.94	5.09	990.18	5.66	989.43	6.23	988.68	6.80
990.92	5.10	990.16	5.67	989.41	6.24	988.67	6.81
990.91	5.11	990.14	5.68	989.39	6.26	988.65	6.83
990.89	5.12	990.13	5.70	989.38	6.27	988.64	6.84
990.87	5.13	990.11	5.71	989.36	6.28	988.62	6.85
990.86	5.15	990.09	5.72	989.34	6.29	988.60	6.86
990.84	5.16	990.08	5.73	989.33	6.31	988.59	6.88
990.82	5.17	990.06	5.75	989.31	6.32	988.57	6.89
990.81	5.18	990.05	5.76	989.30	6.33	988.56	6.90
990.79	5.20	990.03	5.77	989.28	6.34	988.54	6.91
990.77	5.21	990.01	5.78	989.26	6.36	988.52	6.93
990.76	5.22	990.00	5.80	989.25	6.37	988.51	6.94
990.74	5.23	989.98	5.81	989.23	6.38	988.49	6.95
990.72	5.25	989.96	5.82	989.21	6.39	988.48	6.96
990.71	5.26	989.95	5.83	989.20	6.40	988.46	6.98
990.69	5.27	989.93	5.85	989.18	6.42	988.45	6.99
990.67	5.28	989.91	5.86	989.17	6.43	988.43	7.00
990.66	5.30	989.90	5.87	989.15	6.44	988.41	7.01
990.64	5.31	989.88	5.88	989.13	6.45	988.40	7.03
990.62	5.32	989.87	5.89	989.12	6.47	988.38	7.04
990.61	5.33	989.85	5.91	989.10	6.48	988.37	7.05
990.59	5.35	989.83	5.92	989.09	6.49	988.35	7.06
990.57	5.36	989.82	5.93	989.07	6.50	988.33	7.08
990.56	5.37	989.80	5.94	989.05	6.52	988.32	7.09
990.54	5.38	989.78	5.96	989.04	6.53	988.30	7.10
990.52	5.40	989.77	5.97	989.02	6.54	988.29	7.11
990.51	5.41	989.75	5.98	989.01	6.55	988.27	7.12
990.49	5.42	989.73	5.99	988.99	6.57	988.25	7.14
990.47	5.43	989.72	6.01	988.97	6.58	988.24	7.15
990.46	5.45	989.70	6.02	988.96	6.59	988.22	7.16
990.44	5.46	989.69	6.03	988.94	6.60	988.21	7.17
990.42	5.47	989.67	6.04	988.92	6.62	988.19	7.19
990.41	5.48	989.65	6.06	988.91	6.63	988.18	7.20
990.39	5.50	989.64	6.07	988.89	6.64	988.16	7.21
990.37	5.51	989.62	6.08	988.89	6.65	988.14	7.22
990.36	5.52	989.60	6.09	988.86	6.67	988.13	7.24
990.34	5.53	989.59	6.11	988.84	6.68	988.11	7.25

续表

密度 /(g/L)	酒精度(质量 分数)/%	密度 /(g/L)	酒精度(质量 分数)/%	密度 /(g/L)	酒精度(质量 分数)/%	密度 /(g/L)	酒精度(质量 分数)/%
988.10	7.26	987.39	7.82	986.68	8.39	985.98	8.96
988.08	7.27	987.37	7.83	986.66	8.40	985.96	8.97
988.06	7.29	987.36	7.84	986.65	8.41	985.94	8.98
988.05	7.30	987.34	7.86	986.63	8.43	985.93	8.99
988.03	7.31	987.33	7.87	986.62	8.44	985.91	9.01
988.02	7.32	987.31	7.88	986.60	8.45	985.90	9.02
988.00	7.34	987.30	7.89	986.59	8.46	985.88	9.03
987.99	7.35	987.28	7.91	986.57	8.48	985.87	9.04
987.97	7.36	987.27	7.92	986.55	8.49	985.85	9.06
987.95	7.37	987.25	7.93	986.54	8.50	985.84	9.07
987.94	7.39	987.23	7.94	986.52	8.51	985.82	9.08
987.92	7.40	987.22	7.96	986.51	8.52	985.81	9.09
987.91	7.41	987.20	7.97	986.49	8.54	985.79	9.11
987.89	7.42	987.19	7.98	986.48	8.55	985.78	9.12
987.88	7.44	987.17	7.99	986.46	8.56	985.76	9.13
987.86	7.45	987.16	8.01	986.45	8.57	985.75	9.14
987.84	7.46	987.14	8.02	986.43	8.59	985.73	9.16
987.83	7.47	987.13	8.03	986.42	8.60	985.72	9.17
987.81	7.48	987.11	8.04	986.40	8.61	985.70	9.18
987.80	7.50	987.09	8.05	986.39	8.62	985.69	9.19
987.78	7.51	987.08	8.07	986.37	8.64	985.67	9.20
987.77	7.52	987.06	8.08	986.36	8.65	985.66	9.22
987.75	7.53	987.05	8.09	986.34	8.66	985.64	9.23
987.73	7.55	987.03	8.10	986.33	8.67	985.63	9.24
987.72	7.56	987.02	8.12	986.31	8.69	985.61	9.25
987.70	7.57	987.00	8.13	986.29	8.70	985.60	9.27
987.69	7.58	986.99	8.14	986.28	8.71	985.58	9.28
987.67	7.60	986.97	8.15	986.26	8.72	985.57	9.29
987.66	7.61	986.96	8.17	986.25	8.73	985.55	9.30
987.64	7.62	986.94	8.18	986.23	8.75	985.54	9.32
987.62	7.63	986.92	8.19	986.22	8.76	985.52	9.33
987.61	7.65	986.91	8.20	986.20	8.77	985.51	9.34
987.59	7.66	986.89	8.22	986.19	8.78	985.49	9.35
987.58	7.67	986.88	8.23	986.17	8.80	985.48	9.36
987.56	7.68	986.86	8.24	986.16	8.81	985.46	9.38
987.55	7.70	986.85	8.25	986.14	8.82	985.45	9.39
987.53	7.71	986.83	8.26	986.13	8.83	985.43	9.40
987.51	7.72	986.82	8.28	986.11	8.85	985.42	9.41
987.50	7.73	986.80	8.29	986.10	8.86	985.40	9.43
987.48	7.74	986.79	8.30	986.08	8.87	985.39	9.41
987.47	7.76	986.77	8.31	986.07	8.88	985.37	9.45
987.45	7.77	986.75	8.33	986.05	8.90	985.36	9.46
987.44	7.78	986.74	8.34	986.04	8.91	985.34	9.48
987.42	7.79	986.72	8.35	986.02	8.92	985.33	9.49
987.41	7.81	986.71	8.36	986.01	8.93	985.31	9.50
		986.69	8.38	985.99	8.95	985.30	9.51

密度 /(g/L)	酒精度(质量分数)/%	密度 /(g/L)	酒精度(质量分数)/%	密度 /(g/L)	酒精度(质量分数)/%	密度 /(g/L)	酒精度(质量分数)/%
985.28	9.53	984.60	10.09	983.92	10.66	983.26	11.23
985.27	9.54	984.58	10.10	983.91	10.67	983.24	11.24
985.25	9.55	984.57	10.12	983.89	10.68	983.23	11.25
985.24	9.56	984.55	10.13	983.88	10.70	983.21	11.26
985.22	9.57	984.54	10.14	983.86	10.71	983.20	11.27
985.21	9.59	984.52	10.15	983.85	10.72	983.18	11.29
985.19	9.60	984.51	10.17	983.84	10.73	983.17	11.30
985.18	9.61	984.49	10.18	983.82	10.75	983.15	11.31
985.16	9.62	984.48	10.19	983.81	10.76	983.14	11.32
985.15	9.61	984.47	10.20	983.79	10.77	983.13	11.34
985.13	9.65	984.45	10.22	983.78	10.78	983.11	11.35
985.12	9.66	984.44	10.23	983.76	10.79	983.10	11.36
985.10	9.67	984.42	10.24	983.75	10.81	983.08	11.37
985.09	9.69	984.41	10.25	983.73	10.82	983.07	11.38
985.07	9.70	984.39	10.27	983.72	10.83	983.05	11.40
985.06	9.71	984.38	10.28	983.70	10.84	983.04	11.41
985.04	9.72	984.36	10.29	983.69	10.86	983.03	11.42
985.03	9.74	984.35	10.30	983.68	10.87	983.01	11.43
985.01	9.75	984.33	10.31	983.66	10.88	983.00	11.45
985.00	9.76	984.32	10.33	983.65	10.89	982.98	11.46
984.98	9.77	984.30	10.34	983.63	10.91	982.97	11.47
984.97	9.78	984.29	10.35	983.62	10.92	982.95	11.48
984.95	9.80	984.27	10.36	983.60	10.93	982.94	11.50
984.94	9.81	984.26	10.38	983.59	10.94	982.93	11.51
984.92	9.82	984.24	10.39	983.57	10.95	982.91	11.52
984.91	9.83	984.23	10.40	983.56	10.97	982.90	11.53
984.89	9.85	984.22	10.41	983.54	10.98	982.88	11.54
984.88	9.86	984.20	10.43	983.53	10.99	982.87	11.56
984.86	9.87	984.19	10.44	983.52	11.00	982.85	11.57
984.85	9.88	984.17	10.45	983.50	11.02	982.84	11.58
984.84	9.90	984.16	10.46	983.49	11.03	982.82	11.59
984.82	9.91	984.14	10.47	983.47	11.04	982.81	11.61
984.81	9.92	984.13	10.49	983.46	11.05	982.80	11.62
984.79	9.93	984.11	10.50	983.44	11.07	982.78	11.63
984.78	9.94	984.10	10.51	983.43	11.08	982.77	11.64
984.76	9.96	984.08	10.52	983.41	11.09	982.75	11.66
984.75	9.97	984.07	10.54	983.40	11.10	982.74	11.67
984.73	9.98	984.05	10.55	983.39	11.11	982.72	11.68
984.72	9.99	984.04	10.56	983.37	11.13	982.71	11.69
984.70	10.01	984.03	10.57	983.36	11.14	982.70	11.70
984.69	10.02	984.01	10.59	983.34	11.15	982.68	11.72
984.67	10.03	984.00	10.60	983.33	11.16	982.67	11.73
984.66	10.04	983.98	10.61	983.31	11.18	982.65	11.74
984.64	10.06	983.97	10.62	983.30	11.19	982.64	11.75
984.63	10.07	983.95	10.63	983.28	11.20	982.63	11.77
984.61	10.08	983.94	10.65	983.27	11.21	982.61	11.78

续表

密度 /(g/L)	酒精度(质量 分数)/%	密度 /(g/L)	酒精度(质量 分数)/%	密度 /(g/L)	酒精度(质量 分数)/%	密度 /(g/L)	酒精度(质量 分数)/%
982.60	11.79	981.94	12.35	981.30	12.92	980.66	13.48
982.58	11.80	981.93	12.37	981.29	12.93	980.65	13.49
982.57	11.81	981.92	12.38	981.27	12.94	980.64	13.51
982.55	11.83	981.90	12.39	981.26	12.96	980.62	13.52
982.54	11.84	981.89	12.40	981.24	12.97	980.61	13.53
982.53	11.85	981.87	12.42	981.23	12.98	980.59	13.54
982.51	11.86	981.86	12.43	981.22	12.99	980.58	13.56
982.50	11.88	981.85	12.44	981.20	13.00	980.57	13.57
982.48	11.89	981.83	12.45	981.19	13.02	980.55	13.58
982.47	11.90	981.82	12.47	981.18	13.03	980.54	13.59
982.45	11.91	981.80	12.48	981.16	13.04	980.52	13.60
982.44	11.93	981.79	12.49	981.15	13.05	980.51	13.62
982.43	11.94	981.78	12.50	981.13	13.07	980.50	13.63
982.41	11.95	981.76	12.51	981.12	13.08	980.48	13.64
982.40	11.96	981.75	12.53	981.11	13.09	980.47	13.65
982.38	11.97	981.73	12.54	981.09	13.10	980.46	13.67
982.37	11.99	981.72	12.55	981.08	13.11	980.44	13.68
982.35	12.00	981.71	12.56	981.06	13.12	980.43	13.69
982.34	12.01	981.69	12.58	981.05	13.14	980.41	13.70
982.33	12.02	981.68	12.59	981.04	13.15	980.40	13.71
982.31	12.04	981.66	12.60	981.02	13.16	980.39	13.73
982.30	12.05	981.65	12.61	981.01	13.18	980.37	13.74
982.28	12.06	981.64	12.62	980.99	13.19	980.36	13.75
982.27	12.07	981.62	12.64	980.98	13.20	980.35	13.76
982.26	12.08	981.61	12.65	980.97	13.21	980.33	13.78
982.24	12.10	981.59	12.66	980.95	13.22	980.32	13.79
982.23	12.11	981.58	12.67	980.94	13.24	980.31	13.80
982.21	12.12	981.57	12.69	980.93	13.25	980.29	13.81
982.20	12.13	981.55	12.70	980.91	13.27	980.28	13.82
982.18	12.15	981.54	12.71	980.90	13.29	980.26	13.84
982.17	12.16	981.52	12.72	980.88	13.30	980.25	13.85
982.16	12.17	981.51	12.73	980.87	13.31	980.24	13.86
982.14	12.18	981.50	12.75	980.86	13.31	980.22	13.87
982.13	12.20	981.48	12.76	980.84	13.32	980.21	13.89
982.11	12.21	981.47	12.77	980.83	13.33	980.20	13.90
982.10	12.22	981.45	12.78	980.81	13.35	980.18	13.91
982.09	12.23	981.44	12.80	980.80	13.36	980.17	13.92
982.07	12.24	981.43	12.81	980.79	13.37	980.15	13.93
982.06	12.26	981.41	12.82	980.77	13.38	980.14	13.95
982.04	12.27	981.40	12.83	980.76	13.40	980.13	13.96
982.03	12.28	981.38	12.85	980.75	13.41	980.11	13.97
982.02	12.29	981.37	12.86	980.73	13.42	980.10	13.98
982.00	12.31	981.36	12.87	980.72	13.43	980.09	14.00
981.99	12.32	981.34	12.88	980.70	13.45	980.07	14.01
981.97	12.33	981.33	12.89	980.69	13.46	980.06	14.02
981.96	12.34	981.31	12.91	980.68	13.47	980.04	14.03

密度 /(g/L)	酒精度(质量 分数)/%	密度 /(g/L)	酒精度(质量 分数)/%	密度 /(g/L)	酒精度(质量 分数)/%	密度 /(g/L)	酒精度(质量 分数)/%
980.03	14.04	979.72	14.33	979.41	14.61	979.09	14.89
980.02	14.06	979.70	14.34	979.39	14.62	979.08	14.90
980.00	14.07	979.69	14.35	979.38	14.63	979.07	14.91
979.99	14.08	979.68	14.36	979.36	14.64	979.05	14.92
979.98	14.09	979.66	14.37	979.35	14.65	979.04	14.94
979.96	14.11	979.65	14.39	979.34	14.67	979.03	14.95
979.95	14.12	979.64	14.40	979.32	14.68	979.01	14.96
979.94	14.13	979.62	14.41	979.31	14.69	979.00	14.97
979.92	14.14	979.61	14.42	979.30	14.70	978.99	14.98
979.91	14.15	979.60	14.44	979.28	14.72	978.97	15.00
979.89	14.17	979.58	14.45	979.27	14.73	978.96	15.01
979.88	14.18	979.57	14.46	979.26	14.74	978.95	15.02
979.87	14.19	979.55	14.47	979.24	14.75	978.93	15.03
979.85	14.20	979.54	14.48	979.23	14.76	978.92	15.05
979.84	14.22	979.53	14.50	979.22	14.78	978.91	15.06
979.83	14.23	979.51	14.51	979.20	14.79	978.89	15.07
979.81	14.24	979.50	14.52	979.19	14.80	978.88	15.08
979.80	14.25	979.49	14.53	979.18	14.81	978.87	15.09
979.79	14.26	979.47	14.55	979.16	14.83	978.85	15.11
979.77	14.28	979.46	14.56	979.15	14.84	978.84	15.12
979.76	14.29	979.45	14.57	979.13	14.85	978.83	15.13
979.74	14.30	979.43	14.58	979.12	14.86	978.81	15.14
979.73	14.31	979.42	14.59	979.11	14.87	978.80	15.16

附录九 密度、总浸出物对照表

密度 (20℃)	密度的第四位整数									
	0	1	2	3	4	5	6	7	8	9
100	0	2.6	5.1	7.7	10.3	12.9	15.4	18.0	20.6	23.2
101	25.8	28.4	31.0	33.6	36.2	38.8	41.3	43.9	46.5	49.1
102	51.7	54.3	56.9	59.5	62.1	64.7	67.3	69.9	72.5	75.1
103	77.7	80.3	82.9	85.5	88.1	90.7	93.3	95.9	98.5	101.1
104	103.7	106.3	109.0	111.6	114.2	116.8	119.4	122.0	124.6	127.2
105	129.8	132.4	135.0	137.6	140.3	142.9	145.5	148.1	150.7	153.3
106	155.9	158.6	161.2	163.8	166.4	169.0	171.6	174.3	176.9	179.5
107	182.1	184.8	187.4	190.0	192.6	195.2	197.8	200.5	203.1	205.8
108	208.4	211.0	213.8	216.2	218.9	221.5	224.1	226.8	229.4	232.0
109	234.7	237.3	239.9	242.5	245.2	247.8	250.4	253.1	255.7	258.4
110	261.0	263.6	266.3	268.9	271.5	274.2	276.8	279.5	282.1	284.8
111	287.4	290.0	292.7	295.3	298.0	300.6	303.3	305.9	308.6	311.2
112	313.9	316.5	319.2	321.8	324.5	327.1	329.8	332.4	335.1	337.8
113	340.4	343.0	345.7	348.3	351.0	353.7	356.3	359.0	361.6	364.3
114	366.9	369.6	372.3	375.0	377.6	380.3	382.9	385.6	388.3	390.9
115	393.6	396.2	398.9	401.6	404.3	406.9	409.6	412.3	415.0	417.6
116	420.3	423.0	425.7	428.3	431.0	433.7	436.4	439.0	441.7	444.4
117	447.1	449.8	452.1	455.2	457.8	460.5	463.2	465.9	468.6	471.3
118	473.9	476.6	479.3	482.0	484.7	487.4	490.1	492.8	495.5	498.2
119	500.9	503.5	506.2	508.9	511.6	514.3	517.0	519.7	522.4	525.1
120	527.8	—	—	—	—	—	—	—	—	—

密度总浸出物含量对照表（小数位）

密度的第一位小数	总浸出物/(g/L)	密度的第一位小数	总浸出物/(g/L)	密度的第一位小数	总浸出物/(g/L)
1	0.3	4	1.0	7	1.8
2	0.5	5	1.3	8	2.1
3	0.8	6	1.6	9	2.3

附录十 酒精计温度、酒精度（乙醇含量）换算表（55.5～65）

温度+20℃时用体积分数表示乙醇浓度

溶液温度/℃	酒精计示值/%																			
	55.5	56	56.5	57	57.5	58	58.5	59	59.5	60	60.5	61	61.5	62	62.5	63	63.5	64	64.5	65
35	50.0	50.5	51.0	51.6	52.1	52.6	53.1	53.6	54.1	54.6	55.2	55.8	56.2	56.7	57.2	57.8	58.4	58.9	59.4	59.9
34	50.3	50.8	51.4	51.9	52.4	53.0	53.5	54.0	54.5	55.0	55.6	56.1	56.6	57.1	57.6	58.1	58.6	59.2	59.7	60.2
33	50.7	51.2	51.8	52.3	52.8	53.3	53.8	54.3	54.8	55.3	55.9	56.5	57.0	57.4	58.0	58.5	59.0	59.6	60.1	60.6
32	51.1	51.6	52.2	52.7	53.2	53.7	54.2	54.7	55.2	55.7	56.2	56.8	57.3	57.8	58.3	58.8	59.4	59.9	60.4	60.9
31	51.4	51.9	52.4	53.0	53.5	54.0	54.5	55.0	55.5	56.1	56.6	57.2	57.6	58.1	58.6	59.2	59.8	60.3	60.8	61.3
30	51.8	52.3	52.9	53.4	53.9	54.4	54.9	55.4	55.9	56.4	57.0	57.5	58.0	58.5	59.0	59.5	60.0	60.6	61.1	61.6
29	52.2	52.7	53.2	53.7	54.2	54.8	55.3	55.8	56.3	56.8	57.3	57.8	58.3	58.8	59.4	59.9	60.4	60.9	61.4	61.9
28	52.6	53.1	53.6	54.1	54.6	55.1	55.6	56.1	56.6	57.2	57.7	58.2	58.7	59.2	59.7	60.2	60.7	61.2	61.8	62.3
27	52.9	53.4	54.0	54.5	55.0	55.5	56.0	56.5	57.0	57.5	58.0	58.5	59.0	59.6	60.1	60.6	61.1	61.6	62.1	62.6
26	53.3	53.8	54.3	54.8	55.3	55.8	56.4	56.9	57.4	57.9	58.4	58.9	59.4	59.9	60.4	60.9	61.4	61.9	62.4	63.0
25	53.7	54.2	54.7	55.2	55.7	56.2	56.7	57.2	57.7	58.2	58.7	59.2	59.8	60.3	60.8	61.3	61.8	62.3	62.8	63.3
24	54.0	54.5	55.0	55.6	56.1	56.6	57.1	57.6	58.1	58.6	59.1	59.6	60.1	60.6	61.1	61.6	62.1	62.6	63.1	63.6
23	54.4	54.9	55.4	55.9	56.4	56.9	57.4	57.9	58.4	58.8	59.4	60.0	60.4	61.0	61.5	62.0	62.5	63.0	63.5	64.0
22	54.8	55.3	55.8	56.3	56.8	57.3	57.8	58.3	58.8	59.3	59.8	60.3	60.8	61.3	61.8	62.3	62.8	63.3	63.8	64.3
21	55.1	55.6	56.1	56.6	57.1	57.6	58.1	58.6	59.1	59.6	60.1	60.6	61.2	61.6	62.2	62.6	63.2	63.6	64.2	64.6
20	55.5	56.0	56.5	57.0	57.5	58.0	58.5	59.0	59.5	60.0	60.5	61.0	61.5	62.0	62.5	63.0	63.5	64.0	64.5	65.0
19	55.9	56.4	56.9	57.4	57.8	58.4	58.8	59.4	59.8	60.4	60.8	61.3	61.8	62.3	62.8	63.3	63.8	64.3	64.8	65.3
18	56.2	56.7	57.2	57.7	58.2	58.7	59.2	59.7	60.2	60.7	61.2	61.7	62.2	62.7	63.2	63.7	64.2	64.7	65.2	65.7
17	56.6	57.1	57.6	58.1	58.6	59.1	59.6	60.0	60.5	61.0	61.5	62.0	62.5	63.0	63.5	64.0	64.5	65.0	65.5	66.0
16	56.9	57.4	57.9	58.4	58.9	59.4	59.9	60.4	60.9	61.4	61.9	62.4	62.9	63.4	63.9	64.4	64.8	65.4	65.8	66.3
15	57.3	57.8	58.3	58.8	59.3	59.8	60.2	60.8	61.2	61.7	62.2	62.7	63.2	63.7	64.2	64.7	65.2	65.7	66.2	66.7
14	57.7	58.2	58.6	59.1	59.6	60.1	60.6	61.1	61.6	62.1	62.6	63.1	63.6	64.1	64.6	65.0	65.5	66.0	66.5	67.0
13	58.0	58.5	59.0	59.5	60.0	60.5	61.1	61.4	61.9	62.4	62.9	63.4	63.9	64.4	64.9	65.4	65.9	66.4	66.8	67.4
12	58.4	58.9	59.4	59.9	60.3	60.8	61.3	61.8	62.3	62.8	63.3	63.8	64.2	64.7	65.2	65.7	66.2	66.7	67.2	67.7
11	58.7	59.2	59.7	60.2	60.7	61.2	61.6	62.1	62.6	63.1	63.6	64.1	64.6	65.1	65.6	66.1	66.5	67.0	67.5	68.0
10	59.1	59.6	60.0	60.5	61.0	61.5	62.0	62.5	63.0	63.5	63.9	64.4	64.9	65.4	65.9	66.4	66.9	67.4	67.8	68.3

参 考 文 献

[1] 蔺毅峰. 食品工艺实验与检验技术. 北京：中国轻工业出版社，2005.

[2] 侯建平. 饮料生产技术. 北京：科学出版社，2004.

[3] 杨邦英. 罐头工业手册（新版）. 北京：中国轻工业出版社，2002.

[4] 国家质量监督检验检疫总局产品质量监督司. 食品质量安全市场准入审查指南：肉制品、乳制品、饮料、糖、味精、方便面、饼干、罐头、冷冻饮品、速冻面米食品、膨化食品修订说明分册. 北京：中国标准出版社，2005.

[5] 国家质量监督检验检疫总局产品质量监督司. 食品质量安全市场准入审查指南：乳制品饮料冷冻饮品分册. 北京：中国标准出版社，2003.

[6] 国家质量监督检验检疫总局产品质量监督司. 食品质量安全市场准入审查指南：肉制品、罐头食品分册. 北京：中国标准出版社，2003.

[7] 国家质量监督检验检疫总局产品质量监督司. 食品质量安全市场准入审查指南：审查通则（2004版）分册. 北京：中国标准出版社，2005.

[8] 国家质量监督检验检疫总局产品质量监督司. 食品质量安全市场准入审查指南：糖果制品、啤酒、葡萄酒、黄酒分册. 北京：中国标准出版社，2005.

[9] 国家质量监督检验检疫总局产品质量. 监督司. 食品质量安全市场准入审查指南：茶叶、蜜饯、炒货食品、可可制品、焙炒咖啡分册. 北京：中国标准出版社，2005.

[10] 国家质量监督检验检疫总局产品质量监督司. 食品质量安全市场准入审查指南：酱腌菜、蛋制品、水产加工品、淀粉及淀粉制品分册. 北京：中国标准出版社，2005.

[11] 国家质量监督检验检疫总局产品质量监督司. 食品质量安全市场准入审查指南：蜂花粉及蜂产品制品、速冻食品、薯类食品、巧克力及巧克力制品、含茶制品和代用茶、白酒、其他酒、蔬菜制品分册. 北京：中国标准出版社，2007.

[12] 国家质量监督检验检疫总局产品质量监督司. 食品质量安全市场准入审查指南：糕点、豆制品、蜂产品、果冻、挂面、鸡精调味料、酱类分册. 北京：中国标准出版社，2006.

[13] 食品安全国家标准 食品微生物学检验. GB 4789—2010系列标准.

[14] 中华人民共和国国标. 食品卫生检验方法（理化部分）. 北京：中国标准出版社，2004.

[15] 徐春. 食品检验工（初级）. 北京：机械工业出版社，2005.

[16] 黄高明. 食品检验工（中级）. 北京：机械工业出版社，2005.

[17] 刘长春. 食品检验工（高级）. 北京：机械工业出版社，2006.

[18] 丁兴华. 食品检验工（技师、高级技师）. 北京：机械工业出版社，2006.

[19] 张蕊. 2004食品卫生检验新技术标准规程手册. 北京：光明日报出版社，2004.

[20] 骆承庠. 乳与乳制品工艺学. 第2版. 北京：中国农业出版社，1999.

[21] 周光宏. 畜产品加工学. 北京：中国农业大学出版社，2002.

[22] 章银良. 食品检验教程. 北京：化学工业出版社，2006.

[23] 周光理. 食品分析与检验技术. 北京：化学工业出版社，2006.

[24] 朱克永. 食品检验技术. 北京：科学出版社，2004.

[25] 张英. 食品理化与微生物检测试验. 北京：中国轻工业出版社，2004.

[26] 李殿鑫. 食品微生物及实验技术. 武汉：华中科技大学出版社，2013.

[27] 韩计州. 粮食及制品质量检验（方便面 膨化食品 速冻米面 淀粉及制品）. 北京：中国计量出版社，2006.

[28] 朱蓓薇. 方便食品加工工艺及设备选用手册. 北京：化学工业出版社，2003.

[29] 朱长国，刘坤华，唐瑞明等. 全国粮油检验人员培训教材. 国家粮食储备局，1997.

[30] 黄伟坤等. 食品检验与分析. 北京：中国轻工业出版社，1997.

[31] 叶敏. 米面制品加工技术. 北京：化学工业出版社，2006.

[32] 苏锡辉. 粮油及制品质量检验（米面油）. 北京：中国计量出版社，2006.

[33] 李则选，金增辉. 粮食加工. 第2版. 北京：化学工业出版社，2005.

[34] 林志民，苏德福，林向阳. 冷冻食品加工技术与工艺配方. 北京：科学技术文献出版社，2002.

[35] 黄晓风. 饮料及冷冻饮品质量检验. 北京：中国计量出版社，2006.

[36] 中国标准出版社第一编辑室. 中国食品工业标准汇编（调味品卷）. 北京：中国标准出版社，2006.

[37] 中国标准出版社第一编辑室. 中国食品工业标准汇编（食用油及其制品卷）. 北京：中国标准出版社，2006.

[38] 中国标准出版社第一编辑室. 中国食品工业标准汇编（感官分析方法卷）. 北京：中国标准出版社，2006.

[39] 国家质量监督检验检疫总局职业技能鉴定指导中心. 食品质量检验——乳及乳制品类. 北京：中国计量出版社，2005.

[40] 国家质量监督检验检疫总局职业技能鉴定指导中心. 食品质量检验——粮油及制品类. 北京：中国计量出版社，2005.